TECHNOLOGIE FONCTIONNELLE DE L'AUTOMOBILE

6e édition

2

Transmission, freinage, tenue de route et équipement électrique

Hubert MÈMETEAU
Bruno COLLOMB

Réalisation des illustrations : Philippe Mèmeteau
Maquette de couverture : MATEO

ISBN 978-2-10-052106-7

Table des matières

Avant propos

La technologie automobile évoluant très vite, il est très difficile actuellement d'acquérir des connaissances sur tous les systèmes existants. C'est pourquoi il était important de faire une mise à jour et donc une 6e édition de cet ouvrage, créé par Hubert MEMETEAU, qui comporte deux tomes :

» tome 1 : Le moteur et ses auxiliaires ;

» tome 2 : La transmission, le freinage, la tenue de route et l'équipement électrique.

Ils restent une référence pour les élèves et les enseignants de la maintenance automobile.

Cet ouvrage, conçu spécialement pour le milieu scolaire est composé de plusieurs séquences qui permettent à l'apprenant d'étudier le fonctionnement de base d'un système jusqu'à son évolution récente.

À la fin de chaque séquence se trouve un résumé fait d'une synthèse concise et une rubrique « testez vos connaissances » permet à l'élève de s'auto-évaluer. Pour effectuer des recherches personnelles, un encadré intitulé « Entraînez-vous » vient compléter tout cela.

S'il utilise la méthode inductive, l'enseignant pourra amener l'élève à utiliser cet ouvrage comme document ressource lorsqu'il devra passer à la partie pratique.

Les photos des systèmes étudiés ne sont données qu'à titre d'exemple car chaque constructeur a sa technique qui lui est propre. Il appartient à l'élève de rechercher le système sur la revue technique de son choix.

Ces manuels qui couvrent la formation en maintenance des véhicules du CAP au BAC PRO (3 ans) sont construits de la même manière pour chaque chapitre et apportent ainsi un confort de lecture et d'étude pour tous les utilisateurs.

Trois grands titres composent chaque chapitre :

» **Une mise en situation** qui localise le système étudié, donne sa fonction principale et sa nécessité,

» **Une analyse structurelle** qui liste les éléments constitutifs du système et leur fonction,

» **Une analyse fonctionnelle** qui développe le fonctionnement des systèmes et les lois physiques qui le régissent.

En conclusion, les deux tomes de cet ouvrage favorisent l'ouverture d'esprit de l'élève tant sur la découverte que sur les connaissances plus pointues en matière de technologie automobile. Ainsi chaque élève pourra se l'approprier selon ses propres besoins.

L'enseignant, quant à lui, y trouvera un support pédagogique et technique directement utilisable en atelier et un outil de travail sur lequel s'appuyer.

Bruno COLLOMB

Enseignant

Avant propos de l'inspecteur

L'évolution galopante des techniques et des technologies appliquées à l'automobile rend indispensable la mise à jour permanente des ouvrages à l'usage des élèves et des professeurs.

Cet ouvrage intègre les systèmes de haute technicité, mis au point en compétition et appliqués à la grande série.

Il couvre néanmoins toutes les compétences à développer et tous les savoirs à acquérir par un élève destiné à devenir un technicien de la maintenance automobile.

Basé sur une approche concrète de métier, il permet à l'enseignant de mettre en œuvre la démarche pédagogique la mieux adaptée aux apprenants, tout en prenant compte les impératifs du développement durable.

Je remercie tout particulièrement Monsieur COLLOMB pour son investissement personnel et le cœur qu'il a mis à réaliser la mise à jour du présent ouvrage.

Serge BECHART

Inspecteur de l'Éducation Nationale
Sciences et techniques industrielles

Partie 1

La transmission

Le système de transmission
chapitre 1

1.1 Mise en situation

Figure 1.1 *Le système de transmission.*

Le système de transmission comprend l'ensemble des mécanismes situés entre le moteur et les roues motrices. Observons le système de transmission (figures 1.2 et 1.3).

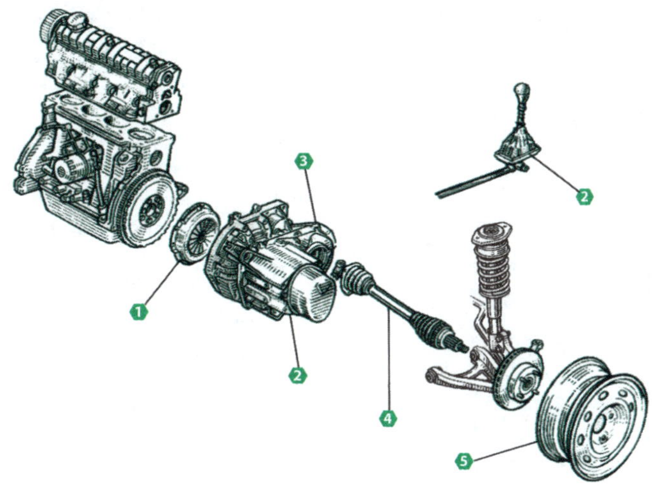

Figure 1.2 *Les éléments de la transmission.*

1. Embrayage.
2. Boîte de vitesses et sélecteur.
3. Pont différentiel.
4. Arbre de transmission.
5. Roue motrice.

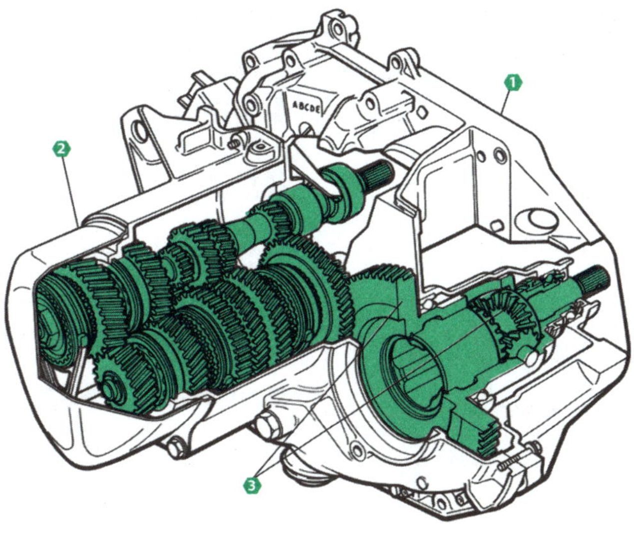

Figure 1.3 *Boîte/pont pour moteur transversal (documents Peugeot et Citroën).*

1. Emplacement de l'embrayage.
2. Partie boîte de vitesses.
3. Partie pont et différentiel.

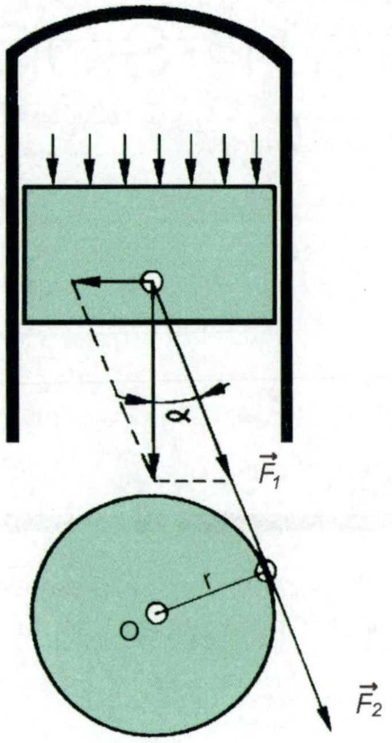

Figure 1.4 *Le couple moteur est égal à : $M_o(\vec{F_1}) = F_1 r$.*

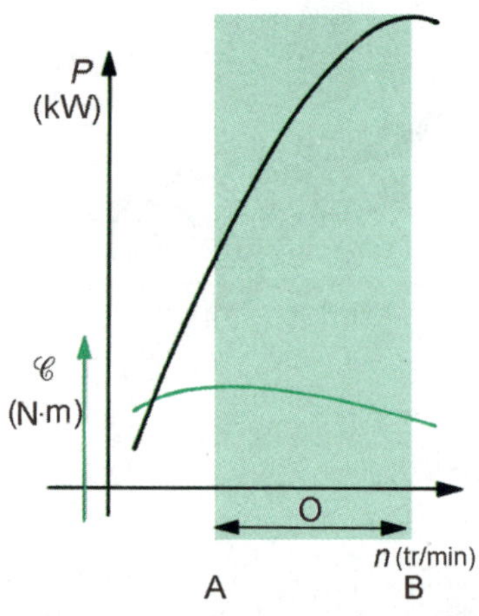

Figure 1.5 *Utilisation optimale du couple et de la puissance du moteur.*

P : puissance.
𝒞 : couple.
A : régime de couple maximal.
B : régime de puissance maximale.
O : plage d'utilisation du moteur.

Rappel : Le couple moteur est le produit de la force à la bielle par la longueur du bras de maneton de vilebrequin (figure 1.4) :

$$\mathscr{C}_m = \mathscr{M}_O(\overrightarrow{F_1}) = F_1 r$$

La puissance est le produit du couple moteur (en N.m) par la vitesse angulaire du vilebrequin (en rad/s) :

$$P = \mathscr{C}_m \omega$$

L'utilisateur a le choix entre deux allures de conduite (figure 1.5) :

» recherche du meilleur rendement en maintenant le moteur à son régime de couple maximal ;

» recherche de puissance (conduite sportive) en maintenant le moteur à son régime de puissance maximale.

À l'arrêt, la mise en mouvement d'un véhicule arrêté nécessite une force plus importante que celle nécessaire pour entretenir son mouvement.

En vitesse uniforme sur sol plat, nous constatons (figure 1.6) :

» une résistance au frottement (f) provenant des engrenages et roulements de la transmission ;

» une résistance au roulement (d) des roues provenant de la nature des pneus et de celle du sol, accentuée par la charge supportée par ces roues ;

» une résistance de l'air, dont la pression (p), exercée sur les surfaces plus ou moins verticales de l'avant du véhicule, crée une force antagoniste.

Cette force dépend de la vitesse et de la forme du véhicule (C_x)* et croît avec le carré de la vitesse.

En montée, l'action de la pesanteur crée une force opposée à la force motrice (figure 1.7). Elle est proportionnelle à l'angle de la pente et à la masse du véhicule.

Remarque

* C_x : coefficient de pénétration dans l'air.

En descente, la pesanteur s'ajoute à la force motrice.

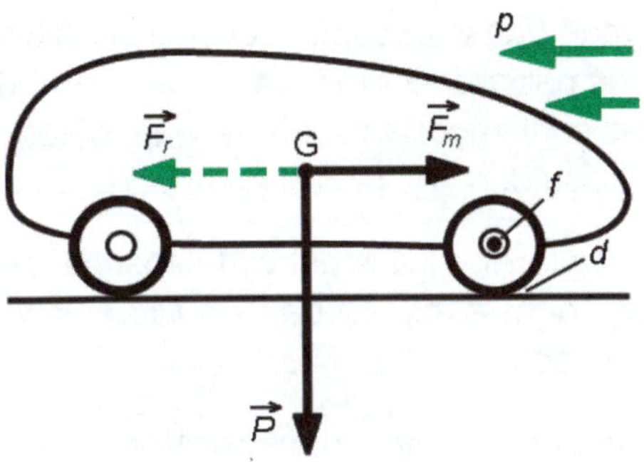

Figure 1.6 *Résistance à l'avancement.*

p : résistance de l'air.
f : résistance au frottement.
d : résistance au roulement.
$\vec{F}_m$: force motrice.
$\vec{F}_r$: force résistante.
$\vec{P}$: poids du véhicule.

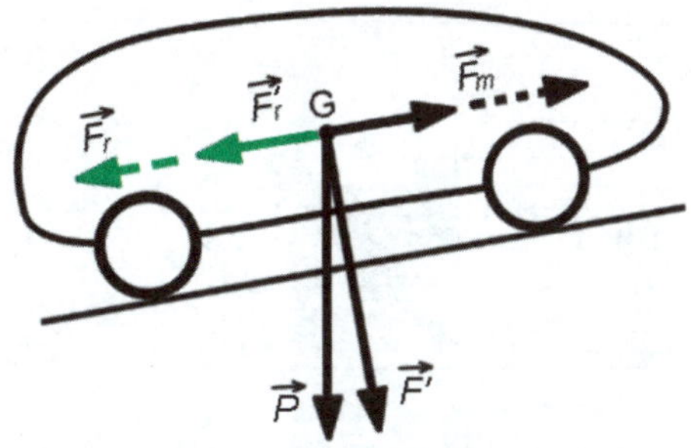

Figure 1.7 *En côte, la force résistante augmente.*

$\vec{P}$: poids du véhicule ($m\vec{g}$).
$\vec{F'}_r$: force résistante provenant de la pente.

Ces divers phénomènes opposent aux roues motrices un couple résistant dont le moment peut être défini par (figure 1.8) :

$$\mathcal{M}_O(\vec{F_r}) = F_r R$$

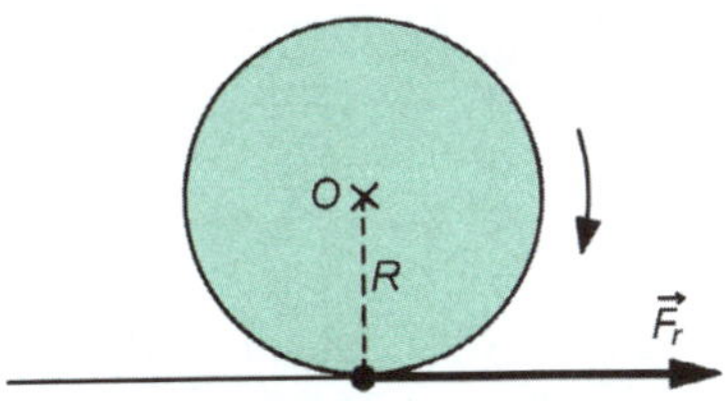

Figure 1.8 *Couple résistant : $M_o(\vec{F}) = F_r R$.*

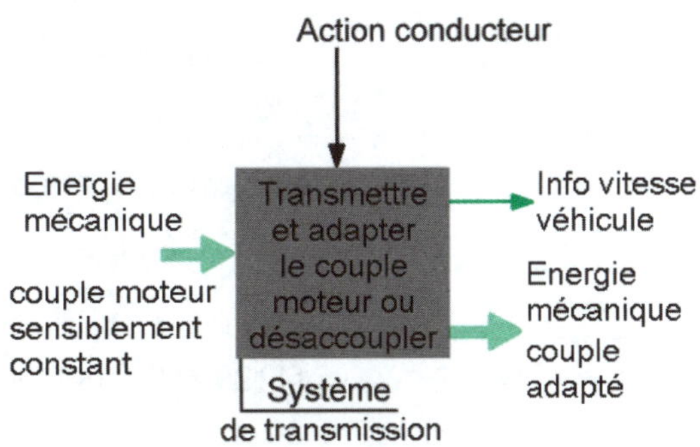

Figure 1.9 *Fonction globale (rappel), analyse systémique niveau A0.*

1.2 Analyse structurelle

1. L'énergie mécanique en rotation – couple et puissance – est transmise à l'embrayage dont le rôle est d'accoupler progressivement la transmission ou de la désaccoupler, suivant les besoins.

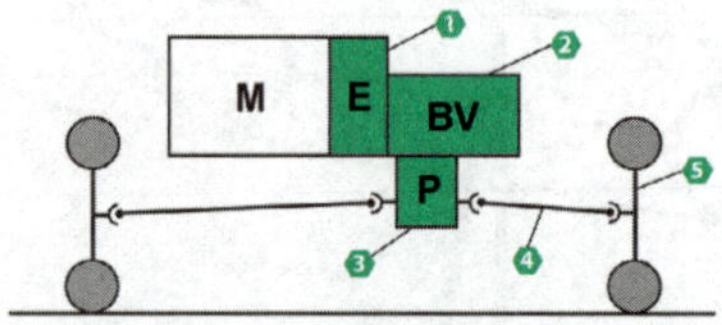

Figure 1.10 *Transmission pour moteur transversal (véhicule vu de face).*

Exemple de disposition des éléments :
1 Embrayage.
2 Boîte de vitesses.
3 Pont différentiel.
4 Arbres de transmission articulés (par cardans).
5 Roues motrices (traction avant).

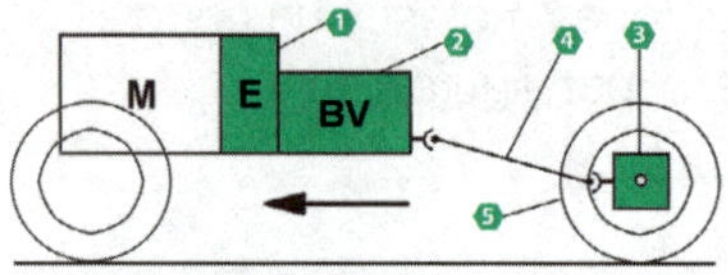

Figure 1.11 *Transmission pour moteur disposé longitudinalement (véhicule vu de profil).*

Exemple de disposition des éléments :
1 Embrayage.
2 Boîte de vitesses.
3 Pont différentiel arrière.
4 Arbre de transmission articulé. Dans le plan transversal, ce véhicule comporte deux arbres de roues rigides.
5 Roues motrices (propulsion arrière).

2. L'embrayage transmet cette énergie à la boîte de vitesses dont le rôle est de démultiplier la vitesse lorsque les efforts résistants reçus par les roues sont importants (démarrage, côtes). La boîte de vitesses dispose donc de plusieurs rapports de démultiplication.

3. La boîte de vitesses transmet cette énergie au pont qui comporte un engrenage dont le rôle est de démultiplier la vitesse de rotation du moteur de façon permanente.

Le pont comporte en outre un mécanisme appelé « différentiel » qui permet à chaque roue motrice de tourner à des vitesses différentes, notamment dans les virages.

4. Le pont transmet le mouvement aux arbres de transmission et/ou aux arbres de roues selon le montage du véhicule.

5. Ces derniers entraînent les roues motrices. Celles-ci transforment le couple transmis en force tangentielle au sol, donnant ainsi le mouvement de translation au véhicule.

Remarques

L'embrayage peut être actionné par le conducteur ou automatisé.
Il en est de même de la boîte de vitesses.
Les ponts peuvent comporter un blocage de différentiel à commande manuelle ou automatique.

Les dispositions de la transmission sont multiples selon que le moteur est :

» avant, arrière ou central,

» longitudinal ou transversal,

et que la boîte de vitesses se trouve placée à côté, dessous ou éloignée du moteur.

1.3 Analyse fonctionnelle

Soit un moteur à transmission directe (figure 1.12) dont le couple maximal se situe à 3 000 tr/min (50 tr/s). Sachant qu'une roue de diamètre moyen possède un développement d'environ 2 m, nous obtenons :

$$\frac{50 \times 2 \times 3\,600}{1\,000} = 360 \text{ km/h}$$

Les forces résistantes à cette vitesse appliquent à la transmission des couples résistants extrêmement élevés.

Pour conserver cette transmission directe et vaincre ces forces, il serait nécessaire d'augmenter le couple et la puissance du moteur dans des proportions considérables (véhicules pour records du monde).

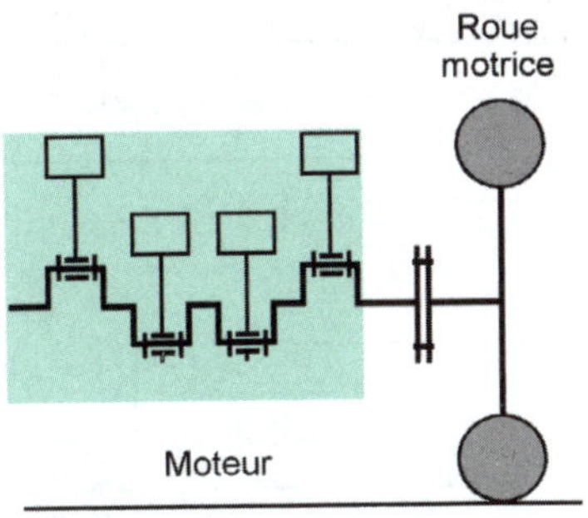

Figure 1.12 *Transmission directe (hypothèse).*

Remarque

À vitesse de croisière courante (90 km/h par exemple) le couple résistant reste encore supérieur au couple moteur.

En conclusion, nous constatons qu'en vitesse de croisière sur sol plat :

» le couple du moteur est inférieur au couple résistant,

» la vitesse de rotation souhaitée pour les roues ne permet pas au moteur de tourner à un régime suffisant.

Il est nécessaire d'interposer entre le moteur et les roues motrices un mécanisme démultiplicateur dont le rapport se situe entre 1/3 et 1/7, ce qui a pour effet :

» de diviser par 3 à 7 la vitesse de rotation des roues motrices par rapport à celle du moteur ;

» de multiplier le couple moteur transmis aux roues motrices dans les mêmes proportions.

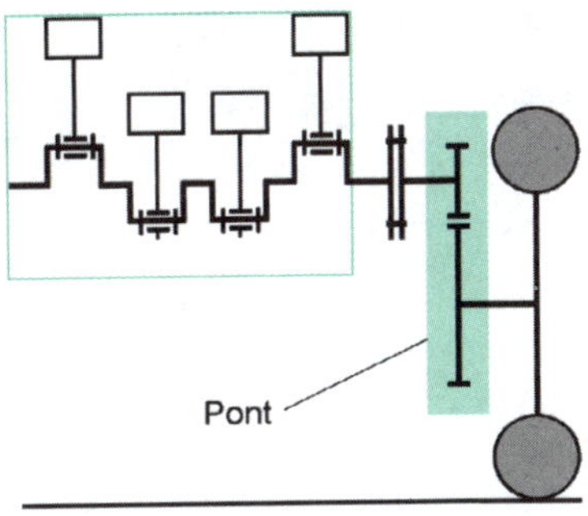

Figure 1.13 *Réducteur permanent appelé « pont ».*

L'organe qui réalise cette réduction permanente se présente sous la forme de deux pignons de diamètre différent et se situe dans le pont avant ou arrière du véhicule. C'est le couple démultiplicateur (figure 1.13).

À l'arrêt : le moteur doit pouvoir tourner au ralenti afin d'éviter son redémarrage après chaque arrêt. Ce désaccouplement est réalisé soit par :

» l'embrayage dans sa phase « débrayée » (figure 1.14) ;

» la boîte de vitesses dans sa position « point mort ».

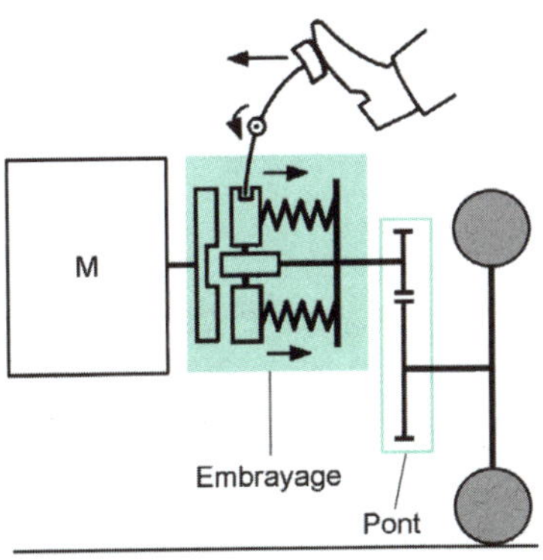

Figure 1.14 *Principe de l'embrayage (en position « débrayée »).*

Au démarrage : le moteur tourne à son régime de meilleur couple, les roues sont arrêtées. Un accouplement progressif par glissement est nécessaire. Cette fonction est réalisée par l'embrayage dans sa position « embrayée ».

En accélération ou en côte : la vitesse aux roues est faible et le couple résistant élevé. Le moteur tourne toujours à son régime de meilleur couple.

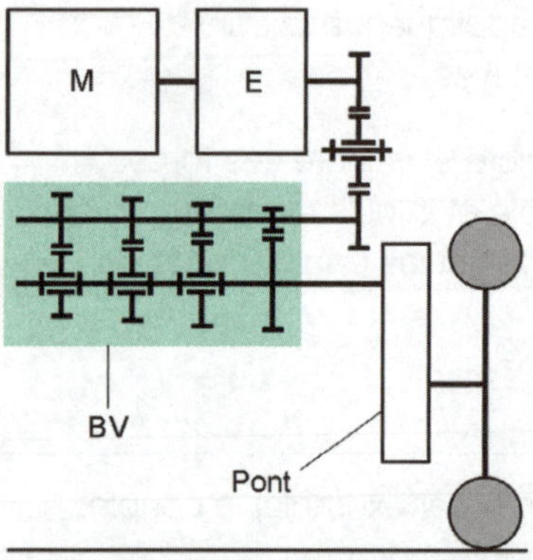

Figure 1.15 *Principe de la boîte de vitesses (en position de première vitesse).*

Les grandes plages de vitesse et de couple résistant aux roues en phase d'accélération et en côte nécessitent l'utilisation de plusieurs possibilités de démultiplication. Ces possibilités sont offertes par les boîtes de vitesses à commande manuelle ou automatique à trois, quatre, cinq ou six rapports dans le cas des véhicules de tourisme courants (figure 1.15).

Remarque

La boîte de vitesses permet également de réaliser la marche arrière.

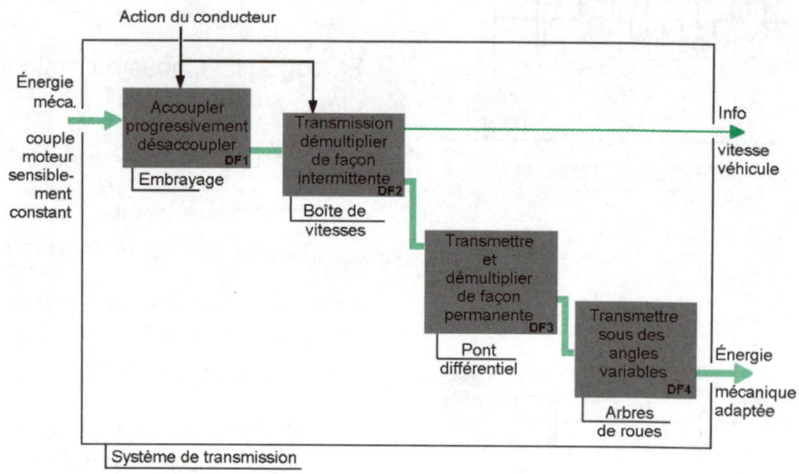

Figure 1.16 *Principe de la transmission, analyse descendante niveau A0.*

Résumé

Fonction du système de transmission

Transmettre l'énergie motrice aux roues.

Conditions à remplir

» Permettre un démarrage progressif.
» Permettre de désaccoupler la transmission.
» Adapter la puissance et le couple du moteur aux variations des efforts résistants (couple résistant).

Éléments constitutifs d'une transmission

L'embrayage réalise un accouplement progressif et permet le désaccouplement.

La boîte de vitesses assure, par des démultiplications étagées, l'adaptation du couple moteur au couple résistant.

Par le point mort, elle permet de désaccoupler la transmission. Elle réalise la marche arrière.

Le couple démultiplicateur du pont assure une réduction permanente permettant une utilisation rationnelle de la puissance et du couple moteur ; son différentiel permet aux roues motrices de tourner à des vitesses différentes.

Les arbres de transmission terminent la liaison avec les roues motrices.

Variation du couple résistant

Le couple résistant varie suivant l'importance de :

» la charge (masse du véhicule) ;
» l'accélération au démarrage et en mouvement (inertie) ;
» la pente de la route (pesanteur) ;
» la résistance de l'air (Cx et vitesse) ;
» la résistance au frottement des organes de transmission ;
» la résistance au roulement des roues sur le sol.

Testez vos connaissances

1. L'embrayage est situé entre :

a ☐ *le moteur et la boîte de vitesses*
b ☐ *la boîte de vitesses et le pont*
c ☐ *pont et les roues*

2. Le levier de vitesses agit sur :

a ☐ *l'embrayage*
b ☐ *la boîte de vitesses*
c ☐ *le pont*

3. Dans la transmission, quel est l'élément qui réalise une démultiplication permanente ?

a ☐ *l'embrayage*
b ☐ *la boîte de vitesses*
c ☐ *le pont*

4. Pour obtenir une vitesse du véhicule optimale (entre 0 et 150 km/h, par exemple), la vitesse de rotation du moteur dans sa plage de couple et de puissance maxi doit être :

a ☐ *démultipliée*
b ☐ *multipliée*
c ☐ *surmultipliée*

Entraînez-vous

1. Recherchez les éléments qui composent la transmission sur un véhicule de votre choix. Donnez les caractéristiques de chacun d'eux.

2. Quelles différences y a-t-il entre le type d'engrenage d'un pont pour moteur transversal et celui d'un pont pour moteur longitudinal ?

3. Qu'entend-on par démultiplication courte et démultiplication longue ? Expliquez les avantages et les inconvénients des deux systèmes.

L'embrayage
chapitre 2

2.1 Mise en situation

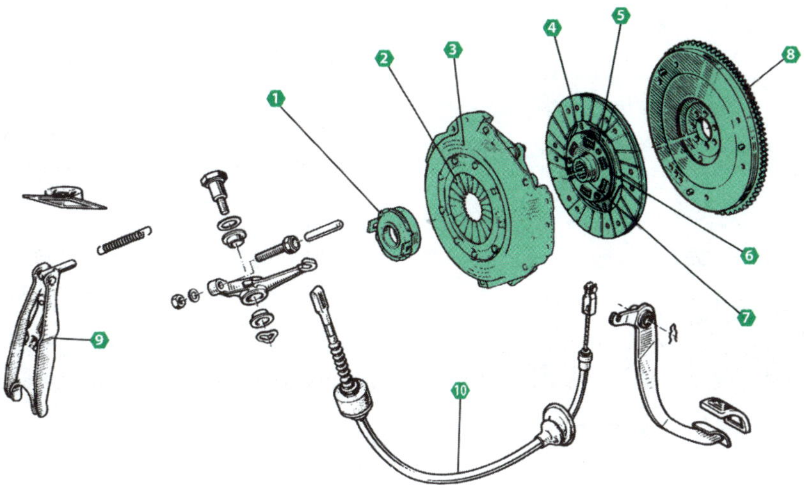

Figure 2.1 *Éléments d'un système d'embrayage (document Renault).*

1. Butée d'embrayage.
2. Diaphragme.
3. Boîtier du mécanisme.
4. Garniture du disque.
5. Voile du disque.
6. Ressort d'amortissement.
7. Liaison glissière avec l'arbre primaire de boîte de vitesses.
8. Volant moteur.
9. Fourchette d'embrayage.
10. Commande mécanique.

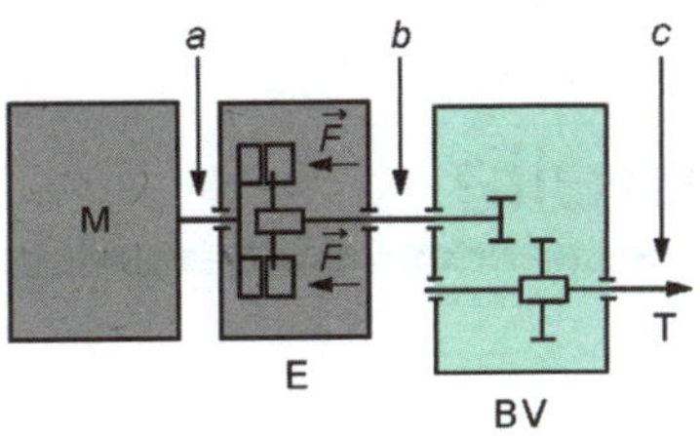

Figure 2.2 *Arrêt du véhicule :*

- ***a*** tourne au ralenti.
- ***b*** tourne au ralenti.
- ***c*** ne tourne pas.

M. Moteur.
E. Embrayage.
BV. Boîte de vitesses.
T. Transmission.
$\vec{F}$: force motrice.

Les manœuvres à effectuer lors du démarrage d'un véhicule sont les suivantes :

Arrêt du véhicule (figure 2.2) :

» le moteur tourne au ralenti (arbres a et b) ;

» la transmission ne tourne pas (arbre c).

Préparation au démarrage (figure 2.3). Le premier rapport de démultiplication doit être engagé. Cette manœuvre ne peut être réalisée sans désaccoupler temporairement le moteur de la boîte de vitesses car :

» les vitesses de rotation des pignons à engrener sont différentes (vitesse transmission nulle) ;

» le couple résistant est supérieur au couple moteur.

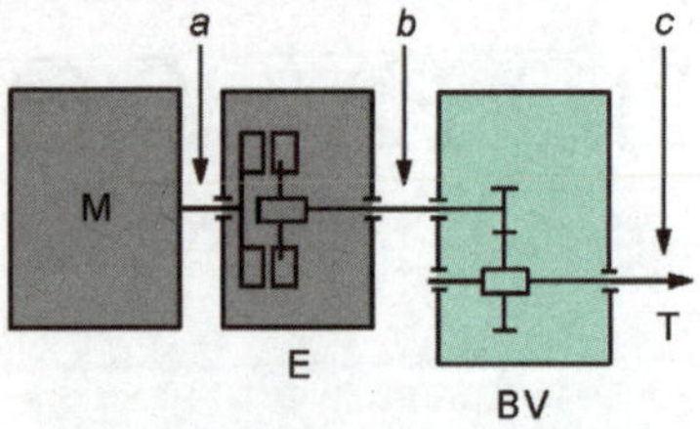

Figure 2.3 *Préparation au démarrage :*

- ***a*** tourne au ralenti.
- ***b*** ne tourne pas.
- ***c*** ne tourne pas.

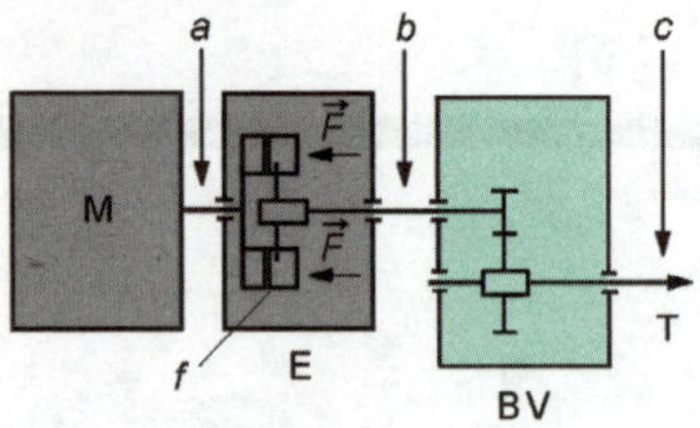

Figure 2.4 *Démarrage :*

- ***a*** tourne à vitesse élevée (meilleur couple).
- ***b*** augmente progressivement de régime.
- ***c*** idem.

f : frottement.

$\vec{F}$ augmente progressivement.

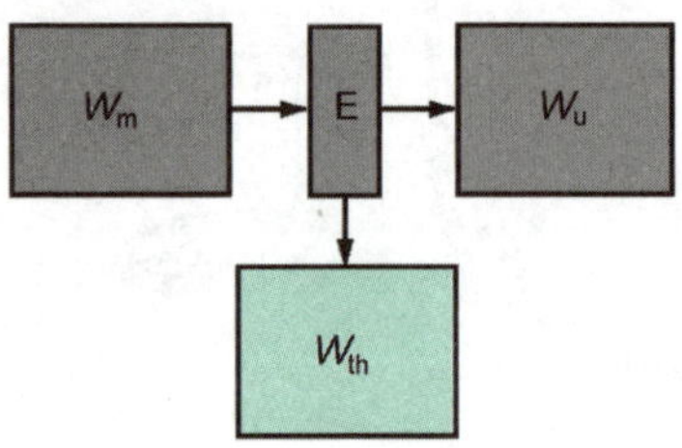

Figure 2.5 *Transmission de l'énergie.*

W_m : énergie motrice.
W_{th} : énergie thermique.
W_u : énergie utile à la transmission.

Le conducteur engage une vitesse.

Démarrage du véhicule (figure 2.4). Le conducteur accélère, le couple moteur augmente ; un accouplement instantané est impossible sans choc car :

» le couple moteur devient supérieur au couple résistant ;

» la vitesse de rotation du moteur est élevée, celle des éléments de la transmission est nulle.

Nous comprenons la nécessité d'adopter un type d'accouplement progressif à frottement variable. Cette disposition permet d'obtenir :

» pour un régime constant du moteur, l'entraînement progressif de la transmission jusqu'à l'égalité des vitesses ;

» un équilibre progressif du couple moteur et du couple résistant.

Remarque

Dans ce type de transmission, l'évolution des couples n'est pas inversement proportionnelle aux vitesses de rotation, comme dans les transmissions par engrenages.

La part d'énergie qui n'est pas transmise est transformée, par frottement, en énergie calorifique ou thermique (figure 2.5).

Le rendement de cet organe est donc proportionnel à la progressivité de l'accouplement (augmentation de $\vec{F}$).

2.2 Analyse structurelle

Il existe deux systèmes d'embrayage :

» L'embrayage commandé : dans ce cas, c'est un accouplement mécanique par embrayage à disques.

» L'embrayage automatique :

- par accouplement mécanique : embrayage centrifuge, embrayage électromagnétique, embrayage piloté ;
- par accouplement hydrocinétique : convertisseur de couple.

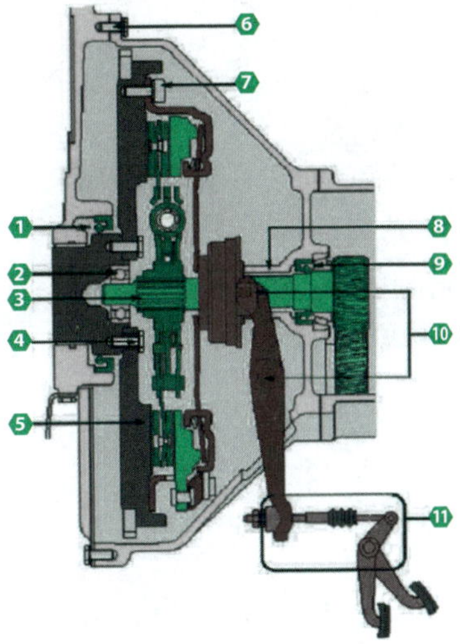

1. Joint annulaire d'étanchéité retenant l'huile moteur
2. Roulement pilote
3. Arbre primaire de boîte à vitesses
4. Vis de fixation du volant sur le vilebrequin
5. Volant moteur
6. Vis de fixation du carter d'embrayage (ou cloche) sur le bloc-moteur
7. Vis de fixation du mécanisme d'embrayage sur le volant
8. Nez de boîte / guide de butée
9. Joint annulaire d'étanchéité retenant l'huile de boîte à vitesses
10. Articulations de la fourchette de commande
11. Commande (tringlerie, câble ou système hydraulique)

Figure 2.6 *Embrayage à disque.*

L'embrayage commandé à diaphragme et disques

L'embrayage à disques doit permettre :

» un accouplement progressif par friction sans usure rapide des surfaces ;

» une progressivité de l'accouplement sans à-coups dans la transmission ;

» une évacuation rapide de l'énergie calorifique dégagée pendant l'accouplement ;

» une transmission intégrale (sans glissement), dans sa phase « embrayée », quels que soient les couples à transmettre ;

» une manœuvre facile et un effort réduit de la part du conducteur.

Un disque d'embrayage est garni, sur ses deux faces, d'une matière dont le coefficient de frottement est élevé et qui résiste bien à la chaleur. Il est lié en rotation avec l'arbre primaire (arbre d'entrée) de la boîte de vitesses et libre en translation sur celui-ci. Serré entre le volant et le plateau presseur par des ressorts de pression, il est entraîné par adhérence.

Les avantages de l'embrayage à diaphragme sont les suivants :

» grande progressivité au démarrage,

» faible effort à exercer sur la pédale,

» force pressante sur le disque peu variable, malgré l'usure des garnitures (figure 2.7),

» meilleure ventilation et bon équilibrage dynamique de l'ensemble.

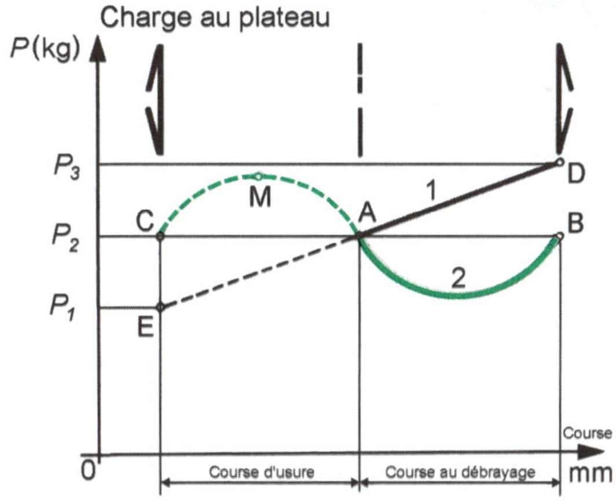

Figure 2.7 *Comparaison de la force pressante exercée sur le disque dans un embrayage à diaphragme (document Renault).*

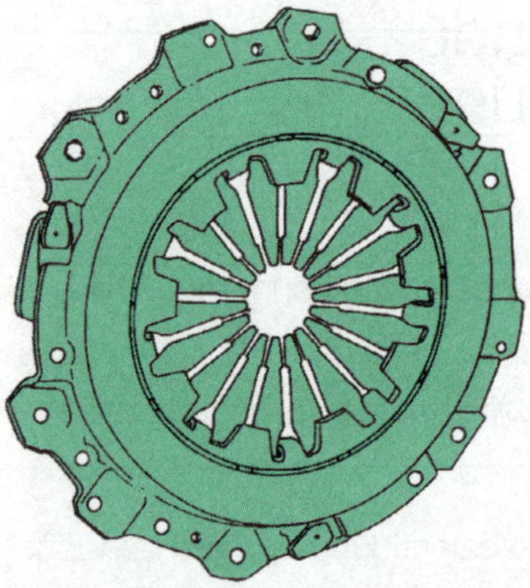

Figure 2.8 *Mécanisme d'embrayage à diaphragme.*

Figure 2.9 *Un disque d'embrayage.*

Figure 2.10 *La butée.*

Les principaux éléments

Le diaphragme

Le diaphragme est une sorte de rondelle Belleville, qui se comporte comme un ressort unique.

La partie active du diaphragme est comprimée entre le plateau mobile et la cloche. Des joncs servent d'appui et d'articulation.

Pour débrayer, la butée agit au centre du diaphragme.

Le disque d'embrayage

Les garnitures sont en matériaux composite et procurent un haut coefficient de frottement et une bonne résistance aux températures élevées.

Les ressorts amortissent les à-coups lors des manœuvres d'embrayage et les variations de couple du moteur.

Le moyeu cannelé coulisse sur les cannelures de l'arbre d'embrayage.

La butée

La butée, disposée autour de l'arbre d'entrée de boîte, reçoit la poussée de la pédale lors d'un débrayage pour la transmettre aux leviers ou au centre du diaphragme. Elle se compose d'une bague tournant avec le mécanisme et d'une autre bague coaxiale non rotative reliée à la pédale par l'intermédiaire de la fourchette et du système de commande.

Remarque

La plupart des butées sont en contact permanent avec le diaphragme.

La commande de l'embrayage

La commande reliant la pédale à la fourchette était autrefois mécanique par tringlerie. De nos jours, le lien entre la pédale et l'embrayage dans des voitures de tourisme et de petits véhicules utilitaires à transmission manuelle est presque exclusivement hydraulique.

Les commandes par câble ont, elles aussi, presque totalement disparu. La commande hydraulique s'est largement répandue parce

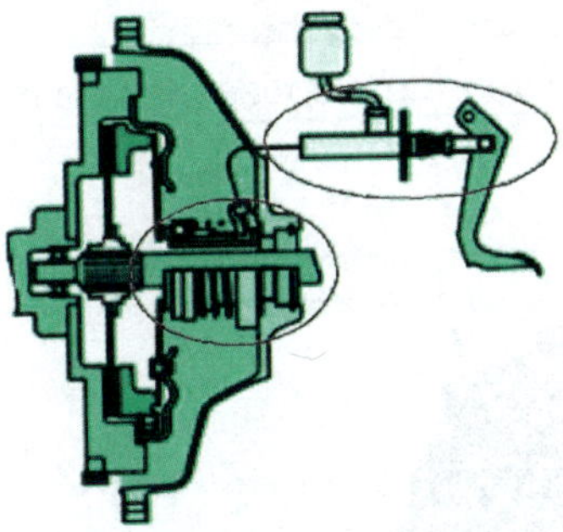

Figure 2.11 *Commande hydraulique.*

qu'elle est aisée à installer dans des compartiments moteurs de plus en plus encombrés. De plus grâce à l'utilisation des cylindres récepteurs concentriques une grande simplification a été réalisée.

L'embrayage automatique

Les embrayages automatiques doivent permettre :

» une désolidarisation totale lorsque le moteur tourne au ralenti, à l'arrêt ;

» un patinage plus ou moins important au démarrage en fonction des vitesses relatives et des couples (moteur/transmission) ;

» un accouplement sans glissement après démarrage, le couple doit alors être transmis intégralement.

Ces opérations doivent se réaliser sans action extérieure du conducteur.

On distingue différents systèmes d'embrayage automatique :

» l'embrayage classique couplé à un embrayage centrifuge semi-automatique ;

» l'embrayage classique piloté électrohydrauliquement ;

» le convertisseur hydraulique utilisé le plus souvent avec une boîte automatique, à trains épicycloïdaux.

Prenons l'exemple du système SensoDrive Citroën où l'embrayage est automatisé et commandé par un actuateur :

Figure 2.12 *Le système SensoDrive de Citroën.*

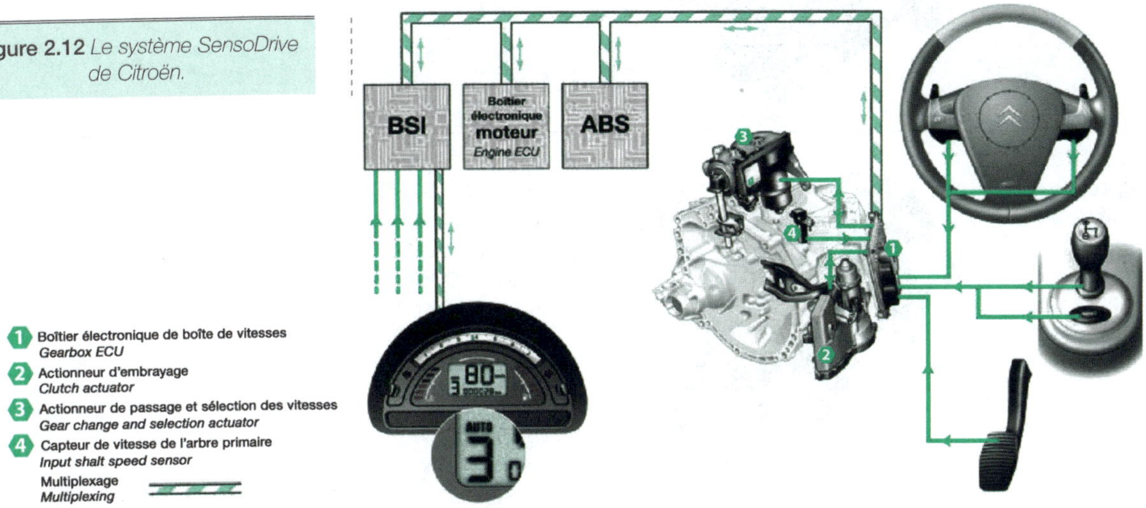

Sur le système SensoDrive les actuateurs sont des moteurs électriques à courant continu. Le conducteur ne dispose plus de la pédale d'embrayage ni du levier de vitesse standard.

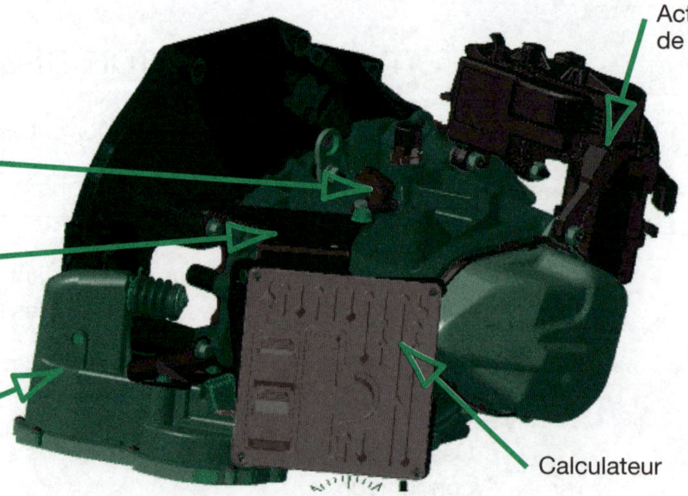

Figure 2.13 *Les composants du système.*

Composant	Figure	Fonction
L'actionneur d'embrayage	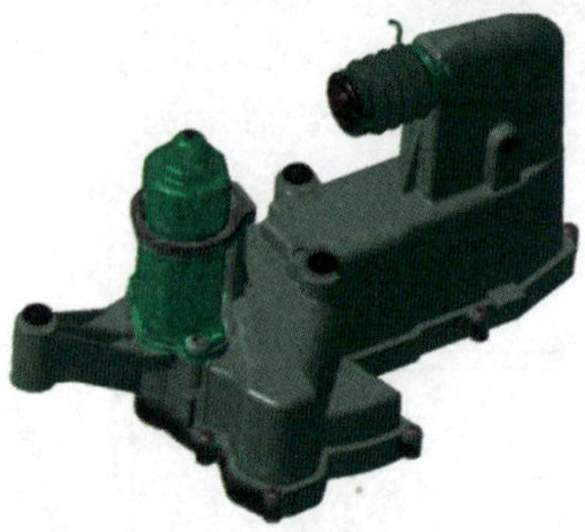	Il remplace l'action du conducteur sur la pédale d'embrayage et permet trois états : – Accouplement du moteur à la transmission ; – Désaccouplement du moteur à la transmission ; – Glissement (démarrage, progressivité, à-coups).
L'actionneur de passage de vitesses		Il remplace l'action du conducteur pour la sélection et l'engagement du rapport. Il est en fait composé de deux actuateurs : – un pour la sélection du rapport ; – l'autre pour l'engagement du rapport.

Le calculateur	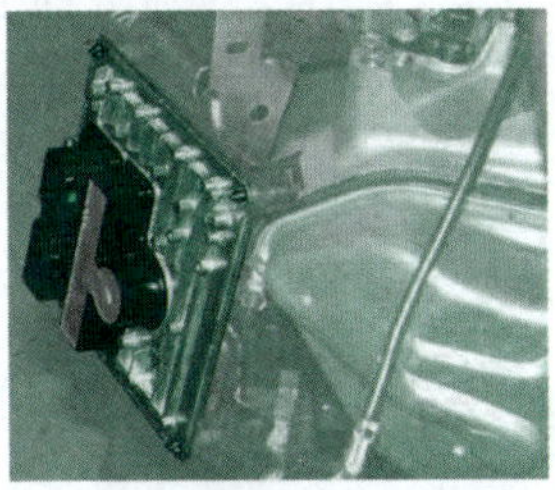	Il gère le fonctionnement de la BVR (acquisition des infos capteurs et du réseau, commande les actionneurs, communique avec les autres calculateurs du véhicule (Inj., ABS ESP, Clim., BSI)).
Le capteur de régime d'arbre primaire		Il communique au calculateur l'image électrique du régime de rotation de l'arbre primaire afin qu'il la compare au régime moteur (info via l'injection) et connaisse ainsi le glissement de l'embrayage.

2.3 Analyse fonctionnelle

Conditions à réaliser pour permettre la transmission d'un couple élevé sans glissement après embrayage

Exemple

Données :

– couple maximal à transmettre, $\mathcal{C} = 96$ N · m ;

– rayon moyen du disque, $r_m = 0{,}1$ m ;

– coefficient d'adhérence des garnitures, $f = 0{,}4$;

– nombre de surfaces de contact, $n = 2$.

Nous cherchons F, la force totale des ressorts à appliquer.

Appliquons la formule (figure 2.14) $\mathcal{C} = r_m fnF$, de laquelle on tire :

$$F = \frac{\mathcal{C}}{r_m fn}$$

donc : $$F = \frac{96}{0{,}1 \times 0{,}4 \times 2} = 1\ 200$$

Cette valeur est l'intensité théorique de la force à appliquer.

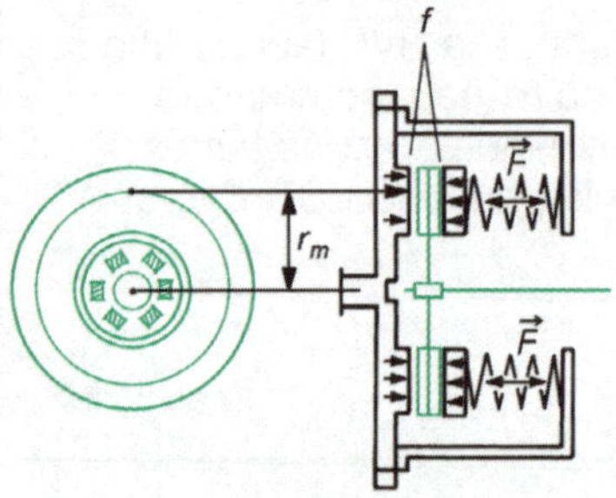

Figure 2.14 *Transmission du couple moteur : $F = \frac{\mathscr{C}}{r_m fn}$*

Pour un même couple à transmettre, si r_m est supérieur, l'intensité de la somme des forces $\vec{F}$ peut être inférieure.

Pour tenir compte des aléas et de l'usure, l'intensité totale pratique devra être légèrement supérieure. Par exemple, F = 1 420 N. Si le mécanisme comporte six ressorts, l'intensité de la force de chacun d'eux sera de :

$$\frac{1\,420}{6} = 240 \text{ N}$$

En conclusion, pour permettre une transmission intégrale du couple moteur, on peut donc agir, en fabrication, sur les éléments suivants :

» diamètre du disque,

» matière des garnitures et conception,

» nombre de surfaces frottantes (monodisque ou multidisques),

» force du (ou des) ressort(s).

Principe de fonctionnement d'un embrayage à diaphragme

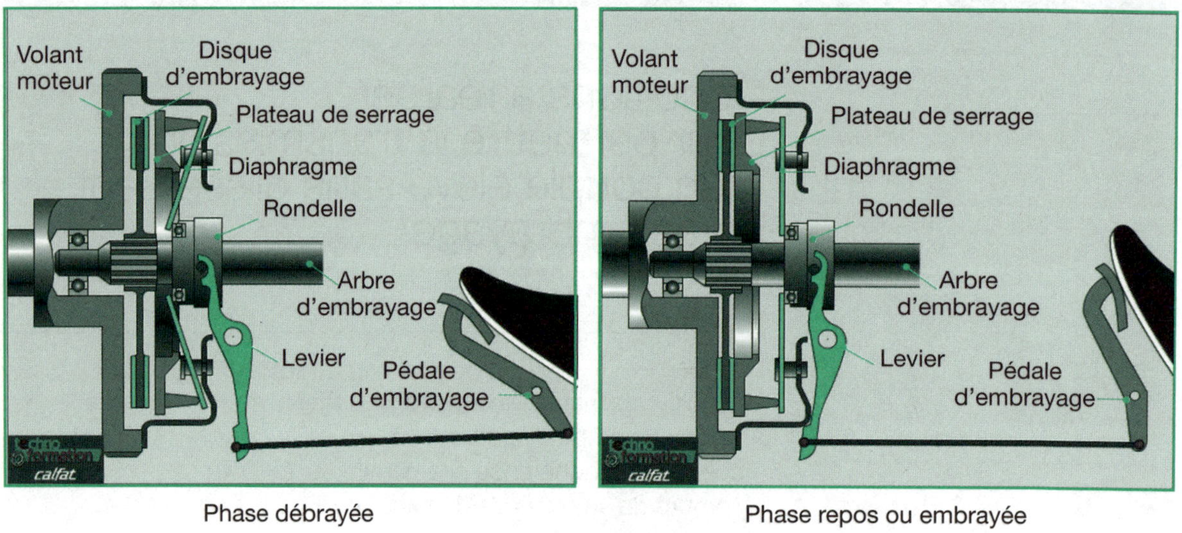

Figure 2.15 *Fonctionnement d'un embrayage à diaphragme.*

Débrayage : le conducteur agit, par la commande, sur la fourchette d'embrayage.

La fourchette pousse la butée. Cette dernière appuie sur le diaphragme qui s'écrase. Le plateau presseur s'écarte. Le disque est libéré.

Embrayage : le conducteur relâche progressivement son action. Le plateau presseur est appuyé graduellement sur le disque. Le disque est entraîné avec une adhérence de plus en plus prononcée.

Lorsque la force pressante exercée par le diaphragme est maximale, l'accouplement est réalisé.

Figure 2.16 *Système d'embrayage commandé.*

Principe de fonctionnement de l'embrayage commandé (SensoDrive Citroën)

Le changement de rapport est effectué avec les informations suivantes :

» position pédale accélérateur,

» le rapport engagé.

Lors d'un changement de rapport, le calculateur :

» pilote le calculateur moteur en couple et en régime,

» pilote les actionneurs embrayage et boîte de vitesses.

Deux modes de fonctionnement sont possibles

Automatique (mode par défaut)

Les rapports passent seuls suivant un programme de lois de passages interne au calculateur qui peut être évolutif (auto adaptatif).

Le calculateur répond à la demande du conducteur transmise via la pédale d'accélérateur et la pédale de frein, en adaptant sa cartographie de passage des vitesses (régime-vitesse) au type de conduite (normale ou sportive) du conducteur.

Le conducteur peut forcer la boîte de vitesse à rétrograder (kick down) en appuyant à fond sur la pédale d'accélérateur.

Le conducteur n'intervient au sélecteur que pour le choix du sens de marche Avant, arrière ou neutre.

Manuel séquentiel

Les rapports passent en fonction de la sélection du conducteur (+ ou –) au levier de sélection ou par les palettes sous le volant.

Les changements peuvent se faire sans relâchement de la pédale d'accélérateur.

Le système est protégé de toute intervention dangereuse (surrégime ou sous-régime).

La sélection du mode se fait en appuyant sur le bouton auto sur la console centrale ou sur les palettes de sélections si le système détecte des actions répétées.

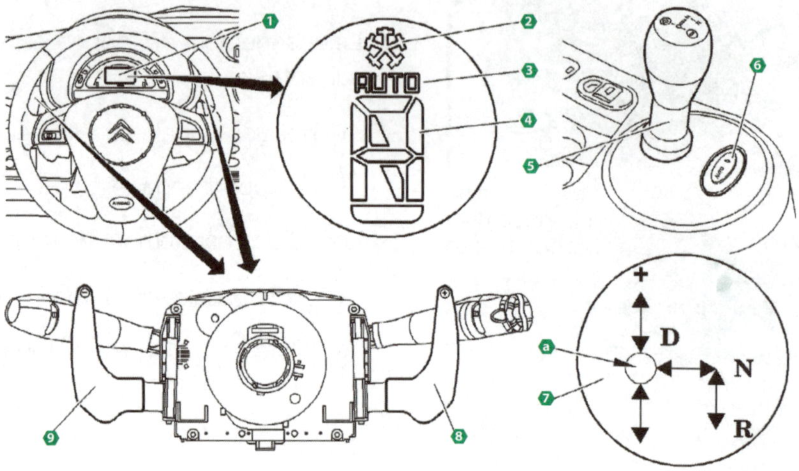

Figure 2.17 *Détail de l'embrayage :*

1. Afficheur au combiné (afficheur à cristaux liquides) ;
2. Voyant neige ;
3. Voyant auto ;
4. Afficheur alphanumérique ;
5. Sélecteur de rapport ;
6. Sélecteur de programme ;
7. Grille de sélection de vitesses ;
8. Commande de vitesses au volant de direction droite (+) ;
9. Commande de vitesses au volant de direction gauche (–).
Le démarrage du moteur thermique est autorisé en appuyant sur la pédale de frein.

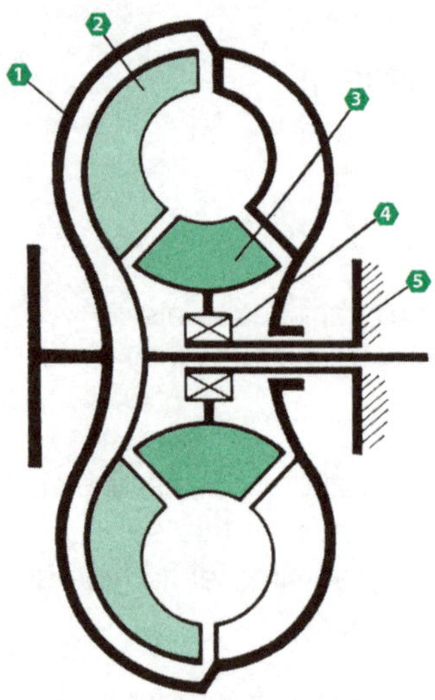

Figure 2.18 *Convertisseur de couple.*

1. Impulseur.
2. Turbine.
3. Réacteur.
4. Roue libre.
5. Point fixe (carter).

Le convertisseur de couple

Un convertisseur est un embrayage hydrocinétique.

Comme le coupleur, il permet un démarrage automatique et progressif du véhicule, mais permet en même temps une multiplication du couple moteur lorsque le couple résistant est élevé.

Les éléments principaux du convertisseur

Le convertisseur de couple (figures 2.18 et 2.19) comporte :

» une pompe, ou impulseur, entraînée par le moteur comportant un grand nombre d'aubes inclinées ;

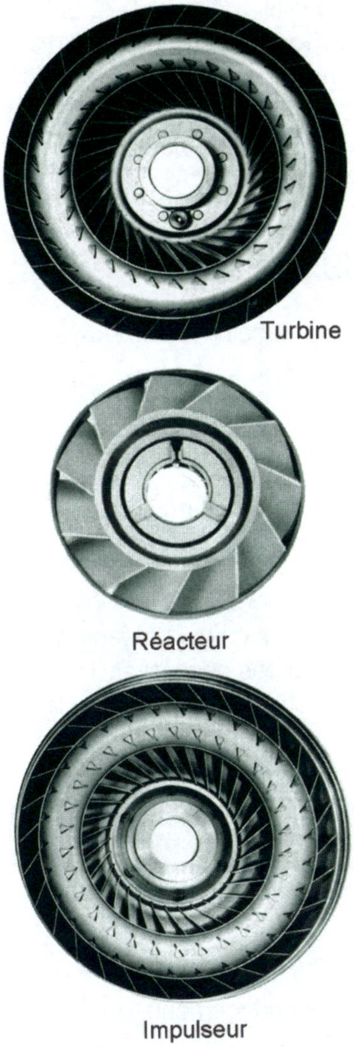

Figure 2.19 *Éléments du convertisseur.*

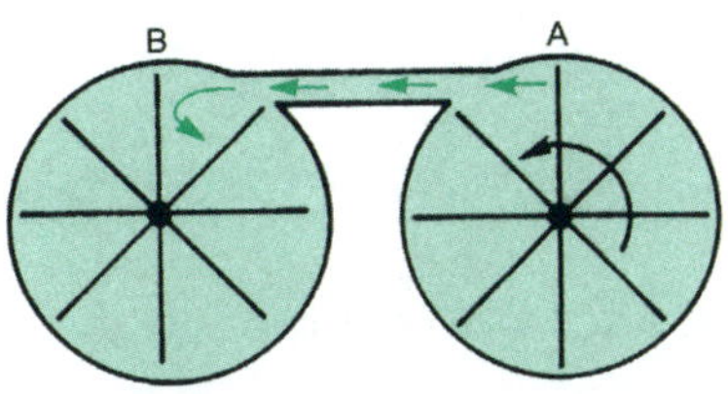

Figure 2.20 *B tourne difficilement.*

A. Ventilateur pompe.
B. Ventilateur récepteur.

» une turbine réceptrice, munie d'aubes dont l'orientation particulière tient compte de l'arrivée comme du retour des jets d'huile ;

» un réacteur, situé entre la pompe et la turbine, muni d'ailettes extérieures orientées selon un angle très précis.

Le réacteur est monté sur une roue libre qui lui permet de tourner dans le sens de l'impulseur mais lui interdit la rotation en sens inverse.

Principe de fonctionnement du convertisseur

Pour faciliter la compréhension, nous commencerons par effectuer une comparaison analogique avec le comportement de deux ventilateurs dont un seul serait entraîné.

Lorsque le ventilateur pompe tourne, si l'on soumet l'axe du ventilateur récepteur à un léger couple résistant on constate que le souffle de la pompe qui tourne à une vitesse élevée entraîne difficilement le second ventilateur (figure 2.20).

Si l'on dispose un tube réacteur qui récupère le souffle perdu et le renvoie à l'arrière des pales du ventilateur pompe, on constate que :

» pour une même vitesse de rotation de la pompe, la force avec laquelle le souffle appuie sur les pales du second ventilateur est augmentée ;

» la valeur de cette force est d'autant plus grande que la turbine réceptrice tourne lentement (figure 2.21).

Dans le convertisseur (figure 2.22), ce rôle de récupérateur d'énergie sera joué par le réacteur qui aura pour fonction de réorienter les jets d'huile revenant de la turbine et de les projeter au dos des aubes de l'impulseur.

Le convertisseur permet d'obtenir :

» une progressivité et une souplesse supérieures à celles obtenues par un embrayage mécanique ;

» une diminution de la fréquence de passage des vitesses ;

» un frein moteur identique à celui obtenu avec une transmission classique ;

» une longévité des éléments mécaniques moteur et de la transmission plus importante.

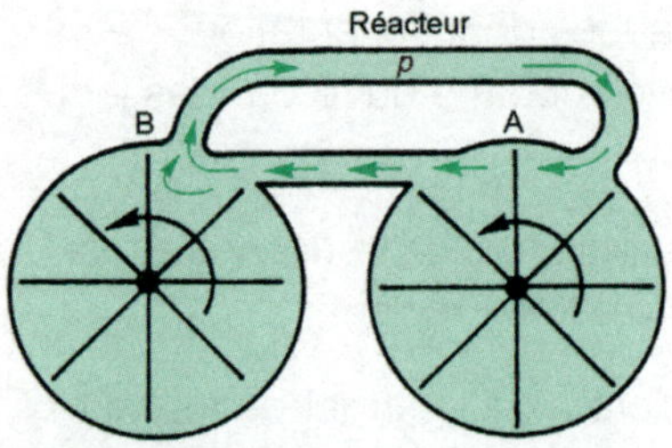

Figure 2.21 *Récupération du souffle perdu. Augmentation du couple récepteur.*

Bien qu'il permette une amplitude de rapports appréciable (2,2/1 à 1/1), le convertisseur ne peut couvrir seul toutes les conditions de fonctionnement d'un véhicule. Néanmoins, grâce à cette multiplication du couple, la boîte de vitesses pourra comporter moins de rapports, plus espacés les uns des autres que dans la transmission par embrayage classique à disques.

Principaux inconvénients du système

» Son rendement est légèrement inférieur à celui de l'embrayage à disques, car il subsiste un léger glissement.

» Comme tout embrayage centrifuge, il ne peut assurer automatiquement que le démarrage et le retour au ralenti.

Il est possible d'y adjoindre un embrayage de coupure afin de permettre le passage des vitesses en roulant.

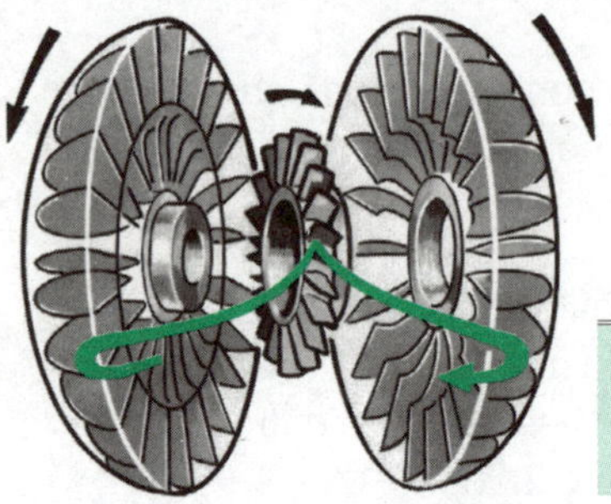

Figure 2.22 *Convertisseur hydraulique en fonctionnement.*

Il est utilisé en général avec les boîtes de vitesses automatiques qui présentent l'avantage de ne pas nécessiter de désaccouplement lors du passage des vitesses.

Résumé

Fonctions

L'embrayage permet :

» de désaccoupler momentanément la transmission pour effectuer les changements de rapports de vitesses ;

» d'accoupler progressivement afin de transmettre le couple moteur d'une manière variable et progressive.

Principe

Ce type d'accouplement est fondé sur les principes de la friction mécanique ou de l'énergie cinétique hydraulique.

Le couple moteur peut n'être transmis que partiellement.

L'énergie non utilisée est dissipée sous forme d'énergie calorifique.

Solutions technologiques

- Embrayages commandés : embrayages mécaniques à disques simples ou multiples.
- Embrayages automatiques :

» mécaniques : embrayage classique piloté, embrayage centrifuge, embrayage électro-magnétique ;

» hydrocinétiques : convertisseur (coupleur multiplicateur de couple).

Testez vos connaissances

1. Moteur tournant, véhicule à l'arrêt, quel est l'élément qui ne tourne pas ?

a ☐ *le mécanisme*

b ☐ *le disque*

c ☐ *la butée*

2. Le disque d'embrayage est monté sur son arbre en liaison :

a ☐ *pivot*

b ☐ *glissière*

c ☐ *fixe*

3. Plus le couple à transmettre est élevé, plus le disque d'embrayage doit être :

a ☐ *épais*

b ☐ *mince*

c ☐ *de grand diamètre*

d ☐ *de petit diamètre*

4. Dans un convertisseur hydraulique, l'élément qui fait monter le liquide en pression est :

a ☐ *l'impulseur*

b ☐ *le réacteur*

c ☐ *la turbine*

Entraînez-vous

1. Recherchez les caractéristiques de l'embrayage d'un véhicule de votre choix.
2. Effectuez une recherche sur un véhicule équipé d'un embrayage mécanique piloté (sans pédale d'embrayage). Indiquez :
   – les éléments constitutifs ;
   – le principe de fonctionnement.

La boîte de vitesses mécanique
chapitre 3

3.1 Mise en situation

Figure 3.1 *Emplacement de la boîte de vitesse.*

Selon la position des éléments moteur, transmission, roues, nous rencontrons des boîtes de vitesses dont :

» l'arbre d'entrée ou arbre primaire ❶ se situe du même côté que l'arbre de sortie ou arbre secondaire ❷ des boîtes/pont ;

» l'arbre primaire est à l'opposé de l'arbre secondaire.

Dans l'exemple 1 de la figure 3.2, on trouve généralement une suite d'engrenages élémentaires (figure 3.3) montés sur deux arbres parallèles. Dans l'exemple 2, on peut rencontrer :

» un montage d'engrenages sur deux arbres parallèles (figure 3.4) ;

» un montage de trains parallèles à trois arbres (figure 3.5).

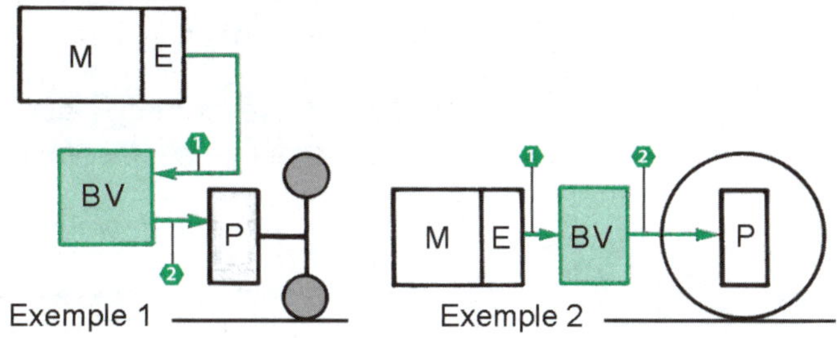

Figure 3.2 *Disposition de la boîte de vitesses dans la transmission.*

Exemple 1. Moteur transversal ou tout à l'avant ou tout à l'arrière (boîtes/pont).
Exemple 2. Disposition dite « classique ».

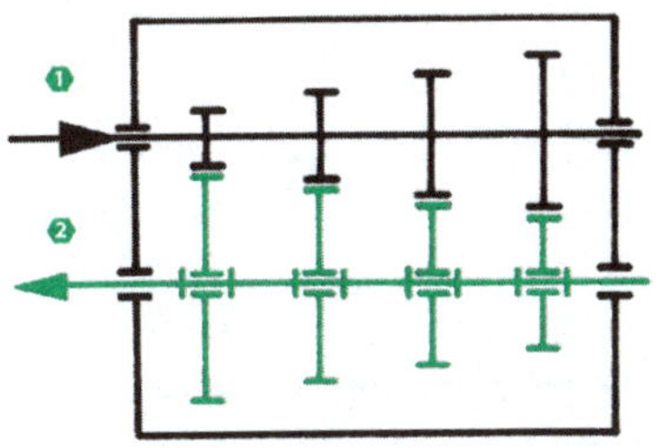

Figure 3.3 *Disposition des arbres.*

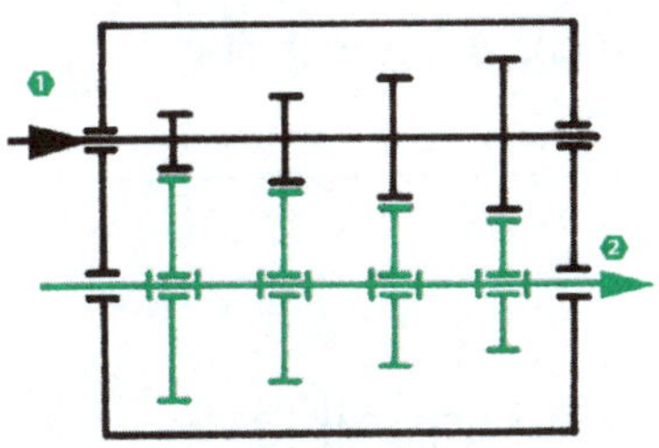

Figure 3.4 *Engrenages élémentaires à deux arbres.*

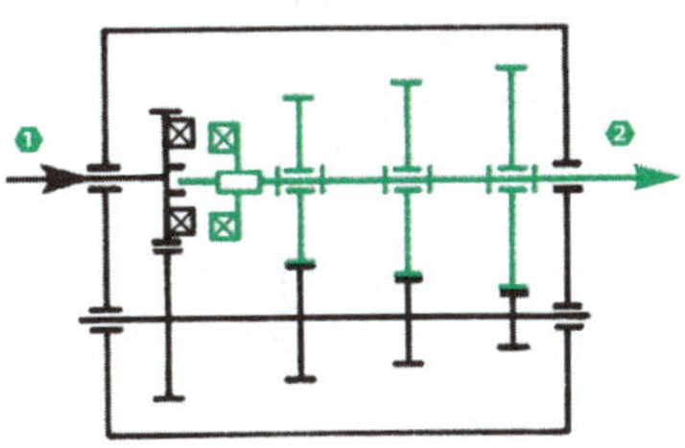

Figure 3.5 *Trains d'engrenages à trois arbres.*

Remarque

Il est possible de rencontrer, dans l'exemple 1, des boîtes comportant trois arbres, deux arbres coulissant l'un dans l'autre.

Les engrenages peuvent être :

» à denture périphérique (figure 3.6) :

- droite (parallèle à l'axe de rotation des pignons),
- hélicoïdale (profil partiel d'une hélice),
- spirale,
- à chevrons (exceptionnellement et désormais plus utilisés) ;

» à denture latérale : ce sont des crabots, petites dents à entrée biseautée dont le grand nombre facilite l'engrènement ;

» de deux types de denture, latérale et périphérique ;

» pourvus d'une denture intérieure (couronne).

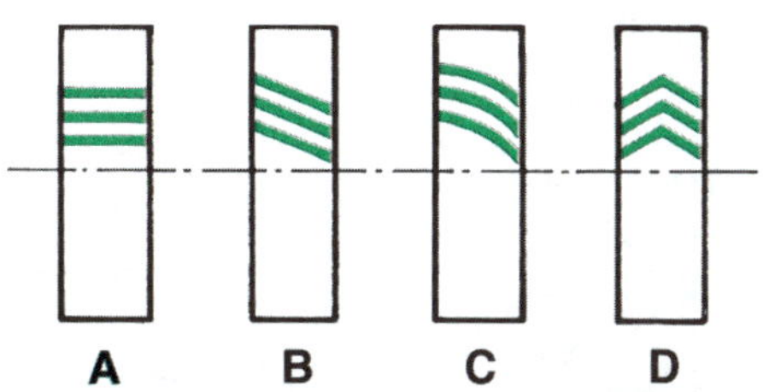

Figure 3.6 *Différents types de denture périphérique.*

A. Denture droite.
B. Denture hélicoïdale.
C. Denture spirale.
D. Denture à chevrons.

La force motrice est transmise par l'action des dents du pignon menant sur celles de la roue menée.

1. Denture droite (figure 3.7A). La force ($\vec{F}$) est perpendiculaire à la dent. Il y a une bonne transmission de l'effort mais le fonctionnement est bruyant (chocs) et l'usure importante.

2. Denture hélicoïdale (figure 3.7B). L'action des dents ($\vec{F_2}$) se trouve inclinée et se décompose en deux actions :

» $\vec{F_1}$: force d'entraînement en rotation ;

» $\vec{F_3}$: force ou poussée axiale parasitaire dont le sens dépend, pour un pignon :

- du fait que ce pignon soit menant ou mené,
- du sens de rotation,
- du sens de l'hélice.

Dans ce cas, la transmission est silencieuse, sans jeu, mais le rendement est plus faible ($F_1 < F_2$ du fait de F_3).

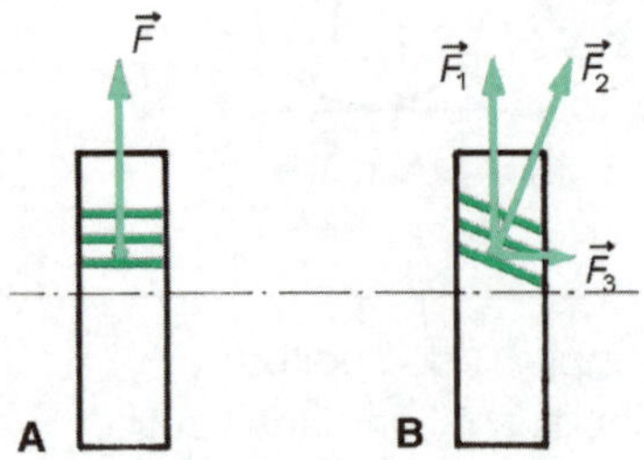

Figure 3.7 *Décomposition des forces.*

Remarque

Pour un engrenage, les forces axiales de chaque pignon sont inverses.

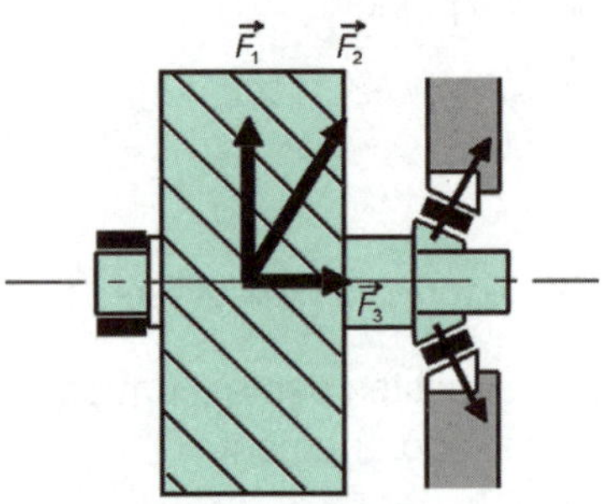

Figure 3.8 *Répartition des poussées axiales sur roulement à contact oblique.*

Plusieurs montages sont possibles pour s'opposer à ces poussées axiales

» Montage des arbres sur roulements à billes à contact ou à rouleaux coniques montés en opposition (figure 3.8).

» Pour deux engrenages voisins, le sens des hélices est mis en opposition afin que les forces axiales s'annulent (figure 3.9).

» Le pignon à denture chevron réagit comme deux pignons en opposition. Il est peu utilisé, notamment pour des raisons de difficulté de taillage.

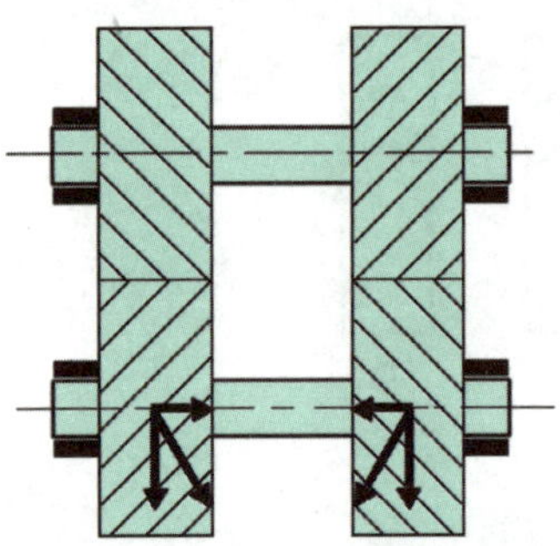

Figure 3.9 *Montage d'engrenages en opposition : les forces axiales s'annulent.*

Le passage d'une vitesse s'effectue par accouplement d'un pignon lié à l'arbre primaire et d'un pignon lié à l'arbre secondaire.

» Pignons à denture droite. L'accouplement s'effectue par engrènement de la denture extérieure. Pour cela, l'un des deux pignons doit se déplacer sur l'arbre avec lequel il est lié en rotation. Il prend le nom de « baladeur » (figure 3.10).

» Pignons à denture hélicoïdale. La forme des dents permettant difficilement l'engrènement extérieur, le baladeur devrait se déplacer suivant une hélice identique à celle du taillage. Les pignons à engrener sont donc en prise constante. L'un des deux pignons est monté fou sur son arbre.

L'accouplement s'effectue en emboîtant un moyeu baladeur libre en translation mais lié en rotation à son arbre. L'engrènement est assuré latéralement par des crabots (figure 3.11).

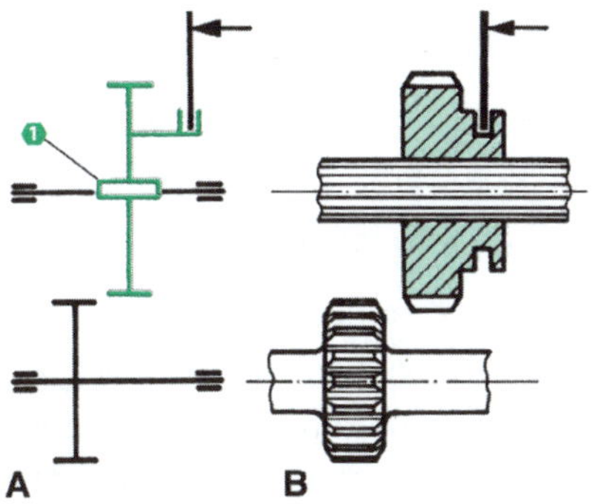

Figure 3.10 *Principe du baladeur.*

A. Schématique :
1 Liaison glissière.
B. En coupe.

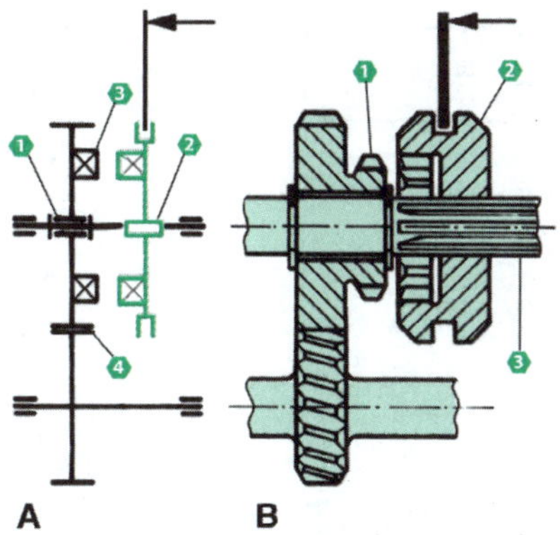

Figure 3.11 *Principe du craboteur.*

A. Schématique :
1 Liaison pivot.
2 Liaison glissière.
3 Crabots.
4 Prise constante.

B. En coupe :
1 Crabots.
2 Craboteur.
3 Cannelures.

3.2 Analyse structurelle

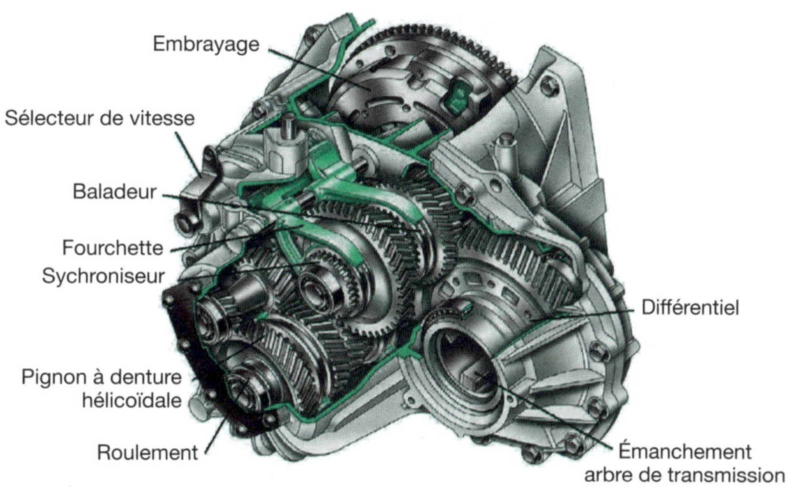

Figure 3.12 *Vue en coupe d'une boîte de vitesse.*

Principales dispositions technologiques des boîtes de vitesses

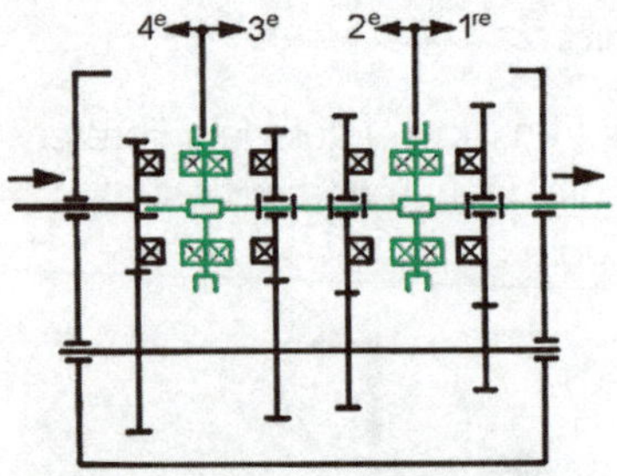

Figure 3.13 *Schéma d'une boîte de vitesses à trois arbres, quatre vitesses, la quatrième en prise directe.*

Le type de boîte de vitesses schématisée en figure 3.13 comporte :

» un arbre primaire comportant un pignon unique ;

» un arbre intermédiaire dont la première roue est en prise constante avec le pignon primaire. Cet engrenage réalise une première démultiplication (permanente) ;

» un arbre secondaire comportant :

- des pignons fous libres en rotation et liés en translation avec leur arbre,
- des craboteurs liés en rotation et libres en translation sur le même arbre.

Au passage d'une vitesse, le craboteur choisi se déplace vers le pignon fou concerné. Après engrènement des crabots, le pignon fou se trouve lié en rotation avec son arbre par l'intermédiaire du moyeu du craboteur.

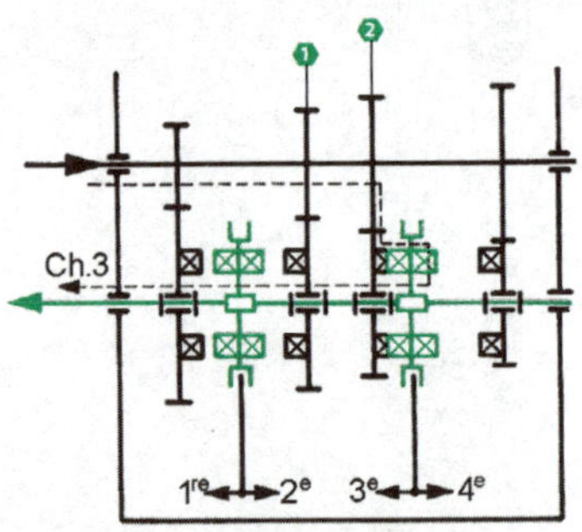

Figure 3.14 *Schéma d'une boîte de vitesses à deux arbres.*

1 Engrenage de deuxième.
2 Engrenage de troisième.
Ch. 3 : chaîne cinématique en troisième.

Lorsque le conducteur change de vitesse en roulant, il effectue les manœuvres suivantes :

1. Débrayer.
2. Lâcher l'accélérateur.
3. Désaccoupler la vitesse engagée (passage au point mort).
4. Accoupler la vitesse choisie.
5. Embrayer.
6. Agir sur l'accélérateur.

Pour que la manœuvre s'effectue sans choc, il est nécessaire que les éléments à accoupler aient la même vitesse circonférentielle ou que, ayant le même diamètre, ils aient la même vitesse de rotation.

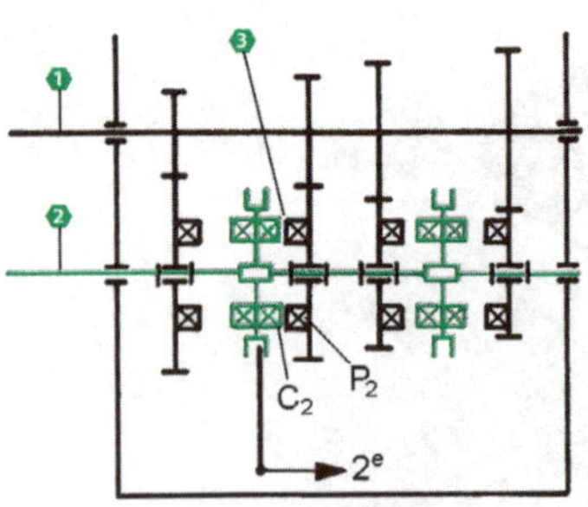

Figure 3.15 *Exemple numérique.*

1 Vitesse de l'arbre primaire : 400 tr/min.
2 Vitesse de l'arbre secondaire : 2 700 tr/min.
3 Passage en deuxième impossible sans choc.

Prenons l'exemple du passage de troisième en deuxième vitesse par crabotage. Supposons des rapports de démultiplication de 3/4 en troisième et 1/2 en deuxième (figures 3.14 et 3.15).

Regardons les vitesses des différents éléments.

Roulage en troisième (avant manœuvre) :

» arbre primaire (moteur) = 3 600 tr/min ;

» pignon mené de troisième, craboteurs, arbre secondaire :

$$\frac{3\,600 \times 3}{4} = 2\,700 \text{ tr/min}$$

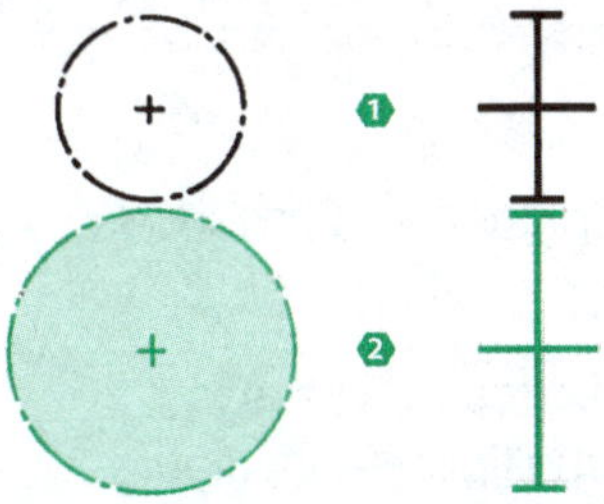

Figure 3.16 *Engrenage parallèle.*

❶ Pignon.
❷ Roue.

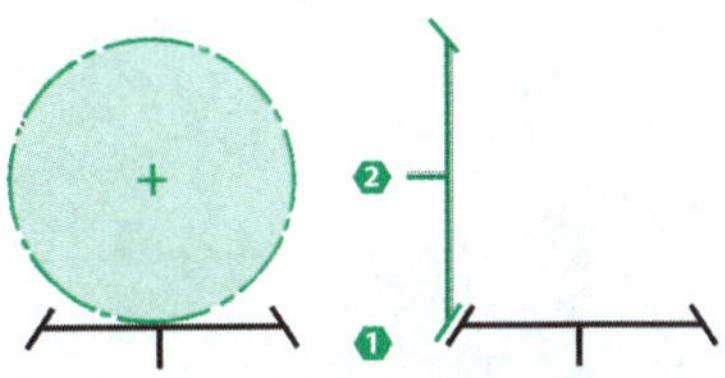

Figure 3.17 *Engrenage concourant (couple conique).*

❶ Pignon.
❷ Couronne.

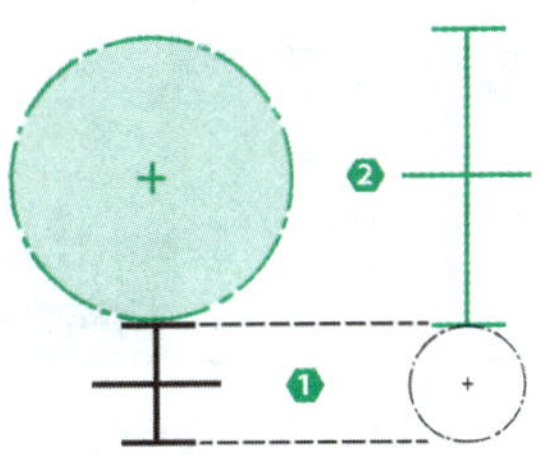

Figure 3.18 *Engrenage gauche.*

❶ Vis sans fin.
❷ Roue.

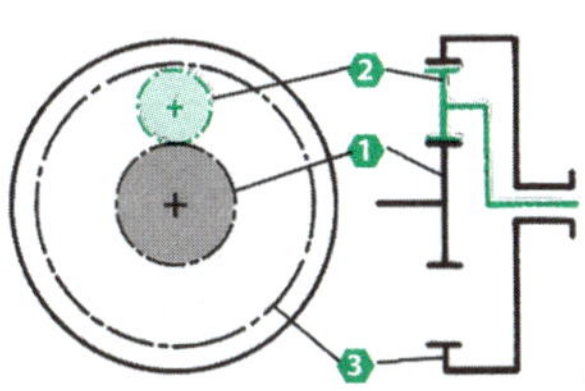

Figure 3.19 *Train épicycloïdal.*

❶ Planétaire.
❷ Satellite.
❸ Couronne.

Après désaccouplement (passage au point mort) :

» arbre primaire (moteur au ralenti) 800 tr/min ;

» arbre secondaire, craboteurs (solidaires de la transmission) = 2 700 tr/min ;

» pignon de deuxième :

$$\frac{800 \times 1}{2} = 400 \text{ tr/min}$$

En conclusion, les éléments à accoupler – craboteur et pignon fou de deuxième – tournent à des vitesses différentes. L'accouplement ne peut pas se faire sans choc des crabots. Pour permettre le passage de la vitesse sans choc, il est nécessaire d'augmenter la vitesse du pignon fou de deuxième jusqu'à ce qu'elle atteigne 2 700 tr/min.

Deux possibilités se présentent pour remédier à ce défaut :

» Le conducteur embraye, donne un coup d'accélérateur, débraye puis réaccouple, ce qui nécessite de sa part une grande habileté (double débrayage) ;

» On équipe les craboteurs d'un mécanisme de synchronisation qui aura pour rôle d'amener les deux pignons à engrener à des vitesses de rotation identiques avant de réaliser le crabotage.

Le dispositif de synchronisation :

» agit automatiquement sans intervention du conducteur,

» rend le passage des vitesses silencieux,

» évite l'usure anormale des crabots et leur rupture par chocs.

Pour réaliser la démultiplication des vitesses et la multiplication du couple on utilise des engrenages dont les roues dentées, en contact direct par les dents, ont des diamètres différents.

Un engrenage élémentaire se compose de deux roues dentées, l'une entraînant l'autre par l'action des dents successivement en contact. La plus petite roue est appelée « pignon », l'autre garde le nom de « roue ». Son fonctionnement doit être réversible.

On utilise principalement en automobile :

» les engrenages à axes parallèles : pont pour moteur transversal, boîte de vitesses manuelle (figure 3.16) ;

» les engrenages à axes concourants : couple conique des ponts pour moteurs longitudinaux (figure 3.17) ;

» les engrenages gauche à vis et roue tangente : boîtiers de direction (figure 3.18).

Une combinaison de plus de deux roues est appelée « train d'engrenages ». On distingue :

» les trains d'engrenages parallèles ou pignons en cascade : réalisation de la marche arrière ;

» les trains planétaires épicycloïdaux : boîtes de vitesses automatiques, réducteurs divers, surmultiplicateurs (figure 3.19).

3.3 Analyse fonctionnelle

Figure 3.20 *Principe de fonctionnement d'une boîte de vitesses.*

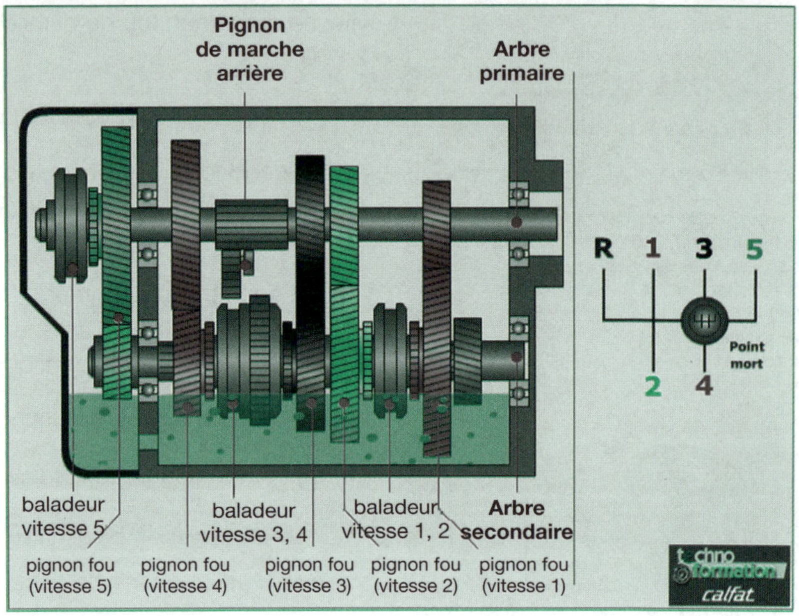

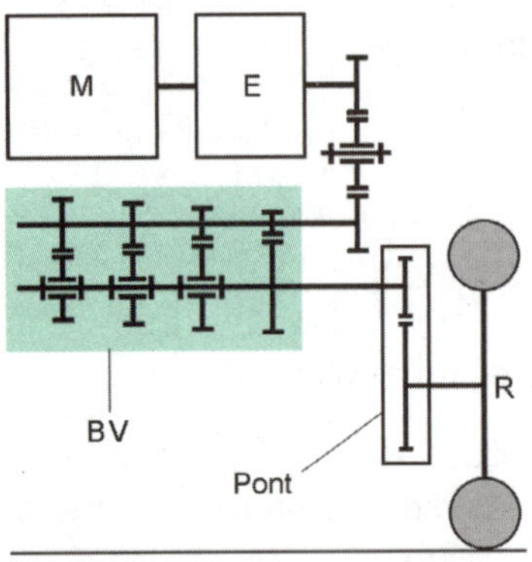

Mécanisme démultiplicateur

Figure 3.21 *Éléments de la transmission.*

E. Embrayage.
BV. Boîte de vitesses.
R. Roue.

Nous avons compris, en étudiant le chapitre 1, la nécessité d'équiper le véhicule (figure 3.21) :

» d'un réducteur ou démultiplicateur permanent : le pont ;

» d'un démultiplicateur intermittent, manuel ou automatique – la boîte de vitesses – qui permet :

- différents rapports de démultiplication en marche avant,
- un rapport en marche arrière,
- la mise au point mort.

La puissance (*P*) du moteur est transmise par un couple moteur ($\mathscr{C}$) et une vitesse angulaire (ω) tels que :

$$P = \mathscr{C} \times \omega$$
$$(W = N \cdot rad/s)$$

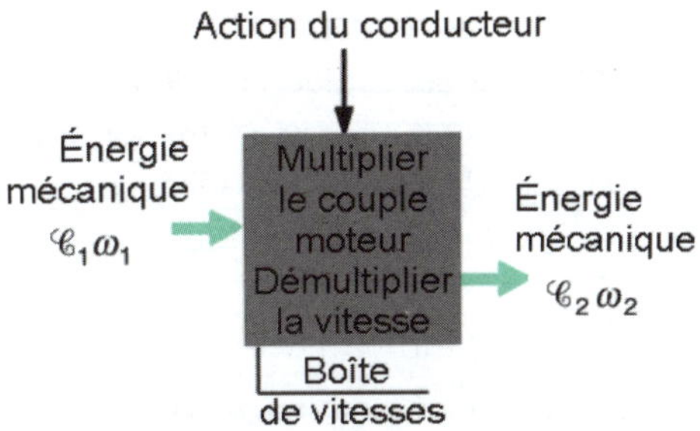

Figure 3.22 $\mathscr{C}_1\omega_1 = \mathscr{C}_2\omega_1 = C^{te}$.

Nous savons qu'il est nécessaire de maintenir le moteur à une vitesse de rotation la plus constante possible afin de conserver un couple satisfaisant.

Pour conserver une puissance constante à la transmission, si la vitesse des roues (ω_2) diminue, le couple ($\mathscr{C}_2$) appliqué aux arbres de roues doit augmenter dans les mêmes proportions.

Sachant que $\mathscr{C}_1\,\omega_1 = \mathscr{C}_2\omega_2 = C^{te}$, nous déduisons que :

$$\mathscr{C}_2 = \mathscr{C}_1 \frac{\omega_1}{\omega_2}$$

Le quotient $\frac{\text{vitesse d'entrée}}{\text{vitesse de sortie}}$ est le rapport à appliquer au couple

moteur ($\mathscr{C}_1$) pour multiplier sa valeur.

Les mécanismes démultiplicateurs – pont et boîte de vitesses – ont donc pour fonction de multiplier le couple du moteur par la démultiplication des vitesses.

Le quotient $\frac{\omega_1}{\omega_2} = \frac{\text{vitesse angulaire d'entrée}}{\text{vitesse angulaire de sortie}}$ permet de calculer le couple de sortie. Nous le nommerons « rapport de couple ».

Le rapport de démultiplication, étant inversement proportionnel au rapport de couple, sera donc le quotient inverse :

$$\frac{\omega_2}{\omega_1} = \frac{\text{vitesse angulaire de sortie}}{\text{vitesse angulaire d'entrée}}$$

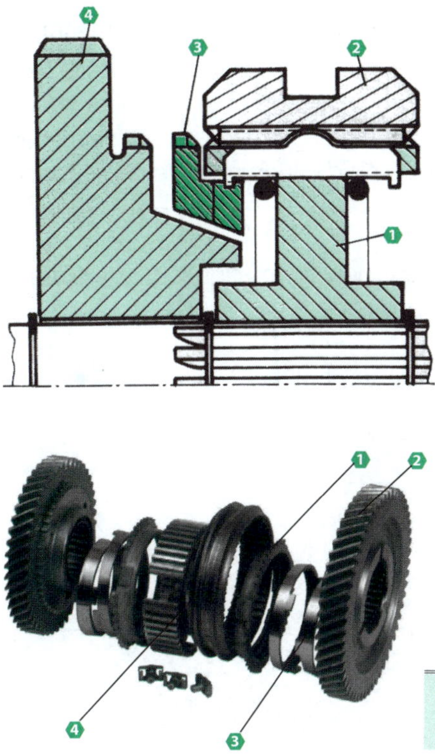

Figure 3.23 *Synchroniseur, principe de fonctionnement : point mort.*

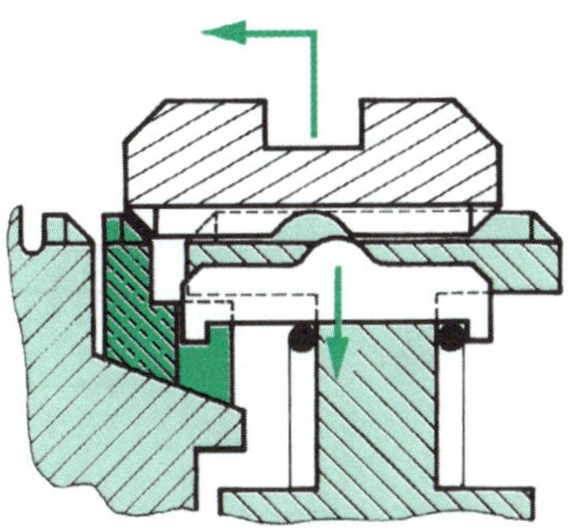

Figure 3.24 *Une partie de la couronne vient appuyer l'anneau de friction sur le cône du pignon fou.*

Principe de fonctionnement d'un synchroniseur

Le synchroniseur (figure 3.23) comprend :

- un moyeu ❶ lié en tous sens à son arbre ;
- une couronne à denture droite intérieure ❷ liée en rotation avec le moyeu et libre en translation ;
- un dispositif de friction ❸ (anneau de synchronisation) interposé entre la couronne et le pignon à engrener ;
- un pignon fou ❹ comportant une denture latérale à crabots.

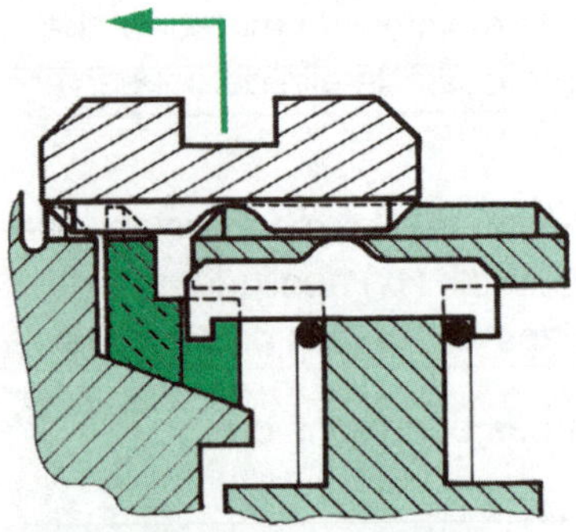

Figure 3.25 *Les vitesses sont égalisées, l'anneau est libéré, la couronne vient engrener sur les crabots du pignon fou.*

Lorsque le conducteur déplace son levier, la couronne du synchroniseur est poussée axialement. Elle se déplace sur les cannelures de son moyeu en quittant son verrouillage, et entraîne en translation le dispositif de friction (figure 3.24). Celui-ci se trouve alors en contact avec une surface de friction du pignon fou.

Le frottement accélère le pignon fou.

Lorsque les vitesses sont devenues identiques, la couronne vient engrener ses crabots sur ceux du pignon fou (figure 3.25).

Remarque

Tant que les vitesses des deux éléments à engrener sont différentes, le dispositif de friction, étant mis en contrainte, se positionne de telle sorte que la couronne ne peut venir s'engrener immédiatement sur le pignon fou. Lorsque les vitesses sont égalisées, le dispositif de friction se trouve libéré et ne s'oppose plus au déplacement de la couronne.

La figure 3.26 nous présente les chaînes cinématiques d'une boîte de vitesses dans ses différentes positions.

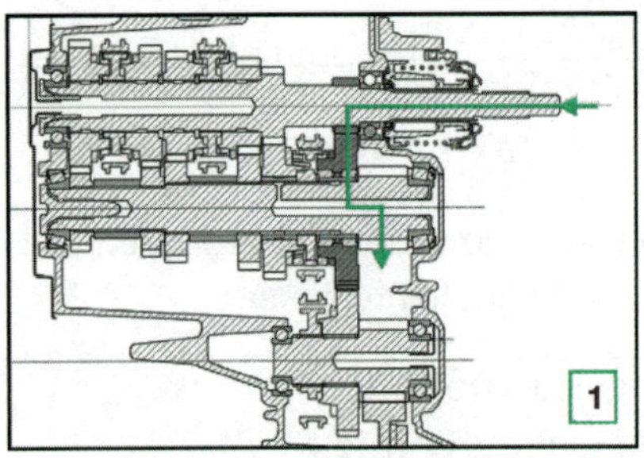

Rapport de première

Figure 3.26 *Chaînes cinématiques d'une boîte de vitesses.*

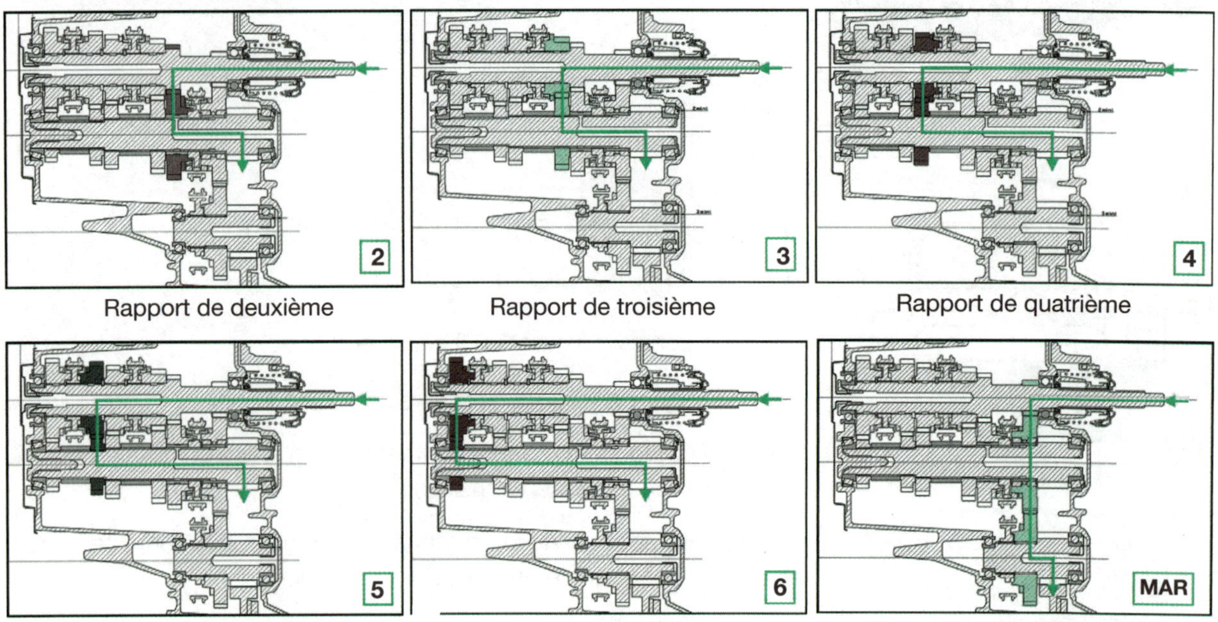

Rapport de deuxième — Rapport de troisième — Rapport de quatrième

Rapport de cinquième — Rapport de sixième — Rapport de marche arrière

Figure 3.27 *Commandes des vitesses.*

Chaque couronne de synchroniseur et chaque baladeur comportent une rainure périphérique dans laquelle vient se placer une fourchette actionnée par un coulisseau.

Un dispositif de verrouillage maintient les coulisseaux dans la position désirée : point mort ou vitesse engagée (figure 3.28).Un dispositif d'interdiction (double verrouillage) rend impossible le déplacement simultané de deux coulisseaux (figure 3.29).

Le choix du coulisseau à déplacer est effectué par l'extrémité du sélecteur ou levier de vitesses.

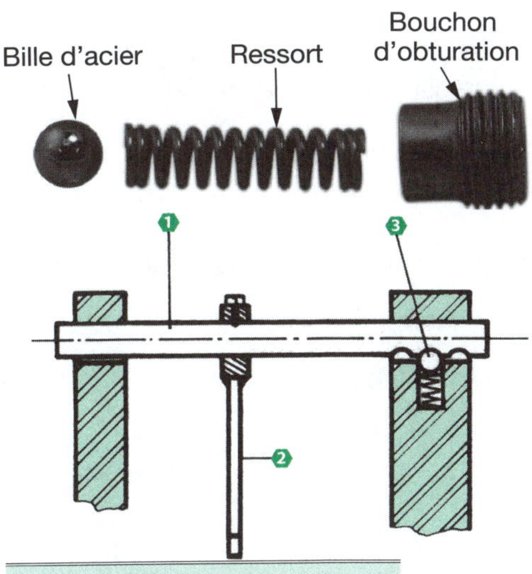

Figure 3.28 *Dispositif de verrouillage.*

1 Coulisseau.
2 Fourchette.
3 Bille et ressort de verrouillage.

Le sélecteur doit donc être manœuvré dans deux directions perpendiculaires pour effectuer le passage d'une vitesse :

» mouvement latéral, sélection du coulisseau ;

» mouvement longitudinal, déplacement du coulisseau.

Ces mouvements à effectuer ont été normalisés afin d'uniformiser les manœuvres d'un véhicule à l'autre. Ils sont schématisés par la grille des vitesses.

Remarque

La position de la marche arrière peut varier suivant les modèles.

Figure 3.29 *Exemple de dispositif d'interdiction.*

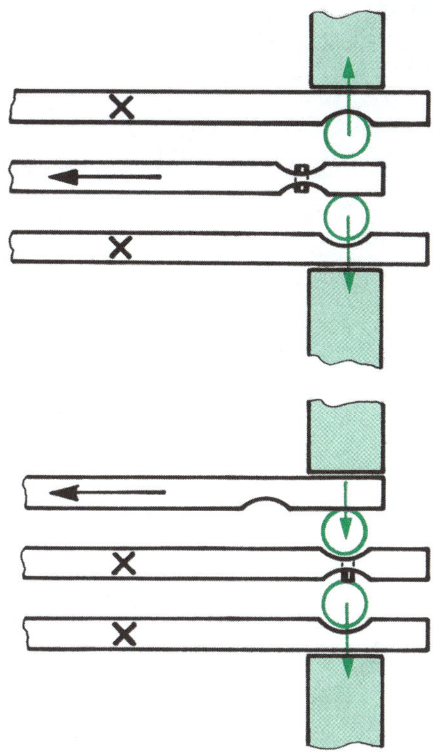

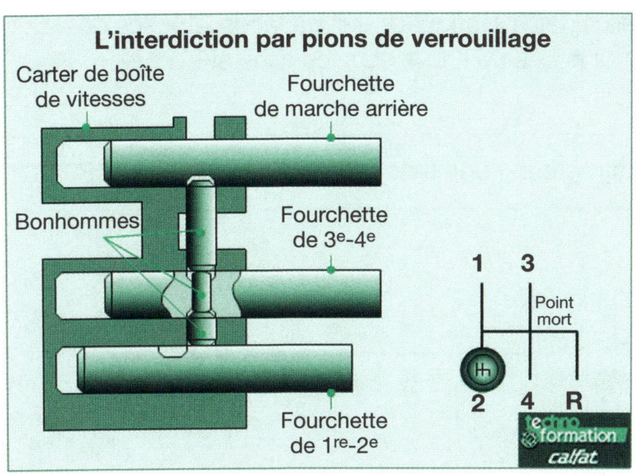

Contraintes subies par les divers éléments des boîtes de vitesses

La transmission du couple moteur produit des efforts très importants qui provoquent notamment :

- une usure des dents des pignons par frottement,
- des risques de rupture de dent par à-coups et chocs,
- une flexion des arbres et une surcharge radiale des roulements,
- un déplacement axial des arbres aux accélérations et aux décélérations produisant une usure axiale des roulements.

Les manœuvres répétées produisent une usure :

- des éléments coulissants,
- des verrouillages et interdictions (perte d'efficacité et de précision),
- des fourchettes dans leurs rainures,
- des synchroniseurs (dispositif de friction et crabots).

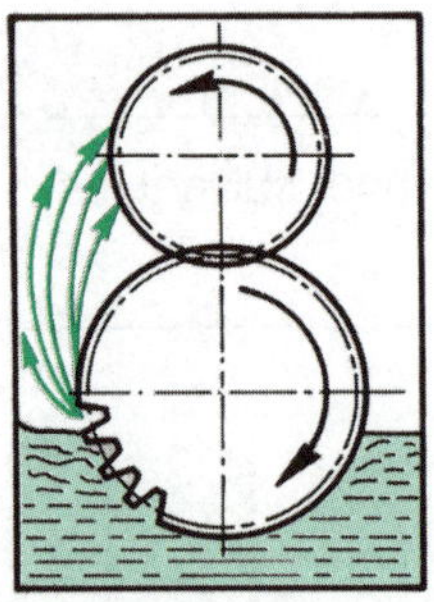

Figure 3.30 *Graissage onctueux par barbotage.*

La conception des éléments, les matières employées et leur traitement devront permettre de résister à ces actions. Ces éléments devront être parfaitement lubrifiés.

Le mode de graissage pourra être différent selon la position de la boîte de vitesses.

Les boîtes de vitesses actuelles sont indépendantes du moteur. Une partie des pignons baigne dans l'huile se trouvant dans le fond du carter ; le graissage s'effectue par barbotage (figure 3.30).

On peut noter que la force centrifuge projette l'huile vers l'extérieur des éléments.

Des rainures hélicoïdales pratiquées sur les faces latérales des pignons facilitent l'accès de l'huile vers les axes et les paliers.

Remarque

Suivant les constructeurs, on utilise une huile spéciale (SAE 80/90).

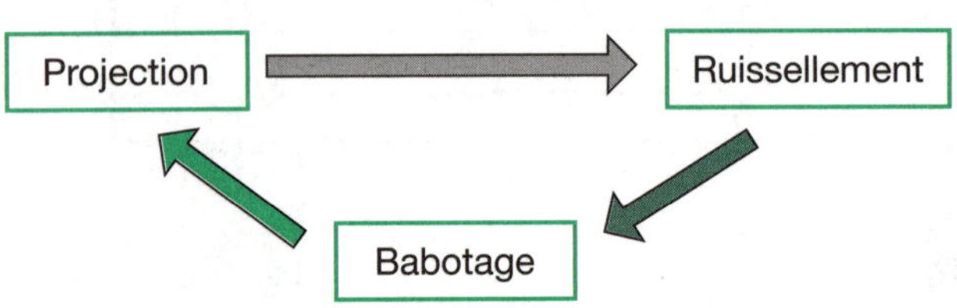

Figure 3.31

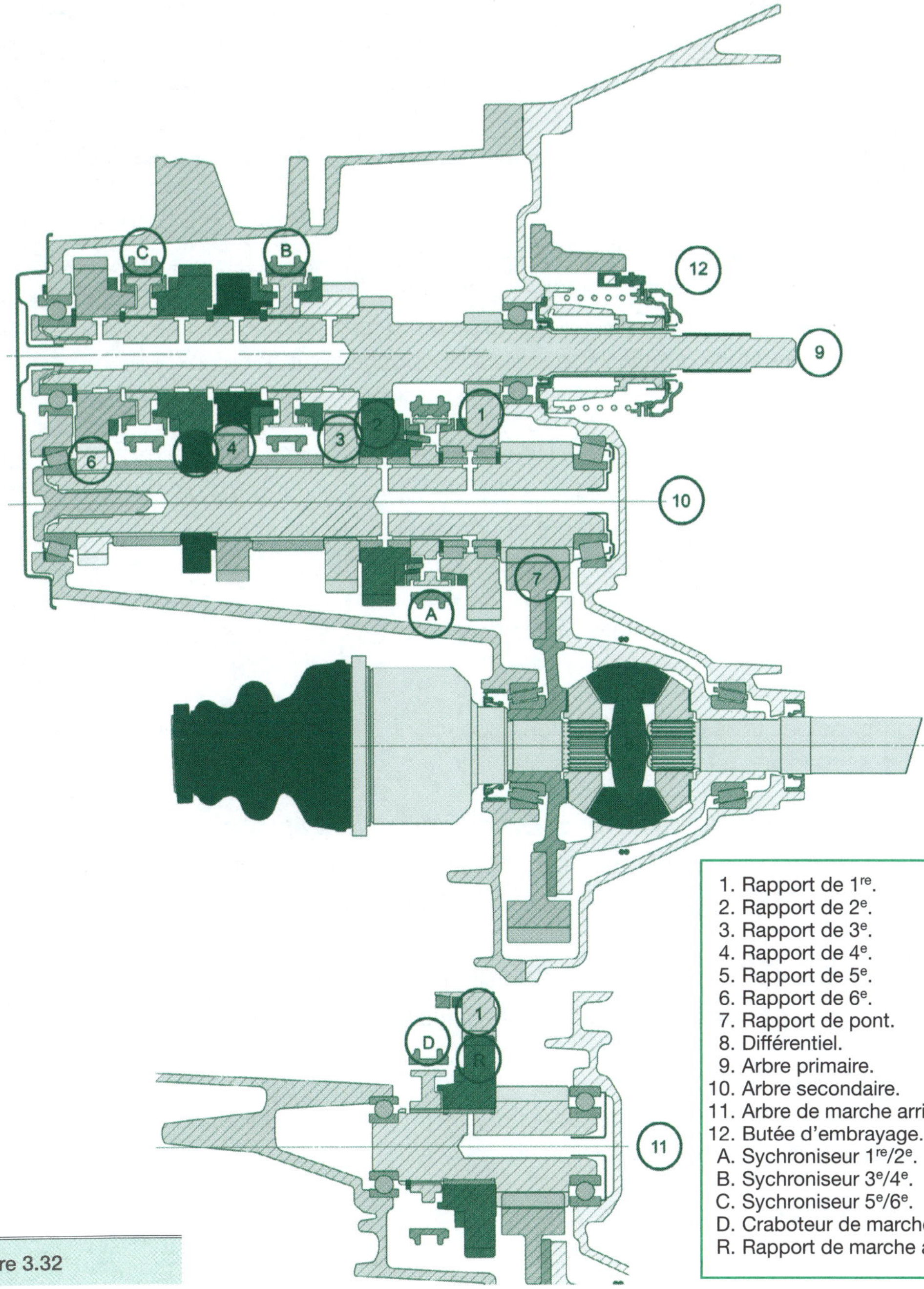

1. Rapport de 1re.
2. Rapport de 2e.
3. Rapport de 3e.
4. Rapport de 4e.
5. Rapport de 5e.
6. Rapport de 6e.
7. Rapport de pont.
8. Différentiel.
9. Arbre primaire.
10. Arbre secondaire.
11. Arbre de marche arrière.
12. Butée d'embrayage.

A. Sychroniseur 1re/2e.
B. Sychroniseur 3e/4e.
C. Sychroniseur 5e/6e.
D. Craboteur de marche arrière.
R. Rapport de marche arrière.

Figure 3.32

Résumé

Principe

Les boîtes de vitesses sont constituées de séries d'engrenages aux rapports étagés.

Le mouvement est transmis par des engrenages élémentaires ou par des trains d'engrenages à arbre intermédiaire.

Forme des pignons

Les pignons peuvent être :

» à denture périphérique, droite, hélicoïdale, spirale ou à chevrons ;
» à denture latérale, crabots.

Le même pignon peut comporter des dentures périphériques et d'autres, latérales, pour le crabotage.

Montage des arbres et des pignons

Les pignons à denture hélicoïdale produisent des poussées axiales qui doivent être contenues par :

» des roulements à billes à contact oblique ou à rouleaux coniques montés en opposition ;
» des engrenages dont les dentures sont opposées deux à deux.

Réalisation

On utilise un engrenage élémentaire composé d'un pignon et d'une roue de diamètres différents ou un train d'engrenages. On distingue :

» les engrenages parallèles (pont pour moteur transversal) ;
» les engrenages concourants (couple conique) ;
» les trains d'engrenages parallèles (BV manuelles) ;
» les trains épicycloïdaux (BV automatiques).

Passage des vitesses

Le passage des vitesses s'effectue en accouplant un pignon lié à l'arbre primaire et un pignon de l'arbre secondaire.

Fonction principale des mécanismes démultiplicateurs

Les mécanismes démultiplicateurs ou réducteurs ont pour fonction de multiplier le couple moteur par démultiplication des vitesses en utilisant le principe du levier.

Le rapport de couple est égal à : $\dfrac{\text{vitesse angulaire d'entrée}}{\text{vitesse angulaire de sortie}}$

Le rapport de démultiplication est calculé par le rapport inverse : $\dfrac{\text{vitesse angulaire de sortie}}{\text{vitesse angulaire d'entrée}}$

Synchronisation

Le passage silencieux des vitesses est réalisé par un synchroniseur qui permet d'égaliser les vitesses des pignons à engrener.

Sélection des vitesses

Des fourchettes actionnant les baladeurs ou les synchroniseurs sont commandées par des coulisseaux. Les coulisseaux sont manœuvrés successivement par un sélecteur. Les mouvements du sélecteur sont conditionnés par la grille des vitesses du véhicule.

Système de graissage

Le graissage se fait par barbotage.

La transmission comporte :

» un réducteur permanent, le pont ;
» un réducteur intermittent à plusieurs rapports, la boîte de vitesses.

Testez vos connaissances

1. L'arbre primaire de la boîte de vitesses est entraîné par :

a ☐ *le moteur*

b ☐ *le pont*

c ☐ *les roues*

2. Les pignons de l'arbre primaire sont montés en liaison :

a ☐ *pivot*

b ☐ *glissière*

c ☐ *fixe*

3. Quel est l'arbre qui est relié aux roues (par la transmission) :

a ☐ *primaire*

b ☐ *secondaire*

c ☐ *intermédiaire*

4. Le baladeur est, avec son arbre, en liaison :

a ☐ *pivot*

b ☐ *glissière*

c ☐ *fixe*

5. Le synchroniseur est, avec son arbre, en liaison :

a ☐ *pivot*

b ☐ *glissière*

c ☐ *fixe*

6. Le rapport de couple est par rapport au rapport de démultiplication :

a ☐ *proportionnel*

b ☐ *inversement proportionnel*

c ☐ *égal*

Pour aller plus loin

1. Recherchez comment est réalisée la marche arrière dans un type de boîte de vitesses au choix. Effectuez tous les schémas nécessaires à la compréhension.
2. Expliquez le principe du dispositif permettant d'indiquer la vitesse du véhicule et de totaliser les kilomètres parcourus.
3. Recherchez les raisons pour lesquelles, dans un véhicule, une ou plusieurs vitesses « sautent ».

Caractéristiques principales des engrenages

chapitre 4

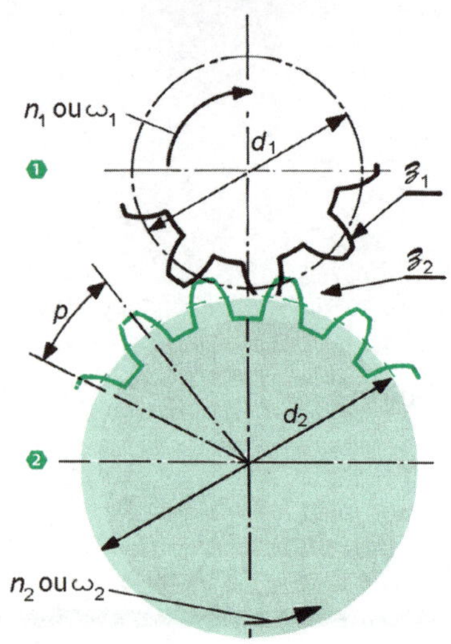

Figure 4.1 *Engrenage : caractéristiques principales.*

❶ Pignon menant.
❷ Roue menée.
d_1 et d_2 : diamètres primitifs.
p : pas.
z_1 et z_2 : nombre de dents.
n_1 et n_1 : vitesse de rotation, en tours par minute.
ω_1 et ω_2 : vitesse angulaire, en radians par seconde.

$$\frac{n_2}{n_1} = \frac{\omega_2}{\omega_1} = \frac{z_1}{z_2} = \frac{d_1}{d_2}$$

Les caractéristiques statiques des engrenages sont les suivantes :

» Le **diamètre primitif** (*d*). C'est le diamètre des roues de friction qui, sans glissement, donneraient le même rapport de démultiplication.

» Le **module** (*m*). C'est le quotient du diamètre primitif (d) par le nombre de dents (*z*), déterminé par un calcul de résistance des matériaux : $m = d/z$.

» Le **pas** (*p*). C'est la longueur de l'arc du cercle primitif compris entre les flancs de deux dents consécutives.

» Le **nombre de dents** (*z*). Pour un module donné, celui-ci est proportionnel au diamètre primitif :

$$z = \frac{d}{m}$$

» le rapport de vitesse (ou de démultiplication). De la définition du rapport de démultiplication et de ce qui précède, on peut déduire la relation suivante :

$$\frac{n_2}{n_1} = \frac{\omega_2}{\omega_1} = \frac{z_1}{z_2} = \frac{d_1}{d_2}$$

Trois vitesses caractérisent chaque pignon en mouvement :

» la **vitesse de rotation** (*n*). Celle-ci est exprimée en tours par minute (tr/min) ;

» **la vitesse angulaire** (ω). Celle-ci s'exprime en radians par seconde (rad/s) et se calcule par la relation :

$$\omega = \frac{2\pi n}{60}$$

» la **vitesse circonférentielle** (V_c). Vitesse périphérique du cercle primitif du pignon, elle s'exprime en mètres par secondes (m/s) et se calcule par la formule :

$$V_c = \frac{\pi d n}{60}$$

avec *d* en mètres, *n* en tr/min.

Dans un engrenage, les vitesses de rotation et angulaire sont variables en fonction des rapports, la vitesse circonférentielle est identique pour tous les pignons en contact par la denture.

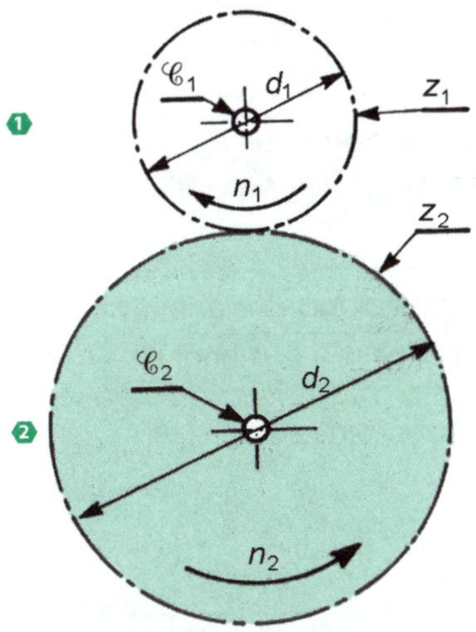

Figure 4.2 *Transformations effectuées par un engrenage.*

1 Pignon menant.
2 Roue menée.

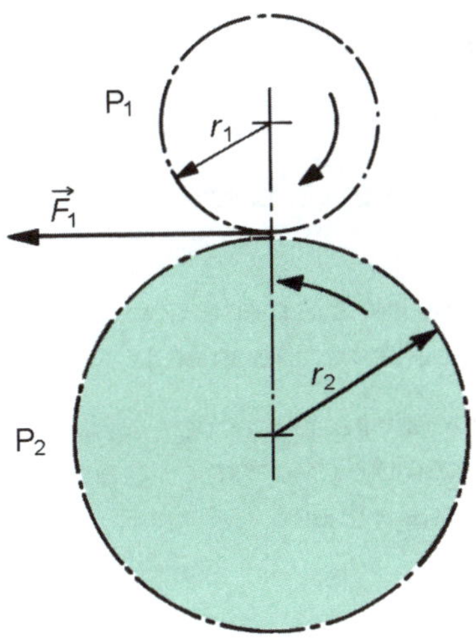

Figure 4.3 *Multiplication du couple.*

$r_1 = \frac{d_1}{2} = 0{,}05$ m

$r_2 = \frac{d_2}{2} = 0{,}10$ m

$F_1 = \frac{\mathscr{C}_1}{r_1} = \frac{100}{0{,}05} = 2\,000$ N

$\mathscr{C}_2 = F_1 r_2 = 2\,000 \times 0{,}10 = 200$ N·m

Transformations effectuées par un engrenage élémentaire

Exemple

On se référera aux figures 4.2 et 4.3.

Soit un pignon (P_1) avec :

- $d_1 = 0{,}10$ m,
- $z_1 = 30$ dents,
- $n_1 = 1\,000$ tr/min,
- $\mathscr{C}_1 = 100$ N · m.

Soit un autre pignon, ou roue (P_2), avec :

- $d_2 = 0{,}20$ m,
- $d_2 = 60$ dents.

Calculons d'abord la vitesse n_2 de la roue P_2. Sachant que $\frac{n_1}{n_2} = \frac{d_2}{d_1}$, la vitesse de rotation du pignon P_2 sera :

$$n_2 = n_1 \times \frac{d_1}{d_2} = \frac{1\,000 \times 0{,}10}{0{,}20} = 500 \text{ tr/min}$$

ou, par un autre calcul :

$$n_2 = n_1 \times \frac{z_1}{z_2} = \frac{1\,000 \times 30}{60} = 500 \text{ tr/min}$$

En effet, P_1 possédant un périmètre (πd) égal à :

$$0{,}10 \times 3{,}14 = 0{,}314 \text{ m}$$

le périmètre de P_2 est égal à :

$$0{,}20 \times 3{,}14 = 0{,}628 \text{ m}$$

Donc P_1 doit tourner deux fois pour couvrir la périphérie du pignon P_2 et le faire tourner d'un tour.

Voyons maintenant la valeur de couple $\mathscr{C}_2$ (figure 4.3). Le couple de P_1 est $\mathscr{C}1 = 100$ N · m. La valeur de *F*1 (action d'une dent de P_1 sur P_2) est :

$$F1 = \frac{\mathscr{C}_1}{r_1} = \frac{100}{0{,}05} = 2\,000 \text{ N}$$

Valeur du couple $\mathscr{C}_2$:

$$\mathscr{C}_2 = F_1 r_2 = 2\,000 \times 0{,}1 = 200 \text{ N} \cdot \text{m}$$

En conclusion, le **rapport de démultiplication** de cet engrenage est :

$$\frac{d_1}{d_2} = \frac{0{,}10}{0{,}20} \text{ ou } \frac{z_1}{z_2} = \frac{30}{60} \text{ ou } \frac{n_2}{n_1} = \frac{500}{1\,000} = \frac{1}{2}$$

quotient par lequel on multiplie la vitesse de P_1 pour connaître la vitesse de P_2.

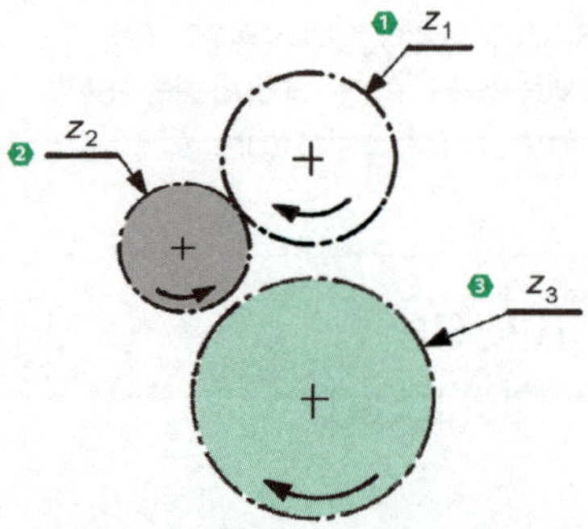

Figure 4.4 *Train d'engrenages à roue intermédiaire.*

1 Pignon menant.
2 Pignon intermédiaire ou renvoi.
3 Roue menée.

Le **rapport de couple** est le rapport (ou fraction) inverse :

$$\frac{d_2}{d_1} = \frac{0{,}20}{0{,}10} \text{ ou } \frac{z_2}{z_1} = \frac{30}{60} \text{ soit } \frac{\mathscr{C}_2}{\mathscr{C}_1} = \frac{200}{100} = \frac{2}{1} = \mathbf{2}$$

Remarque

Lorsqu'il s'agit d'un train d'engrenages, le rapport de démultiplication se calcule en effectuant le produit des différents rapports, soit (figure 4.4) :

$$\frac{\text{Produit des nombres de dents des pignons menants}}{\text{produit des nombres de dents des roues menées}}$$

le rapport de couple s'effectue par le rapport inverse :

$$\frac{\text{menés}}{\text{menants}}$$

Transformations effectuées par un train parallèle comportant plus de deux pignons

Si le nombre de roues intermédiaires est :

» pair, la dernière roue menée tourne en sens inverse du premier pignon menant ;

» impair, la dernière roue menée tourne dans le même sens que la première roue pignon menant (cas de la marche arrière).

Quel que soit le nombre de roues intermédiaires, le rapport de démultiplication est le rapport entre le nombre de dents du premier pignon menant et celui de la dernière roue menée :

$$R = \frac{Z_1 \times Z_2}{Z_2 \times Z_3} = \frac{Z_1}{Z_3}$$

Remarque

Une roue intermédiaire est à la fois menée et menante.

En conclusion, une roue intermédiaire permet de changer le sens de rotation de la roue menée et d'éloigner son axe de celui de la roue menante, mais ne modifie pas les rapports.

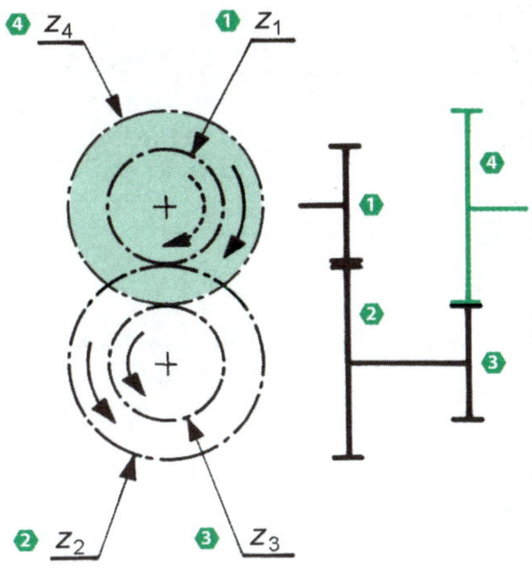

Figure 4.5 *Train d'engrenages à arbre intermédiaire.*

1 Pignon menant primaire.
2 Roue menée de l'arbre intermédiaire.
3 Pignon menant de l'arbre intermédiaire.
4 Roue menée secondaire.

$$R = \frac{Z_1}{Z_2} \times \frac{Z_3}{Z_4}$$

Disposition des trains d'engrenages pour modifier les rapports

Lorsque le rapport de démultiplication à réaliser est important ou lorsque les arbres d'entrée et de sortie doivent être coaxiaux, on utilise deux engrenages ayant un arbre intermédiaire commun.

Dans ce cas, on effectue le produit des rapports de démultiplication (figure 4.5) :

$$R = \frac{Z_1}{Z_2} \times \frac{Z_3}{Z_4}$$

Exemple

$R = \frac{Z_1}{Z_2} = \frac{Z_3}{Z_4} = \frac{1}{2}$ alors : $\frac{1}{2} \times \frac{1}{2} = \frac{1}{4}$.

Éléments d'un train planétaire épicycloïdal

Un train épicycloïdal simple comprend (figure 4.6) :

» un pignon central appelé « planétaire » (P) ;

» une roue à denture intérieure appelée « couronne » (C) ;

» un ou plusieurs satellites en contact par leur denture avec le planétaire et la couronne et liés entre eux par un porte-satellite (PS).

Chaque élément est lié à un arbre. Pour obtenir une démultiplication, il faut :

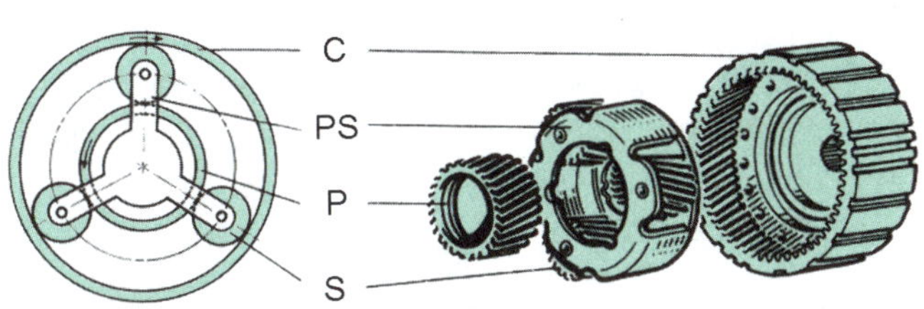

Figure 4.6 *Train épicycloïdal (document Renault).*

C. Couronne.
PS. Porte-satellite.
P. Planétaire.
S. Satellite.

» un autre récepteur,

» qu'un arbre soit moteur,

» que le troisième soit bloqué pour servir de point d'appui.

Selon l'élément bloqué, moteur ou récepteur, on voit apparaître plusieurs possibilités pour un train épicycloïdal simple qui figurent dans le tableau ci-après :

Couronne	Planétaire	Porte-satellite	Satellites	Schémas	Résultat
Solidaire du planétaire	Moteur	Récepteur	Ne tournent pas	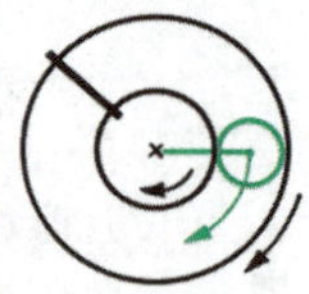	Prise directe (rapport 1)
Motrice	Fixe	Récepteur	Entraînent le porte-satellites	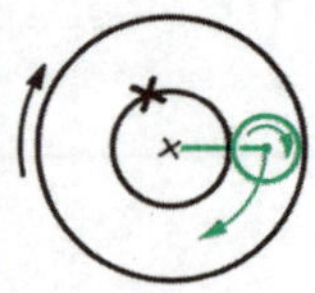	Grande démultiplication
Fixe	Moteur	Récepteur	Entraînent le porte-satellites	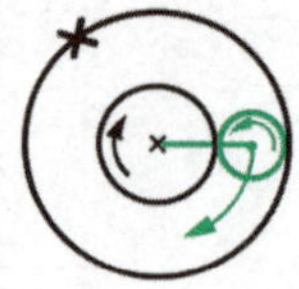	Petite démultiplication
Réceptrice	Fixe	Moteur	Entraînent la couronne à grande vitesse	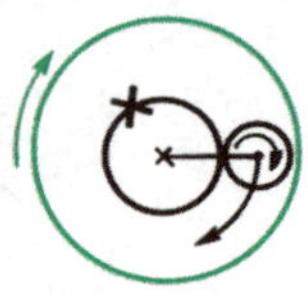	Surmultiplication
Réceptrice	Moteur	Fixe	Entraînent la couronne en sens inverse	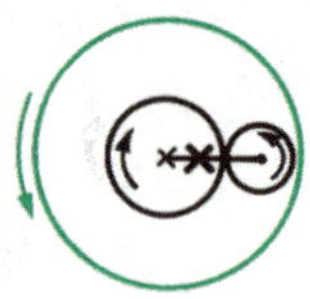	Marche arrière
Folle	Moteur	Récepteur		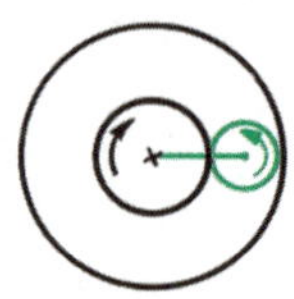	Point mort

Nous voyons que ce type de train d'engrenages offre un nombre important de combinaisons par rapport au faible nombre de pignons et au faible encombrement.

Calcul des rapports de démultiplication dans un train épicycloïdal

Si le porte-satellite tourne en prenant le point O comme centre de rotation, on comprend que le rapport entre la vitesse de la couronne et celle du planétaire se trouve modifié (figure 4.7).

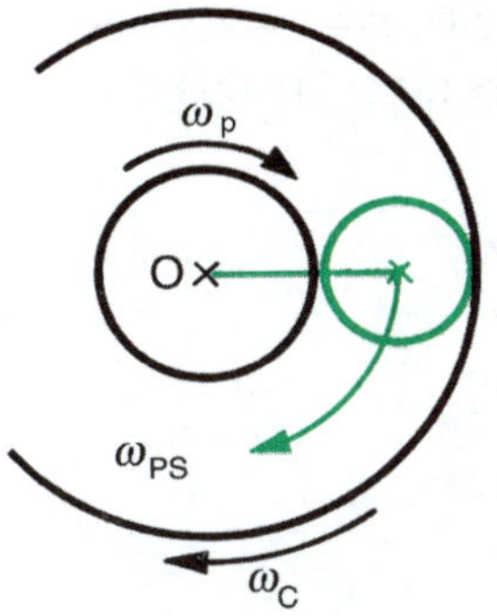

Figure 4.7 *Vitesse angulaire des éléments.*

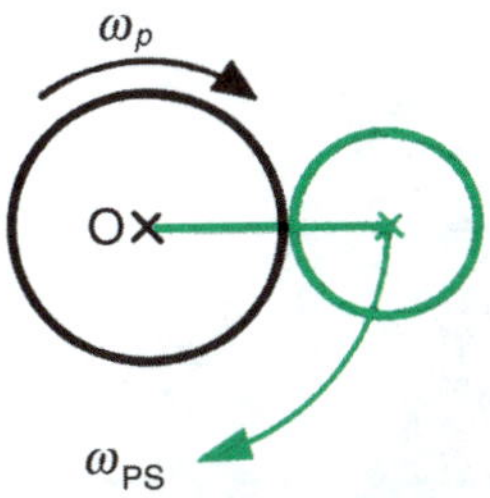

Figure 4.8 *Vitesse relative P/PS : v_r (P/PS) = $\omega_P - \omega_{PS}$*

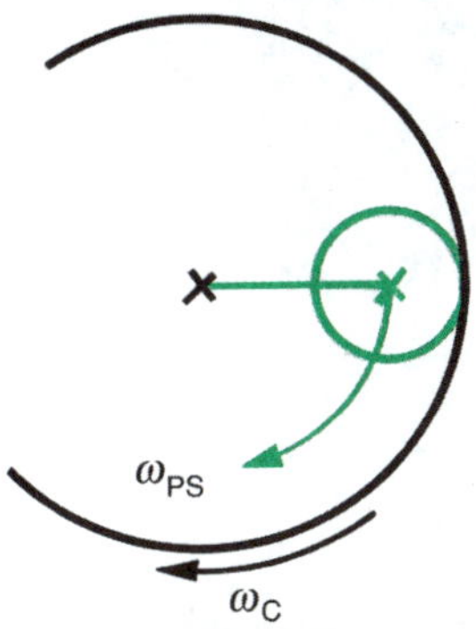

Figure 4.9 *Vitesse relative P/PS : v_r (C/PS) = $\omega_C - \omega_{PS}$*

Considérons, en premier lieu, la vitesse relative (v_r) entre P et PS (figure 4.8) :

$$v_r\,(P/PS) = \omega_P - \omega_{PS}$$

De même, si nous calculons la vitesse relative de C par rapport à PS (figure 4.9), nous trouvons que :

$$v_r\,(C/PS) = \omega_C - \omega_{PS}$$

Le rapport $\frac{\omega_c}{\omega_p}$ lorsque ω_{PS} est différent de O, devient :

$$\frac{\omega_C}{\omega_P} = \frac{v_r\,(C/PS)}{v_r\,(P/PS)} \quad \text{soit} \quad \frac{\omega_C - \omega_{PS}}{\omega_P - \omega_{PS}}$$

cela étant égal au quotient :

$$\frac{\text{nombre de dents du pignon menant}}{\text{nombre de dents du pignon mené}}$$

Afin de pouvoir donner un signe positif ou négatif selon le sens de rotation, on multiplie ce dernier rapport par $(-1)^n$ dans lequel n est le nombre de contacts extérieurs entre le planétaire et la couronne.

La raison d'un train épicycloïdal est donc :

$$\frac{\omega_C - \omega_{PS}}{\omega_P - \omega_{PS}} = (-1)^n \times \frac{z_P}{z_C}$$

On nomme cette relation « formule de Willys ». S'il s'agit d'un train épicycloïdal simple, le nombre de contacts extérieurs étant 1, on peut utiliser la formule de Willys simplifiée :

$$\frac{\omega_C - \omega_{PS}}{\omega_P - \omega_{PS}} = \frac{z_P}{z_C}$$

Remarque

Dans les boîtes automatiques courantes, on peut rencontrer un train complexe (figure 4.10) qui se compose :

– de deux planétaires (P_1 et P_2) de diamètres différents ;

– de deux satellites (S_1 et S_2) engrenant chacun sur un des planétaires et montés sur le même porte-satellite (PS) ;

– d'une couronne (C).

Ce mécanisme permet d'obtenir trois rapports de démultiplication bien étagés, un point mort et une marche arrière.

L'ensemble des éléments démultiplicateurs comprend :

» la boîte de vitesses, démultiplicateur intermittent ;

» le pont, couple démultiplicateur permanent.

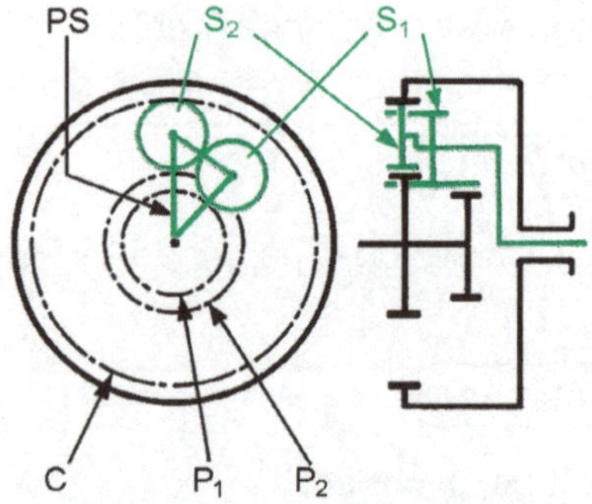

Figure 4.10 *Train épicycloïdal complexe (exemple Renault).*

S_1 engrène avec P_1 et S_2.
S_2 engrène avec P_2, C et S_1.

Ces deux éléments sont en série l'un avec l'autre. Le rapport total d'une transmission est donc le produit des rapports des deux éléments.

$$\text{Rapport total de démultiplication} = \underbrace{\frac{z_1 \times z_3}{z_2 \times z_4}}_{\text{rapport de la boîte de vitesses}} \times \underbrace{\frac{z_5}{z_6}}_{\text{rapport du pont}}$$

Figure 4.11 *Boîte de vitesses à trains parallèles et embrayage classique.*

Figure 4.12 *Boîte de vitesses à trains épicycloïdaux (doc. ZF).*

Résumé

Caractéristiques d'un engrenage élémentaire

- Diamètre primitif (d) : diamètre des roues de friction qui, sans glissement, donneraient le même rapport de démultiplication.
- Nombre de dents (z) : pour un module donné, il est proportionnel au diamètre primitif :

$$z = \frac{d}{m}$$

Rapport de démultiplication

Le rapport de démultiplication est obtenu en effectuant le quotient :

$$\frac{\text{produit des dents des pignons menants}}{\text{produit des dents des pignons menés}}$$

Trains épicycloïdaux

Train simple : il comprend un planétaire, un ou plusieurs satellites liés à un arbre porte-satellite, une couronne.

Il offre un grand nombre de combinaisons par rapport au faible nombre de pignons. Il n'est pas nécessaire de désaccoupler pour changer de rapport.

La raison des trains épicycloïdaux est définie par la formule de Willys :

$$\frac{\omega_c - \omega_{PS}}{\omega_P - \omega_{PS}} = (-1)^n \times \frac{Z_P}{Z_C}$$

Testez vos connaissances

1. Soit deux pignons engrenés P_1 et P_2. P_1 a un diamètre D_1 = 0,10 m, sa vitesse de rotation est N_1 = 600 tr/min. Si P_2 a un diamètre D_2 = 0,12, calculez sa vitesse N_2 :

a ☐ *300 tr/min*

b ☐ *400 tr/min*

c ☐ *500 tr/min*

2. Dans un engrenage comprenant trois pignons engrenés en « cascade », si le pignon 1 tourne à droite, le pignon 3 :

a ☐ *tourne à droite*

b ☐ *tourne à gauche*

c ☐ *ne tourne pas*

Entraînez-vous

1. Soit deux pignons à denture extérieure (engrenage parallèle) dont les diamètres sont d_1 = 0,10 m et d_2 = 0,07 m. La vitesse de rotation du pignon étant 1 000 tr/min, calculez :
   – la vitesse de rotation du pignon 2 en tours par minute et en radians par seconde ;
   – la vitesse circonférentielle des deux pignons.

2. Relevez le nombre et la grille des vitesses pour deux véhicules de votre choix équipés d'une boîte manuelle, relevez les rapports de démultiplication (ou les rapports de couple selon les données du constructeur).

3. Relevez le nombre et la grille des vitesses pour un type de boîte automatique.
   Donnez toutes les possibilités du levier de sélection. Relevez les rapports de démultiplication (ou de couple selon le cas).

La boîte de vitesses automatique
chapitre 5

5.1 Mise en situation

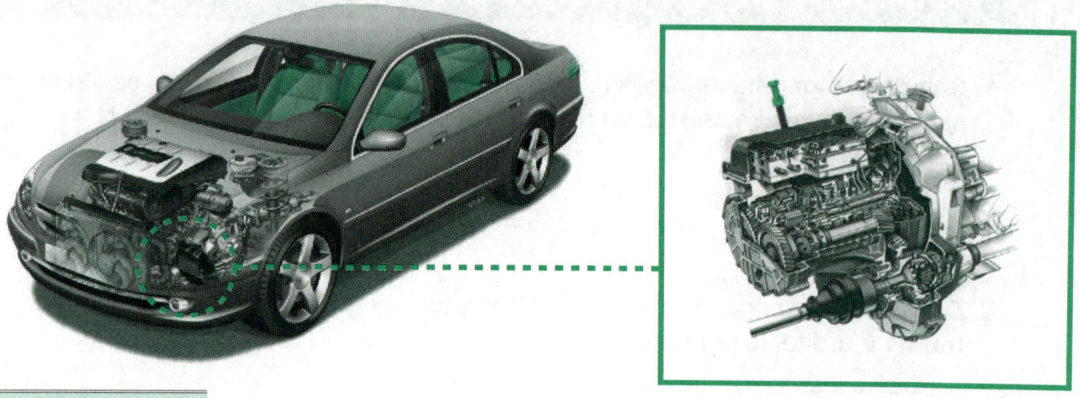

Figure 5.1 *Moteur équipé d'une boîte automatique.*

Lorsque le passage des vitesses est laissé à l'initiative du conducteur, la vitesse engagée ne correspond pas toujours parfaitement aux conditions instantanées de fonctionnement qui sont :

» fonctionnement dans la plage des vitesses optimales du moteur considéré correspondant à ses vitesses de puissance et de couple maximal ;

» vitesse du véhicule ;

» charge du moteur (côtes, descentes, reprises).

Ces manœuvres (figure 5.2) nécessitent de la part du conducteur :

» une attention soutenue ;

» un effort musculaire répétitif ;

» une tenue temporaire du volant d'une seule main pendant la manœuvre du levier.

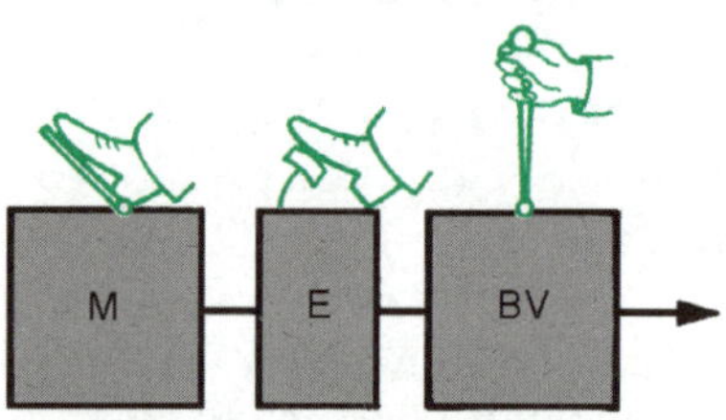

Figure 5.2 *Éléments de la transmission classique.*

M. Moteur.

E. Embrayage mécanique à commande positive.

BV. Boîte de vitesses à trains parallèles à commande positive.

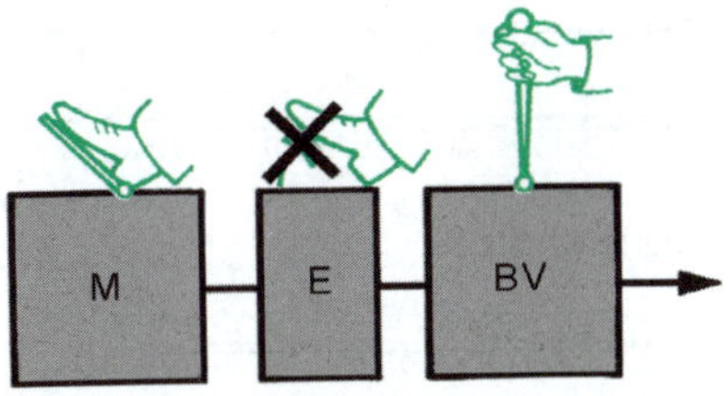

Figure 5.3 *Éléments de la transmission semi-automatique.*

M. Moteur.
E. Embrayage automatisé.
BV. Boîte de vitesses à trains parallèles à commande positive.

La suppression de la manœuvre de passage des vitesses peut être obtenue par l'automatisation des boîtes de vitesses (figure 5.3), qu'elles soient :

» à trains parallèles ;

» à trains épicycloïdaux.

Inconvénients des boîtes de vitesses à trains parallèles

À chaque changement de rapport, il est nécessaire de désaccoupler le moteur de la boîte de vitesses ce qui oblige à conserver l'embrayage et à l'automatiser (voir Chapitre 2).

Pendant la manœuvre d'embrayage, on enregistre un ralentissement du véhicule.

Ces manœuvres provoquent dans la transmission des à-coups néfastes aux éléments mécaniques et au confort des passagers.

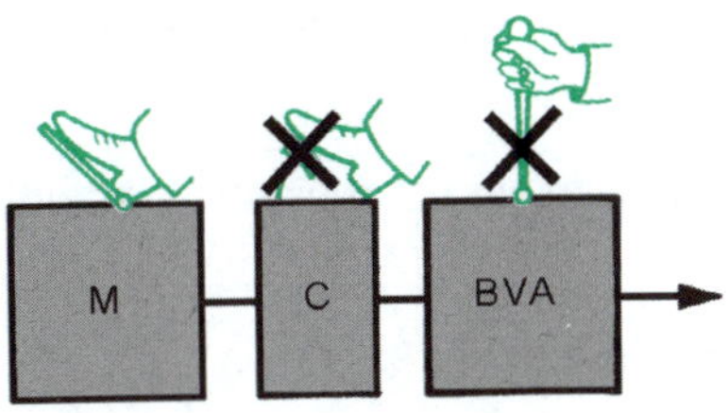

Figure 5.4 *Éléments de la transmission automatique.*

M. Moteur.
C. Convertisseur.
BVA. Boîte de vitesses à trains épicycloïdaux à programme automatique.

Avantages présentés par les boîtes de vitesses à trains épicycloïdaux

Le passage d'un rapport s'effectue par immobilisation de certains éléments des trains : il n'est pas nécessaire de désaccoupler le moteur de la boîte de vitesses pour passer les rapports.

On obtient une continuité dans la propulsion qui limite les pertes de vitesse.

L'automatisation est plus aisée à réaliser.

Conditions à remplir par les boîtes de vitesses automatiques

Obtention de trois ou quatre rapports en marche avant. Le nombre de vitesses est réduit grâce à l'utilisation d'un convertisseur.

Engagement automatique des rapports par immobilisation ou mise en mouvement d'éléments du train (figure 5.5).

Contrôle des différents paramètres influant sur le dispositif de commande automatique :

» vitesse du véhicule ;

» charge du moteur ;

» plage d'utilisation du moteur.

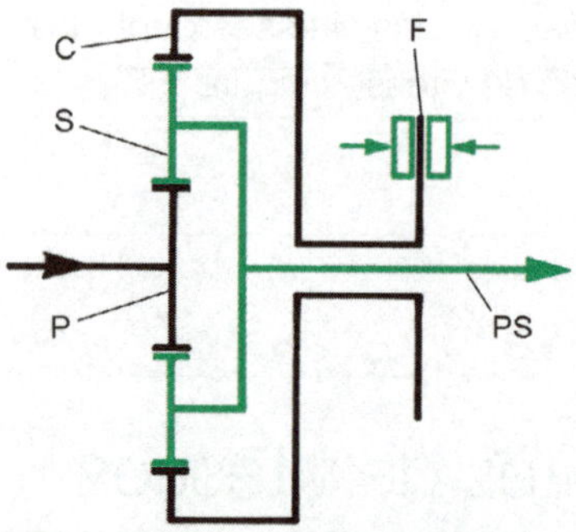

Figure 5.5 *Train épicycloïdal : le passage d'un rapport s'effectue par blocage d'un élément du train. Il n'est pas nécessaire de désaccoupler la transmission.*

P. Planétaire.
S. Satellite.
C. Couronne.
PS. Porte-satellites.
F. Frein.

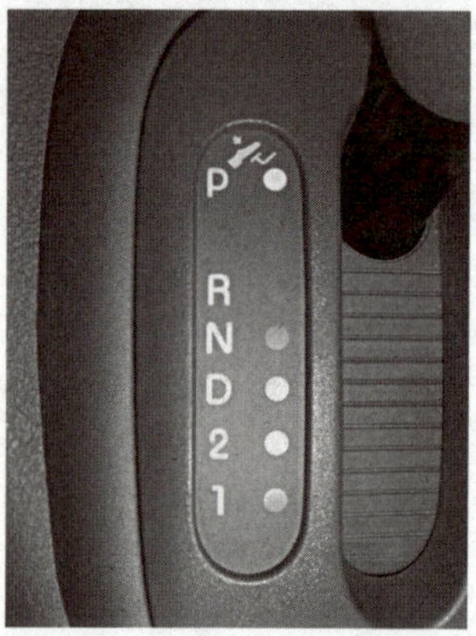

Figure 5.6 *Levier de sélection pour transmission automatique (document Renault).*

P. Planétaire.
S. Satellite.
C. Couronne.
PS. Porte-satellites.
F. Frein.

Commande manuelle occasionnelle des vitesses.

Mise au point mort, marche arrière, immobilisation du véhicule.

Le conducteur dispose de plusieurs commandes :

Le sélecteur (exemple d'une boîte de vitesses à trois vitesses). Il comprend six positions (figure 5.6) qui sont :

P R N D 2 1

» **Position P** (*park*) : cette position permet l'immobilisation du véhicule ; le convertisseur est désolidarisé du train épicycloïdal (point mort) ; l'arbre de sortie est verrouillé par un doigt s'engageant mécaniquement dans la couronne réceptrice.

» **Position R** (*reverse*) : marche arrière.

» **Position N** (*neutral*) : point mort.

» **Position D** (*drive*) ou A (automatique) : le passage des trois vitesses s'effectue automatiquement en fonction des conditions instantanées de fonctionnement.

» **Position 2** (deuxième imposée) : seuls les passages de la première et de la deuxième sont automatiques, la troisième ne peut être passée.

» **Position 1** (première imposée) : la première est maintenue selon la volonté du conducteur.

La pédale d'accélérateur. Elle a deux fonctions :

» agir sur le remplissage du moteur par une ouverture plus ou moins grande du papillon des gaz ;

» intervenir sur la commande automatique de passage des vitesses.

En position A du sélecteur, plus la pédale est enfoncée :

» plus le moteur prend une accélération rapide ;

» plus l'utilisation du rapport est longue, plus le moteur atteint un régime élevé avant le passage du rapport supérieur (figure 5.7).

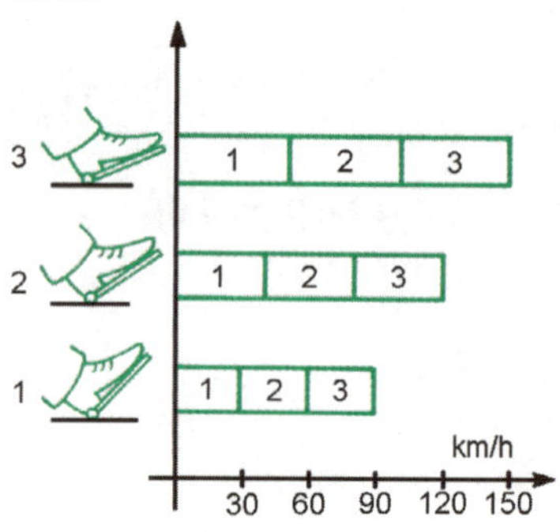

Figure 5.7 *Vitesses de passage des rapports en fonction de la position de la pédale d'accélérateur.*

On remarque que si l'accélérateur passe de la position 1 à la position 3 alors que le véhicule roule à 90 km/h, il se produit une rétrogradation de la troisième en deuxième.

Lorsque la pédale est complètement enfoncée – position *kick-down* – l'accélération est maximale :

» le moteur est poussé jusqu'à son régime de puissance maximale avant le passage du rapport supérieur ;

» selon la vitesse du véhicule, au moment de cette accélération brusque, il peut se produire une rétrogradation automatique (reprise pour doubler par exemple).

Le conducteur retrouve ainsi dans l'automatisme toutes les possibilités des boîtes de vitesses à commande manuelle par simple action sur la pédale d'accélérateur.

5.2 Analyse structurelle

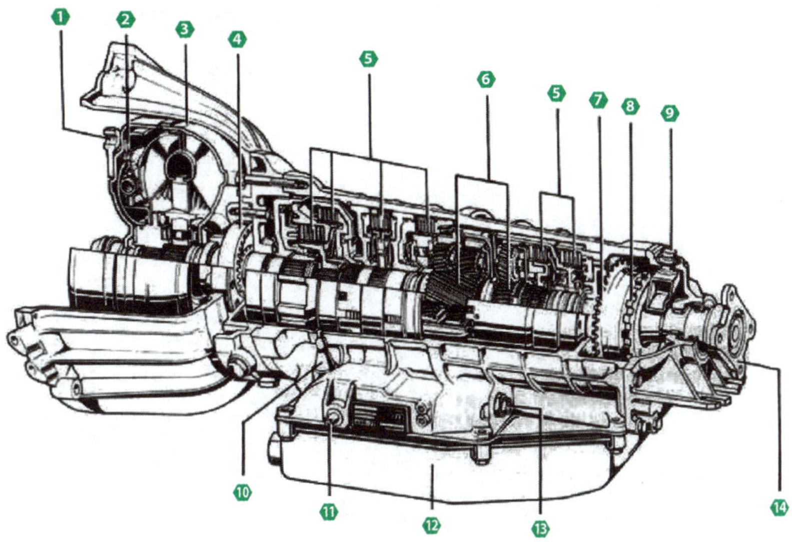

Figure 5.8 *Éléments d'une boîte automatique.*

1. Liaison à la tôle d'entraînement.
2. Embrayage de pontage.
3. Convertisseur hydrodynamique de couple.
4. Pompe hydraulique à croissant.
5. Freins et embrayages multidisques.
6. Train Simpson en amont d'un train simple.
7. Roue d'impulsions pour capteur de vitesse ou régulateur centrifuge.
8. Roue à rochet du verrou de stationnement.
9. Vis de purge.
10. Câble de pédale d'accélérateur (*kick-down*).
11. Arbre du levier de sélection.
12. Carter d'huile contenant le bloc hydraulique de commande.
13. Prise de commande électronique.
14. Bride de sortie à l'arbre de transmission.

Une boîte de vitesses automatique comprend différents éléments :

Le **train épicycloïdal complexe** qui permet d'obtenir trois ou quatre rapports de marche avant bien étagés et un rapport de marche arrière.

L'ensemble de **freins** et d'**embrayages hydrauliques multidisques**, ainsi qu'une ou plusieurs roues libres, qui permettent le blocage, la mise en mouvement ou la réaction des éléments du train.

Le dispositif de **distribution hydraulique** qui actionne les freins et embrayages et comprend :

» une pompe hydraulique à engrenage (qui alimente également le convertisseur) ;

» un régulateur de pression ;

» un ensemble de tiroirs de distribution actionnés mécaniquement ou hydrauliquement ;

» un récepteur hydraulique pour chaque frein et chaque embrayage.

Le dispositif de commande qui comprend une **servocommande** hydraulique ou électronique qui décide du passage des vitesses en fonction des informations reçues des détecteurs hydrauliques ou électriques selon le type de commande et qui relèvent :

» la vitesse du véhicule (vitesse de sortie de boîte de vitesses) ;

» la charge du moteur (position de la pédale d'accélérateur).

Le dispositif de commande agit sur le circuit de distribution en parallèle avec le sélecteur manuel pour effectuer la mise en action des récepteurs désirés.

Le train épicycloïdal peut se présenter sous plusieurs formes :

» train à deux planétaires et deux jeux de satellites ;

» train à deux couronnes et deux jeux de satellites.

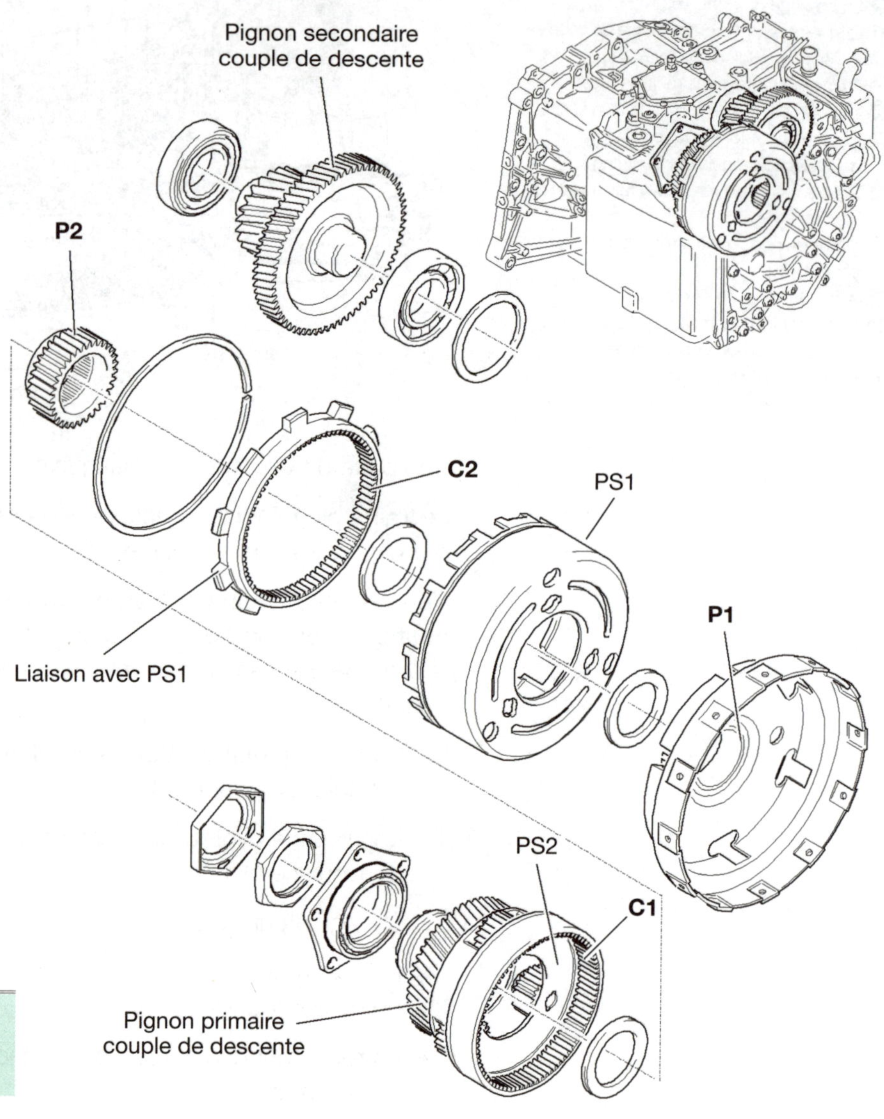

Figure 5.9 *Boîte de vitesses composée de deux trains épicycloïdaux.*

» Dans l'exemple de la boîte de vitesses Citroën (AL4) qui est composée de deux trains épicycloïdaux simples, reliés entre eux, nous trouvons :

» deux planétaires P_1 et P_2 ;

» deux jeux de satellites S_1 et S_2 ;

» deux porte-satellites PS_1 et PS_2 ;

» deux couronnes C_1 et C2 ;

» deux embrayages E_1 et E_2 ;

» trois freins F_1, F_2 et F_3.

Les deux trains sont reliés de la façon suivante :

» le porte-satellite PS_1 et la couronne C_2 sont solidaires ;

» le porte-satellite PS_2 et la couronne C1 sont solidaires ;

» le train n° 1 est le train se trouvant côté carter arrière ;

» le train n° 2 est le train se trouvant côté convertisseur ; le mouvement sort systématiquement par son porte-satellite PS2.

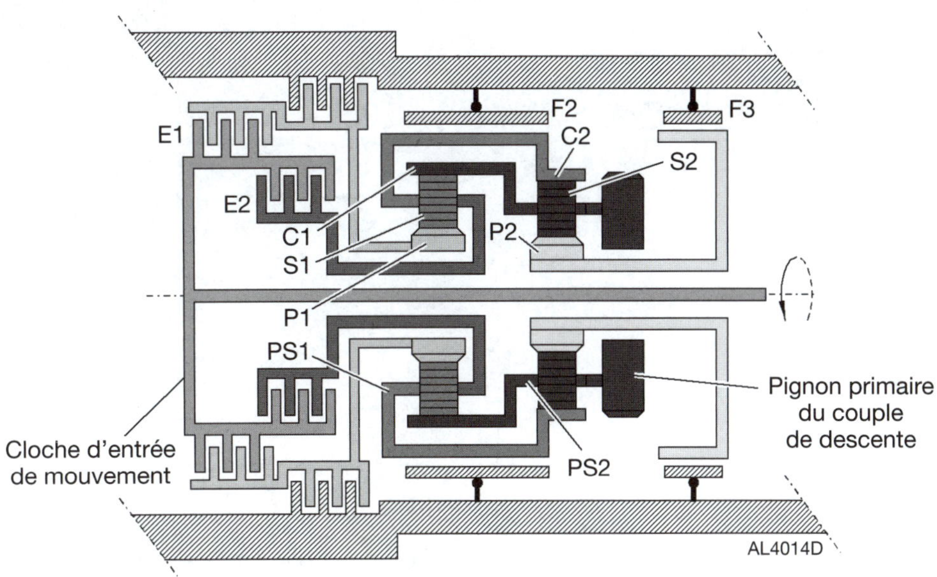

Figure 5.10 *Boîte de vitesses AL 4 (Document Citroën).*

5.3 Analyse fonctionnelle

Fonction

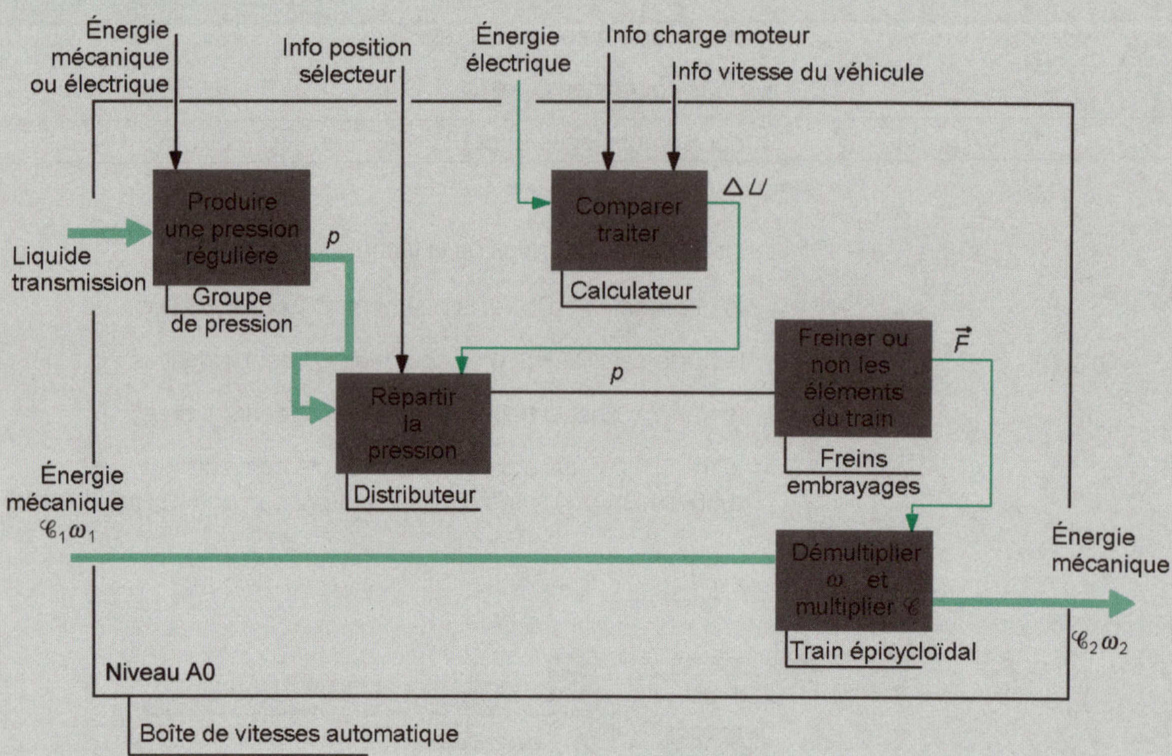

Figure 5.11 *Principe de fonctionnement d'une boîte de vitesses automatique (analyse descendante généralisée).*

Pour le passage de chacun des rapports, trois éléments sont sollicités :

- un élément moteur, entraîné par un embrayage solidaire de l'arbre primaire et du convertisseur ;
- un élément récepteur, lié à l'arbre secondaire et à la transmission ;
- un élément de réaction (point d'appui) bloqué par un frein ou une roue libre.

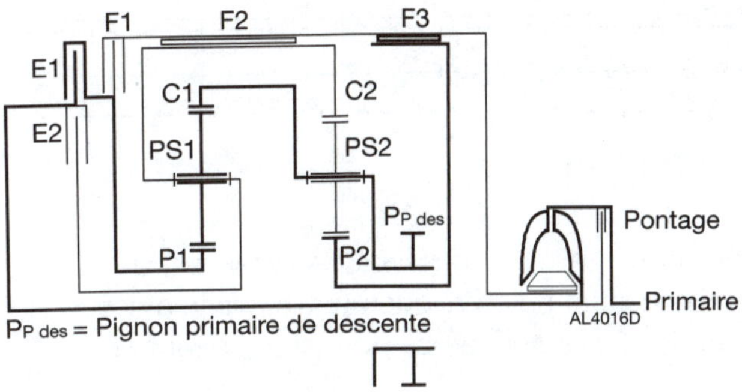

1re vitesse

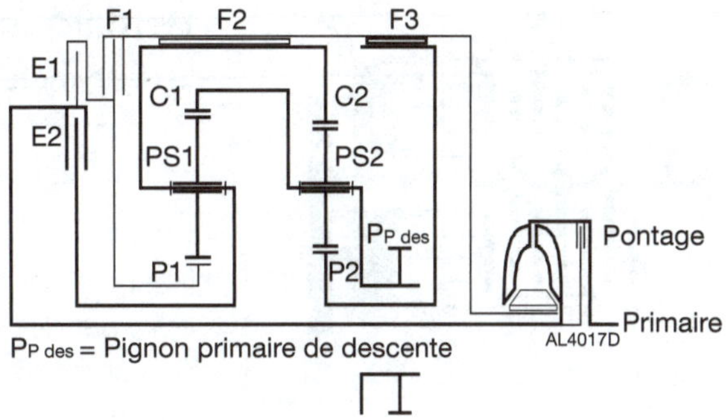

2e vitesse

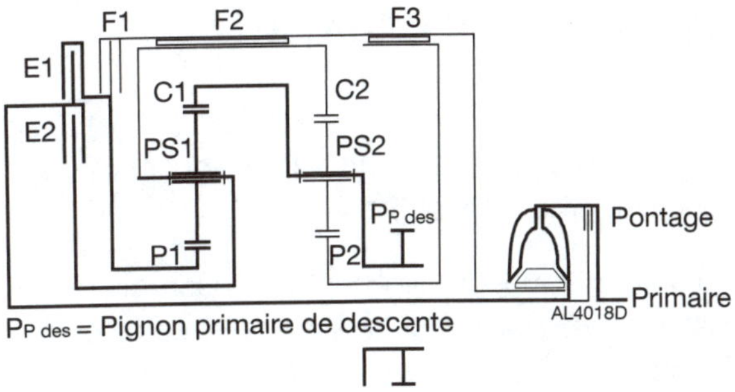

3e vitesse

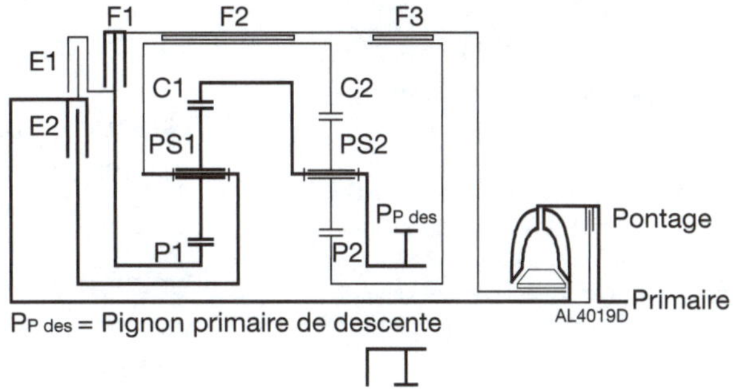

4e vitesse

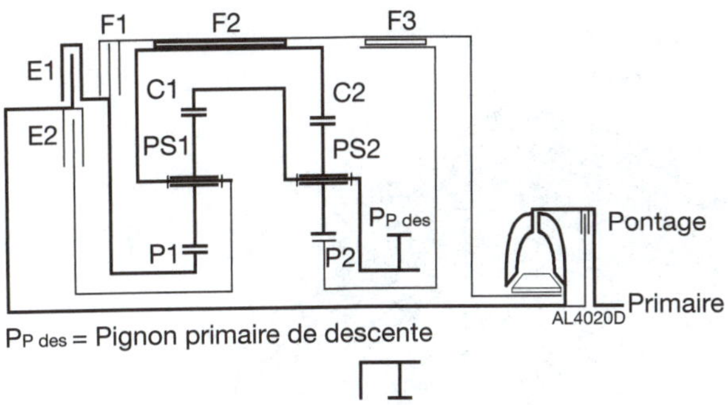

Marche arrière

Figure 5.12 *Schématisation des éléments pour chaque vitesse.*

Le tableau suivant présente les éléments sollicités.

Rapport	Élément moteur	Élément de réaction
1	P1	P2
2	PS1 – C2	P2
3	P1 et PS1 – C2	aucun
4	PS1 – C2	P1
M.AR	P1	PS1 – C2

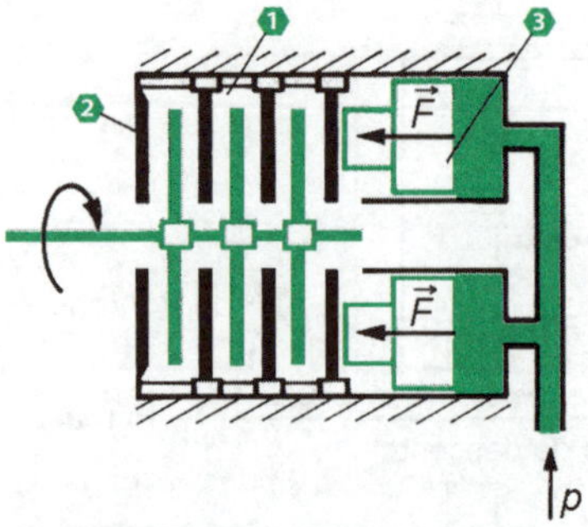

Figure 5.13 *Principe de fonctionnement d'un embrayage frein multidisques à commande hydraulique.*

1. Disques métalliques liés en rotation au carter fixe et libre en translation (liaison glissière).
2. Disques d'embrayage liés en rotation à un arbre du train épicycloïdal libre en translation (liaison glissière).
3. Pistons permettant de comprimer l'empilage grâce à l'action d'une pression hydraulique (*p*).

Remarque

Le frein moteur est assuré dans toutes les positions.

Il est indispensable, pour réaliser le passage des vitesses, de commander sélectivement et automatiquement la mise en action des embrayages et des freins concernés pour chaque rapport.

Fonctionnement de la commande des embrayages et des freins

Chaque embrayage et frein agissant sur le train épicycloïdal est actionné par un récepteur hydraulique qui entre en action lorsqu'une pression lui est appliquée (figures 5.13 et 5.14).

Un bloc ou distributeur hydraulique, comprenant un ensemble de vannes, reçoit la pression d'une pompe et la dirige vers les différents embrayages et freins selon :

» la position du sélecteur manuel ;

» la vitesse du véhicule ;

» la position de la pédale d'accélérateur (charge du moteur).

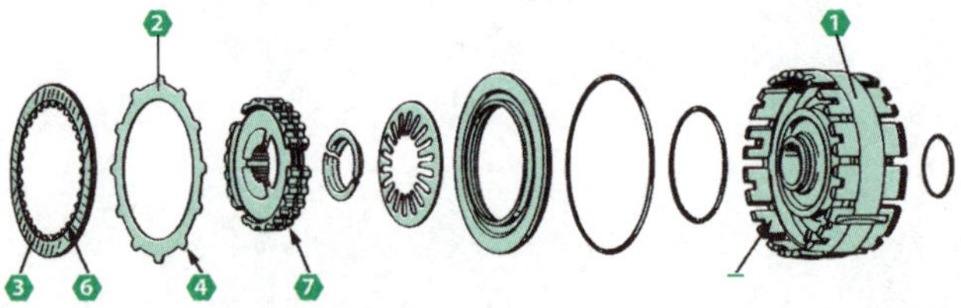

Figure 5.14 *Éléments d'un embrayage multidisques (document Citroën).*

1. Élément porteur solidaire du carter de boîte de vitesses.
2. Disques métalliques fixes en rotation grâce aux encoches 4 s'encastrant dans les rainures 5 de l'élément porteur.
3. Disque d'embrayage garni de matière de friction lié en rotation au moyeu par des cannelures 6 Moyeu solidaire du train épicycloïdal 7.

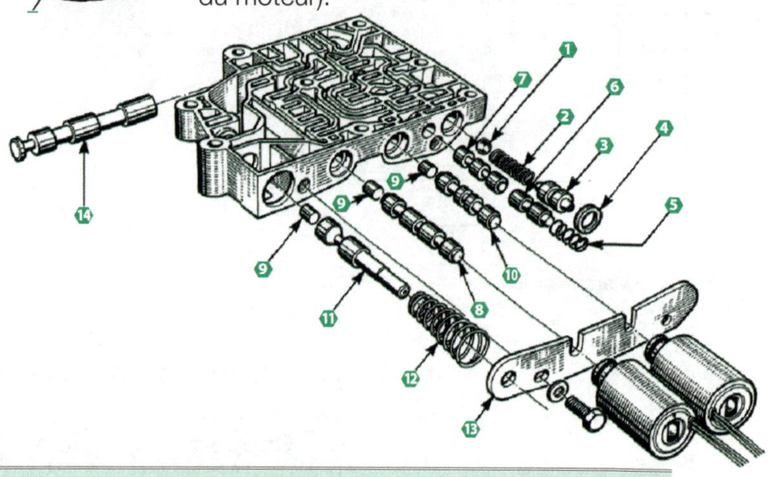

Figure 5.15 *Éléments d'un bloc hydraulique.*

1. Bille de VLP.
2. Ressort.
3. Vanne de limitation de pression (VLP).
4. Joint de VLP.
5. Ressort.
6. Vanne de séquence (VS).
7. Vanne de séquence (VS).
8. Vanne de passage 1 (VP1).
9. Poussoirs.
10. Vanne de passage 2 (VP2).
11. Vanne de régulation de pression (VRP).
12. Ressort.
13. Plaque de fermeture.
14. Vanne manuelle.

Principe de fonctionnement des vannes hydrauliques

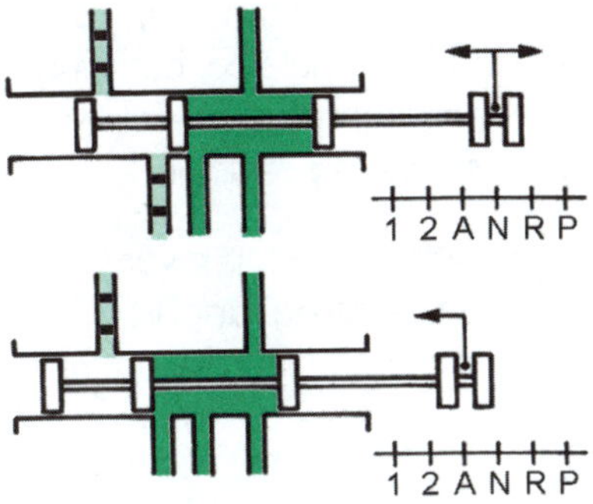

Figure 5.16 *Principe de fonctionnement d'une vanne manuelle ou tiroir de sélection.*

circuit alimenté.
circuit en fuite ou en décharge.

Vanne manuelle appelée également « tiroir de sélection ».
Le déplacement du sélecteur manuel provoque le déplacement d'un tiroir hydraulique qui alimente ou met en fuite certains circuits, selon la position qui lui a été donnée (figure 5.16).

Vanne automatique appelée « vanne du tiroir de passage ». Le déplacement du tiroir est provoqué par des actions à distance (figures 5.17). Il est possible de faire varier la position du tiroir par :

» une différence de pression aux deux extrémités du tiroir ;

» l'action d'une pression d'un côté et celle d'un ressort taré de l'autre ;

» une différence de diamètre des extrémités du tiroir ;

» la conjugaison de ces actions.

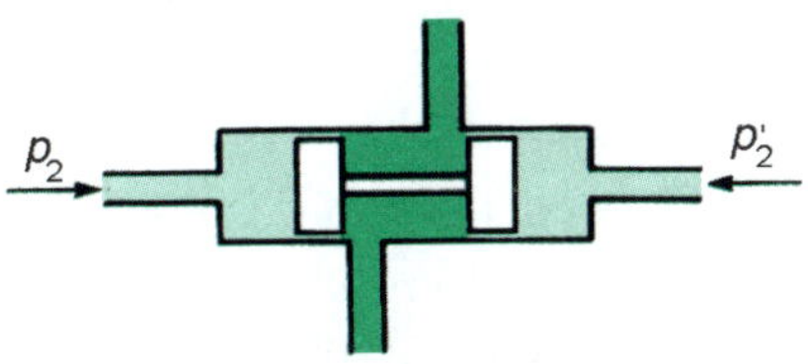

Figure 5.17A *Position d'équilibre si :* $p_2 = p'_2$

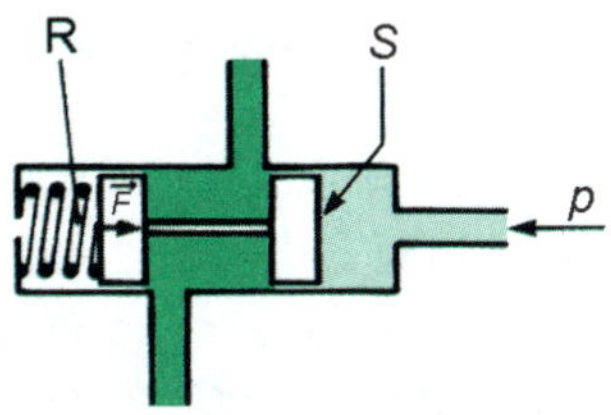

Figure 5.17B *Position d'équilibre si :* $F = pS$

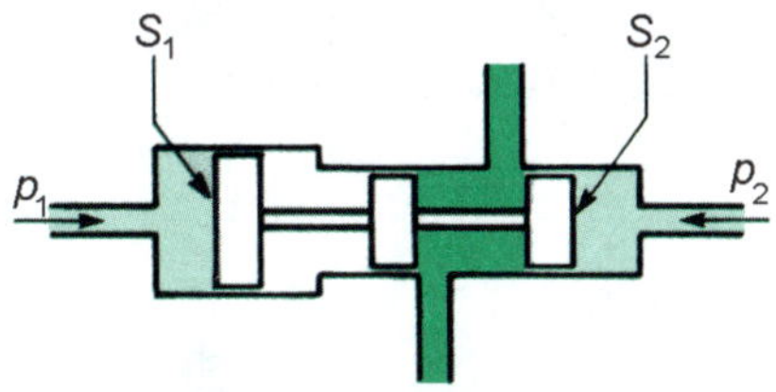

Figure 5.17C *Position d'équilibre si :* $p_1S_1 = p_2S_2$

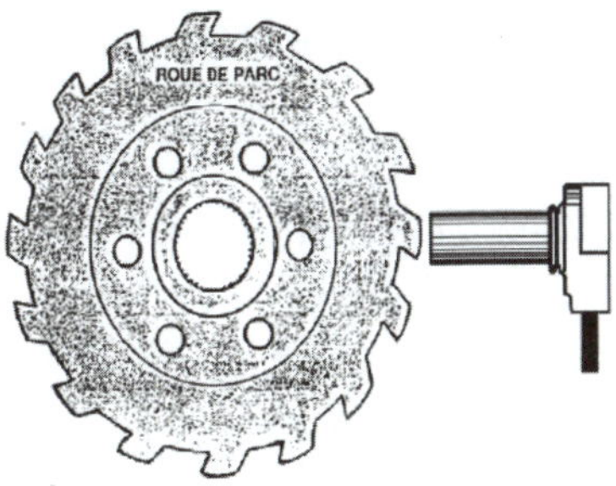

Figure 5.18 *Roue de parc.*

Lorsque le sélecteur est en position A (automatique), le déplacement des tiroirs est conditionné par les informations communiquées par deux éléments antagonistes qui sont :

» un capteur de vitesse du véhicule dont l'action tend à faire engager le rapport supérieur : la roue de parc a une vitesse proportionnelle à la vitesse du véhicule. La rotation des dents devant le capteur fait varier le flux magnétique induisant une tension alternative dans le bobinage. (Tension proportionnelle à la vitesse de rotation) ;

» un capteur de charge moteur dont l'action tend à s'opposer à l'engagement du rapport supérieur : fournit au boîtier électronique l'image électrique de la charge moteur. Le potentiomètre est alimenté en tension stabilisée par le boîtier électronique. La tension de sortie est variable en fonction de la position de la pédale d'accélérateur donc du curseur.

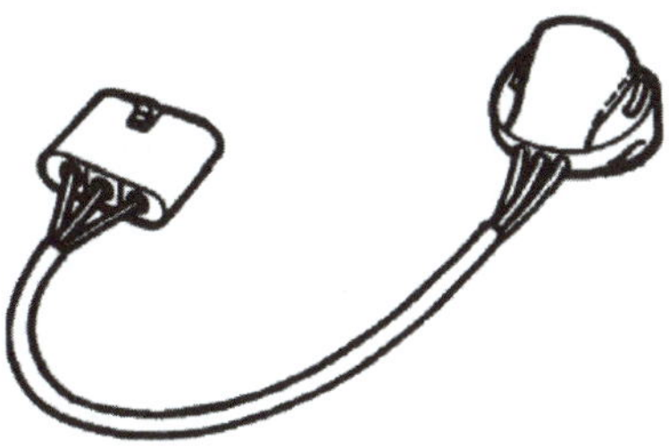

Figure 5.19 *Capteur de charge moteur.*

Principes de fonctionnement des éléments de détection hydraulique

Information vitesse du véhicule (figure 5.20). Un régulateur centrifuge, entraîné en rotation par l'arbre secondaire, augmente la pression hydraulique (p_2), proportionnellement à la vitesse du véhicule.

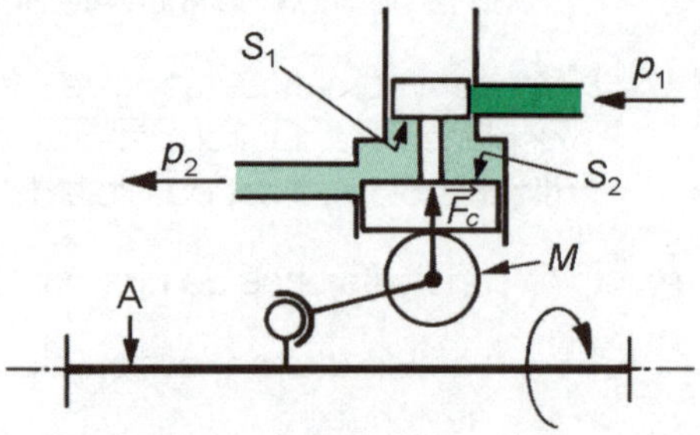

Cette pression favorise le passage du rapport supérieur en agissant sur les vannes de commande.

Figure 5.20 *Principe du régulateur centrifuge.*

p_1 : pression principale de la pompe.
Lorsque la vitesse de rotation de l'arbre secondaire (A) augmente, le tiroir se déplace actionné par la force centrifuge $\vec{F_c}$ acquise par la masse **M**. La position d'équilibre à toutes les pressions (régulation) est obtenue par la différence de section de S_1 et S_2.
Si p_2 augmente anormalement, la pression agit d'une manière plus importante sur S_2.
Le tiroir est repoussé en opposition avec *M*.
p_1 est à nouveau obturé.

Information charge du moteur (figure 5.21). Un tiroir de pression de charge moteur détermine une pression qui tend à s'opposer à la pression du régulateur centrifuge sur les tiroirs de passage des vitesses. Ce tiroir est commandé par une came liée à la pédale d'accélérateur.

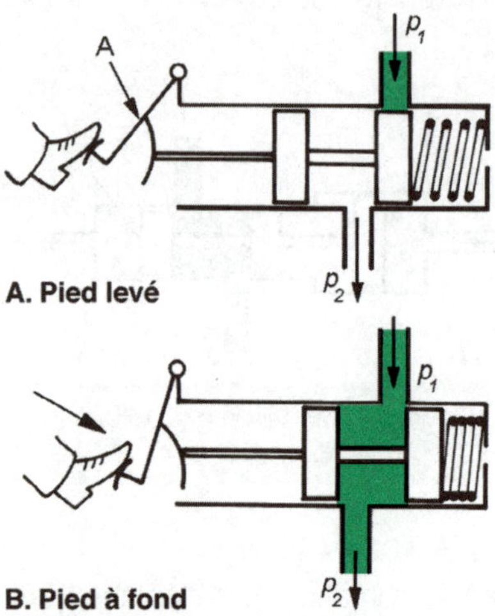

Figure 5.21 *Principe de fonctionnement du tiroir de pression de charge moteur.*

(A) p_2 nulle. **(B)** p_2 maximale.
A. Accélérateur.
p_1. Pression d'alimentation.
p_2. Vers les vannes de commandes.

Remarque

Nous voyons que dans tous les cas, le fonctionnement des freins et des embrayages est commandé par un circuit hydraulique.
En revanche, le circuit de servocommande à qui incombent les décisions de passage des vitesses est constitué d'un ensemble d'éléments qui peuvent être :
– en partie électriques et en partie hydrauliques (commande électrohydraulique) ;
– entièrement hydrauliques.

Un calculateur électronique (figure 5.22) reçoit les principales informations suivantes :

» position du levier de vitesse ;

» position de la pédale d'accélérateur ;

» vitesse du véhicule, soit par ses propres capteurs, soit par multiplexage avec le calculateur d'injection.

Après analyse et comparaison avec un programme préétabli, il déclenche la mise en action d'un ou de plusieurs électropilotes accouplés à des vannes hydrauliques.

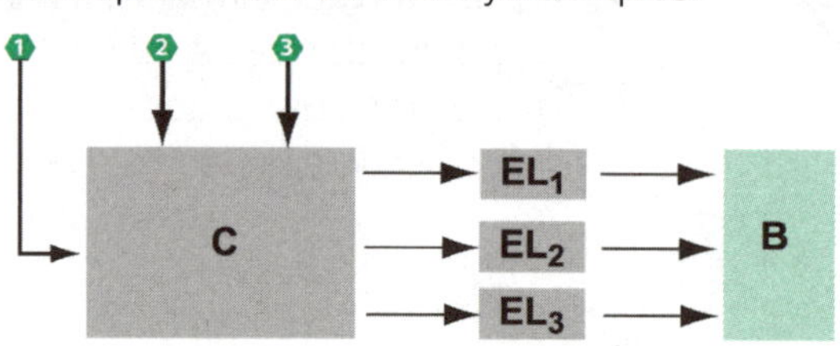

Figure 5.22 *Commande électrohydraulique.*

❶ Informations sur le levier de vitesses.
❷ Informations sur la charge du moteur.
❸ Informations sur la vitesse du véhicule.
C. Calculateur électronique.
EL. Électropilotes.
B. Bloc hydraulique.

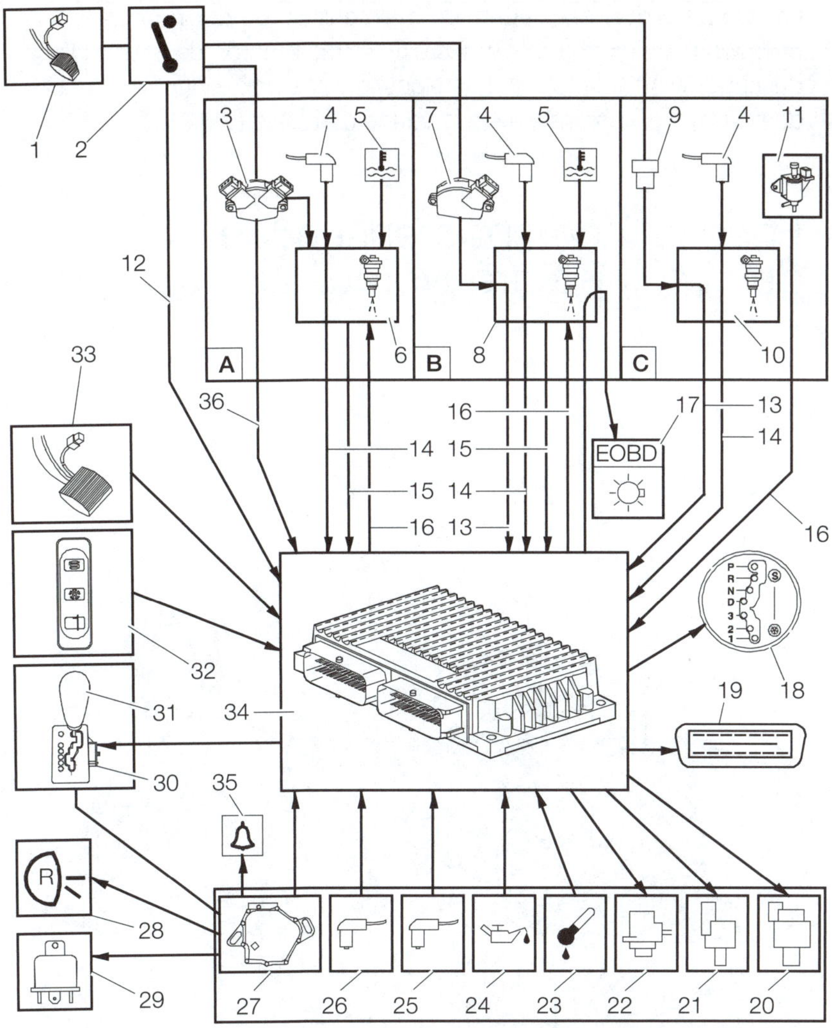

Figure 5.23 *Exemple de synoptique de fonctionnement boîte AL4 montée sur Citroën.*

Information charge

A Motorisation essence avec potentiomètre double piste

B Motorisation essence avec potentiomètre double piste

C Motorisation Diesel

Repère	Désignation
1	Pédale d'accélérateur
2	Contacteur rétrocommande (kick-down) sur câble d'accélérateur
3	Potentiomètre papillon double piste
4	Capteur PMH
5	Sonde de température d'eau moteur
6	Calculateur d'injection essence
7	Potentiomètre papillon simple piste
8	Calculateur d'injection essence
9	Potentiomètre sur le levier de charge de pompe d'injection
10	Calculateur d'injection Diesel
11	Électrovanne d'estompage de couple
12	Information rétrocommande (kick-down)
13	Information charge moteur
14	Information régime moteur + température d'eau moteur

Repère	Désignation
15	Information couple moteur (fournie par le calculateur d'injection)
16	Information demande d'estompage de couple + information demande de compensation régime de ralenti
17	Information demande d'allumage du voyant EOBD (uniquement versions avec dépollution L4)
18	Afficheur à diodes électroluminescentes (bloc compteurs)
19	Prise diagnostic
20	Électrovanne de séquence
21	Électrovanne de modulation de pression
22	Électrovanne de modulation de débit d'huile
23	Sonde de température d'huile de boîte de vitesses

Repère	Désignation
24	Capteur de pression d'huile de boîte de vitesses
25	Capteur de vitesse d'entrée de boîte de vitesses
26	Capteur de vitesse de sortie de boîte de vitesses
27	Contacteur « multifonctions »
28	Feux de recul
29	Relais d'interdiction démarreur
30	Actionneur de blocage en « P »
31	Levier de vitesse
32	Sélecteur de programme (Sport, Neige, Normal, 1re imposée)
33	Pédale de frein (information freinage)
33	Contacteur de stop
34	Calculateur de boîte de vitesses
35	Bruiteur d'oubli de position « P »
36	Information position papillon (potentiomètre papillon)

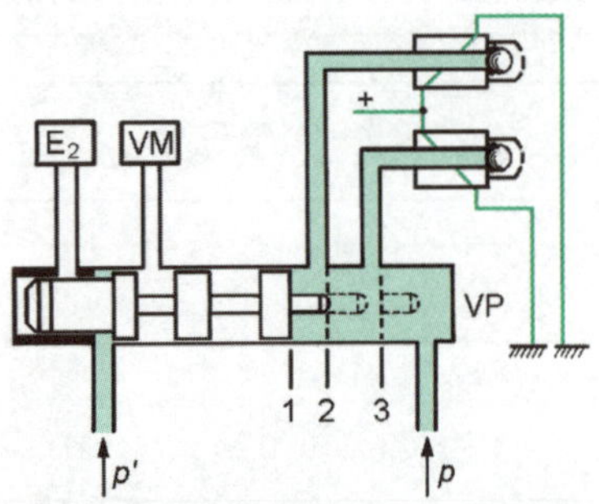

Figure 5.24 *La mise en fuite successive des deux électropilotes permet le passage de la deuxième et de la troisième vitesse.}*

Les électropilotes permettent de maintenir ou de diminuer la pression qui s'exerce à une des extrémités du tiroir de la vanne de passage (VP) (figure 5.24). Les électropilotes agissent sur la vanne de passage en parallèle avec la vanne manuelle (VM).

Fonctionnement d'ensemble du circuit électrohydraulique

Figure 5.25 *Boîte à commande électrohydraulique (document Renault).*

1 Convertisseur de couple.
2 Train épicycloïdal et ses éléments.
3 Carter de différentiel.
4 Pignon d'attaque. Couronne.
5 Pompe à huile.
6 Distributeur hydraulique.
7 Électropilotes.
8 Pignons de descente.
9 Vis sans fin du gouverneur.
E_1 et **E_2**. Embrayage.
F_1 et F_2. Frein.
RL. Roue libre du train épicycloïdal.

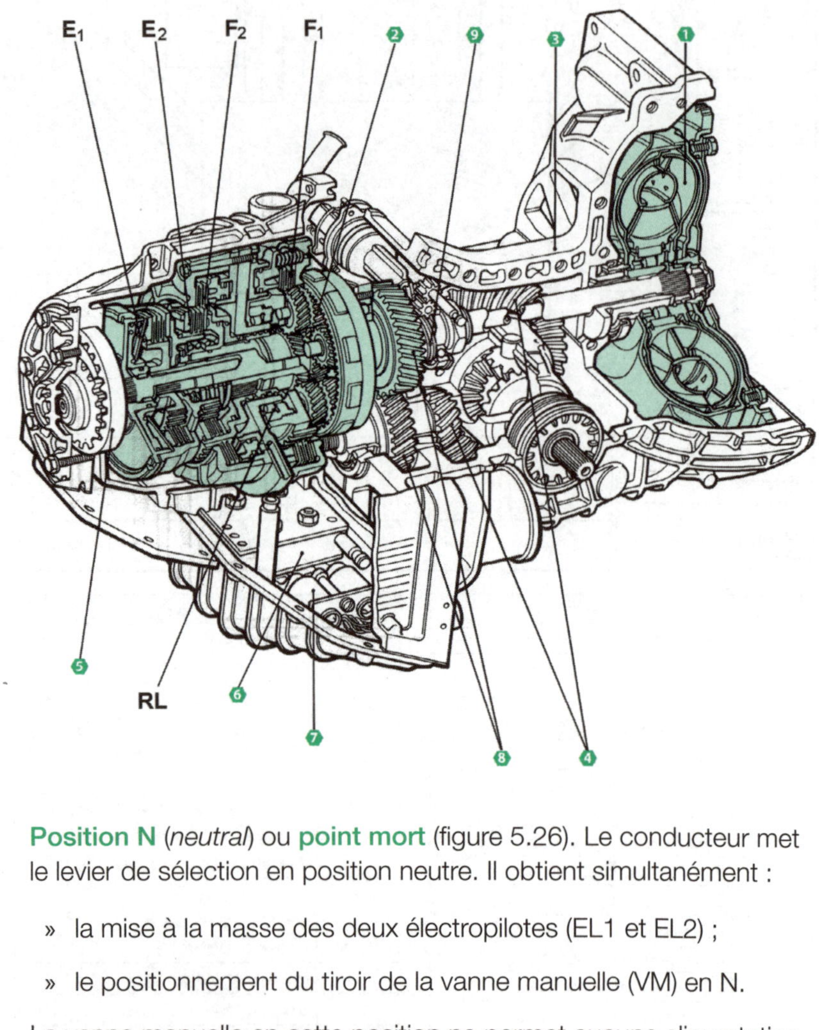

Position N (*neutral*) ou **point mort** (figure 5.26). Le conducteur met le levier de sélection en position neutre. Il obtient simultanément :

» la mise à la masse des deux électropilotes (EL1 et EL2) ;

» le positionnement du tiroir de la vanne manuelle (VM) en N.

La vanne manuelle en cette position ne permet aucune alimentation des éléments de commande du train épicycloïdal.

Par ailleurs, les deux électropilotes étant obturés, la pression s'exerce sur la vanne de passage et la maintient en position extrême. Aucun rapport n'est engagé.

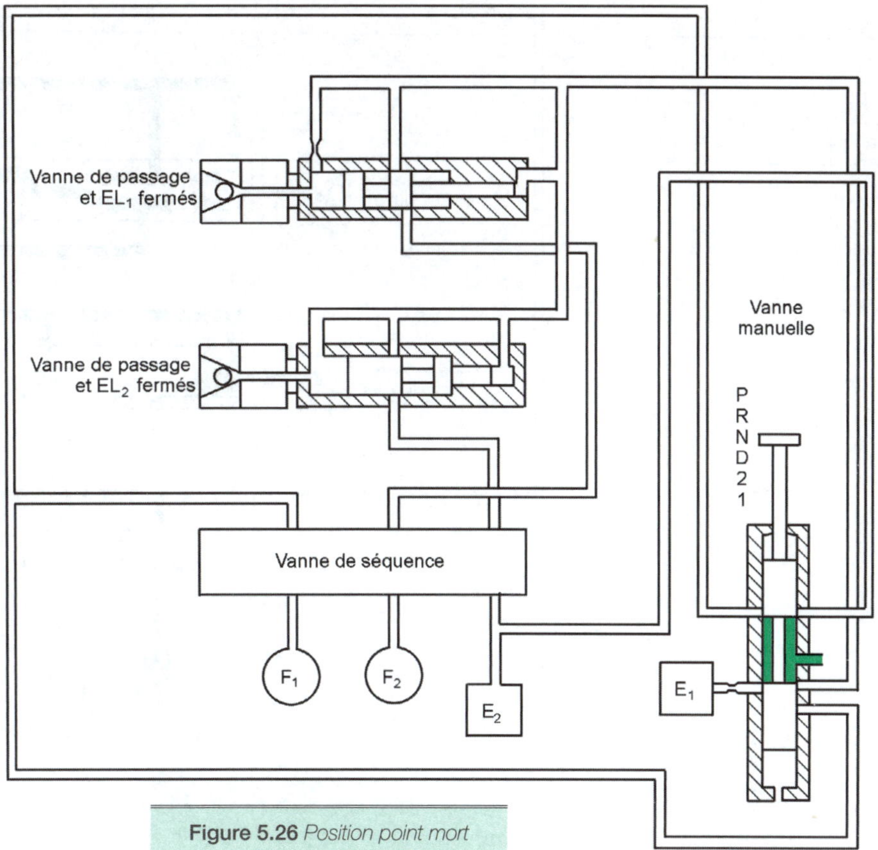

Figure 5.26 *Position point mort (document Renault).*

Remarque

Lorsque les éléments E_1, E_2, F_1, F_2 doivent être desserrés, leur alimentation est mise en fuite ou en décharge.

Position automatique D ou A (figure 5.27). Le levier de sélection est mis en position D ou A pour obtenir une conduite entièrement automatique.

On obtient simultanément :

» la position A du contacteur du comparateur qui n'assure plus de liaison électrique,

» le positionnement de la vanne manuelle en A.

• Première automatique (sans charge) (figure 5.27). Le véhicule est immobile, la tension du gouverneur est nulle et les électropilotes EL1 et EL2 sont alimentés.

Malgré son déplacement, la vanne manuelle conserve le circuit hydraulique précédent. De plus, elle permet l'alimentation directe de

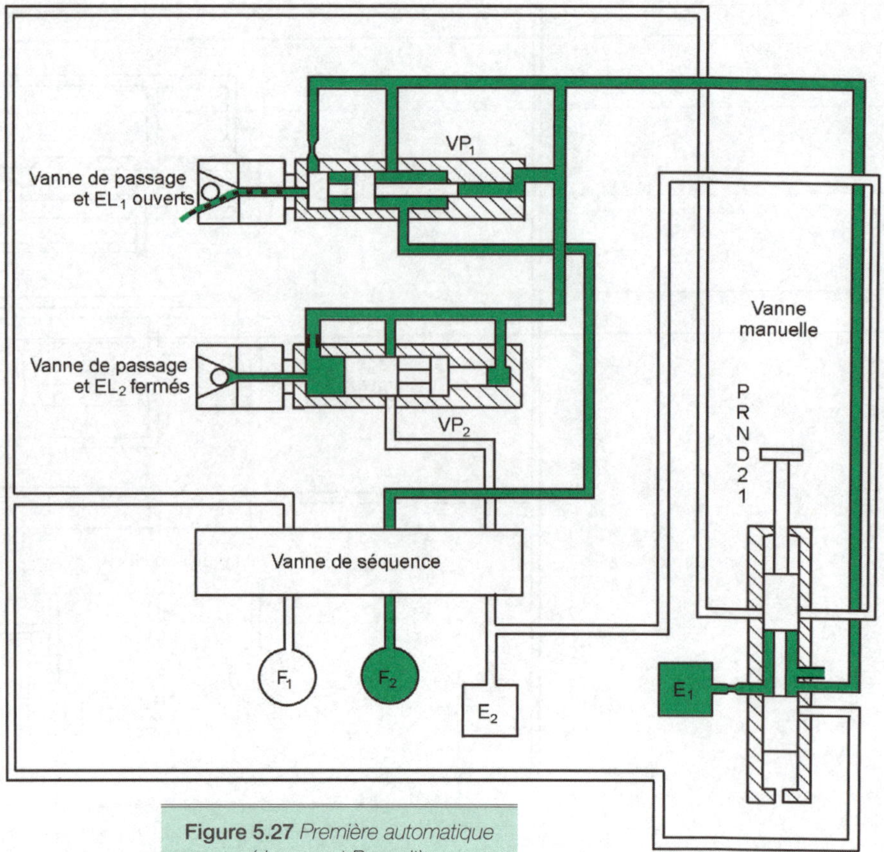

Figure 5.27 *Première automatique (document Renault).*

l'embrayage E1. Ce même canal alimente la partie gauche de la vanne de passage (VP). La section de gauche étant plus importante que celle de droite, la vanne de passage reste en position extrême droite. L'embrayage E1 étant alimenté, la turbine est solidaire de P1. Le porte-satellite se bloque sur sa roue libre.

À l'accélération, la voiture démarre sur le premier rapport. La voiture roule en première vitesse, la tension du gouverneur croît proportionnellement à la vitesse du véhicule.

Deuxième automatique (figure 5.28). Lorsque la tension atteint la valeur prédéterminée, elle provoque le fonctionnement du dispositif de commande des électropilotes.

L'électropilote EL_1 n'est plus excité. Le canal de EL_1 étant libéré, la vanne de passage poussée par la pression se déplace vers la gauche.

Le déplacement de la vanne de passage a ouvert au centre un canal de liaison avec la vanne manuelle (VM) qui alimente directement le frein F_2. L'embrayage E_1 est toujours alimenté et le frein F_2 est bloqué pour immobiliser P_2. La voiture est entraînée sur le deuxième rapport. La voiture roule en deuxième vitesse et la tension du

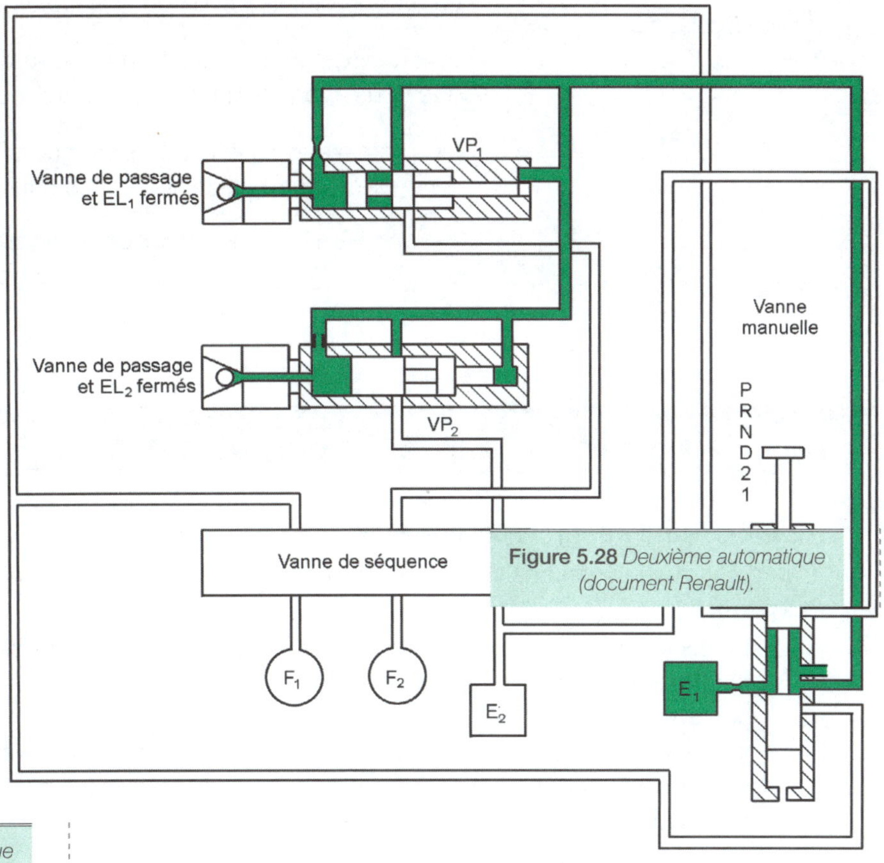

Figure 5.28 *Deuxième automatique (document Renault).*

Figure 5.28 *Deuxième automatique (document Renault).*

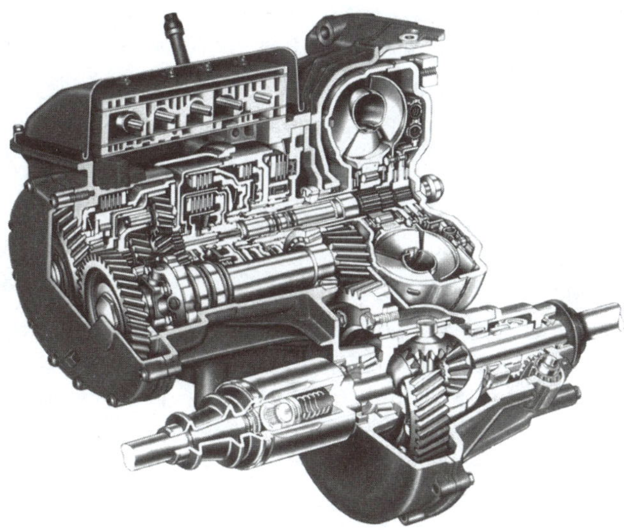

Figure 5.29 *Boîte de vitesses automatique (document Citroën).*

gouverneur continue de s'accroître. Le comparateur déclenche l'ordre de passage en troisième vitesse.

EL_2 est mis en fuite. P_2 est moteur. P_1 reste moteur grâce à E_1. Les deux planétaires (de diamètre différent) tournent à la même vitesse. Le train épicycloïdal est donc bloqué et tourne d'une seule pièce : le rapport est 1. C'est la prise directe.

La rétrogradation s'effectue suivant le processus inverse.

Le circuit de commande permet de réaliser tous les programmes que nous avons énumérés plus haut, notamment :

» première, deuxième, troisième automatiques avec charge du moteur (entre pied levé et pied à fond) ;

» première imposée, deuxième imposée, park, marche arrière.

Résumé

Automatisme intégral des vitesses

L'automatisme intégral des vitesses est réalisé grâce à l'utilisation d'un train épicycloïdal complexe qui permet :

» l'obtention de trois ou quatre rapports de marche avant, d'un point mort, d'une marche arrière, et d'une position park ;
» une conduite plus aisée sans action sur le levier de vitesse ;
» le passage des rapports sans désaccouplement moteur/transmission ;
» une poussée continue aux roues, évitant le ralentissement produit à chaque désaccouplement.

Passage des rapports

Le passage des rapports dans le train épicycloïdal s'effectue grâce à :

» un élément rendu moteur par un embrayage solidaire du convertisseur ;
» un élément de réaction rendu fixe par un frein ou une roue libre ;
» un élément récepteur solidaire de l'arbre de sortie de la boîte de vitesses.

Différents types de trains épicycloïdaux

Les trains épicycloïdaux utilisés sont de type complexe et peuvent se présenter sous plusieurs formes :

» train à deux planétaires, deux jeux de satellites et une couronne ;
» train à deux couronnes, deux jeux de satellites et un planétaire.

Les éléments du train sont sollicités par un ensemble de freins et d'embrayages multidisques à commande hydraulique et une ou plusieurs roues libres.

Commande des embrayages et des freins

Chaque embrayage et frein, agissant sur le train épicycloïdal, est actionné par un récepteur hydraulique.

Un bloc hydraulique, comprenant un ensemble de vannes, reçoit la pression d'une pompe et la dirige vers les différents récepteurs selon :

» la position du sélecteur,
» la vitesse du véhicule,
» la position de la pédale d'accélérateur.

Mise en action des tiroirs de commande du bloc hydraulique

La mise en action des récepteurs est réalisée par le déplacement de tiroirs hydrauliques commandés :

» mécaniquement par une vanne de sélection,
» hydrauliquement par des vannes automatiques.

Circuit de servocommande

Si, dans tous les cas, le circuit de commande des freins et embrayages est hydraulique, les circuits de servocommande auxquels incombent les décisions de passage des vitesses peuvent être :

» en partie électriques et en partie hydrauliques (commande électrohydraulique),
» entièrement hydrauliques (commande hydraulique).

Décision de passage des vitesses

Lorsque le sélecteur est en position A (automatique) ou D (*drive*), les décisions de passage des vitesses sont conditionnées par les informations données par :

» un détecteur de vitesse du véhicule – gouverneur électrique ou régulateur centrifuge hydraulique – dont l'action tend à faire engager le rapport supérieur ;
» un détecteur de charge moteur actionné par la pédale d'accélérateur : décalage des masses polaires du gouverneur produisant une chute de tension, ou tiroir hydraulique de pression de charge moteur dont l'action tend à s'opposer au passage du rapport supérieur.
» un potentiomètre informant le calculateur.

Testez vos connaissances

1. Dans une boîte de vitesses automatique, les décisions de passage des vitesses sont prises par :

a ☐ *le conducteur*
b ☐ *le groupe de pression*
c ☐ *le calculateur*

2. Les boîtes automatiques ont pour systèmes d'engrenages :

a ☐ *des synchroniseurs*
b ☐ *des trains épicycloïdaux*
c ☐ *des craboteurs*

3. Dans les véhicules à boîte automatique, le moteur est relié à la boîte de vitesses par :

a ☐ *un convertisseur*
b ☐ *un embrayage*
c ☐ *une liaison directe*

4. Dans une boîte de vitesses automatique, les freins et les embrayages sont commandés :

a ☐ *mécaniquement*

b ☐ *hydrauliquement*

c ☐ *électriquement*

5. Dans une boîte de vitesses automatique, le conducteur peut-il passer les vitesses manuellement ?

a ☐ *oui*

b ☐ *non*

c ☐ *je ne sais pas*

6. Un train épicycloïdal comportant deux planétaires est appelé :

a ☐ *train roulant*

b ☐ *train mobile*

c ☐ *train complexe*

Entraînez-vous

1. Indiquez trois types de véhicules équipés d'une transmission automatique. Donnez les caractéristiques de la transmission pour chacun d'eux.
2. Nommez les éléments constitutifs d'un train épicycloïdal complexe pour une boîte à quatre rapports de marche avant.

La motricité en virage et en tout terrain
chapitre 6

6.1 Mise en situation

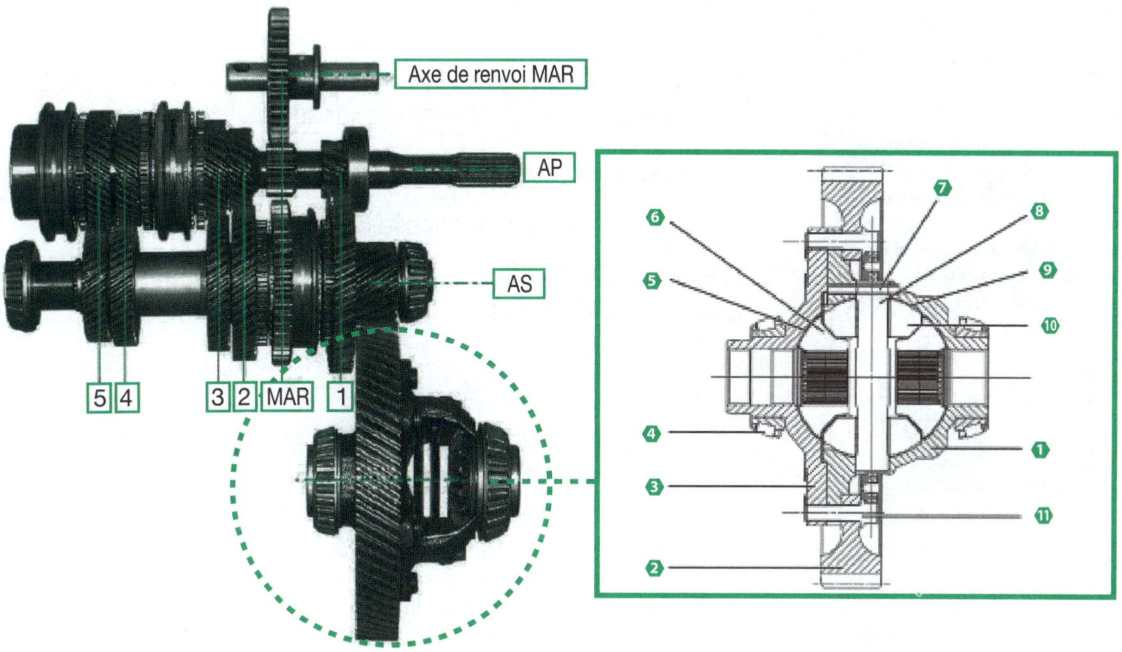

Figure 6.1 *Différentiel*

1. Carter du différentiel ;
2. Couronne cylindrique ;
3. Couvercle du différentiel ;
4. Roulements coniques ;
5. Crapaudine planétaire ;
6. Planétaire ;
7. Goupille d'arrêt de l'axe porte-satellite ;
8. Axe porte-satellite ;
9. Crapaudine satellite ;
10. Satellite ;
11. Vis de fixation de la couronne cylindrique.

Lorsqu'un véhicule circule sur un sol plan, possède des roues identiques et également gonflées, une charge également répartie, on observe alors :

En ligne droite, le centre (G) du véhicule ainsi que les roues parcourent la même distance et ont donc la même vitesse.

En virage (figure 6.2), les mêmes éléments parcourent un arc de cercle de rayon :

» R_V pour le véhicule ;

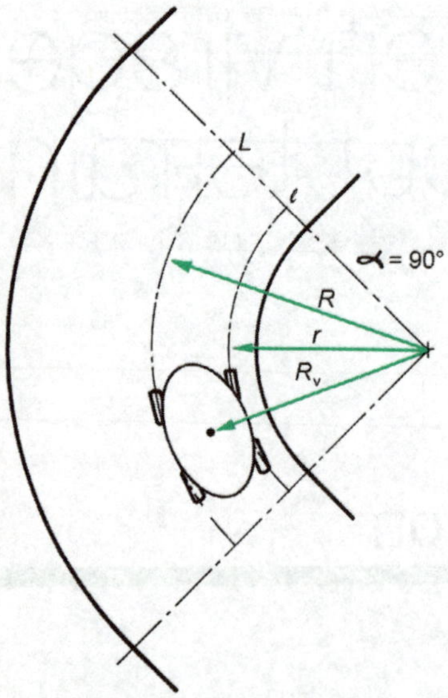

Figure 6.2 *Vitesse des roues en virage.*

R_v : rayon de l'arc de cercle parcouru par le centre du véhicule.
R : rayon de la trajectoire de la roue gauche.
r : rayon de la trajectoire de la roue droite.
L : distance parcourue par la roue gauche.
ℓ : distance parcourue par la roue droite.

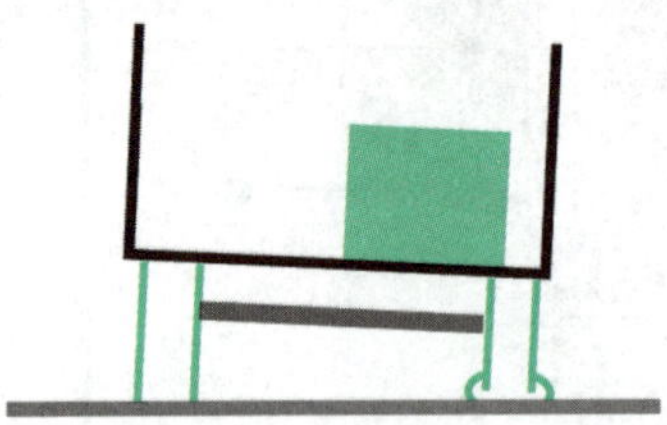

Figure 6.3 *Surcharge d'un pneumatique par mauvaise répartition de la charge.*

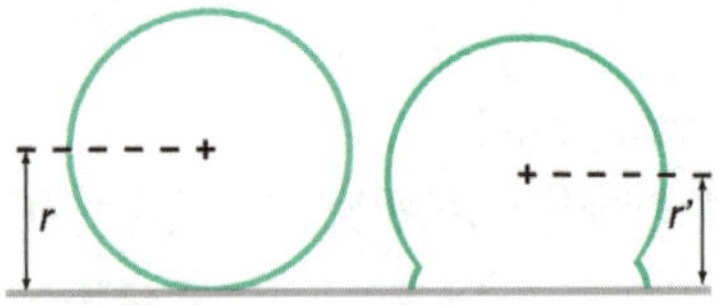

Figure 6.4 *Effet du sous-gonflage ou de la surcharge sur le rayon de roulage d'un pneumatique.*

» R pour les roues gauches ;

» r pour les roues droites.

Exemple

Dans le cas d'un virage à droite d'un quart de cercle, nous avons :
$R_V = 6$ m ; $R = 7$ m ; $r = 5$ m.
– Pour les roues gauches, la distance parcourue sera :

$$L = \frac{\pi\,(2R)}{4} = \frac{3{,}14 \times (2 \times 7)}{4} = 10{,}99 \text{ m}$$

– Pour les roues droites, la distance parcourue sera :

$$\ell = \frac{\pi\,(2R)}{4} = \frac{3{,}14 \times (2 \times 5)}{4} = 7{,}85 \text{ m}$$

Par conséquent, en virage, les vitesses des roues droites et gauches sont différentes. Pour une même vitesse du véhicule, on observe :

» une augmentation de la vitesse des roues extérieures au virage,

» une diminution de la vitesse des roues intérieures.

Une roue sous-gonflée, surchargée ou de diamètre inférieur voit son rayon de roulement diminuer ainsi que son développement (figures 6.3 et 6.4).

Exemple

– Roue gauche normalement gonflée : r = 0,30 m.
– Roue droite sous-gonflée : r = 0,29 m.
Développement de la roue gauche :

$$3{,}14 \times 2 \times 0{,}30 = 1{,}88 \text{ m}$$

Développement de la roue droite :

$$3{,}14 \times 2 \times 0{,}29 = 1{,}82 \text{ m}$$

Soit une différence de : 1,88 – 1,82 = 0,06 m.
La roue droite devra donc tourner plus vite que la roue gauche pour parcourir la même distance.
Le comportement des roues, dans ce cas, est le même que dans le cas d'un léger virage à gauche.

Conséquences de ces phénomènes

Roues non motrices. Ces roues, étant indépendantes, peuvent tourner librement à des vitesses différentes.

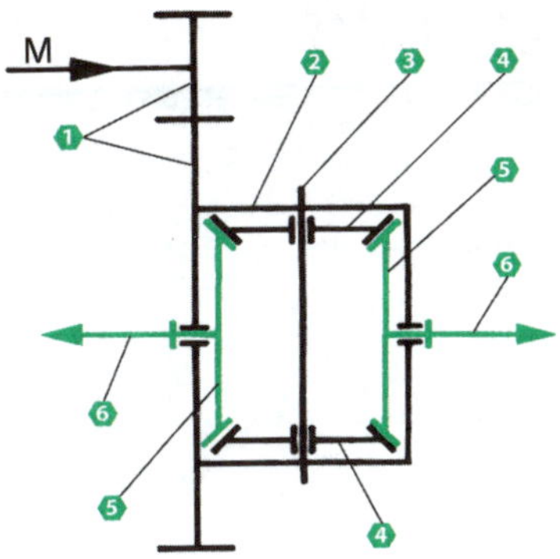

Figure 6.5 *Mécanisme différentiel.*

M. Pignon moteur.
1 Couple démultiplicateur.
2 Boîtier de différentiel.
3 Axe porte-satellites.
4 Satellites.
5 Planétaires.
6 Arbres de transmission ou arbres de roues.

Roues motrices. La transmission de l'effort moteur aux roues s'effectue par deux demi-arbres de transmission entraînés par le couple démultiplicateur.

Si ces deux demi-arbres sont directement solidaires du couple démultiplicateur, on constate :

» une contrainte en torsion des arbres, notamment importante dans les manœuvres sur place ;

» un ripage des pneus sur le sol, affectant la tenue de route.

Pour remédier à ces défauts un mécanisme appelé « différentiel » (figure 6.5) est interposé entre le couple démultiplicateur et les deux demi-arbres de roues.

Sa fonction est de permettre aux deux roues motrices d'un même essieu de tourner à des vitesses différentes en conservant une répartition de l'effort à chaque roue.

6.2 Analyse structurelle

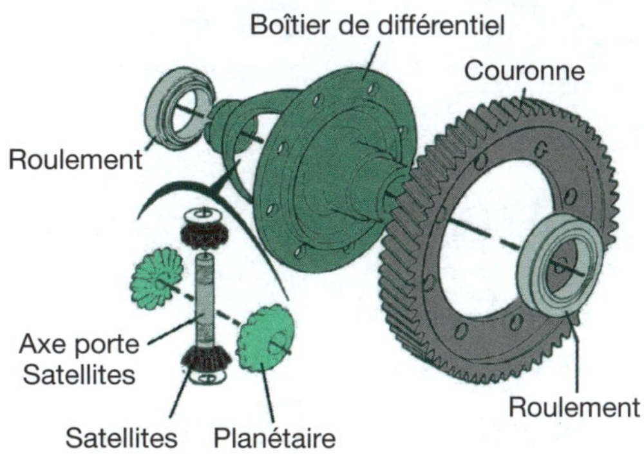

Figure 6.6 *Éléments d'un différentiel.*

Le différentiel (figure 6.7) est formé d'un train épicycloïdal de forme particulière, dont les engrenages sont de type à axes concourants.

Le différentiel comprend :

» un boîtier de différentiel solidaire de la couronne du couple démultiplicateur ;

» deux planétaires (P_1 et P_2) liés en tous sens aux demi-arbres de transmission. Ils tournent librement dans les paliers pratiqués dans le boîtier de différentiel ;

» deux satellites (S) en contact par leur denture avec les deux planétaires et montés fous sur leur axe ;

» un axe porte-satellite (PS) solidaire du boîtier de différentiel.

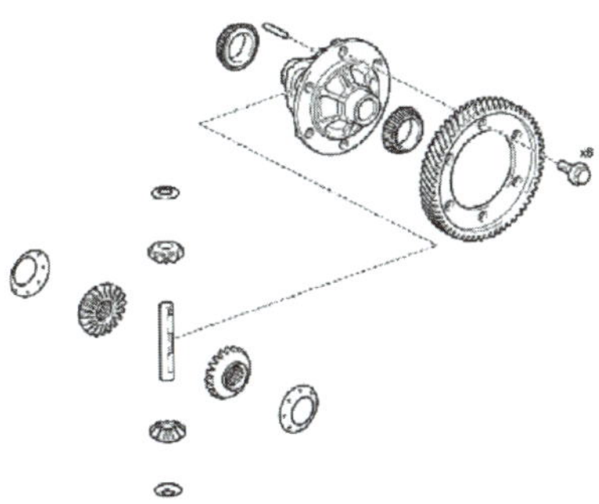

Figure 6.7 *Schéma d'un différentiel.*

6.3 Analyse fonctionnelle

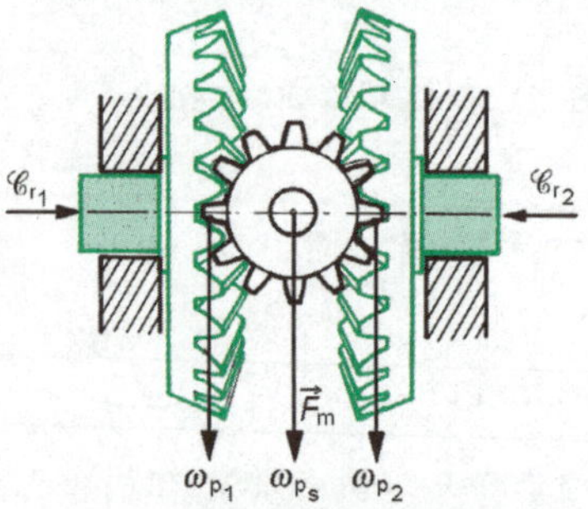

Figure 6.8 *Fonctionnement du différentiel.*

$\mathscr{C}_r$: couple résistant des arbres de roues.
F_m : force motrice.
ω_P : vitesses planétaires.
ω_{PS} : vitesses porte-satellites.
En ligne droite : $\omega_{P1} = \omega_{P2} = \omega_{PS}$ (si $\mathscr{C}_{r1} = \mathscr{C}_{r2}$)

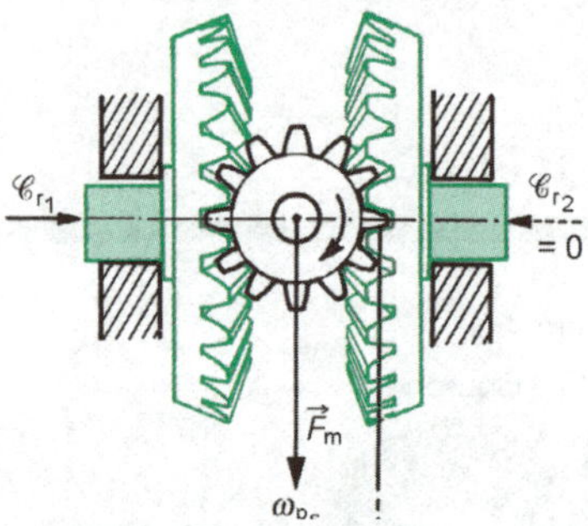

Figure 6.9 *Fonctionnement en virage :*

$\omega_{P1} = \omega_{PS} - \omega_S$
$\omega_{P2} = \omega_{PS} + \omega_S$

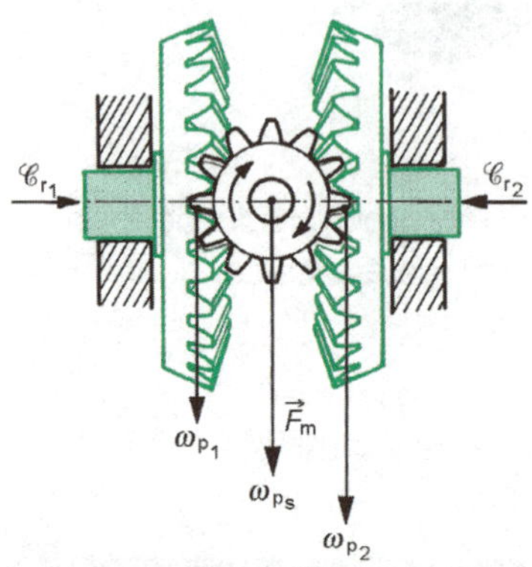

Figure 6.10 *Inconvénient du différentiel :*

si $\mathscr{C}_{r2} = 0$, P_1 devient point de réaction.
PS. Moteur.
S : roule sur P1.
P_2 : récepteur tourne à $\omega_{P2} = \omega_{PS} + \omega_S = 2\omega_{PS}$.

Comme dans tout train épicycloïdal, pour qu'il y ait transmission il faut :

» un élément moteur ;

» un élément de réaction (point d'appui) ;

» un élément récepteur.

Si deux des éléments tournent à la même vitesse, le train est bloqué et transmet au rapport 1.

Comportement en ligne droite (figure 6.8). L'élément moteur est l'axe porte-satellite (PS). Les couples $\mathscr{C}_{r1}$ et $\mathscr{C}_{r2}$ appliqués aux planétaires sont égaux. Le train épicycloïdal est bloqué et tourne comme un seul élément. Entraînés par les satellites, P_1 et P_2 tournent à des vitesses identiques.

Comportement en virage (figure 6.9). PS est toujours moteur. $\mathscr{C}_{r1}$ et $\mathscr{C}_{r2}$ sont différents par ralentissement d'une roue et accélération de l'autre. Les satellites S tournent légèrement sur leur axe de sorte que la vitesse perdue par une roue est transmise à l'autre roue.

La vitesse moyenne des deux roues reste égale à la vitesse de l'axe porte-satellite (boîtier 2).

Le principe étant basé sur la réaction des planétaires grâce à l'adhérence des pneus sur le sol, la transmission n'est plus assurée si, pour une raison quelconque, l'adhérence diminue ou disparaît sur une des roues (figure 6.10).

Différentes phases de fonctionnement possibles d'un différentiel (figure 6.11)

Pour bien comprendre les phénomènes observés, il est nécessaire de faire l'analogie entre le différentiel et un train épicycloïdal élémentaire dont :

» le planétaire (P) serait le planétaire (P_1) du différentiel ;

» la couronne serait le planétaire P_2 (sans tenir compte du nombre de dents) ;

» les satellites (S) et le porte-satellite (PS) conserveraient les mêmes fonctions.

Le tableau ci-après met en évidence cette analogie pendant les différentes phases de fonctionnement.

Phases de fonctionnement	PS	S	P_1	P_2	Résultat	Analogie avec train épicycloïdal élémentaire
Adhérences des deux roues égales ; résistances de P_1 et P_2 identiques	Moteur	Moteur par sa denture ; ne tourne pas	Tournent à des vitesses identiques : $\omega_{P_1} = \omega_{P_2} = \omega_{PS}$		Le train épicycloïdal tourne comme un seul élément	Fig. 6.12A 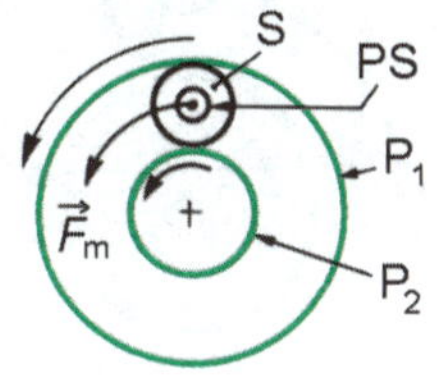
En virage (adhérence égale) : résistances de P_1 et P_2 identiques	Moteur	Moteur par sa denture ; tourne sur lui-même	Tournent à des vitesses différentes : $\omega_{P_1} = \omega_{PS} \cdot \omega_S$ $\omega_{P_2} = \omega_{PS} + \omega_S$		La motricité reste constante malgré les différences de vitesses	Fig. 6.12B 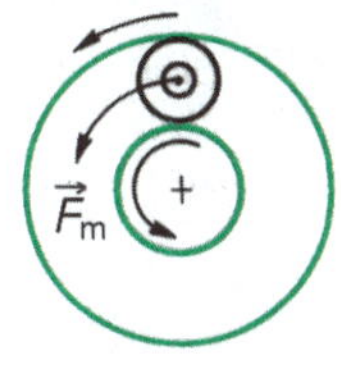
Mauvaise adhérence : sol meuble ou une roue levée ; résistance de P_1 nulle	Moteur	Tourne sur lui-même et roule sur P_2	Tourne deux fois plus vite que PS	Ne tourne pas ; réaction	Le véhicule reste sur place	Fig. 6.12C 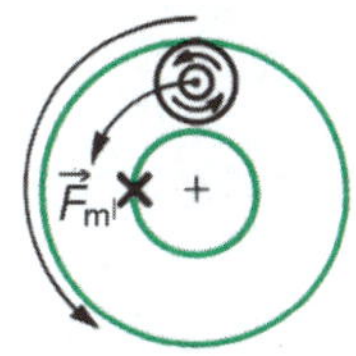
Une roue est levée ; entraînement à la main de la roue levée	Récepteur	Roule sur P_2 ; PS est entraîné avec démultiplication	Moteur	Élément de réaction	Si une vitesse est engagée, le moteur, lié à PS, est entraîné	Fig. 6.12D 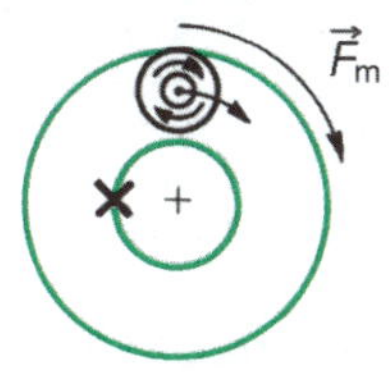

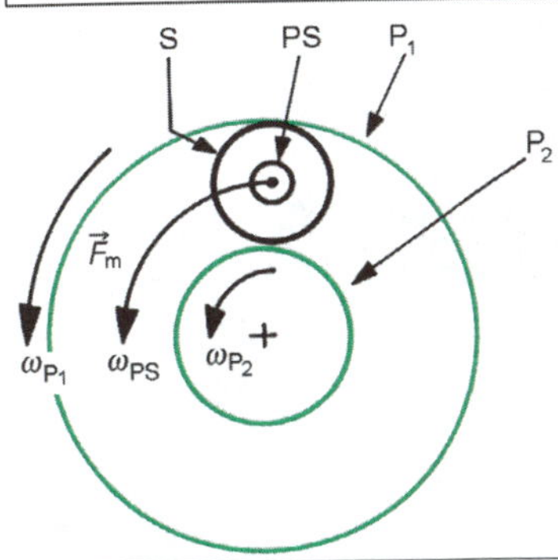

Figure 6.11 *Analogie entre le différentiel et le train épicycloïdal élémentaire.*

Pour remédier à l'immobilisation du véhicule par manque d'adhérence d'une roue il faut bloquer le différentiel (figure 6.12).

Le blocage du différentiel consiste à rendre un des planétaires solidaire du boîtier de différentiel, donc de PS, ce qui a pour effet de bloquer le train épicycloïdal. Le planétaire et le porte-satellite tournant à la même vitesse empêchent toute rotation du satellite sur lui-même. Ce dernier entraîne, par sa denture, le second planétaire.

Le dispositif comprend (figures 6.13 et 6.14) :

» un craboteur lié en rotation à un des arbres de roues et libre en translation grâce à des cannelures ;

» une denture à crabots montée sur le boîtier de différentiel.

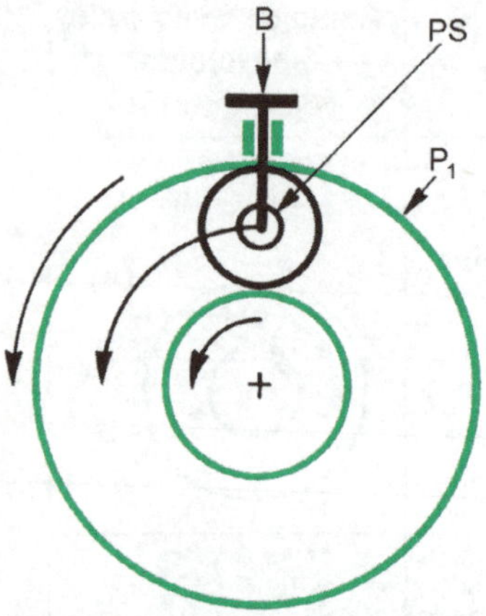

Figure 6.12 *Blocage du différentiel : principe. B rend solidaires P_1 et PS.*

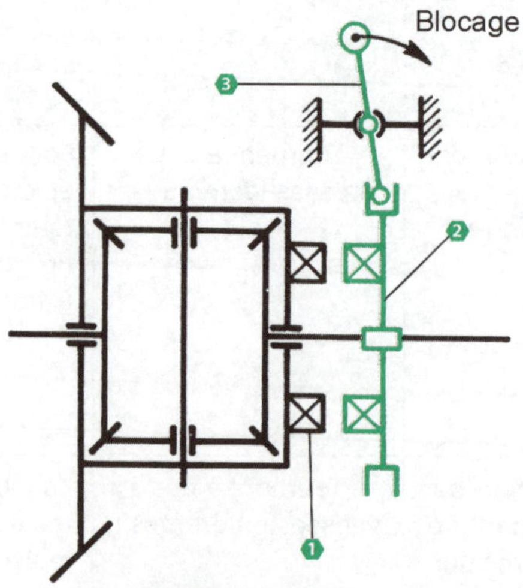

Figure 6.13 *Blocage du différentiel : réalisation.*

1. Denture à crabots solidaire du boîtier de différentiel.
2. Craboteur lié en rotation avec un des arbres de transmission, libre en translation.
3. Levier de commande du blocage.

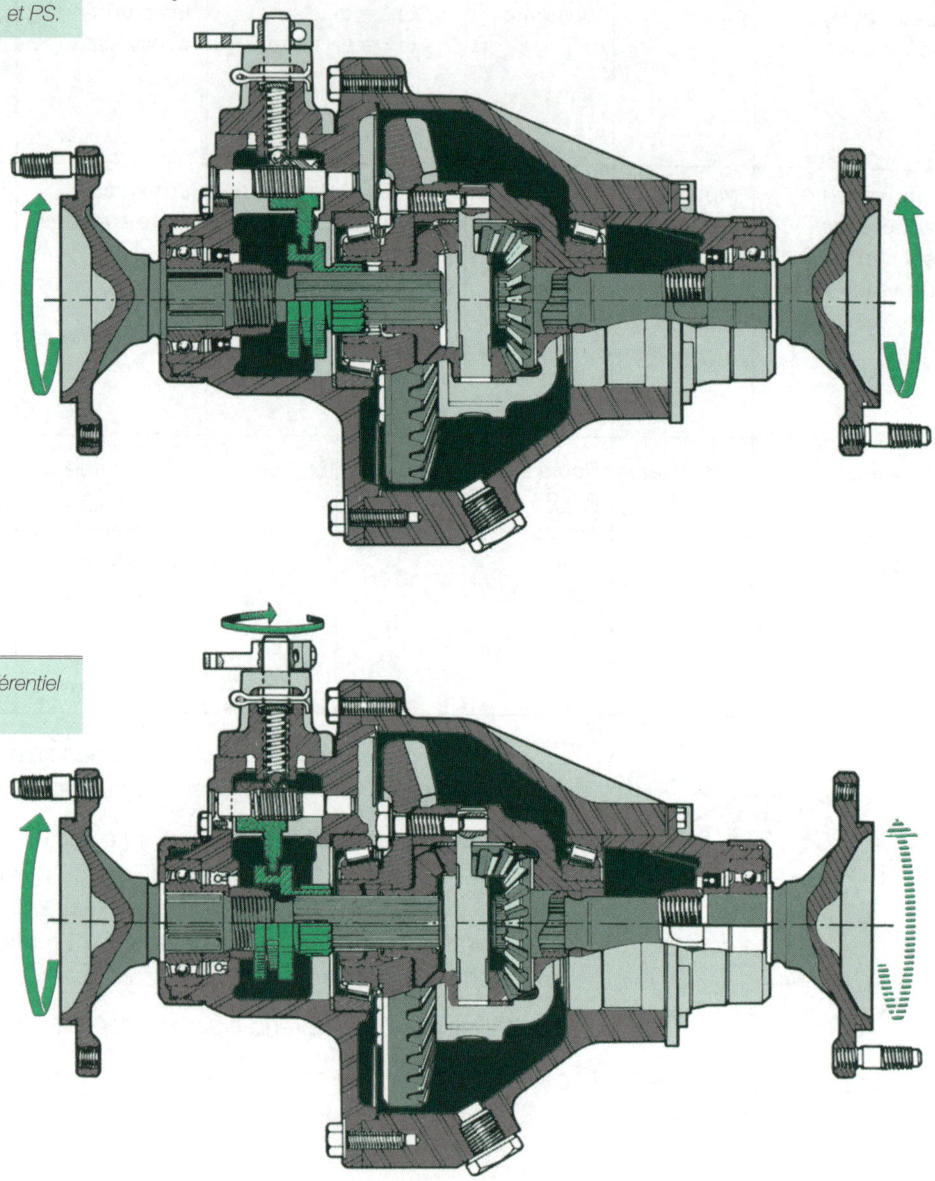

Figure 6.14 *Blocage du différentiel (document Citroën).*

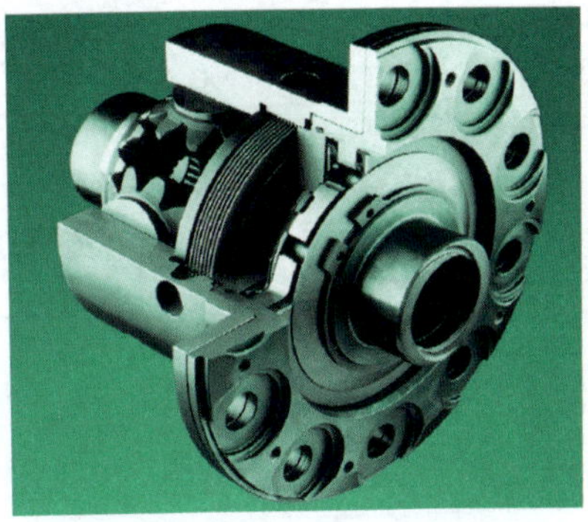

Figure 6.15 *Pont autobloquant.*

Lorsque le conducteur agit sur le levier de blocage du différentiel, une fourchette, à commande directe ou assistée, déplace le craboteur qui vient s'engrener avec la denture du boîtier de différentiel.

La manœuvre doit être effectuée à l'arrêt, car, pendant le patinage d'une roue, la différence de vitesse importante entre le boîtier et l'arbre de roue interdit la manœuvre.

On appelle « pont autobloquant » un pont dont le différentiel comporte un dispositif de blocage qui entre automatiquement en action dès que la différence de vitesse d'un arbre de roue par rapport à l'autre arbre devient trop importante.

Son principe est fondé sur l'action de la force centrifuge qui agit sur un ou plusieurs patins de freins ou d'embrayage.

Ces patins sont solidaires des arbres de roues. Les tambours de frottement sont solidaires du boîtier.

Problèmes posés par la motricité en tout terrain

Si, du fait d'une pente trop prononcée ou de l'inconsistance du terrain, la résistance du sol devient inférieure à l'effort exercé par les roues motrices, les roues patinent. Le véhicule n'avance plus.

La force d'adhérence, sur un sol donné, étant proportionnelle au poids porté par les essieux, la solution consiste à rendre les deux essieux moteurs afin de répartir l'effort sur les quatre roues dans les cas difficiles.

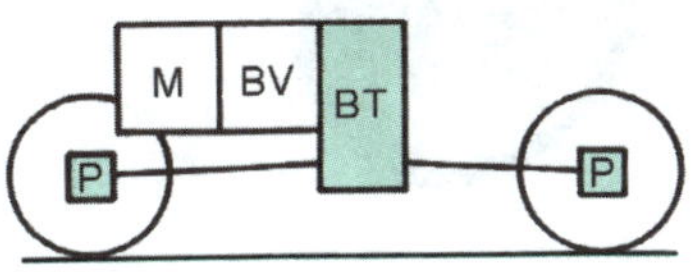

Figure 6.16 *Motricité des quatre roues.*

M. Moteur.
BV. Boîte de vitesses.
BT. Boîte de transfert.
P. Ponts avant et arrière.

On appelle « 4 × 4 » un véhicule dont quatre roues sur quatre sont motrices et « 4 × 2 » un véhicule deux seulement deux roues sur quatre sont motrices.

On distingue deux sortes de 4 × 4 :

- les véhicules qui fonctionnent en permanence avec les quatre roues motrices ;
- les véhicules pouvant fonctionner en 4 x 2 et en 4 x 4. Dans ce cas, le passage d'un mode de transmission à l'autre est obtenu par une boîte de transfert dont la manœuvre est indépendante du levier de vitesse.

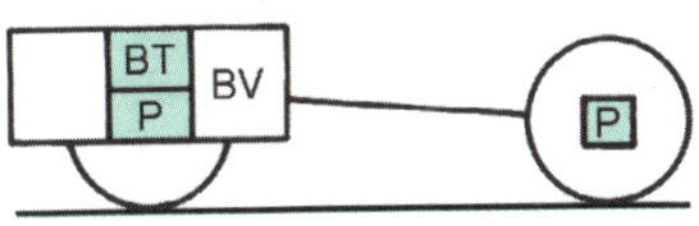

Figure 6.17 *Motricité des quatre roues. Disposition boîte/pont avant et pont arrière.*

En 4 × 2, le couple moteur appliqué aux roues est réparti sur les deux roues motrices (compte tenu du rapport total de démultiplication).

En 4 × 4, le couple moteur après démultiplication sera réparti sur les quatre roues.

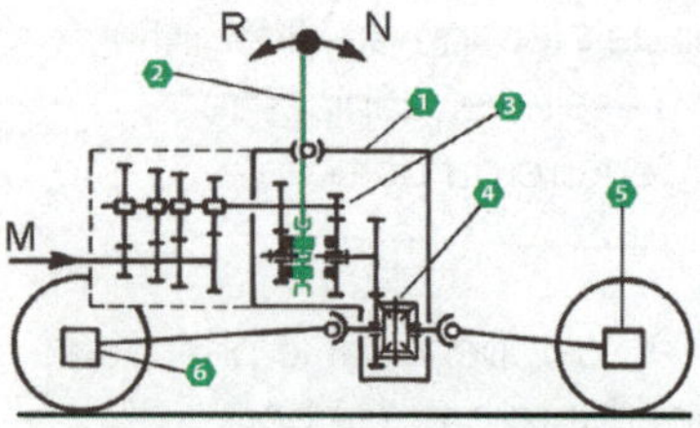

Figure 6.18 *Boîte de transfert : réalisation.*

1 Boîte de transfert.
2 Commande du réducteur.
3 Engrenage réducteur.
4 Différentiel de boîte de transfert.
5 Pont arrière.
6 Pont avant.
N. Transmission normale.
R. Transmission « réductée ».
M. Arbre moteur.

Il est apparu nécessaire, pour les utilisations exceptionnelles (très fortes pentes), d'augmenter le couple disponible à chaque roue. À cet effet, les véhicules 4 × 4 pour tout terrain sont équipés d'un réducteur supplémentaire actionné par le conducteur grâce à un levier. Le réducteur situé dans la boîte de transfert est en série avec la boîte de vitesses et le pont.

Le rapport de démultiplication total en vitesse « réductée » est donc égal à :

rapport de BV × rapport réducteur × rapport de pont

En utilisation, les différences possibles des vitesses des roues avant par rapport aux roues arrière imposent la présence d'un différentiel intermédiaire. Ce troisième différentiel est situé dans la boîte de transfert entre les arbres de transmission avant et arrière. Il peut être commandé manuellement ou être autobloquant.

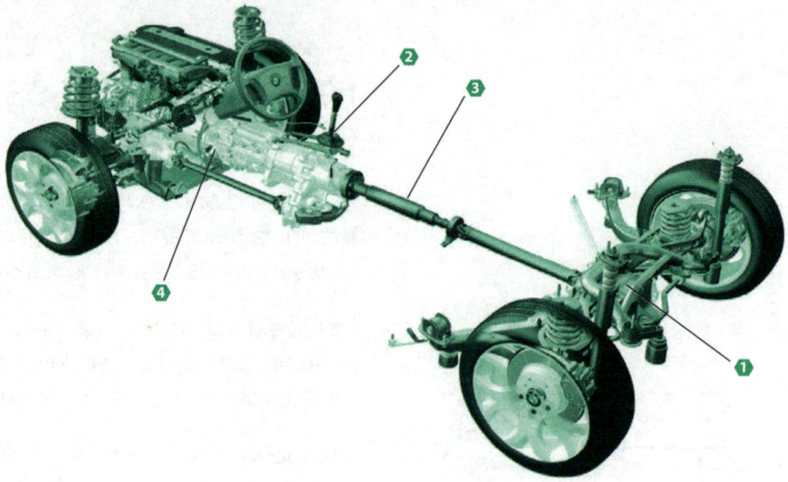

Figure 6.19 *Quatre roues motrices*

1 Pont arrière.
2 Levier de commande ;
3 Arbre de transmission central ;
4 Ensemble boîte de vitesses/pont avant ;

Le pont à vecteur de couple

Le pont à vecteur de couple n'est pas un concept nouveau, mais le nombre d'applications prend véritablement de l'ampleur. Cette technologie est une évolution logique des autobloquants et des répartitions variables de couple entre essieux. L'objectif du pont à vecteur de couple est de transmettre aux roues droite et gauche des couples distincts, indépendamment de celui fourni par le moteur. Ce principe fonctionne donc même lors d'une décélération.

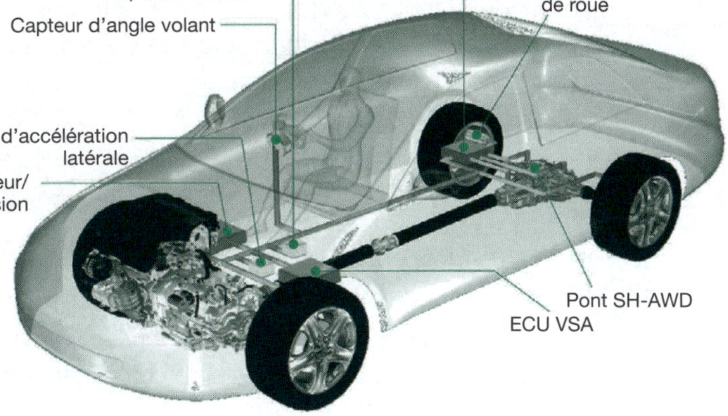

Figure 6.20 *Principe du pont à vecteur de couple.*

Figure 6.21 *Coupe d'un pont à vecteur de couple.*

Le pont à vecteur de couple exécute un renvoi d'effort d'une roue à l'autre pour créer le moment de lacet. Le sens des efforts entre les deux roues est alors opposé, ce qui explique qu'il n'y a pas de ralentissement du véhicule, ni de perte d'énergie, hormis celle peu significative nécessaire au fonctionnement du dispositif. De plus, l'intervention du différentiel est indépendante du couple moteur. Ce type d'effet sur le comportement pourrait se rapprocher du principe de direction d'un véhicule à chenilles qui peut tourner sur lui-même à l'arrêt ou en avançant.

L'utilisation d'un pont à vecteur de couple permet en outre de réduire le nombre d'interventions du système de contrôle de stabilité. Il agit entre les roues droite et gauche, que ce soit un véhicule à traction, à propulsion ou à transmission intégrale.

Les ponts à vecteur de couple sont aussi capables d'améliorer la motricité en virage, ainsi que la vitesse de passage en courbe. En effet, la roue intérieure étant moins chargée, sa capacité à transmettre le couple moteur est réduite.

Résumé

Différentiel

Les roues motrices doivent pouvoir tourner à des vitesses différentes en cas de : virage, sous-gonflage, différence de diamètre des roues, charge mal répartie, inégalités du sol.

Le différentiel permet aux deux roues motrices d'un même essieu de tourner à des vitesses différentes en conservant une répartition de l'effort à chaque roue.

Le différentiel comprend :

» un boîtier lié en tous sens à la couronne du couple démultiplicateur ;
» un porte-satellite, solidaire du boîtier et tournant avec lui ;
» deux satellites montés fous sur l'axe porte-satellite dont les dentures permettent l'entraînement des planétaires ;
» deux planétaires, solidaires chacun d'un arbre de roue et tournant dans les paliers du boîtier.

Grâce à ce mécanisme, lorsqu'une roue fait un tour de plus que le boîtier, l'autre fait un tour de moins.

Blocage du différentiel

Lorsqu'une des roues manque d'adhérence, elle patine et le véhicule reste sur place.

Le blocage du différentiel permet de solidariser un planétaire avec le boîtier de différentiel, ce qui a pour effet de bloquer le train épicycloïdal. La commande peut être manuelle ou automatique.

Véhicule à quatre roues motrices

On appelle « 4 × 4 » un véhicule dont les quatre roues sont motrices, et « 4 × 2 » un véhicule dont seulement deux roues sur quatre sont motrices.

La transmission est assurée aux ponts avant et arrière par une boîte de transfert, qui permet, par une commande manuelle, d'utiliser le véhicule en 4 × 2 ou en 4 × 4. Elle peut également comporter un réducteur dont le rôle est d'augmenter temporairement le couple appliqué aux quatre roues pour le franchissement de fortes pentes.

Testez vos connaissances

1. Dans un virage, les roues intérieures au virage tournent, par rapport aux roues extérieures :

a ☐ *plus vite*
b ☐ *moins vite*
c ☐ *à la même vitesse*

2. Dans un véhicule à moteur transversal, le pont est constitué d'un :

a ☐ *engrenage simple*
b ☐ *train épicycloïdal*
c ☐ *couple conique*

3. Dans un véhicule à moteur longitudinal, le pont est constitué d'un :

a ☐ *engrenage simple*
b ☐ *train épicycloïdal*
c ☐ *couple conique*

4. Avec un pont classique, si une roue motrice patine, le véhicule :

a ☐ *reste sur place*

b ☐ *avance plus lentement*

c ☐ *avance normalement*

5. Avec un pont autobloquant, si une roue motrice manque d'adhérence, le véhicule :

a ☐ *reste sur place*

b ☐ *avance plus lentement*

c ☐ *avance normalement*

Entraînez-vous

1. Le fait que, sur certains véhicules, le pont soit décalé par rapport à l'axe de symétrie du véhicule a-t-il une influence sur le comportement du différentie ?
2. Effectuez une recherche sur un type de véhicule à quatre roues motrices. Donnez toutes les caractéristiques et effectuez tous les schémas nécessaires à la compréhension et à l'utilisation de la transmission.

Les arbres de transmission
chapitre 7

7.1 Mise en situation

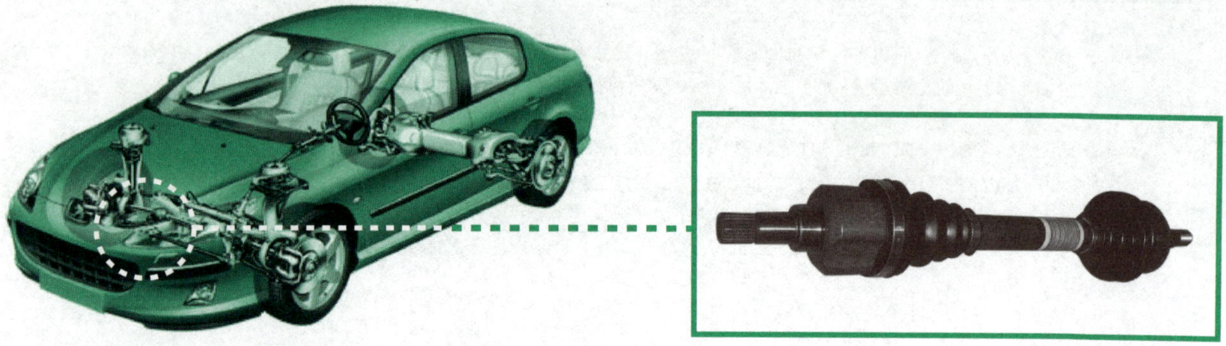

Figure 7.1 *Arbre de transmission (document Peugeot).*

Le moteur est toujours solidaire du châssis. Les roues sont en contact avec le sol. Un mouvement relatif entre le châssis et les roues est nécessaire pour permettre la suspension.

Il faut donc prévoir un ou plusieurs points d'articulation sur la transmission entre le moteur et les roues, selon la disposition des éléments.

Plusieurs points d'articulation sont possibles :

Moteur à l'avant, propulsion arrière :

- pont solidaire de l'essieu arrière, pont non suspendu (figure 7.2) ;
- pont solidaire du châssis, pont suspendu (figure 7.3).

Tout à l'arrière : l'ensemble moteur-boîte-pont est nécessairement suspendu. La transmission doit permettre des débattements verticaux (voir la figure 7.3).

Tout à l'avant :

- débattements verticaux (suspension) ;
- mouvements horizontaux (braquage des roues).

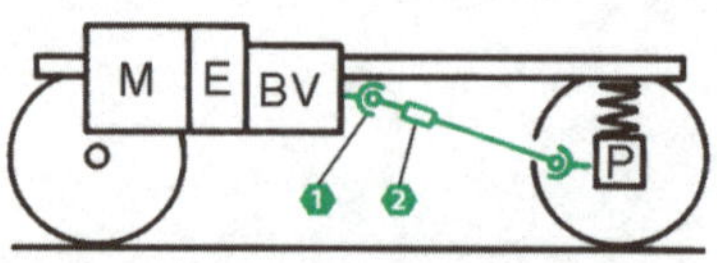

Figure 7.2 *Moteur avant propulsion AR. Pont non suspendu.*

1 Rotation sous angles variables.
2 Liaison glissière.

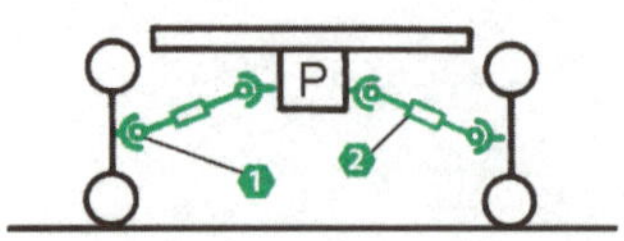

Figure 7.3 *Pont suspendu avant ou arrière.*

1 Rotation sous angles variables.
2 Liaison glissière.

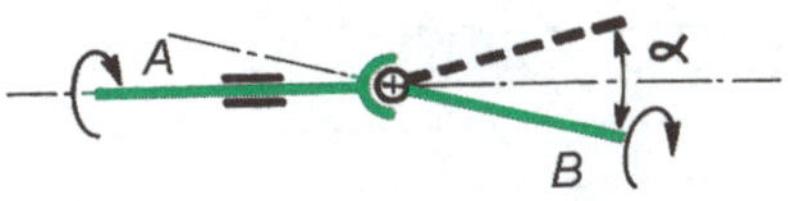

Figure 7.4 *Mouvement angulaire α de B. Arbres A et B non coaxiaux.*

Les arbres de transmission doivent permettre :

» de transmettre le mouvement de rotation à des arbres non coaxiaux (figure 7.4) ;

» une liaison glissière afin de compenser les différences de longueur des arbres provoquées par leurs mouvements angulaires.

7.2 Analyse structurelle

Figure 7.5 *Joint de cardan simple.*

On peut rencontrer :

» le joint de cardan simple, moins utilisé car il présente l'inconvénient de ne pas être homocinétique (figure 7.5) ;

» pour les grandes variations angulaires, des joints doubles de cardan ou homocinétiques :

- Le joint tripode qui est un élément mécanique assurant la transmission d'un mouvement de rotation entre-deux axes concourants.

- Le joint Rzeppa qui est particulièrement adapté à la transmission de puissance aux grands débattements.

Figure 7.6 *Joint tripode.*

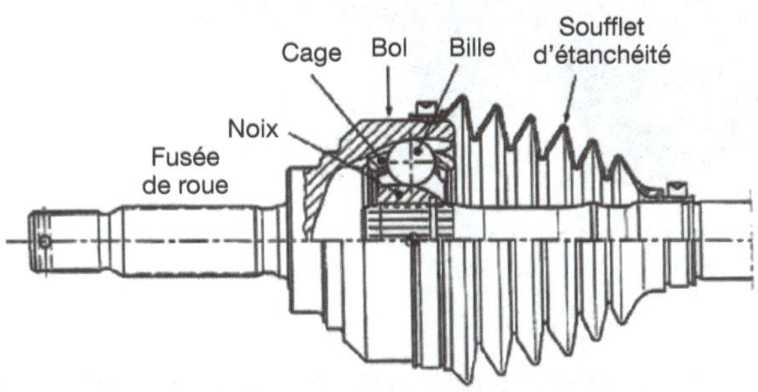

Figure 7.7 *Joint Rzeppa.*

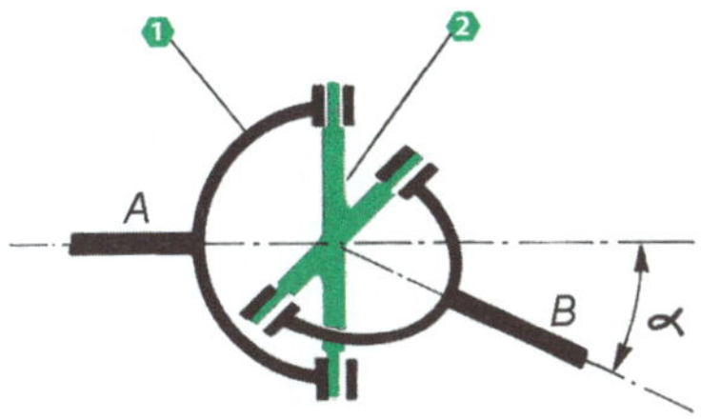

Figure 7.8 *Joint de cardan.*

❶ Fourche.
❷ Croisillon.
α : angle de transmission.

7.3 Analyse fonctionnelle

Principe du joint de cardan

Les deux arbres A et B (figure 7.8) sont terminés par une fourche qui tourillonne sur un croisillon ❷.

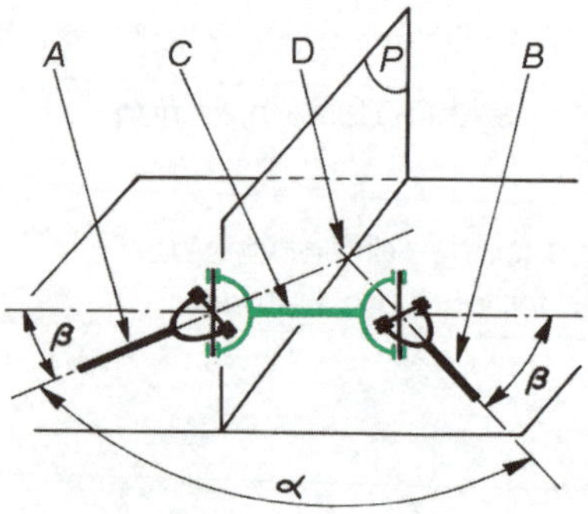

Figure 7.9 *Joint double de cardan ou homocinétique.*

A et ***B.*** Arbres de transmission.
C. Arbre intermédiaire.
D. Intersection des axes A et B.
P. Plan de symétrie.
α : angle formé par *A* et *B*.
$\beta = \frac{\alpha}{2}$

Principal inconvénient du joint de cardan

Pour un mouvement uniforme de A et une position angulaire α de B par rapport à A, on constate que le mouvement de B n'est pas uniforme et que ce défaut est proportionnel à la valeur de α. Pour un tour, la vitesse de B passe par deux maxima et deux minima (efforts de torsion).

Pour pallier cet inconvénient, on dispose deux joints de cardan dont le montage est tel que (figure 7.9) :

» les fourches de A et B sont dans le même plan ;

» l'arbre intermédiaire C fait travailler chaque cardan sous un angle α égal à la moitié de l'angle formé par A et B ;

» la position symétrique des deux cardans fait que les défauts engendrés par l'un sont annulés par des défauts opposés de l'autre. A et B ont un mouvement uniforme.

Pour remédier à cet inconvénient on utilise un joint homocinétique.

Un joint homocinétique est un joint double de cardan dont l'arbre intermédiaire est réduit à son strict minimum. Les deux joints sont réunis dans un seul élément.

Le joint homocinétique peut être :

» à double croisillon,

» à croisillon à trois branches sur glissière (tripode).

Figure 7.10 *Arbre de transmission sur véhicule.*

Résumé

Joints de transmission

La transmission sous des angles variables peut être assurée par :

» des joints élastiques à déformation,
» des joints simples de cardan,
» des joints homocinétiques.

Un joint homocinétique est un joint double de cardan dont l'arbre intermédiaire a été réduit afin que les deux joints soient réunis en un seul élément et dont les vitesses des arbres d'entrée et de sortie sont uniformes.

Partie 2

Le freinage

Le freinage : généralités
chapitre 8

Figure 8.1 *Le système de freinage.*

La mise en mouvement d'un véhicule arrêté est obtenue

grâce à l'action de la force motrice ($\vec{F}_m$).

Le passage de la vitesse v_0 à la vitesse v_1 en un temps donné nécessite une accélération.

L'accélération est la quantité de vitesse gagnée en une seconde.

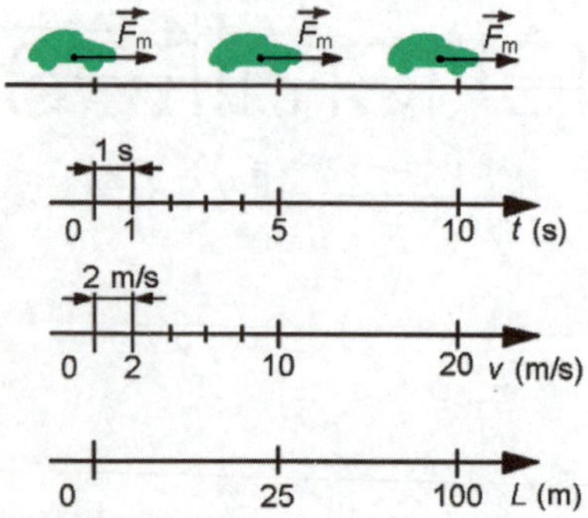

Figure 8.2 *Vitesse et accélération.*

Pour atteindre une vitesse de 20 m/s en 10 secondes,il faut réaliser une accélération de 2 m/s2 à chaque seconde.

Exemple

Un véhicule partant de la vitesse $v = 0$, atteint la vitesse de 72 km/h (20 m/s) en 10 secondes (figure 8.2).
Si nous supposons que l'accélération est constante, on observe que le véhicule doit gagner 2 m/s par seconde (2 m/s/s).
L'accélération est donc de 2 m/s². La distance (L) parcourue pendant ces 10 secondes peut se calculer en considérant la vitesse moyenne entre 0 et 20 m/s :

$$v_m = \frac{0 + 20}{2} = 10 \text{ m/s}$$

$$L = v_m\, t = 10 \times 10 = 100 \text{ m}$$

Lorsque le véhicule se déplace à vitesse constante, il y a équilibre entre la force motrice et les forces résistantes (figure 8.3) qui sont :

» la résistance au roulement des pneumatiques ;

» les résistances mécaniques internes ;

» la résistance de l'air agissant sur la surface frontale du véhicule (elle augmente avec le carré de la vitesse) ;

» l'effet de pente (pesanteur) en montée.

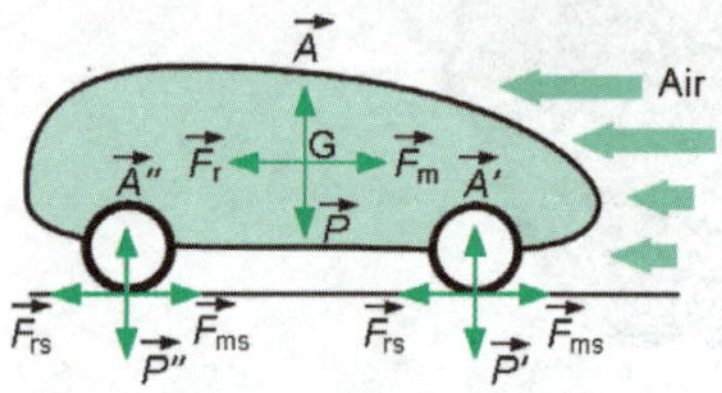

Figure 8.3 *Équilibre des forces appliquées à un véhicule en mouvement uniforme.*

$\vec{F}_m$: force motrice.

$\vec{F}_r$: somme des forces résistantes ramenées au centre de gravité.

$\vec{P}$: poids du véhicule (*mg*).

$\vec{A}$: action du sol et de la portance.

Remarque

En descente, cette force devient motrice et s'ajoute à F_m.

Un véhicule en mouvement possède une énergie cinétique :

$$E_c = \frac{1}{2} M v^2$$

Cette énergie est proportionnelle (figure 8.4) :

» à la masse du véhicule (*M*) ;

» au carré de la vitesse (v^2).

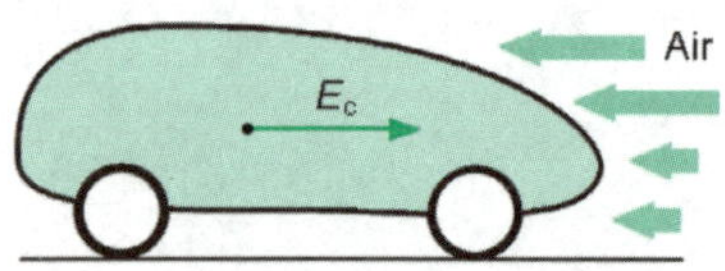

Figure 8.4 *Dans un véhicule en mouvement : $E_c = \frac{1}{2} M v^2$*

Exemple

Un véhicule de masse $M = 1\,000$ kg roulant à 72 km/h (20 m/s) a une énergie cinétique E_c égale à :

$$E_c = \frac{1000 \times 20 \times 200}{2} = 200\,000 \text{ J ou } 200 \text{ kJ.}$$

Cette énergie devra être totalement dissipée pour que le véhicule s'arrête.

Toutes les formes d'énergie sont dissipées par transformation en énergie thermique ou calorifique.

Exemple

Dans l'exemple ci-dessus, l'énergie cinétique représenterait une production d'énergie calorifique de :

$$\frac{200\ 000}{4{,}18} = 47\ 846 \text{ calories, soit environ } 47 \text{ kcal.}$$

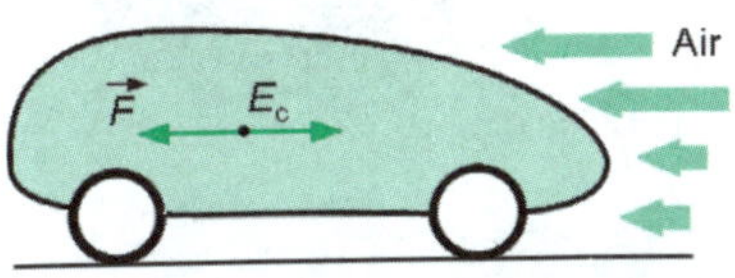

Figure 8.5 *La force motrice ($\vec{Fm}$) est supprimée, la force résistante diminue la vitesse du véhicule : l'énergie cinétique diminue.*

Pratiquement, la suppression de la force motrice (accélérateur lâché) rompt l'équilibre entre $\vec{F}_m$ et $\vec{F}_r$ (figure 8.5).

» En accélération : $F_m > F_r$

» À vitesse constante : $F_m = F_r$

» Accélérateur lâché (en palier) : $F_m < F_r$

Le moteur devient résistant : frein moteur. Son effet s'ajoute à celui des forces résistantes définies plus haut.

La somme de ces résistances passives réalise un ralentissement progressif, suffisant dans beaucoup de cas. La quantité d'énergie calorifique à produire sera donc inférieure à celle calculée.

Lorsqu'un arrêt précis, sur une distance donnée, est nécessaire, un système de freinage doit être actionné. Il doit, par frottement, produire une force résistante (effort retardateur) transformant l'énergie cinétique en énergie calorifique et évacuer la chaleur produite.

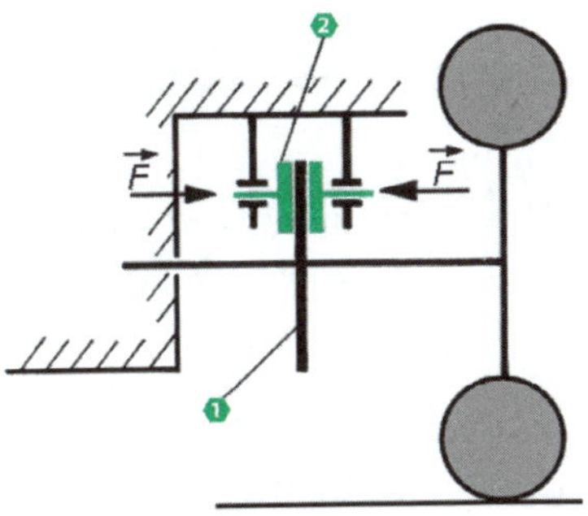

Figure 8.6 *Principe du freinage.*

1 Élément tournant solidaire de la roue (disque ou tambour).

2 Élément solidaire du châssis entrant en contact avec l'élément tournant sous l'action d'une force.

Le frottement est réalisé par la mise en contact plus ou moins prononcée de deux surfaces (figure 8.6) :

» l'une est solidaire d'un élément tournant avec les roues,

» l'autre d'un élément fixe au châssis.

Les dispositifs de freinage qui réalisent le frottement sont de deux types :

» les freins à disques,

» les freins à tambour.

Le dispositif de freinage réalise un couple de freinage ($\mathcal{C} = Fr$), dont la valeur est proportionnelle :

» à la force avec laquelle la garniture appuie sur la piste de freinage (F), F étant elle-même proportionnelle à la force

Figure 8.7 *Frein à disques.*

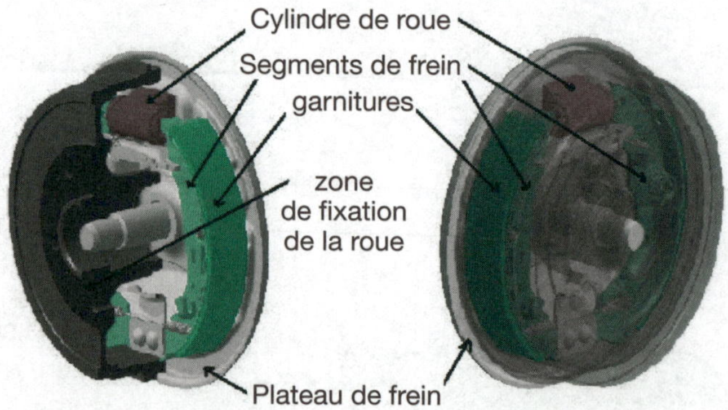

Figure 8.8 *Frein à tambour.*

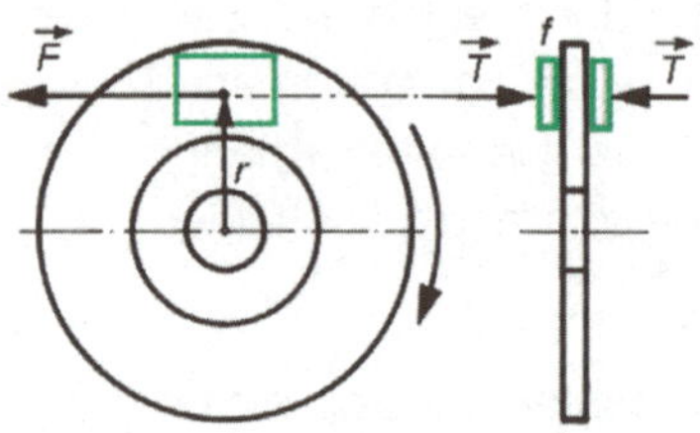

Figure 8.9 *Couple de freinage : $\mathscr{C} = Fr$ (avec $F = Tf$).*

Éléments en contact	Coefficient d'adhérence (c)
Pneumatiques en bon état sur :	
• revêtement rugueux et sec	0,9
• sol mouillé	0,5
• neige tassée	0,3
• verglas	0,1

Figure 8.10 *Valeurs moyennes du coefficient d'adhérence pneus/sol.*

» communiquée à la plaquette (*T*) et au coefficient de frottement (**f**) de la garniture ;

» au rayon intérieur du tambour ou au rayon moyen de la piste de freinage du disque (*r*).

Le couple de freinage produit sur la roue un effort retardateur appelé « traînée ».

Dans un freinage normal, dès que les éléments frottants entrent en contact, l'effort retardateur apparaît puis augmente jusqu'à une valeur qui demeure sensiblement constante jusqu'à l'arrêt du véhicule.

L'effort retardateur provoque une diminution progressive et constante de la vitesse, c'est la décélération.

L'effort à appliquer à chaque roue devra être adapté aux possibilités d'adhérence avec le sol.

La force d'adhérence est fonction ($\vec{A} = c\vec{P}$) :

» du coefficient d'adhérence (*c*) des pneus sur le sol (figure 8.10) ;

» du poids ($P = M\vec{g}$) appliqué à chaque roue.

La décélération est l'inverse de l'accélération, soit la quantité de vitesse perdue dans une seconde.

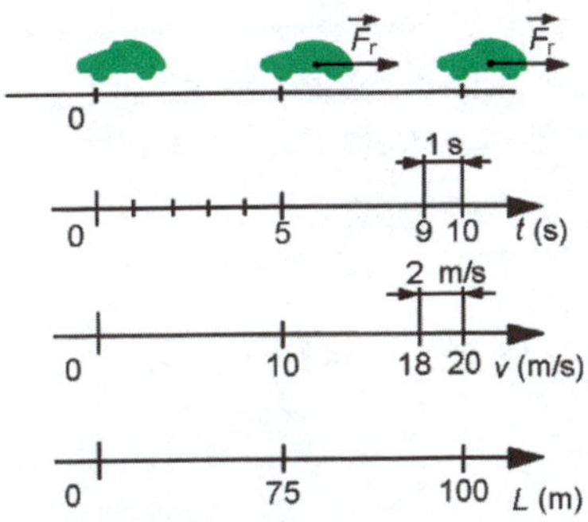

Figure 8.11 *Décélération. Le véhicule perd 2 m/s².*

Exemple

Dans l'exemple choisi au début du chapitre, si le conducteur dispose d'une distance d'arrêt L = 100 mètres, celui-ci devra doser son effort de manière à s'arrêter dans cette distance.
Le véhicule réalisera une décélération (figure 8.11) :

$$\gamma = 2 \text{ m/s}^2$$

La décélération d'un véhicule se calcule par la formule :

$$\boxed{\gamma = g\,c}$$

dans laquelle :

» g est l'accélération de la pesanteur (9,81 m/s²) ;

» c est le coefficient d'adhérence globale des pneumatiques sur le sol (inférieur à l'unité).

La décélération ne peut donc être supérieure à :

$$\gamma = 9{,}81 \times 1 = 9{,}81 \text{ m/s}^2$$

Des essais ont montré que la décélération maximale possible, en freinage d'urgence, sur une route moderne, sèche, avec des pneumatiques et des freins en bon état, est rarement supérieure à 6 m/s².

Remarque

Le blocage des freins doit être évité car :
– la valeur de la décélération diminue (par passage de l'adhérence au glissement) ;
– le véhicule devient impossible à diriger.

Figure 8.12 *Frein à disque en composite, à matrice métallique (document PSA Peugeot Citroën).*

La distance parcourue pendant le freinage effectif est égale à :

$$L = \frac{v^2}{2\,gc} = \frac{v^2}{2\,\gamma}$$

On observe donc que la distance parcourue pendant le temps de freinage effectif augmente avec le carré de la vitesse.

Exemple

Si v_1 = 72 km/h = 20 m/s et γ = 6 m/s², on a :

$$L_1 = \frac{20 \times 20}{2 \times 6} = 33{,}33 \text{ m}$$

Si la vitesse est doublée (v_2 = 44 km/h = 40 m/s), pour une même décélération on obtient :

$$L_2 = \frac{40 \times 40}{2 \times 6} = 133{,}33 \text{ m}$$

Remarque

Dans le cas particulier (voir exemple précédent) où la vitesse est doublée, la loi générale vue précédemment entraîne donc que la distance d'arrêt est quadruplée ($2^2 = 4$).

On doit tenir compte, dans la distance d'arrêt, de la distance parcourue pendant :

» le freinage effectif ;

» le temps de réaction du conducteur ;

» le temps de réponse des freins.

Le temps de réaction du conducteur se décompose ainsi :

» perception du danger ;

» commande des membres par le cerveau ;

» passage de la pédale d'accélérateur à celle des freins.

Pour un conducteur qui possède des réflexes normaux et un circuit de freinage en bon état, ce temps peut être estimé entre 75 centièmes de seconde et 1 seconde :

» à 72 km/h, en 1 seconde on parcourt 20 mètres ;

» à 144 km/h, en 1 seconde on parcourt 40 mètres.

La distance effective d'arrêt peut donc être évaluée (pour un temps de réaction d'une seconde) :

» à 72 km/h : 33 + 20 = 53 mètres ;

» à 144 km/h : 133 + 40 = 173 mètres.

Si le sol est mouillé et les pneumatiques dans un état moyen, la décélération peut diminuer de moitié (3 m/s^2). La distance effective d'arrêt, dans ce cas, sera pratiquement doublée.

Résumé

Raison du freinage

Un véhicule en mouvement possède une énergie cinétique $E_C = \frac{1}{2} Mv^2$.

Le freinage permet sa dissipation par frottement (énergie calorifique).

Différents modes de freinage

Le simple ralentissement est réalisé par les efforts résistants :

» résistance de l'air ;

» résistance au roulement, au frottement ;
» frein moteur.

Le freinage précis sur une distance donnée nécessite l'action complémentaire d'un dispositif de freinage.

Réalisation du freinage

Le freinage est réalisé par la mise en contact d'un élément mobile tournant avec la roue et d'un élément fixe au châssis.

Les dispositifs de freinage sont :

» les freins à tambour,
» les freins à disque.

Couple de freinage

Il est défini par la formule $\vec{\mathscr{C}} = \vec{F}r$ sur avec :

» F force de frottement de la garniture sur le disque ou le tambour ($F = Tf$) ;
» r rayon intérieur du tambour ou rayon moyen du disque.

Distance d'arrêt

La distance d'arrêt d'un véhicule est évaluée en fonction :

» du temps de réponse du conducteur (réflexes) ;
» du temps de réponse des freins ;
» de la vitesse du véhicule (v en mètres par seconde) ;
» de la décélération possible (γ en mètres par seconde).

La distance parcourue pendant le freinage effectif est $D = \dfrac{V^2}{2gc}$ soit $\dfrac{V^2}{2\gamma}$

Elle augmente avec le carré de la vitesse.

Testez vos connaissances

1. Le système de freinage transforme l'énergie cinétique acquise en :

a ☐ *énergie mécanique*
b ☐ *énergie hydraulique*
c ☐ *énergie thermique*

2. On appelle « frein moteur » :

a ☐ *la résistance de l'air*
b ☐ *les temps résistants du moteur*
c ☐ *le temps moteur*

3. Si le constructeur veut augmenter le couple de freinage d'un véhicule, il doit augmenter :

a ☐ *le diamètre des disques*
b ☐ *la surface des plaquettes*
c ☐ *l'épaisseur des plaquettes*

4. Calculez la distance d'arrêt d'un véhicule roulant à 108 km/h sur sol mouillé (décélération *gc* = 3 m/s) :

a ☐ *50 m*

b ☐ *100 m*

c ☐ *150 m*

Entraînez-vous

1. Relevez, pour le véhicule de votre choix, les caractéristiques détaillées des freins, sans tenir compte des dispositifs de commande.
2. Quels sont les moyens dont dispose le constructeur pour augmenter le couple de freinage ?
3. Calculez la distance d'arrêt d'un véhicule roulant à une vitesse de 108 km/h et freinant avec une décélération constante de 4 m/s^2.

Le frein à tambour
chapitre 9

9.1 Mise en situation

Le conducteur doit être en mesure de maîtriser la vitesse de déplacement du véhicule, en fonction des conditions de circulation et de l'immobiliser lors d'un arrêt ou d'un stationnement.

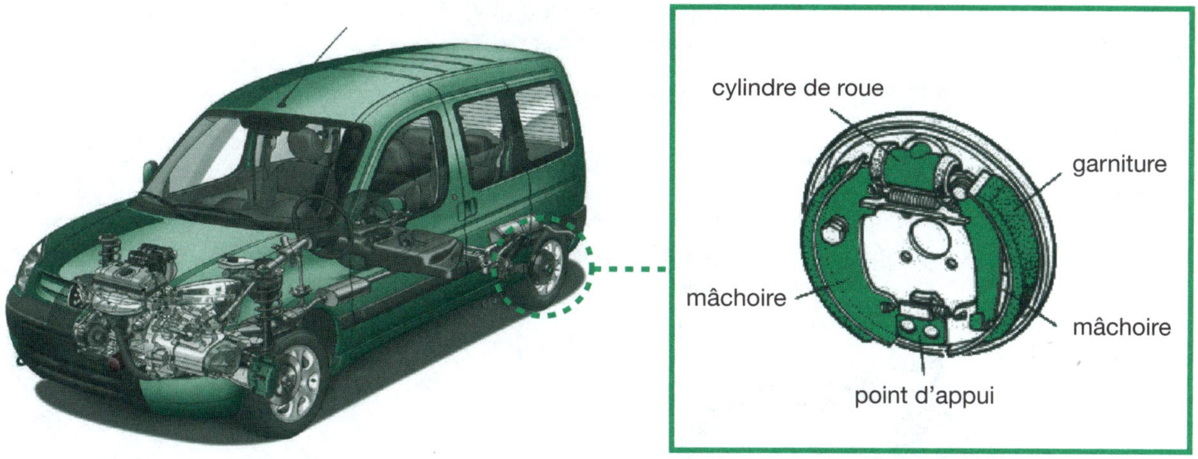

Figure 9.1 *Système de frein à tambour.*

9.2 Analyse structurelle

La partie fixe se compose d'un plateau ❽ appelé « flasque » et de segments garnis (❸ et ⓭).

L'écartement des segments peut être actionné par :

» une came commandée par un câble (deux roues),

» un cylindre pneumatique commandé par de l'air comprimé (camions),

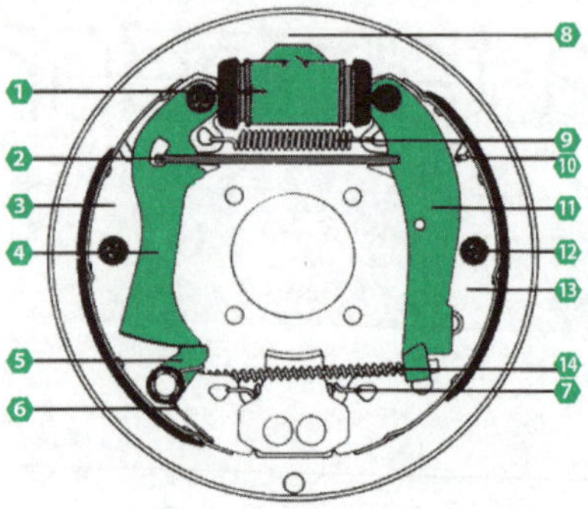

Figure 9.2 *Éléments constitutifs d'un frein à tambour à rattrapage automatique (document DBA Bendix).*

1. Cylindre de roue.
2. Biellette.
3. Mâchoire primaire (ou segment).
4. Levier d'ajustement.
5. Loquet de réglage.
6. Ressort de loquet.
7. Ressort de maintien.
8. Plateau.
9. Ressort de rappel.
10. Ressort de maintien de la biellette de frein à main.
11. Levier de frein à main.
12. Ressort d'ancrage.
13. Segment secondaire (ou mâchoire).
14. Câble de frein à main.

» un ou plusieurs cylindres hydrauliques commandés par un liquide sous pression (voitures de tourisme).

La partie mobile est le tambour dont l'alésage intérieur constitue la piste de freinage.

La forte chaleur (énergie calorifique) dégagée par le frottement des garnitures sur le tambour doit être évacuée par ce dernier.

Le tambour, réalisé en fonte, possède une assez bonne conductibilité thermique. Son épaisseur importante lui permet de résister aux déformations (ovalisation), dues à l'action des segments et de la chaleur.

Le frein à tambour est équipé d'un rattrapage automatique. Le segment primaire 3, articulé à ses extrémités, comporte :

» côté cylindre de roue, un levier d'ajustement cranté 4 percé d'une fenêtre à hauteur de la biellette 2 ;

» côté point d'appui, un loquet cranté 5 dont les dents sont maintenues en contact avec celles du levier d'ajustement, sous l'action d'un ressort 6 ;

» côté segment primaire, la biellette 2 est accrochée dans la fenêtre du levier d'ajustement et en appui sur le bossage de celui-ci, au repos ;

» côté segment secondaire 13, la biellette est accrochée au segment par l'intermédiaire d'un ressort 10 et est en appui sur le levier de frein à main 11, lui-même en butée sur l'âme du segment 13.

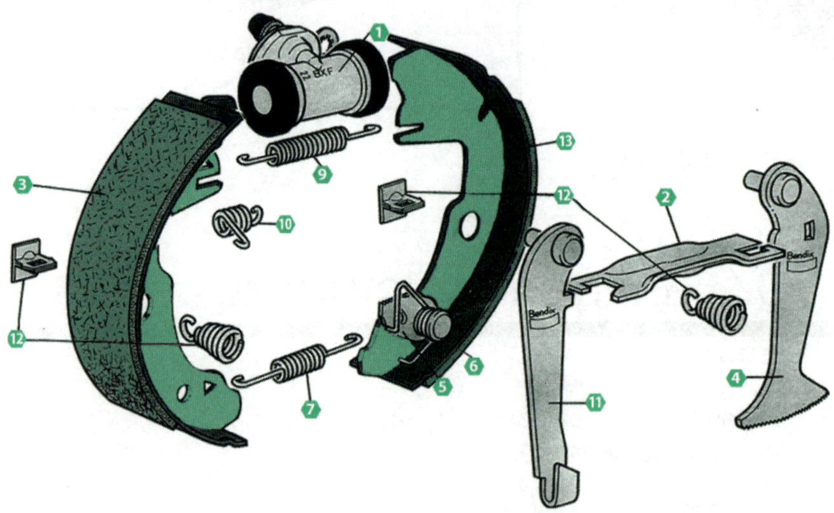

Figure 9.3 *Frein à tambour à rattrapage automatique (document DBA Bendix).*

TAMBOUR

9.3 Analyse fonctionnelle

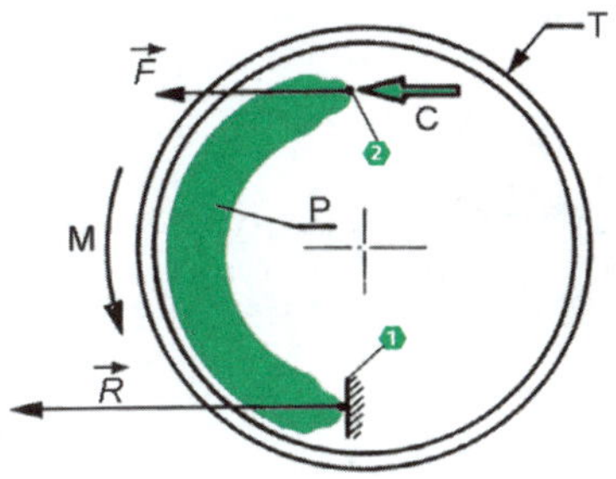

Figure 9.4A *Garniture comprimée ou primaire.*

T. Tambour.
P. Segment primaire.
C. Action du cylindre de commande.
M. Sens de rotation.

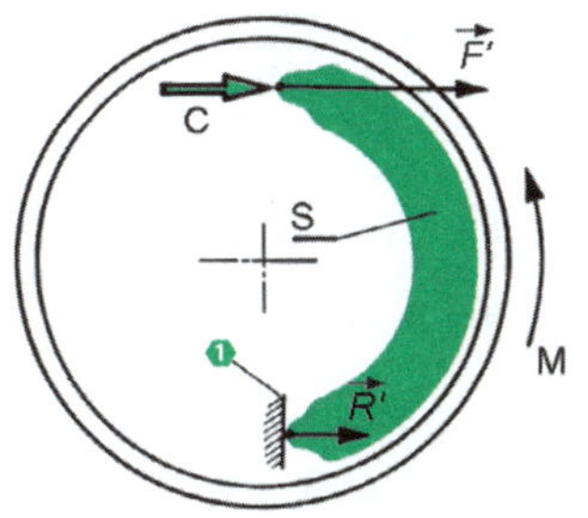

Figure 9.4B *Garniture tendue ou secondaire.*

T. Tambour.
S. Segment secondaire.
C. Action du cylindre de commande.
M. Sens de rotation.

La came (ou le cylindre) est actionnée par le dispositif de commande. Les segments s'écartent l'un de l'autre et entrent en contact avec le tambour.

Au contact du tambour, par effet d'enroulement, les segments tendent à être entraînés et réagissent de la manière illustrée par les figures 9.4A et 9.4B.

Donnons un sens de rotation (M).

» Centrage dans le tambour par leur mobilité verticale (frottement), sur l'appui ❶ et la commande (C).

» Le segment (P) s'arc-boute sur l'appui ❶ ce qui augmente son action de frottement sur le tambour : le segment (P) est dit « comprimé » ou « primaire » (figure 9.4A).

» Le segment (S) tend à quitter l'appui ❶ et à s'opposer à l'effort de la commande (C), ce qui diminue son action de frottement sur le tambour (figure 9.4B) : le segment (S) est dit « tendu » ou « secondaire ». L'efficacité et l'usure des deux segments sont différentes. On y remédie partiellement en utilisant une garniture plus tendre et plus courte pour le segment secondaire.

Dans tous les cas, l'usure des garnitures provoque une augmentation de la course des segments et, par conséquent, une augmentation de la course de la pédale de frein.

Le système de rattrapage automatique permet de pallier cet inconvénient.

Fonctionnement du rattrapage automatique (BENDIX) (figures 9.2 et 9.3)

Sous l'effet de la pression hydraulique, les deux pistons opposés du cylindre de roue ❶ s'éloignent l'un de l'autre, entraînant les segments.

Dans un premier temps, on rattrape le jeu de fonctionnement (J) défini par le crochet de la biellette ❷ et le levier d'ajustement ❹.

Ensuite, le levier pivote sur son axe en s'éloignant du segment sur lequel il est articulé. Si l'usure des garnitures est suffisante, le loquet de verrouillage ❺ laisse échapper une dent par rapport au levier d'ajustement.

D'autres systèmes existent tels que le système GIRLING (figure 9.5) :

Figure 9.5 *Système GIRLING.*

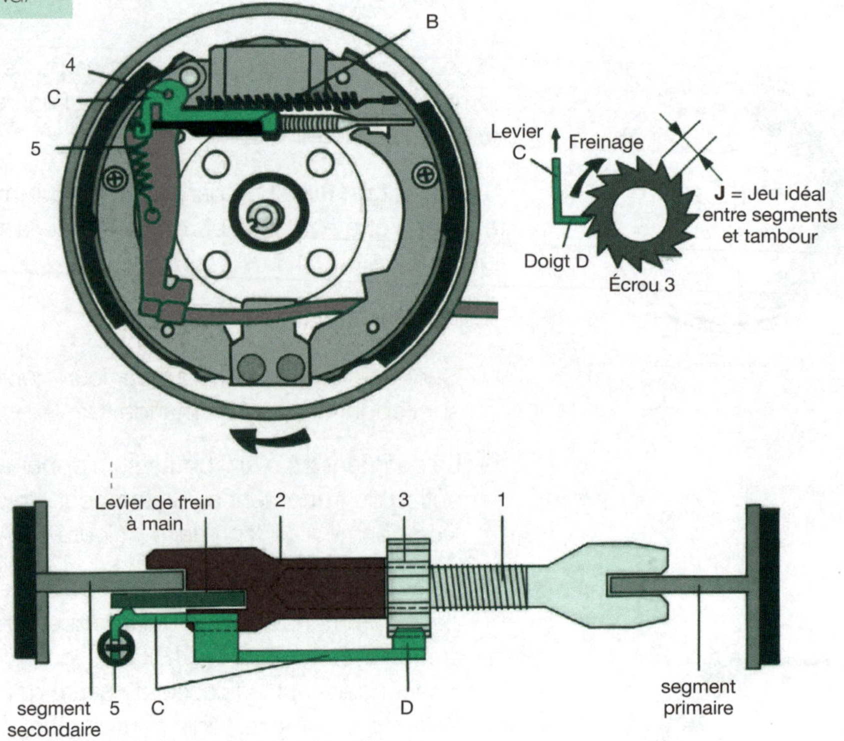

Les segments s'écartent et libèrent la biellette B.

Le levier C pivote autour de son axe ❹ sous l'action du ressort ❺ et il dévisse l'écrou ❸ du poussoir ❶ avec le doigt D, la biellette s'allonge.

Lorsque le jeu est faible, la longueur de la biellette B ne change pas.

Bien que d'une bonne efficacité, les freins à tambour présentent plusieurs inconvénients :

» masse relativement importante (masse non suspendue) ;

» mauvaise évacuation de la chaleur, d'où :

  • risque de déformation des tambours par dilatation (ovalisation),

  • mauvaise stabilité du freinage (différent à chaud et à froid).

Les freins à disques, associés à une commande assistée (servofrein), permettent de remédier à ces défauts.

Fonctionnement du frein à main (figures 9.2 et 9.3)

L'effort appliqué par le câble à l'extrémité du levier de frein à main 11 fait pivoter celui-ci sur son axe, communiquant l'effort à la biellette ❷ et au levier d'ajustement ❹ qui prend appui sur son point d'articulation côté cylindre de roue et sur le loquet ❺ par la denture verrouillant le mécanisme de réglage automatique.

Les segments primaire et secondaire se déplacent jusqu'au contact des garnitures sur le tambour.

Résumé

Éléments constitutifs et fonctionnement d'un frein à tambour

Un frein à tambour comprend : un plateau, deux segments maintenus et rappelés par des ressorts, un élément de commande (cylindre de roue) et un tambour. Lorsque le cylindre de roue reçoit une pression hydraulique, les segments s'écartent l'un de l'autre et entrent en contact avec le tambour. La garniture qui se trouve en avant du frein dans le sens de la marche du véhicule est appelée « primaire » ou « comprimée », l'autre « secondaire » ou « tendue ». Elles comportent un système de réglage automatique.

Testez vos connaissances

1. Dans un frein à tambour, la garniture qui se trouve en avant dans le sens de la marche du véhicule est appelée (deux réponses) :

a ☐ *comprimée*

b ☐ *tendue*

c ☐ *primaire*

d ☐ *secondaire*

2. Le rattrapage de jeu automatique est-il :

a ☐ *hydraulique ?*

b ☐ *mécanique ?*

c ☐ *pneumatique ?*

3. Peut-on dire du frein à tambour qu'il :

a ☐ *permet une meilleure évacuation de la chaleur par rapport au frein à disques ?*

b ☐ *est moins lourd que le frein à disques ?*

c ☐ *a une moins bonne stabilité de freinage que le frein à disques ?*

Le frein à disques
chapitre 10

10.1 Mise en situation

Le frein à disques transforme l'énergie mécanique en énergie calorifique.

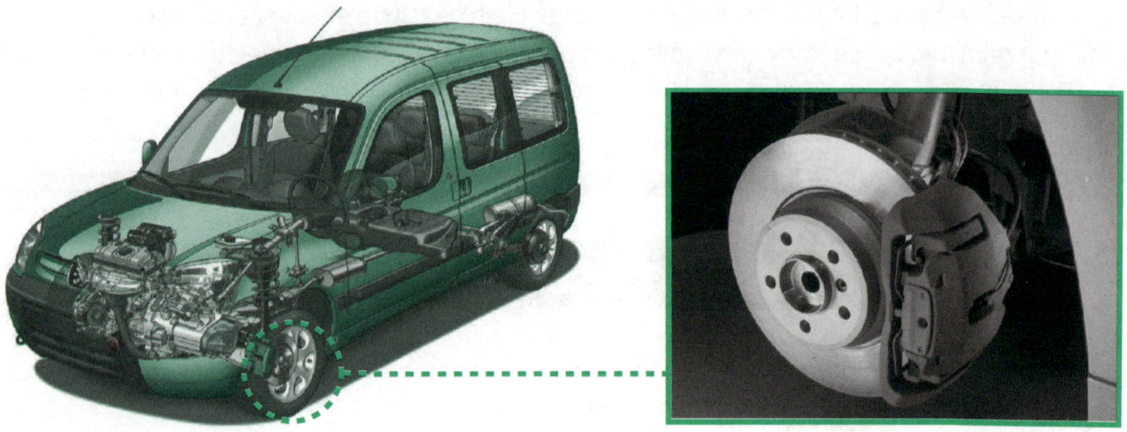

Figure 10.1 *Système de frein à disques.*

10.2 Analyse structurelle

Il y a deux types de freins à disques :

» à étrier coulissant (figures 10.2 et 10.3) : c'est le montage le plus commun car le plus simple et le moins coûteux. Un seul piston appuie sur une plaquette et tire l'étrier dans l'autre sens pour appuyer sur l'autre plaquette.

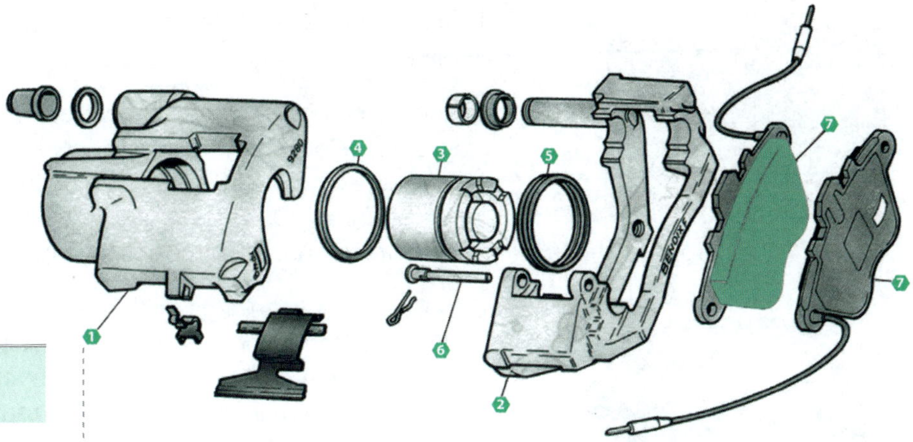

Figure 10.2 *Frein à disque à étrier coulissant.*

1. Étrier.
2. Chape avec colonnette.
3. Piston.
4. Joint de piston.
5. Capuchon de piston.
6. Axe de verrouillage.
7. Plaquettes.

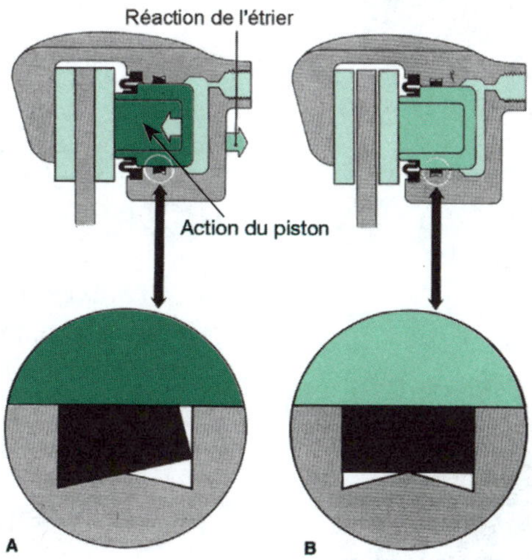

Figure 10.3 *Fonctionnement du frein à disque à étrier coulissant.*

A. Freinage.
B. Défreinage.

Figure 10.4 *Frein à étrier fixe (photo Jeanbor © Photeb).*

» à étrier fixe (figures 10.4 et 10.5) : les freins à étrier fixe sont moins répandus sur les véhicules de tourisme de gamme moyenne, car ils ont un encombrement supérieur aux freins coulissants, en revanche ils permettent un excellent défreinage.

Le frein est composé de deux demi-coquilles en fonte assemblées par des vis. La liaison hydraulique entre les deux demi-coquilles comportant chacun un piston est assurée par un canal intérieur. Le frein est directement fixé sur le porte-moyeu.

10.3 Analyse fonctionnelle

Fonctionnement des freins à étrier coulissant

Lorsqu'on établit la pression dans le circuit hydraulique (freinage), celle-ci agit d'une part sur le piston qui applique la plaquette sur le disque et, d'autre part, sur le fond de l'alésage du cylindre.

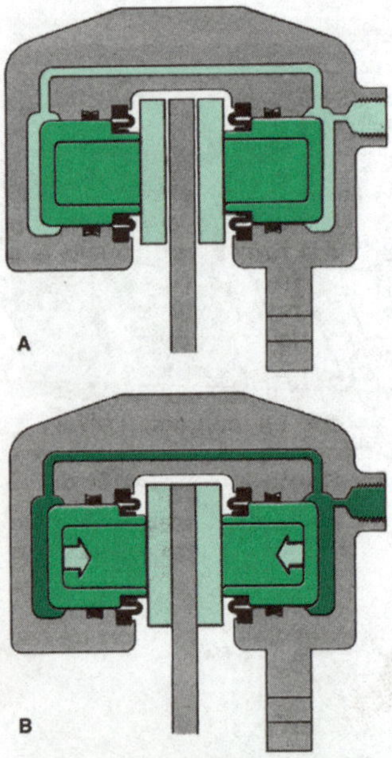

Figure 10.5 *Fonctionnement du frein à étrier fixe (document DBA Bendix).*

A. Au repos.
B. En cours de freinage.

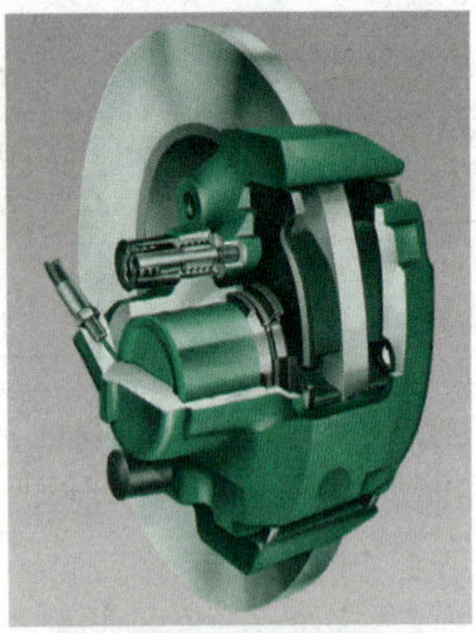

Figure 10.6 *Frein à étrier coulissant.*

Figure 10.7 *Freins à étrier fixe à 4 pistons.*

L'étrier se déplace axialement et applique la deuxième plaquette sur le disque.

Le joint caoutchouc de section carrée, monté dans une gorge trapézoïdale (ou en forme de M), est serré sur le piston et assure l'étanchéité (figure 10.3A). Lors du déplacement du piston, le joint se déforme (figure 10.3B). Lorsque la pression hydraulique chute, le joint, en reprenant sa forme initiale, rappelle le piston.

Si pour obtenir le freinage désiré, la course du piston est supérieure au jeu de déformation du joint d'étanchéité, le piston coulisse sur le joint déformé. Au défreinage, le joint ne rappellera le piston que de son jeu de déformation. Il y a donc un rattrapage automatique. La plaquette côté piston est libérée par le recul de celui-ci, l'autre est repoussée par le voile du disque, l'ensemble frein se recentre automatiquement.

Fonctionnement des freins à étrier fixe (figures 10.5A et B) :

Sous l'action de la pression hydraulique, les deux pistons appliquent simultanément leurs plaquettes sur le disque (figure 10.5). Comme pour le frein coulissant, ce sont les joints caoutchouc qui assurent le rappel des pistons au défreinage et le rattrapage automatique d'usure.

Les freins à disques :

» permettent une bonne évacuation de la chaleur ;

» supportent les sollicitations intensives ;

» conservent leur efficacité malgré la chaleur et la dilatation du disque.

Les garnitures de frein sont conçues dans un matériau de friction capable de réaliser le frottement avec les parties tournantes (disque ou tambour). Les coefficients de frottement des garnitures se situent entre 0,25 et 0,50. Toutes les garnitures ne sont donc pas identiques.

Lors du freinage, les parties frottantes sont soumises à des efforts et à des températures élevées, ces dernières pouvant atteindre 600 à 700 °C.

La principale qualité d'une garniture de frein sera donc de présenter un coefficient de frottement constant, indépendant de la vitesse, de la pression et de la température.

La diminution d'efficacité en température d'une garniture s'appelle le *fading* ou « évanouissement », et peut se traduire par une perte presque totale de freinage d'un demi-train.

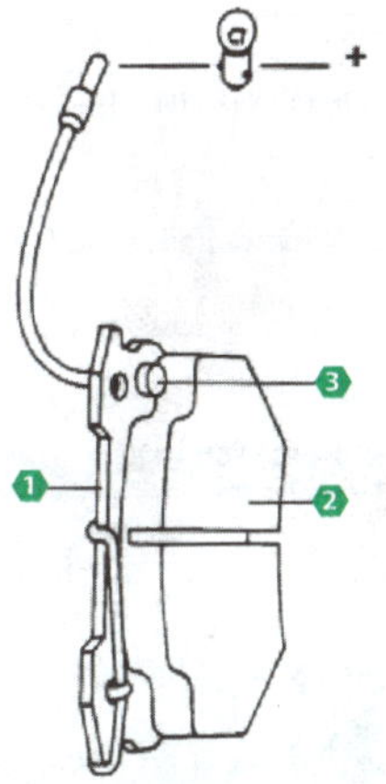

Figure 10.8

❶ support métallique ;
❷ garniture (matériau de friction) ;
❸ plot métallique.

Les garnitures de frein doivent, de plus, présenter des caractéristiques de :

» résistance convenable à l'usure ;

» non-agressivité vis-à-vis des pistes de frottement ;

» absence de bruit ou de broutement.

Les plaquettes de freins à disques (figure 10.9) doivent également récupérer rapidement leur coefficient de frottement après mouillage.

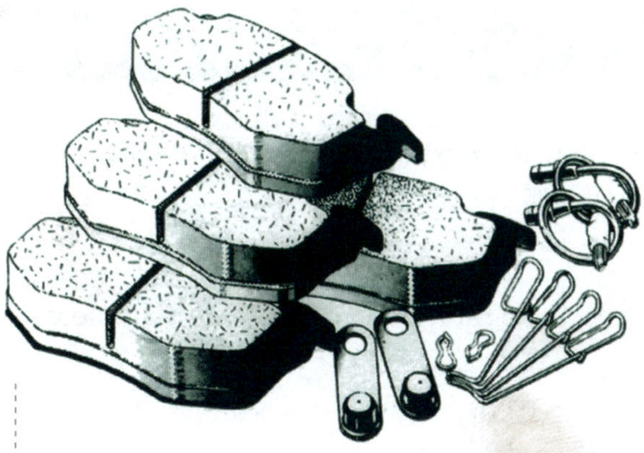

Figure 10.9 *Plaquettes de freins à disque.*

Résumé

Différents types de freins à disques

» Étrier fixe.
» Étrier flottant.

Éléments constitutifs et fonctionnement d'un frein à disques à étrier flottant

Un étrier monobloc coulisse à l'intérieur d'une chape fixe, il est plaqué par deux clavettes maintenues par des ressorts. Au freinage, la pression hydraulique agit :

» sur le piston qui pousse la première plaquette contre le disque ;
» sur le fond de l'alésage du cylindre ; l'étrier se déplace axialement et appuie la seconde plaquette contre le disque.

Le rattrapage automatique est assuré par la distorsion du joint de piston.

Freins à disques à étrier fixe

L'étrier est composé de deux demi-coquilles assemblées comportant chacune un piston. Le frein est directement fixé au porte-moyeu.

Les deux pistons se déplacent simultanément sous l'action de la pression hydraulique et appliquent chacun une plaquette.

Le rattrapage automatique est assuré par la distorsion des joints des deux pistons.

Garniture de frein

Les garnitures sont réalisées dans un matériau de friction assurant un coefficient de frottement de 0,25 à 0,50. Les garnitures doivent :

» conserver leur coefficient de frottement indépendamment de la vitesse, de la pression et de la température ;

» résister à l'usure mais ne pas attaquer la piste de frottement.

Testez vos connaissances

1. Quel système permet un meilleur défreinage ?

a ☐ *l'étrier fixe*

b ☐ *l'étrier coulissant*

2. Le rattrapage de jeu automatique est-il réalisé par :

a ☐ *les plaquettes ?*

b ☐ *le joint du piston (joint carré) ?*

c ☐ *le disque ?*

3. Peut-on dire du frein à disques qu'il :

a ☐ *permet une meilleure évacuation de la chaleur par rapport au frein à tambour ?*

b ☐ *est plus lourd que le frein à tambour ?*

c ☐ *a une moins bonne stabilité de freinage que le frein à disques ?*

Entraînez-vous

Recherchez s'il existe d'autres types d'étriers.

Les systèmes de commande de freinage

chapitre 11

11.1 Mise en situation

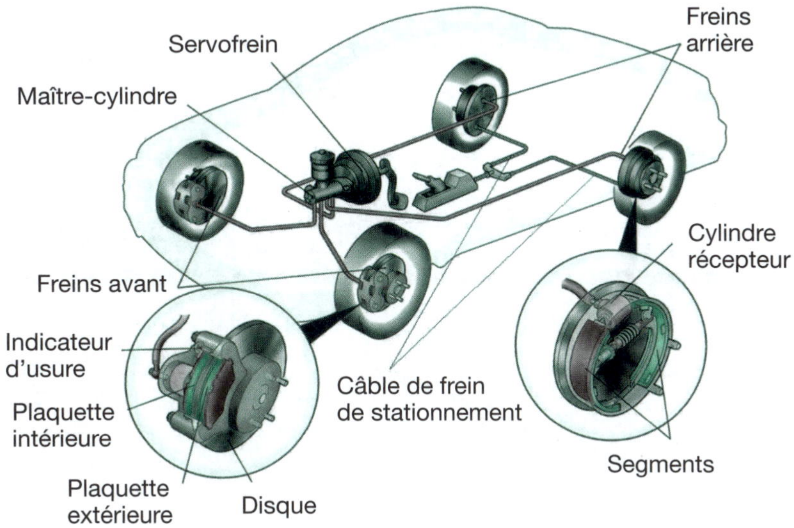

Figure 11.1 *Système de commande de freinage.*

Figure 11.2A *Dispositif de freinage : frein à disque (document PSA Peugeot Citroën).*

Dans une installation de freinage, il faut distinguer :

» le dispositif de freinage, avec les freins à disques et à tambour ;

» le dispositif de commande qui comprend tous les éléments permettant au conducteur d'actionner le dispositif de freinage (figure 11.2B).

Le dispositif de commande doit :

» avoir un temps de mise en action très court ;

» permettre un dosage précis du freinage ;

» nécessiter un faible effort de la part du conducteur ;

» répartir la force de freinage :

Figure 11.2B *Dispositif de commande : pédale et frein à main (document PSA Peugeot Citroën).*

- uniformément sur les deux roues du même essieu, quels que soient l'orientation et les mouvements relatifs des roues par rapport au châssis,
- convenablement sur chacun des essieux en fonction de la charge supportée par chacun d'eux ;

» arrêter le véhicule, malgré la défaillance d'un des éléments du circuit.

La commande peut être réalisée :

» mécaniquement, par tringles rigides, câbles souples (libres ou sous gaine) ;

» hydrauliquement, par action d'un liquide sous pression ;

» pneumatiquement, par action de l'air sous pression ou en dépression.

Ce type de commande est surtout utilisé dans le cas de véhicules industriels.

11.2 Analyse structurelle

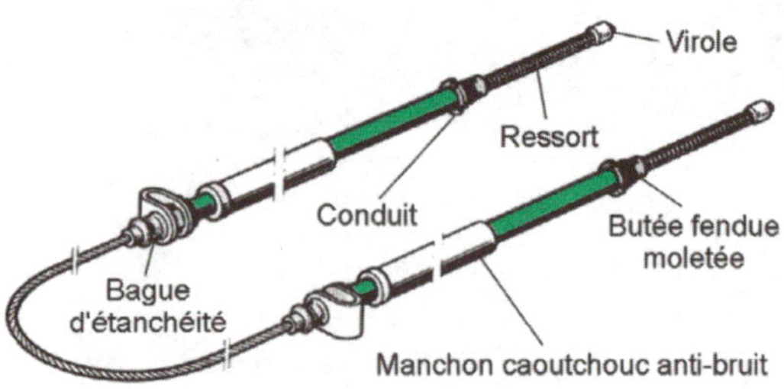

Figure 11.3A *Constitution d'un câble sous gaine. Câble secondaire de frein à main (document DBA Bendix).*

Pour un véhicule automobile, le code de la route impose deux dispositifs de commande du freinage. Leur fonctionnement doit être indépendant.

En véhicules particuliers, on utilise en général :

» une commande mécanique pour le frein de secours et de stationnement, appelé plus couramment « frein à main » (figures 11.3A et 11.3B) ;

» une commande hydraulique pour le circuit de freinage principal.

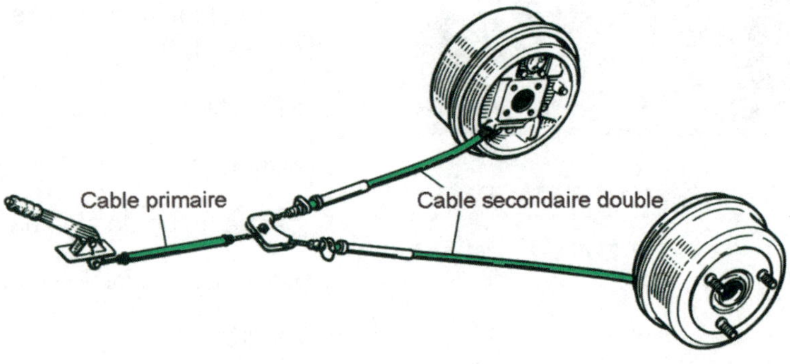

Figure 11.3B *Commande mécanique du frein de secours à action sur les freins à tambour (document DBA Bendix).*

Le frein de secours et de stationnement, qui n'agit que sur un essieu, doit permettre :

» l'arrêt du véhicule en cas de défaillance du circuit principal (dans ce cas, la distance d'arrêt est au moins doublée) ;

» l'immobilisation permanente de celui-ci.

La commande de frein de secours comprend :

» un levier verrouillable, situé dans l'habitacle à portée de la main du conducteur et du passager ;

» un réseau de câbles libres ou gainés ;

» un mécanisme, commun ou indépendant du dispositif de freinage principal, qui permet la mise en action des garnitures sur leur piste de frottement.

Le mécanisme de frein de secours peut :

» être incorporé dans le frein à tambour ;

» être incorporé dans les étriers (figure 11.4) ;

» comporter des étriers indépendants ayant leur propre jeu de plaquettes ;

» se présenter sous la forme de petits freins à tambour incorporés dans le déport des disques (figure 11.5).

La commande mécanique est bien adaptée au frein de secours car :

» elle est indépendante du système de commande de freinage principal ;

» elle conserve toute son efficacité durant une action prolongée en stationnement.

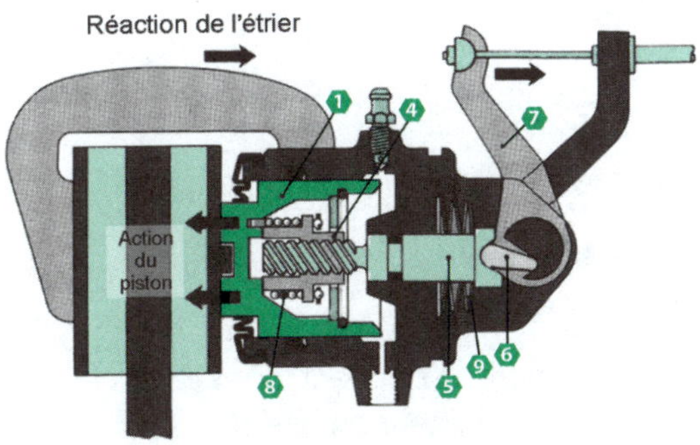

Figure 11.4 *Mécanisme de frein de secours incorporé dans l'étrier de frein à disque (document DBA Bendix).*

1 Piston.
4 Écrou.
5 Axe.
6 Poussoir.
7 Levier.
8 Ressort.
9 Rondelle élastique.

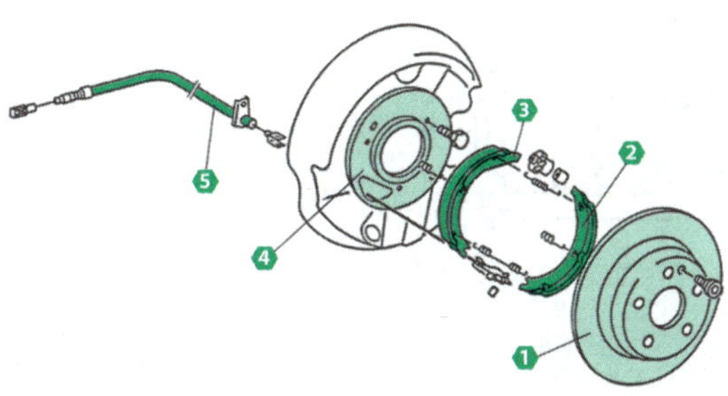

Figure 11.5 *Frein de secours à mâchoires indépendantes.*

1 Disque de frein avec tambour intérieur.
2 et 3 Mâchoires de frein de secours.
4 Flasque.
5 Câble de commande.

Éléments constitutifs d'une commande hydraulique

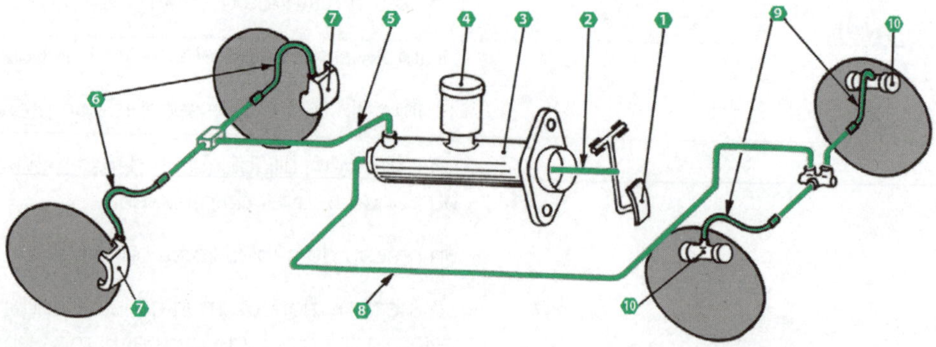

Figure 11.6 *Commande hydraulique élémentaire des freins.*

❶ Pédale de freins.
❷ Tige de poussée.
❸ Émetteur ou maître-cylindre.
❹ Réservoir.
❺ Canalisation de freins avant.
❻ Flexibles de freins avant.
❼ Étriers de freins à disque comportant chacun un cylindre récepteur.
❽ Canalisation de frein arrière.
❾ Flexibles de frein arrière.
❿ Cylindres récepteurs pour frein à tambour (cylindre de roue).

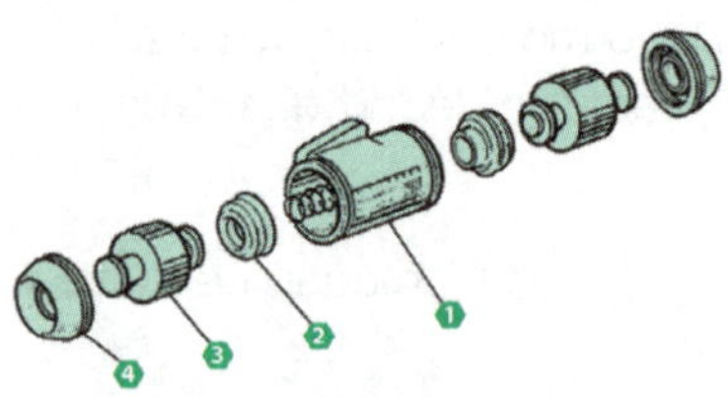

Figure 11.7 *Cylindre récepteur pour frein à tambour (document Renault).*

❶ Ressort de poussée.
❷ Coupelles.
❸ Pistons.
❹ Cache-poussière.

Une commande hydraulique élémentaire comprend (figure 11.6) :

» un réservoir de liquide ❹, à la pression atmosphérique, placé en charge par rapport à l'émetteur ;

» un émetteur ou maître-cylindre ❸ qui transforme la force mécanique fournie par le conducteur en une pression hydraulique ;

» des récepteurs ❼ et ❿ qui transforment cette pression hydraulique en une force capable d'actionner les segments et plaquettes ;

» un réseau de canalisations ❺, ❻, ❽ et ❾, souples ou rigides, qui transmettent la pression hydraulique de l'émetteur aux récepteurs.

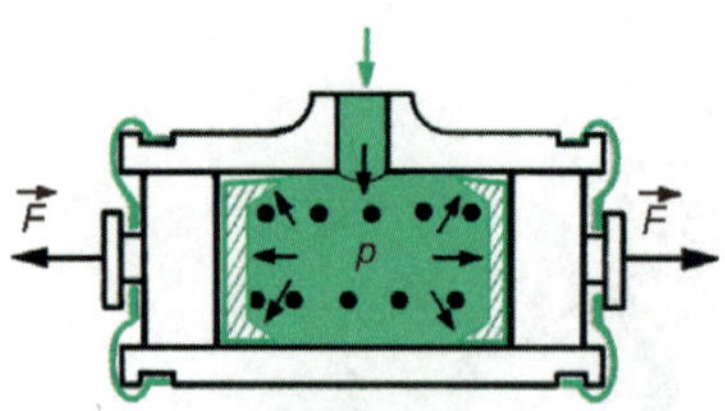

Figure 11.8 *Cylindre récepteur pour frein à tambour (cylindre de roue).*

Transformation de la pression hydraulique en force mécanique.

Les cylindres récepteurs de freins sont de deux types

» récepteurs pour freins à disques (étrier) ;

» récepteurs pour freins à tambour (cylindres de roues) ; ils comportent un piston, cylindre borgne, ou deux pistons (figure 11.7) qui s'écartent sous l'effet de la pression (figure 11.8).

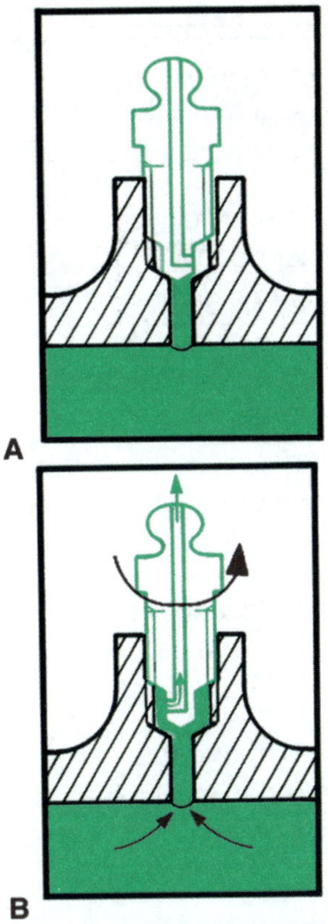

Figure 11.9 *Purgeur :*

A. Fermé. **B.** Ouvert.

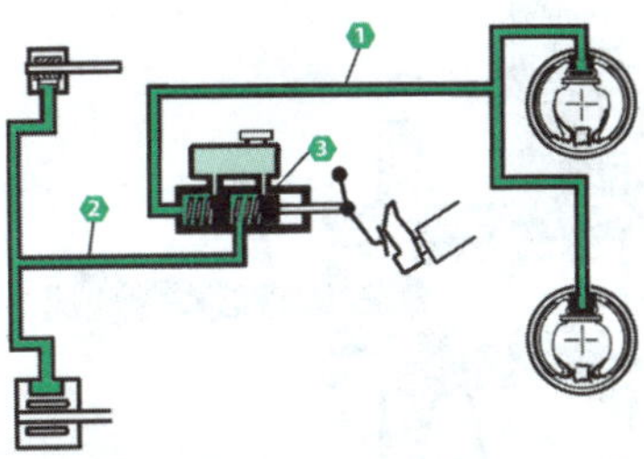

Figure 11.10 *Principe du double circuit de freinage.*

1. Circuit 1.
2. Circuit 2.
3. Maître-cylindre double.

Les récepteurs placés aux extrémités des circuits comportent un purgeur dont la vis pointeau permet, par un dévissage partiel, l'évacuation du liquide – vidage – ou des bulles d'air qu'il peut contenir – purge (figure 11.9).

Le double circuit de freinage qui permet de pouvoir freiner même en cas de défaillance d'une partie du circuit (figure 11.10) comporte :

» un maître-cylindre double appelé « tandem » dont chaque chambre commande un circuit indépendant ;

» deux réseaux de canalisations indépendants dont les branchements peuvent être différents selon les véhicules.

Les types de branchements possibles du double circuit de commande

1. Un circuit pour deux roues (figure 11.11). Dans ce cas, le circuit est partagé en deux.

Exemple

Branchement en parallèle ou en I, (figure 11.11A, gauche) :
– circuit 1 : roues AV ;
– circuit 2 : roues AR.
Branchement en croix ou en X (figure 11.11A, droite) :
– circuit 1 : roues AV.D et AR.G,
– circuit 2 : roues AV.G et AR.D.

2. Le circuit avant est doublé (figure 11.11B). Cette solution présente plus de difficultés techniques, car les étriers de freins avant doivent posséder :

» deux pistons pour les étriers coulissants car il faut un piston par circuit (figure 11.12) ;

» quatre pistons pour les étriers fixes (deux pistons par circuit).

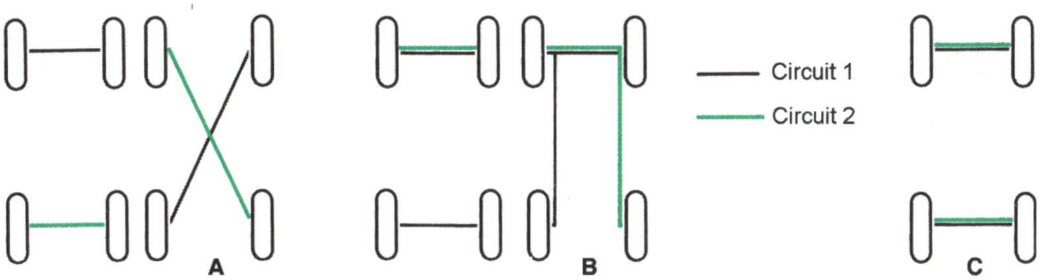

Figure 11.11 *Branchement des deux circuits :*

A. Un circuit pour deux roues.
B. Circuit avant doublé.
C. Circuit entièrement doublé.

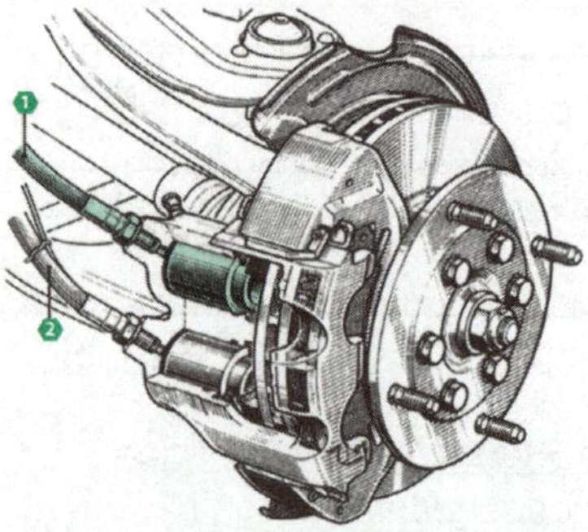

Figure 11.12 *Étrier coulissant pour double circuit (document Renault).*

1 Circuit 1. 2 Circuit 2.

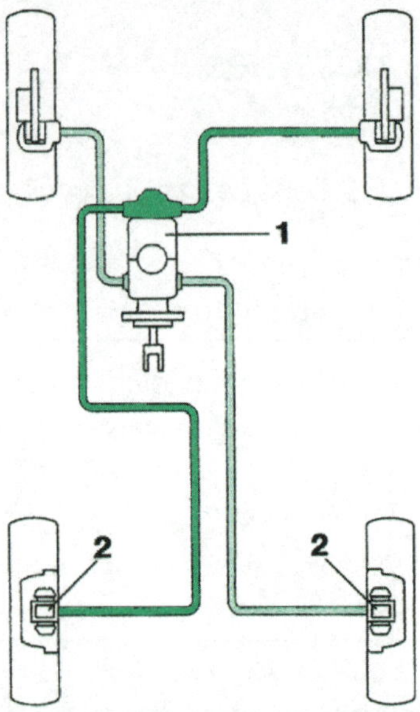

Figure 11.13 *Circuit en X.*

1 Maître-cylindre ;
2 Cylindres de roues.

Exemple

Branchement en parallèle (figure 11.11A et B, gauche).
Branchement en triangle (figure 11.11B, droite).

3. Tout le circuit est doublé (figure 11.11C). Cette solution nécessite le montage de quatre freins à disques à étrier double et est donc réservée, actuellement, aux véhicules de haut de gamme.

Éléments constitutifs d'un maître-cylindre « tandem »

Le maître-cylindre tandem (figure 11.14) comporte un corps en fonte dans lequel coulissent deux pistons.

Il est alimenté par un réservoir double comportant deux parties séparées par une cloison intérieure. Le remplissage est commun mais les sorties indépendantes.

Il comporte deux ou quatre sorties. S'il ne comporte que deux sorties, celles-ci se séparent ensuite en deux parties afin d'alimenter tous les récepteurs.

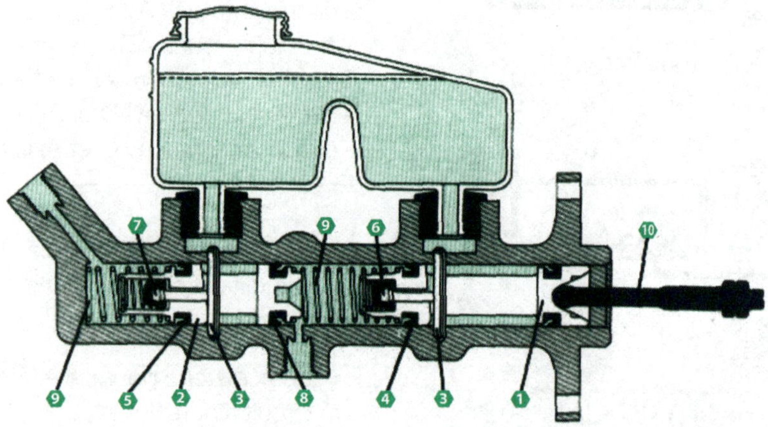

Figure 11.14 *Maître-cylindre tandem.*

1 Piston primaire ;
2 Piston secondaire ;
3 Goupille Mécanindus ;
4 Coupelle primaire du circuit primaire ;
5 Coupelle primaire du circuit secondaire ;
6 Clapet central du piston primaire ;
7 Clapet central du piston secondaire ;
8 Coupelle d'étanchéité entre les deux circuits ;
9 Ressort de rappel ;
10 Tige de poussé.

11.3 Analyse fonctionnelle

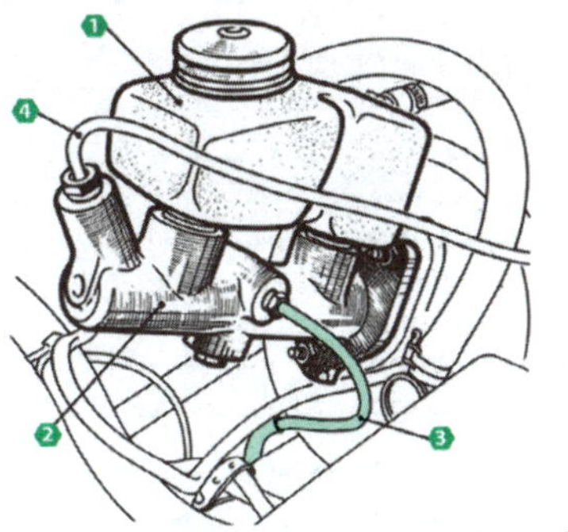

Figure 11.15 *Maître-cylindre à double circuit (document Renault).*

1 Réservoir en deux parties (cloisonné).
2 Maître-cylindre « tandem ».
3 Circuit 1 ou primaire.
4 Circuit 2 ou secondaire.

La commande mécanique, valable pour un frein de secours agissant sur deux roues et fonctionnant peu, ne peut être utilisée pour le dispositif de freinage principal pour les raisons ci-dessous.

Mauvaise répartition du freinage :

» aux deux roues du même essieu ;

» des roues avant par rapport aux roues arrière.

Mauvaise stabilité du freinage lors :

» des débattements de suspension ;

» du braquage des roues ;

» nécessité d'un maximum de liaisons rectilignes.

Mauvais rendement (pertes d'énergie par frottement dans les gaines).

Risques de grippage (défreinage retardé).

Usure par distension.

Rupture des brins du câble en usage intensif.

D'où la nécessité d'utiliser une commande hydraulique pour le frein principal.

Principe de fonctionnement d'une commande hydraulique

Le conducteur appuie sur la pédale de freins. Par l'intermédiaire d'une tige de poussée 2, il communique une force au piston de l'émetteur ou maître-cylindre.

Le liquide, pratiquement incompressible, se déplace dans les canalisations.

Son déplacement commande immédiatement la mise en mouvement des récepteurs.

Les pistons des cylindres récepteurs poussent les segments et plaquettes contre les pistes de frottement.

Dès que les cylindres récepteurs rencontrent une force résistante, il s'établit dans le circuit une pression p :

$$p = \frac{F}{S}$$

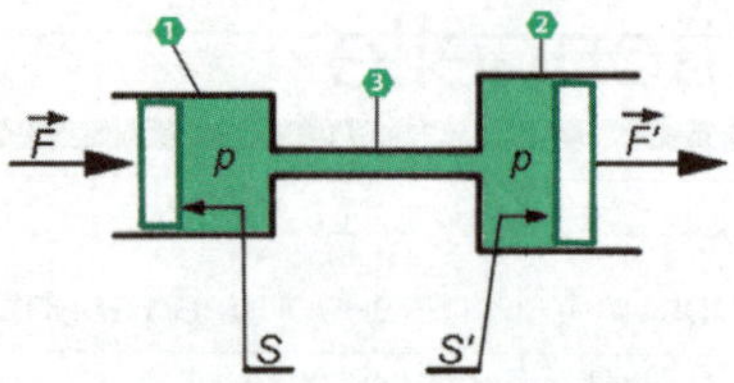

Figure 11.16 *Principe de transmission de la pression et de modification des forces dans un circuit hydraulique.*

❶ Émetteur.
❷ Récepteur.
❸ Canalisation.
Côté émetteur : $p = F/S$.
Côté récepteur : $F' = pS'$.

La valeur de cette pression *p* est donc :

» proportionnelle à la force communiquée au piston de l'émetteur ;

» inversement proportionnelle à sa section.

Les cylindres restitueront une force ($F' = pS'$) proportionnelle :

» à la pression du circuit ;

» à la section de chaque cylindre récepteur (figure 11.16).

Remarque

Cette incompressibilité des liquides (pression conservée) est le principe qui va être utilisé dans toute commande hydraulique (voir les paragraphes suivants).

Avantages présentés par les commandes hydrauliques

La répartition du freinage aux deux roues d'un même essieu est parfaite car, dans un circuit hydraulique simple, la pression est égale en tous les points de l'installation.

La force à transmettre peut être amplifiée par différence de section entre le cylindre émetteur et les cylindres récepteurs.

Les canalisations s'adaptent facilement à des liaisons sinueuses (coudes).

Les frottements sont inexistants.

La force à transmettre est multipliée dans la commande des freins :

» mécaniquement, par un système de levier, le rapport des forces est fonction du rapport de ces leviers ;

» hydrauliquement, par différence de diamètre entre l'émetteur et les récepteurs, le rapport des forces est fonction du rapport des diamètres.

La pédale de freins s'articule par rapport à un axe. La tige de poussée est fixée à une distance plus ou moins proche de cet axe.

La force ($\vec{F_t}$) communiquée à la tige de poussée dépend :

» de la force avec laquelle le conducteur appuie sur la pédale ($\vec{F_c}$),

» du rapport des distances par rapport à l'axe.

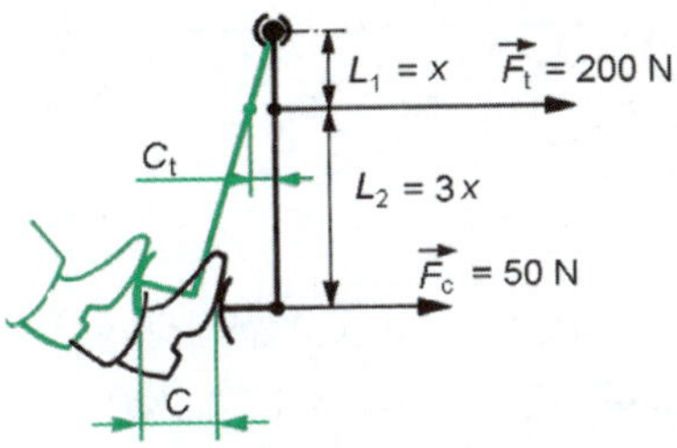

Figure 11.17 *Multiplicateur mécanique.*

$$F_t = F_c \times \frac{L_1 + L_2}{L_1} = \frac{4x}{x}$$

$$F_t = F_c \times \frac{4}{1}$$

$$\text{d'où } C_t = C \times \frac{1}{4}$$

Exemple

Prenons le cas (figure 11.17) où l'effort du conducteur est égal à :

$$F_c = 50 \text{ N}$$

et où le rapport de bras de levier de la pédale est égal à :

$$R_1 = \frac{4}{1}$$

Dans ce cas, la force de la tige de poussée est :

$$F_t = \frac{50 \times 4}{1} = 200 \text{ N}$$

La force est **multipliée par quatre**.
On observe, dans le même temps, que la course de la pédale est quatre fois plus grande que celle de la tige de poussée.

Le rapport de multiplication de la force par un système hydraulique est calculé en effectuant :

$$R_2 = \frac{S}{s} = \frac{\text{section du piston récepteur}}{\text{section du piston émetteur}}$$

Exemple

Prenons le cas, illustré par la figure 11.18, où la section du piston émetteur est $s = 2$ cm^2, et où la section du piston récepteur est $S = 4$ cm^2.
L'intensité de la force de la tige de poussée appliquée au piston émetteur est :

$$F_t = 200 \text{ N}$$

La pression dans le circuit est :

$$p \text{ (bar)} = \frac{F \text{ (daN)}}{s \text{ (cm}^2)}, \text{ d'où } p = \frac{20}{2} = 10 \text{ bars}$$

La pression est égale en tous les points de l'installation.
La force (F_r) avec laquelle le piston récepteur appuie sur la plaquette est donc égale à :

$$F_r = pS = 10 \times 4 = 40 \text{ daN, soit } 400 \text{ N}$$

Nous constatons deux choses.
– La force (F_r) est deux fois plus grande que la force de départ (F_t).
Nous pouvons vérifier que F_r est égale à $F_t \times R_1$; sachant que R_2 est le rapport hydraulique ayant pour valeur :

$$R_2 = \frac{S}{s} = \frac{4}{2} = \frac{2}{1}$$

$$\text{on obtient bien : } F_r = \frac{200 \times 2}{1} = 400 \text{ N.}$$

– La course du piston récepteur (Cr) est deux fois plus faible que celle du piston émetteur (Ce).

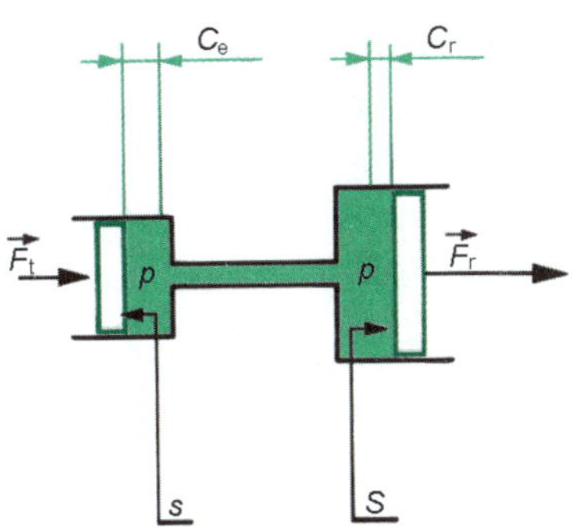

Figure 11.18 *Multiplicateur hydraulique.*

$$F_r = F_t \times \frac{S}{s}$$

$$\text{Si } \frac{S}{s} = \frac{2}{1}, \text{ alors :}$$

$$F_r = F_t \times \frac{2}{1}$$

$$C_r = C_e \times \frac{1}{2}$$

Principe de fonctionnement du maître-cylindre tandem

En phase freinage (figure 11.15)

La force de commande s'exerce sur la tige de poussée ❿ qui se déplace et entraîne dans son mouvement le piston primaire ❶. Cela ferme le clapet ❻ et établit une faible pression dans le circuit primaire.

Le ressort ❾ et la pression primaire provoquent le déplacement du piston secondaire ❷. Le clapet ❼ se ferme, la pression primaire est appliquée au piston secondaire qui génère une pression équivalente.

Lors de la fermeture du clapet ❼, un faible volume de liquide reflue vers le réservoir. Les pistons ❶ et ❷ en mouvement déplacent le liquide de frein incompressible des deux circuits.

Dès que les garnitures de frein sont en contact avec les disques et les tambours, la pression monte proportionnellement à la force de commande.

En phase de défreinage (figure 11.15)

Lorsque la force de commande devient nulle, l'action du ressort ❾ ramène les deux pistons en position repos.

Les pistons ❶ et ❷ reviennent plus rapidement que les cylindres récepteurs et entraînent une baisse de pression.

La variation de pression entre la chambre de réalimentation ⓫ et les circuits primaire et secondaire provoque l'ouverture des clapets ❻ et ❼ ; le volume de liquide qui est transvasé des réservoirs vers le circuit permet d'équilibrer les pressions et facilite ainsi le retour des pistons.

Lors du retour en position des pistons ❶ et ❷, les queues des clapets ❻ et ❼ entrent en contact avec leurs goupilles respectives. Le retour des pistons récepteurs en position repos provoque le reflux du liquide vers le maître-cylindre et ferme le réservoir par les clapets.

Tableau des points particuliers, illustrés dans la figure 11.19.

Position	**Piston 1**	**Piston 2**	**Pression circuit 1**	**Pression circuit 2**	**Course pédale**
• *Repos* (figure 11.19A)	En appui sur sa rondelle butée grâce à l'action de son ressort de rappel.	En appui sur sa vis butée grâce à l'action de son ressort de rappel.	p_a	p_a	–
• *Freinage* (figure 11.19B)	Avance, commandé mécanique-ment par la tige de poussée.	Avance, commandé hydraulique-ment par la pression qui s'établit dans le circuit 1.	Normale, suivant l'effort du conducteur	Normale, suivant l'effort du conducteur	Courte
• *Freinage avec le circuit 1 défaillant* (figure 11.19C)	Avance, commandé mécanique-ment par la tige de poussée.	Avance, commandé mécanique-ment par la butée du piston 1 sur 2.	Faible ou p_a	Normale	Longue
• *Freinage avec le circuit 2 défaillant* (figure 11.19D)	Avance, commandé mécanique-ment par la tige de poussée.	Avance, commandé hydraulique-ment par la pression qui s'établit dans le circuit 1.	Normale, dès que le piston 2 a pris appui sur le fond de la chambre 2	Faible ou p_a	Longue

Remarque

La liaison hydraulique des deux pistons est nécessaire car, même en freinage normal, la quantité de liquide déplacé dans le circuit primaire peut être supérieure à celle du circuit secondaire.

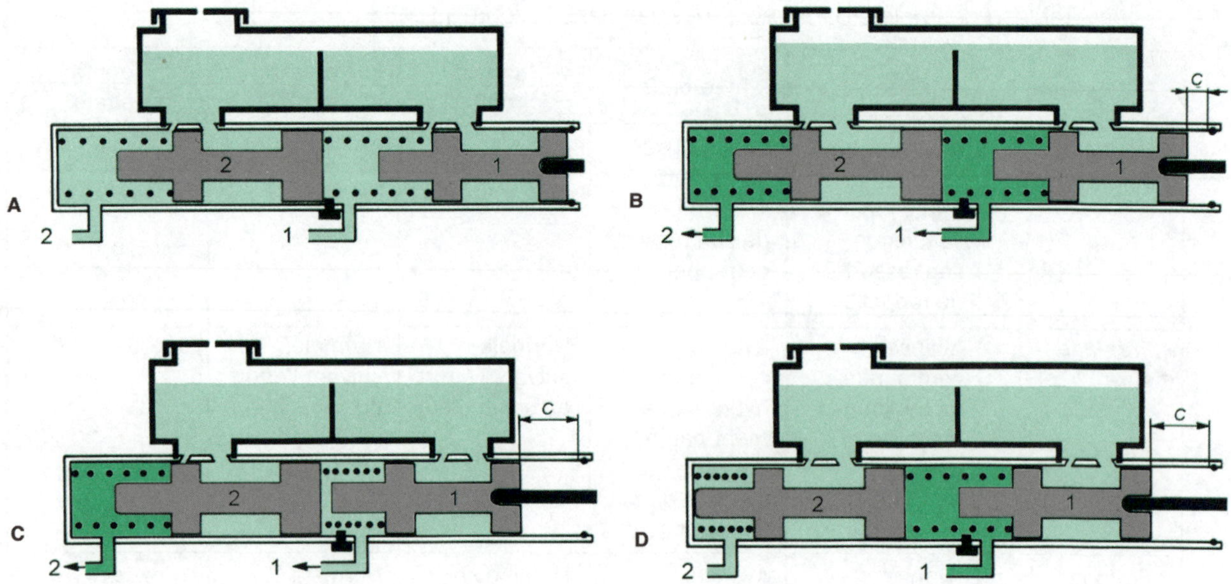

Figure 11.19 *Fonctionnement du maître-cylindre tandem (simplifié).*

Le nivocode

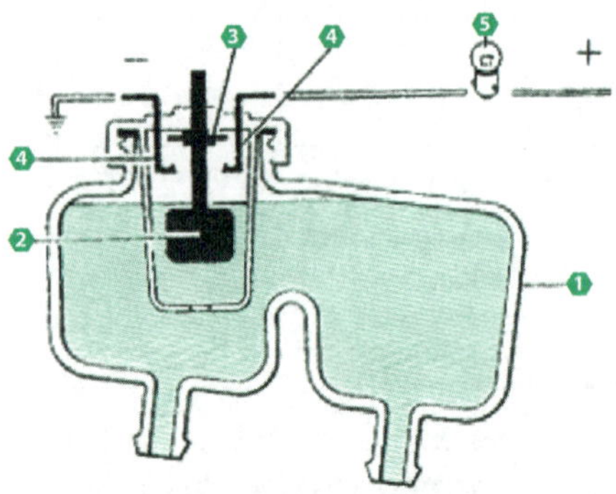

Figure 11.20 *Nivocode.*

1. Réservoir de compensation ;
2. Flotteur ;
3. Rondelle conductrice ;
4. Borne ;
5. Lampe témoin (tableau de bord).

Il permet d'informer le conducteur de la diminution du niveau de liquide de frein dans le réservoir de compensation.

Tant que le niveau du liquide est supérieur au minimum, la rondelle conductrice 3 n'est pas en contact avec les bornes 4, le circuit électrique est ouvert.

Lorsque le niveau du liquide atteint la valeur minimale, le flotteur se déplace et entraîne la rondelle conductrice 3 qui ferme le circuit électrique et provoque l'allumage de la lampe témoin 5 placée sur le tableau de bord.

Les liquides de frein

Ce sont des liquides de synthèse dont les propriétés principales sont l'incompressibilité et la capacité à supporter des variations de température importantes (surtout au niveau des étriers) sans modification de leurs caractéristiques.

Ils doivent répondre aux normes SAE, ISO, AFNOR et FMVSS qui les classent en DOT (3,4 et 5) et réglementent notamment leur point d'ébullition.

Résumé

Différents types de commandes

» Mécanique : frein de secours et de stationnement.
» Hydraulique : dispositif de freinage principal.
» Pneumatique : par pression ou par dépression.

Commande mécanique : frein de secours

La commande du frein de secours et de stationnement comprend :

» un levier verrouillable placé dans l'habitacle,
» un réseau de câbles libres ou gainés,
» un mécanisme permettant la mise en contact des garnitures avec leur piste de frottement.

Les mécanismes de frein de secours peuvent être incorporés dans les éléments de freins principaux ou indépendants de ceux-ci.

Commande hydraulique élémentaire : frein principal

La commande du frein principal comprend :

» un réservoir en charge,
» un émetteur ou maître-cylindre,
» un réseau de canalisations,
» des cylindres récepteurs,
» un liquide spécial.

Multiplication de l'effort du conducteur

» Multiplication mécanique. La pédale de freins forme un levier dont le rapport est fonction des distances entre les points d'appui. La force communiquée à la tige de poussée est égale au produit de la force fournie par le conducteur par le rapport du bras de levier ($F_t = FC \times R_1$).
» Multiplication hydraulique. La force restituée par un cylindre récepteur hydraulique est égale au produit de la force de la tige de poussée par le rapport des sections des pistons ($F_r = F_t \times R_2$) où :

$$R_2 = \frac{S}{s} = \frac{\text{Section du piston récepteur}}{\text{Section du piston émetteur}}$$

Double circuit de freinage

Le double circuit permet d'obtenir un freinage, malgré la mise hors service d'une partie du circuit. Il comprend :

» un maître-cylindre à deux chambres séparées appelé « tandem »,
» deux réservoirs indépendants alimentant chacun une des chambres,
» deux pistons, primaire et secondaire,
» deux réseaux de canalisations indépendants.

Le circuit peut être divisé en deux demi-circuits partiellement doublés (à l'avant seulement), ou entièrement doublés. Une fuite sur un des deux circuits provoque :

» le freinage sur un seul circuit,
» l'augmentation brutale de la course de la pédale de freins,
» le fonctionnement d'une lampe témoin.

Testez vos connaissances

1. Selon la loi de Pascal, la pression hydraulique dans les récepteurs sera d'autant plus forte que le piston du maître-cylindre sera :

a ☐ *de petit diamètre*

b ☐ *de grand diamètre*

c ☐ *plus long*

2. Dans un récepteur hydraulique, la force pressante sur les plaquettes de frein est d'autant plus grande que (deux réponses) :

a ☐ *la pression est élevée*

b ☐ *la pression est faible*

c ☐ *sa section est grande*

d ☐ *sa section est petite*

3. En cas de fuite sur un des deux circuits de freinage, la course de la pédale de freins :

a ☐ *augmente*

b ☐ *reste la même*

c ☐ *diminue*

Entraînez-vous

Quels sont les différents liquides utilisés dans les circuits hydrauliques d'automobile ? Relevez pour chacun leurs caractéristiques et leurs affectations.

L'assistance de freinage
chapitre 12

12.1 Mise en situation

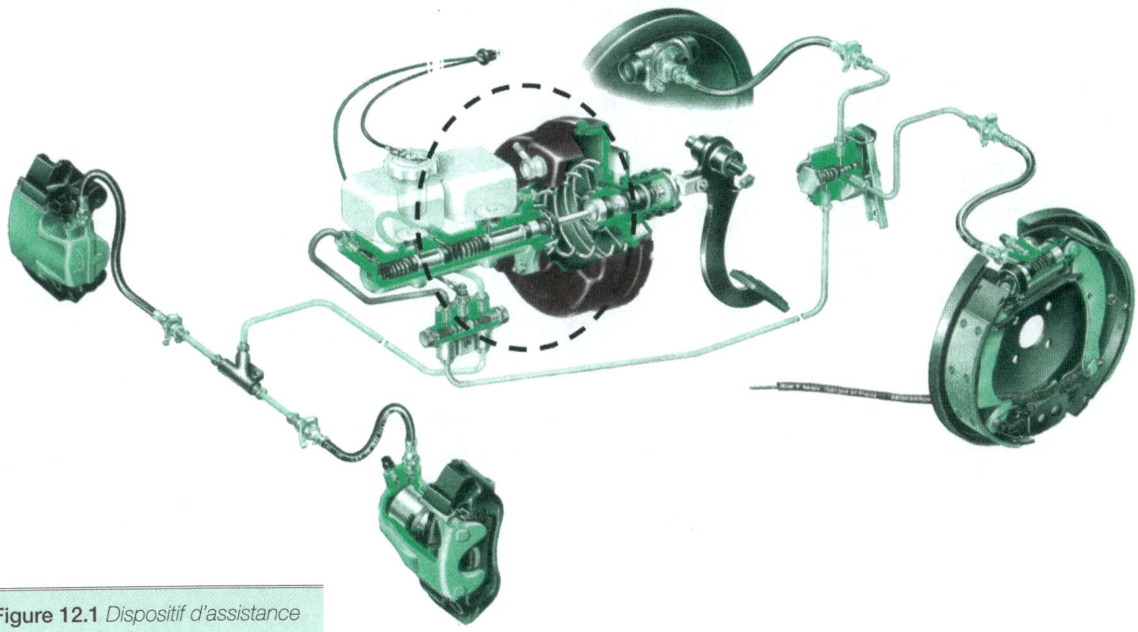

Figure 12.1 *Dispositif d'assistance au freinage.*

L'assistance du freinage est un dispositif qui permet, pour un faible effort sur la pédale de freins, d'obtenir dans le circuit une forte pression hydraulique.

Nous avons vu que les constructeurs utilisent le principe des bras de levier (figure 12.2) :

» **bras de levier mécanique**, rapport de pédale $\frac{A}{B}$;

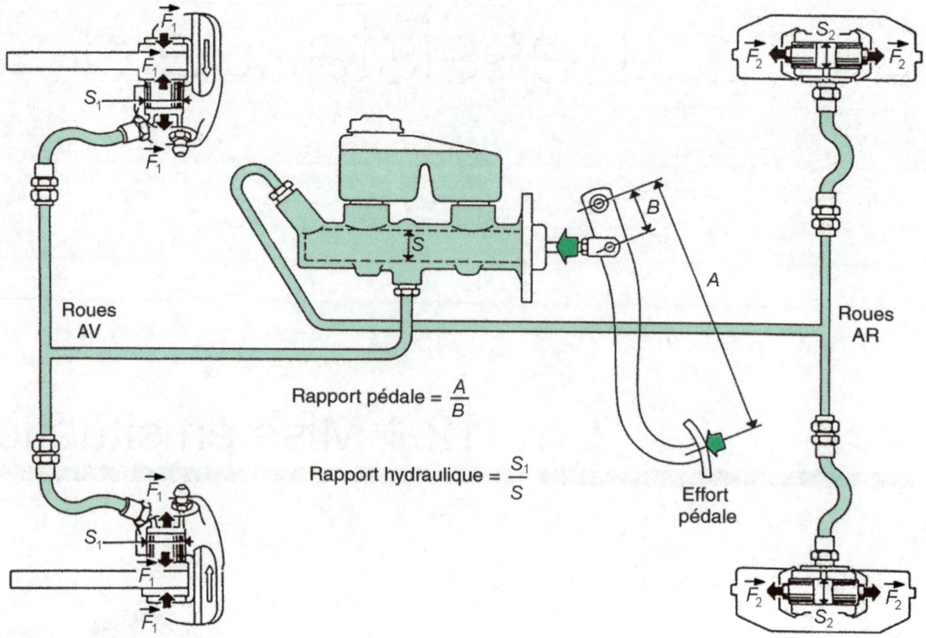

Figure 12.2 *Amplification de l'effort de freinage (document Bendix).*

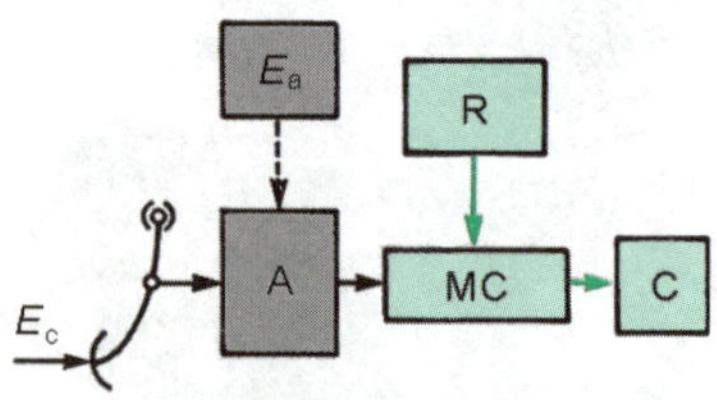

Figure 12.3 *Assistance par dépression.*

E_c : énergie du conducteur.
E_a : énergie complémentaire d'assistance (dépression).
A. Dispositif d'assistance.
R. Réservoir hydraulique.
MC. Maître-cylindre.
C. Cylindre récepteur.

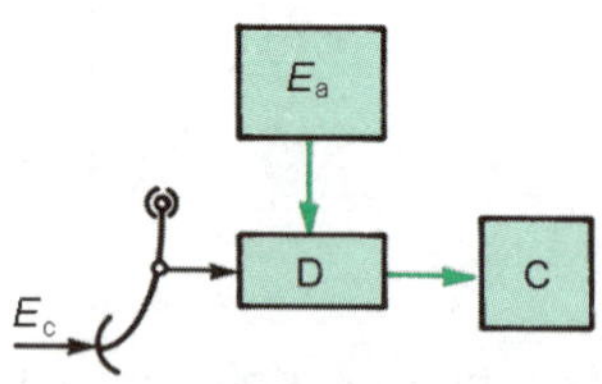

Figure 12.4 *Assistance par pression hydraulique.*

E_c : énergie du conducteur.
E_a : énergie complémentaire d'assistance (pompe et réservoir sous pression).
D. Doseur.
C. Cylindres récepteurs.

» **bras de levier hydraulique**, rapport des sections intérieures récepteur/émetteur :

$$\frac{S_1 \text{ ou } S_2}{S}$$

Le système d'assistance de freinage permet d'amplifier l'effort fourni par le conducteur sans obligatoirement utiliser le principe des bras de leviers mécanique et hydraulique qui présentent l'inconvénient d'augmenter la course de la pédale.

12.2 Analyse structurelle

L'assistance est obtenue à partir de l'énergie mécanique disponible sur le vilebrequin, on peut obtenir :

» une dépression ($p < p_a$) dans la tubulure d'admission, ou par une pompe à vide – dans le cas d'un moteur Diesel (figure 12.3) ;

» une pression hydraulique fournie par une pompe à haute pression (figure 12.4) ;

» une pression d'air fournie par un compresseur (véhicules industriels).

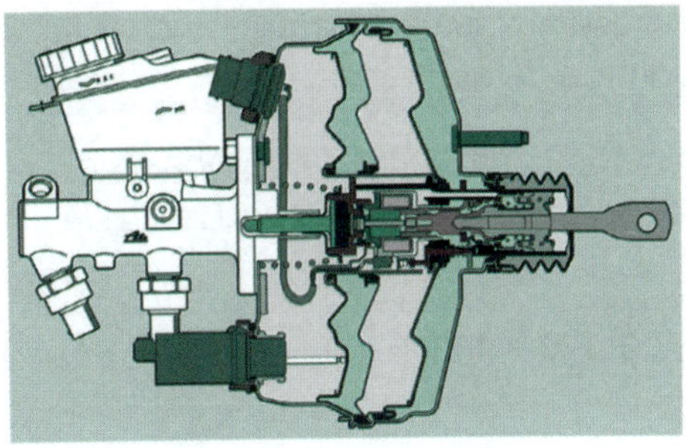

Figure 12.5 *Système « master-vac ».*

Actuellement le système d'assistance de freinage le plus répandu est le servofrein, appelé aussi le « master-vac ».

Le « master-vac » est intercalé entre la pédale de freins et le maître-cylindre. Il comprend :

» un cylindre de grand diamètre, séparé en deux chambres (⑫ et ⑬) par une membrane ② et un piston ① qui commande la tige de poussée ④ du maître-cylindre ⑩ ;

» un distributeur plongeur ⑧, solidaire du piston ①, commandé par la tige ⑦ et comportant deux clapets ;

» un disque de réaction élastique 11, qui reçoit les efforts du piston d'assistance et de la tige de commande.

Le distributeur plongeur ⑧ et le piston ① comporte :

» un clapet (A) qui ouvre ou ferme la communication entre les deux chambres (⑫ et ⑬) ;

» un clapet (B) permettant ou non la communication du cylindre avec l'air à la pression atmosphérique.

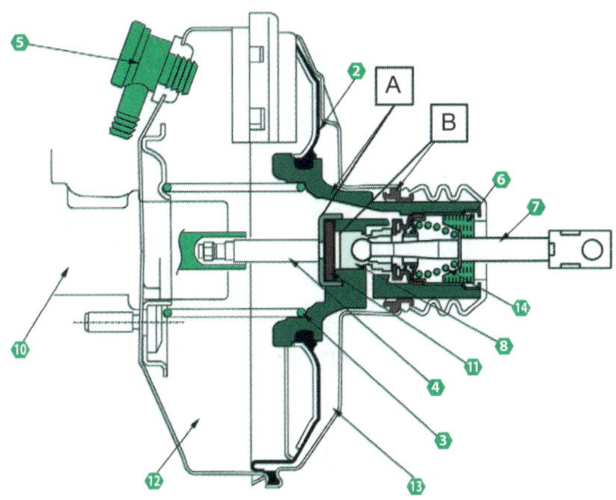

Figure 12.6 *Éléments du système d'assistance au freinage.*

① Piston moteur ;
② Membrane ;
③ Ressort de rappel ;
④ Tige de poussée du maître-cylindre ;
⑤ Clapet de retenue ;
⑥ Filtre à air ;
⑦ Tige de commande ;
⑧ Distributeur plongeur ;
⑨ Joint de piston moteur ;
⑩ Maître-cylindre tandem ;
⑪ Disque de réaction ;
⑫ Chambre AVANT ;
⑬ Chambre ARRIÈRE ;
⑭ Ressort de maintien.

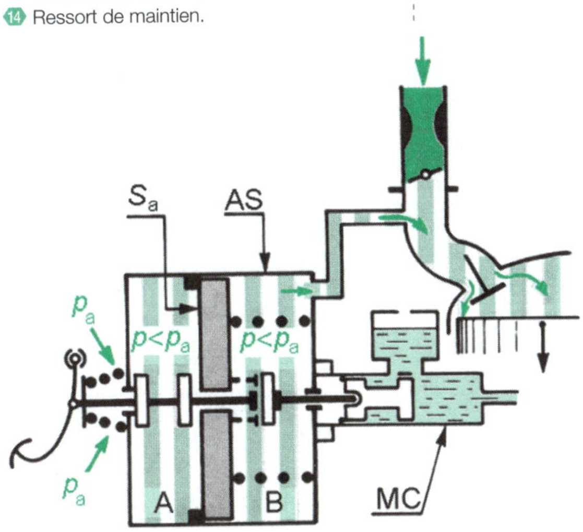

Figure 12.7 *Principe de l'assistance par dépression.*

Position au repos :
AS. Assistance cylindre.
S_a. Section du piston d'assistance.
A. Chambre A.
B. Chambre B.

12.3 Analyse fonctionnelle

La force dans un dispositif d'assistance est obtenue par l'action de pressions différentes sur les deux faces d'un piston coulissant dans un cylindre. Le piston sépare le cylindre en deux chambres A et B (figure 12.7). Une des chambres (A) est soumise à la pression atmosphérique (p_a), l'autre (B) à une dépression ($p < p_a$).

L'intensité de cette force est fonction :

» de la différence des pressions,

» de la section du piston.

L'intensité de la force communiquée au piston hydraulique du maître-cylindre est égale à la somme de deux forces :

» intensité de la force de la tige de commande de la pédale de freins (égale à la force du conducteur × le rapport du levier de la pédale) ;

» intensité de la force du piston d'assistance (F_a).

Exemple

En partant de la figure 12.8, donnons-nous des valeurs numériques :
– force conducteur, F_c = 10 daN ;
– rapport de pédale, $R = 3/1$;
– pression dans la chambre B, p = 0,5 bar ;
– section du piston d'assistance, S_a = 60 cm².
Calculons l'intensité de la force de la tige de commande :

$$F_t = F_c R = 10 \times \frac{3}{1} = 30 \text{ daN}$$

Calculons l'intensité de la force de l'assistance :

$$F_a = (p_a - p)S_a$$

Si nous prenons $p_a \cong 1$ bar, nous obtenons :

$$F_a = (1 - 0{,}5) \times 60 = 60 \text{ daN}$$
$$F'_t = F_t + F_a = 30 + 30 = 60 \text{ daN}$$

Nous voyons, dans ce cas, que la force de la tige de commande est **doublée**, grâce à l'action du dispositif d'assistance.

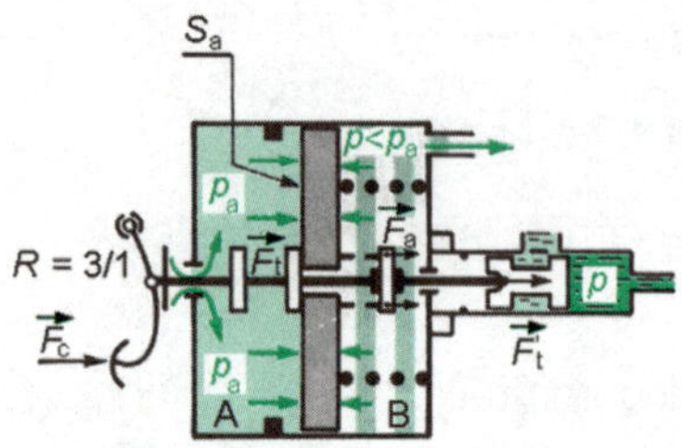

Figure 12.8 *Principe de l'assistance par dépression.*

Position au freinage :
S_a. Section du piston d'assistance.
A. Chambre A.
B. Chambre B.
$F'_t = F_t + F_a$; $F_t = F_c R$
$F'_t = (F_c R) + [(p_a - p)\, S_a]$

La dépression qui règne dans la tubulure d'admission est maximale en décélération (papillon fermé, vitesse de rotation du moteur élevée), ce qui correspond précisément au cas où le véhicule nécessite un freinage maximal.

Remarque

La différence de pression obtenue étant relativement faible, il est nécessaire d'utiliser un piston d'assistance de fort diamètre.

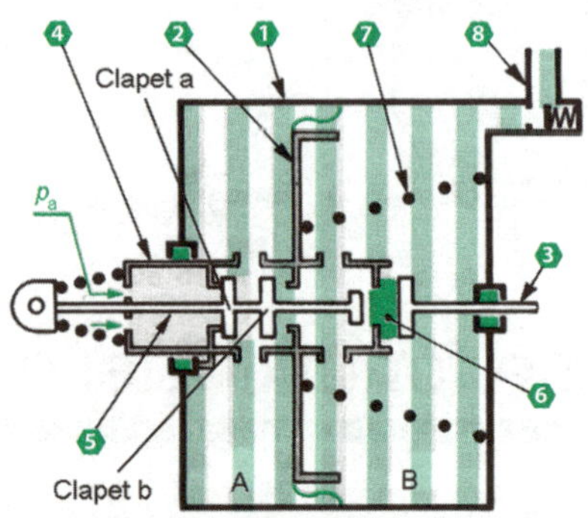

Figure 12.9 *« Master-vac » en position de repos.*

1 Cylindre.
2 Piston.
3 Tige de poussée du MC.
4 Valve de contrôle comportant deux clapets (a et b).
5 Tige de commande.
6 Disque de réaction.
7 Ressort de rappel.
8 Clapet anti-retour.

Principe de fonctionnement du « master-vac »

• Position repos, moteur tournant (figure 12.9). Le clapet (a) est fermé et empêche l'air à la pression atmosphérique (p_a) de pénétrer dans le cylindre. Le clapet (b) est ouvert et permet la communication entre les chambres. Une dépression identique s'établit dans les deux chambres.

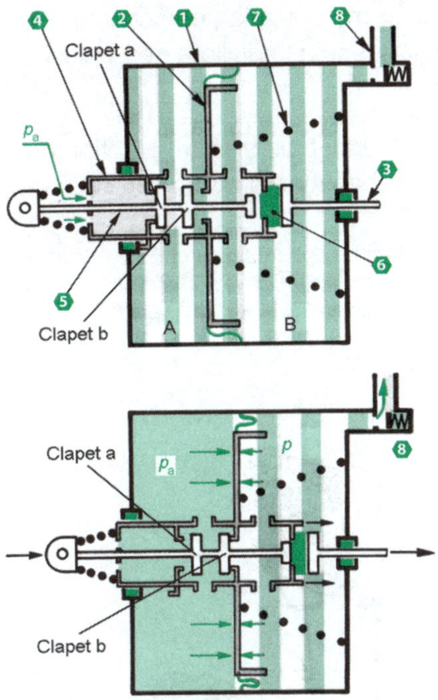

Figure 12.10 *« Master-vac » en position de freinage.*

❶ Cylindre.
❷ Piston.
❸ Tige de poussée du MC.
❹ Valve de contrôle comportant deux clapets (a et b).
❺ Tige de commande.
❻ Disque de réaction.
❼ Ressort de rappel.
❽ Clapet anti-retour.

Le piston est maintenu dans sa position de repos par un ressort de rappel ❼.

Freinage (figure 12.10). L'action sur la pédale de freins provoque l'avancement de la tige de commande solidaire des clapets.

Simultanément :

» le clapet (a) est ouvert et permet l'entrée de l'air à la pression atmosphérique (p_a) dans la chambre (A) ;

» le clapet (b) est fermé, seule la chambre (B) est soumise à la dépression *p*.

La différence de pression actionne le piston d'assistance qui pousse sur la tige de poussée du maître-cylindre par l'intermédiaire du disque de réaction ❻. La pression hydraulique s'établit dans le maître-cylindre.

Dosage de l'effort de freinage. Le conducteur fournit un effort modéré :

» le piston et la valve d'assistance continuent un instant leur course ;

» la tige de commande et les clapets restent immobiles.

Le clapet (a) tend à se refermer, le clapet (b) à s'ouvrir. Il s'établit une position d'équilibre entre le piston d'assistance et la tige de poussée, dosée par l'élasticité du disque de réaction.

Si le conducteur augmente légèrement son effort, les clapets se déplacent. Le piston d'assistance reçoit une force supplémentaire puis retrouve une nouvelle position d'équilibre en rapport avec l'effort fourni.

Défreinage. Le conducteur relâche la pédale. La tige de commande revient en position de repos grâce à l'action de son ressort de rappel.

Le clapet (a) est fermé et empêche l'entrée de l'air à la pression atmosphérique. Le clapet (b) est ouvert, la dépression *p* s'établit dans les deux chambres. Le piston est en équilibre. Le ressort de rappel du piston ramène celui-ci en position de repos.

Fonctionnement lorsque le moteur est arrêté

Premier temps. Un clapet anti-retour ❽ placé dans la canalisation de dépression maintient celle-ci dans le cylindre d'assistance après l'arrêt du moteur.

Figure 12.11 *Circuit de freinage : récapitulation (document Renault).*

1. Réservoir double.
2. Maître-cylindre pour double circuit (tandem).
3. Correcteur de freinage.
4. Dispositif d'assistance (master-vac).
5. Étrier de frein à disques.
6. Cylindre récepteur de freins à tambour (cylindre de roue).

À chaque coup de frein, la mise en communication des chambres (A et B) augmente la pression en (B) jusqu'à l'équilibre des pressions en (A) et (B) à p_a.

Deuxième temps. L'assistance ne fournit plus d'effort. L'action du conducteur est transmise directement au maître-cylindre sans amplification.

La pression hydraulique dépend uniquement de la force du conducteur : la force de freinage est nettement diminuée.

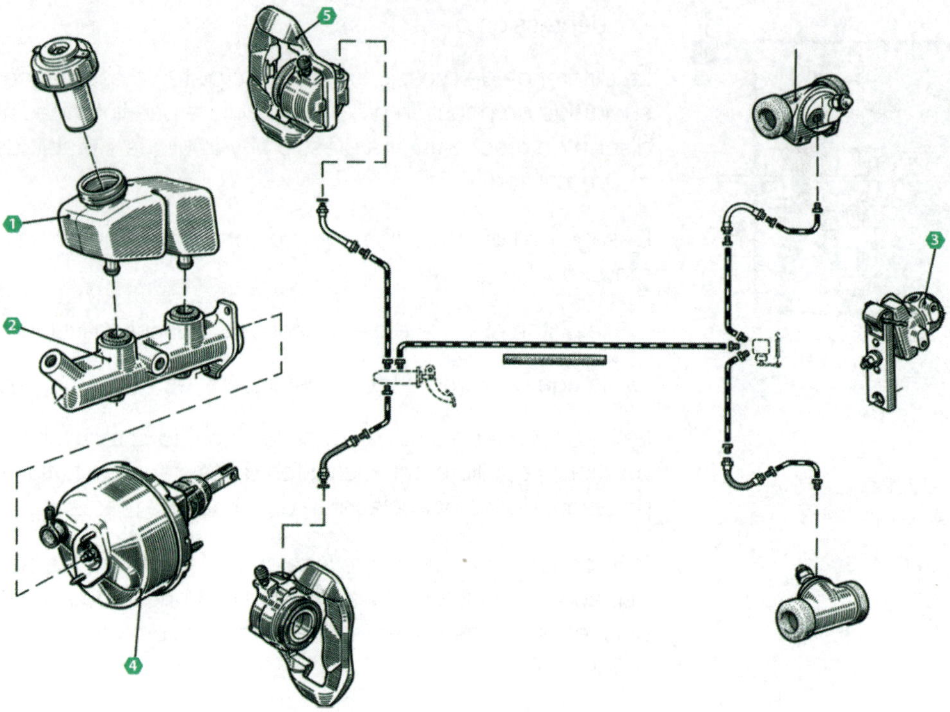

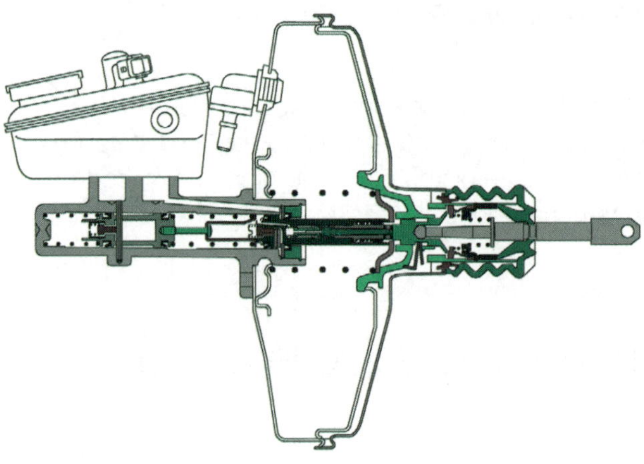

Figure 12.12 *Système d'aide au freinage d'urgence (AFU).*

Évolution du système : le système d'aide au freinage d'urgence (AFU)

Il est démontré que lors d'un freinage d'urgence, le conducteur n'exerce pas immédiatement un effort suffisamment important sur la pédale de freins.

Le système EVA de Bosch est une commande de freinage hydromécanique à deux états :

- un rapport d'amplification de 6 pour les freinages lents,
- un rapport d'amplification de 23 pour les freinages d'urgence.

La vitesse d'application de l'effort sur la pédale de freins est le paramètre qui permet le passage au rapport d'amplification d'urgence. Lorsque la vitesse de la pédale de freins est supérieure à un seuil de 580,8 mm/s ; le rapport d'urgence est activé.

Ainsi, en cas de déplacement rapide de la pédale de freins (supérieur au seuil) le faible effort du conducteur (zone A) est multiplié par 23.

Le système EVA est constitué d'un maître-cylindre spécifique et d'un amplificateur de freinage possédant une valve de nouvelle génération.

Résumé

Différentes sources d'assistance

» Dépression régnant dans la tubulure d'admission (moteurs à essence) ; produite par une pompe à vide (moteurs Diesel).
» Pression hydraulique fournie par une pompe à haute pression (Citroën).
» Pression d'air fournie par un compresseur (véhicules industriels).

Assistance par dépression

La force est obtenue par l'action de pressions différentes sur les deux faces d'un piston coulissant dans un cylindre. Le piston reçoit :

» d'un côté, la pression extérieure (atmosphérique),
» de l'autre, la dépression (pression inférieure à la pression atmosphérique).

L'intensité de la force du piston d'assistance est fonction :

» de la différence des pressions ;
» de la section du piston.

La force communiquée au piston hydraulique du maître-cylindre est égale

à la somme de deux forces :

» force de la tige de commande de la pédale de freins (conducteur),
» force du piston (assistance).

Le principal dispositif d'assistance par dépression est le « master-vac » qui est interposé entre la pédale de freins et le maître-cylindre.

Testez vos connaissances

1. Dans un véhicule à moteur Diesel, la dépression nécessaire au fonctionnement du servofrein provient :

a ☐ *de la dépression tubulure*

b ☐ *d'une pompe à vide*

c ☐ *d'une pompe haute pression*

2. Grâce à l'assistance, l'effort du conducteur sur la pédale de freins :

a ☐ *est augmenté*

b ☐ *est diminué*

c ☐ *reste le même*

3. Si l'on coupe le moteur, l'assistance :

a ☐ *disparaît*

b ☐ *reste normale*

c ☐ *fonctionne encore quelques instants*

Entraînez-vous

Recherchez, pour le véhicule de votre choix, les caractéristiques du dispositif d'assistance de freinage.

Les correcteurs de freinage

chapitre 13

13.1 Mise en situation

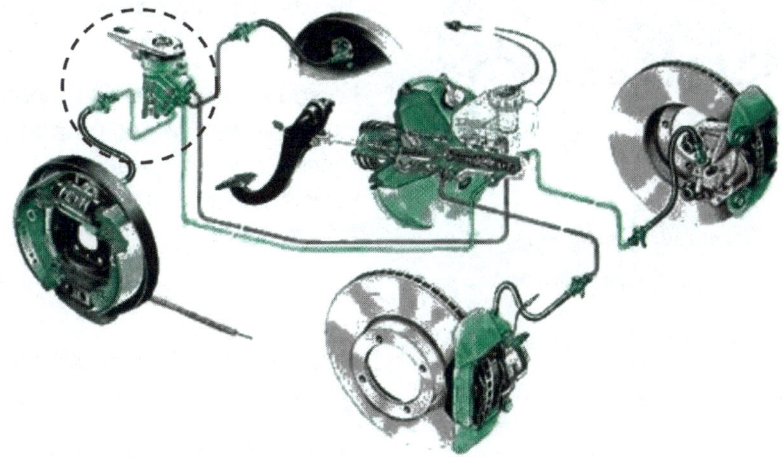

Figure 13.1 *Système de correction de freinage.*

Nous avons vu (*cf.* chapitre 8) que :

La force retardatrice applicable sans glissement à chaque pneumatique est fonction de sa force d'adhérence avec le sol ;

La force d'adhérence d'un pneumatique sur le sol est proportionnelle ($\vec{A} = c\vec{P}$) :

» au coefficient d'adhérence (c) des matériaux en contact, ici pneu/sol ;

» au poids ($\vec{P}$) ou à la force appliquée par cette roue sur le sol.

Pour un coefficient d'adhérence donné, la force d'adhérence est donc fonction du poids $\vec{P}$ (statique) ou de la force $\vec{F}$ (dynamique) appliqués à chaque roue.

Si le véhicule est à l'arrêt ou roule à basse vitesse, les deux essieux peuvent être différemment chargés.

Le centre de gravité du véhicule peut se trouver :

» vers l'avant ($P' > P''$) ;

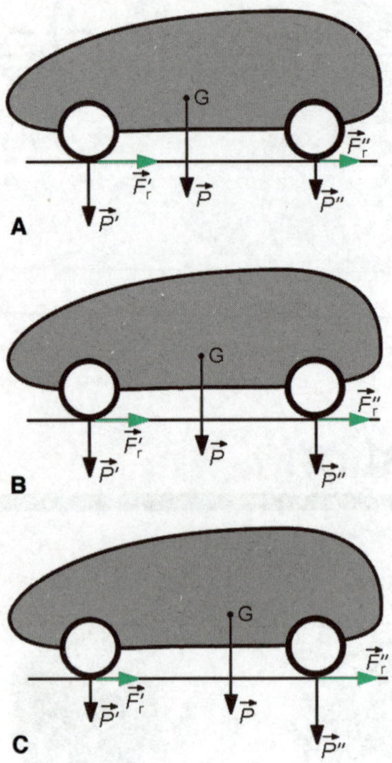

Figure 13.2 *Force d'adhérence par essieu.*

$\vec{A} = c\vec{P}$

A. $P' > P'' \Rightarrow F'_r > F''_r$

B. $P' = P'' \Rightarrow F'_r = F''_r$

C. $P < F'_r \Rightarrow F'_r < F''_r$

» à égale distance des deux essieux ($P' = P''$) ;

» vers l'arrière ($P' < P''$).

Dans les cas où le centre de gravité n'est pas à une distance égale des deux essieux, la force d'adhérence des pneus avant est différente de celle des pneus arrière (figure 13.2). L'effort de freinage ($\vec{F_r}$) à appliquer à chaque essieu ne peut donc pas être identique.

Le couple de freinage est différent s'il existe, de l'avant par rapport à l'arrière, des différences de :

» diamètre de disques ou de tambours ;

» section de cylindres récepteurs ;

» coefficient d'adhérence des garnitures sur leur piste de frottement.

Lorsqu'un véhicule roule, il possède une énergie cinétique ($E_c = Mv^2/2$) proportionnelle à sa masse et au carré de sa vitesse. Sachant que E_c est l'équivalent d'un travail ($W = FL$), le véhicule possède une force instantanée dont l'intensité est :

$$F_m = \frac{W}{L}$$

Lorsque le conducteur commence à freiner, l'effort retardateur au niveau du sol provoque un couple de basculement proportionnel à :

» la distance du sol au centre de gravité ;

» l'intensité de la force appliquée en ce point.

Il se produit alors un phénomène de plongée qui provoque un report de charge dynamique de l'essieu arrière vers l'essieu avant (figure 13.3).

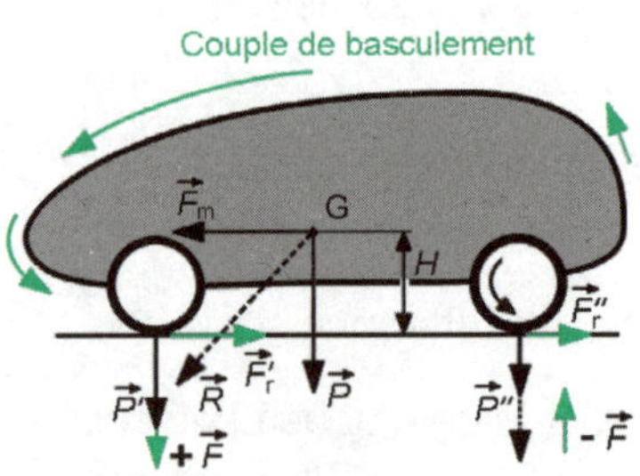

Figure 13.3 *Report de charge au freinage.*

Force appliquée aux pneus avant :

$F' = P' + F$

Force appliquée aux pneus arrière :

$F'' = P'' - F$

Remarque

La « plongée » est le phénomène inverse du « cabrage ».

La force appliquée aux pneus avant est :

$\vec{F'} = \vec{P'}$ (poids statique des roues avant) + $\vec{F}$ (report de charge).

La force appliquée aux pneus arrière est :

$\vec{F''} = \vec{P''}$ (poids statique des roues arrière) – $\vec{F}$ (report de charge).

Dans les cas de freinage d'urgence, le couple de freinage à appliquer à l'essieu avant devra donc être supérieur à celui de l'essieu arrière.

13.2 Analyse structurelle

En cas de freinage d'urgence, la répartition nécessaire, du fait du report de charge, est réalisée par la modification des pressions hydrauliques entre le circuit avant et le circuit arrière. Cette modification est obtenue grâce à l'interposition dans le circuit arrière d'un correcteur de freinage (figure 13.4).

Il existe deux familles de correcteurs de freinage :

» les limiteurs,

» les compensateurs.

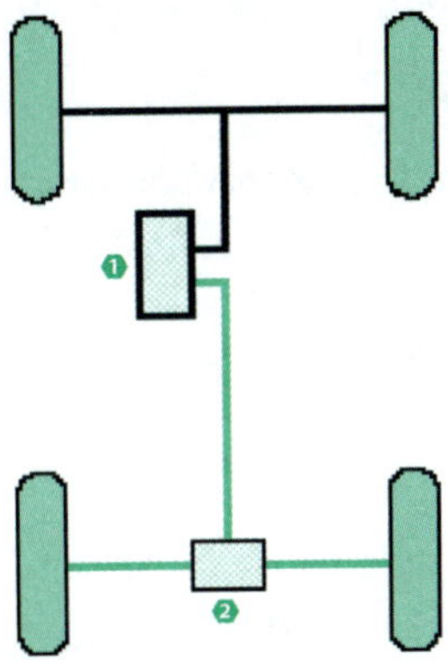

Figure 13.4 *Circuit de freinage.*

1 Maître-cylindre.
2 Correcteur de freinage.

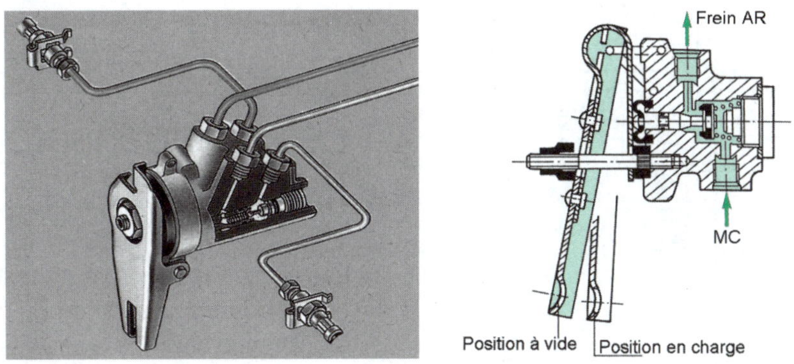

Figure 13.5A *Limiteurs asservis (document DBA Bendix).*

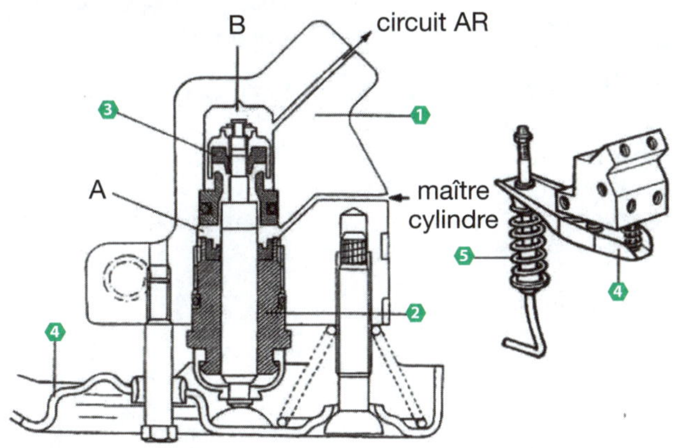

Figure 13.5B *Compensateur asservi à la charge en position repos.*

1 Corps.
2 Piston étagé.
3 Clapet (comporte une coupelle en caoutchouc).
4 Levier soumis à l'action d'un ressort qui exerce une force variable en fonction de la charge de l'essieu arrière.
(A) : chambre hydraulique à la pression avant.
(B) : chambre hydraulique à la pressionarrière.
5 Ressort.

13.3 Analyse fonctionnelle

Les limiteurs

Les limiteurs ont pour fonction de limiter la pression hydraulique admise dans les récepteurs des roues délestées (en général roues arrière).

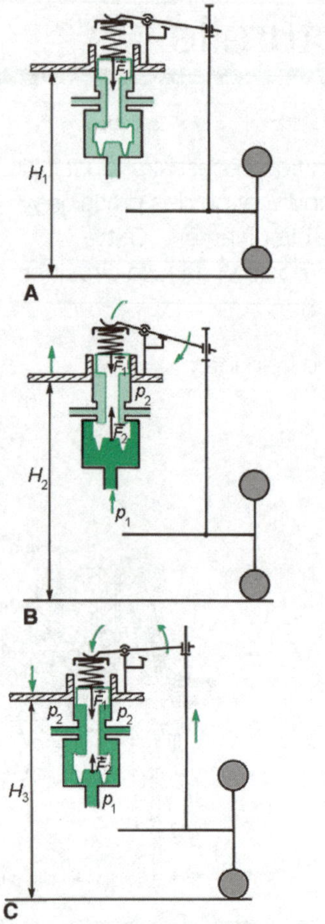

Figure 13.6 *Principe de fonctionnement du limiteur asservi.*

A. Position de non freinage, véhicule à vide.
B. Position de freinage modéré, essieu arrière délesté :
$H_2 > H_1$; $F_2 > F_1$; $p_1 > p_2$
Fermeture du clapet à pression moyenne.
C. Position de freinage modéré, essieu arrière chargé :
$H_3 < H_1$; $F_2 < F_1$; $p_1 = p_2$

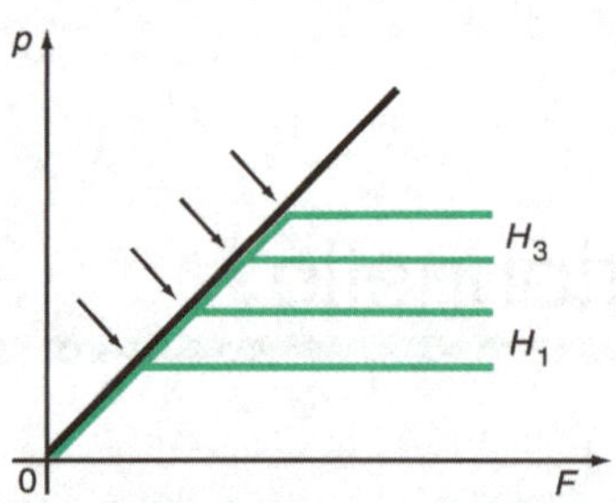

Figure 13.7 *Limiteur asservi. La fermeture du circuit s'effectue à des pressions variables selon H.*

→ point de fermeture du clapet.

Principe de fonctionnement du limiteur asservi

On peut observer que lorsqu'un essieu est :

» surchargé, la hauteur caisse/sol dans son axe vertical diminue ;

» délesté, la hauteur caisse/sol augmente.

Il est donc possible de modifier la pression de limitation en rendant le tarage du ressort du limiteur dépendant de la hauteur de caisse (asservi à la suspension). Ainsi, à chaque position de la hauteur de caisse correspond un tarage de ressort différent (figures 13.6 et 13.7).

La fermeture du clapet du limiteur sera réalisée à des pressions variables en fonction de la charge supportée par l'essieu (figure 13.7).

Les compensateurs

Principe de fonctionnement des compensateurs

Les compensateurs ne limitent pas la pression à une valeur définie mais assurent, à partir d'une certaine valeur, pour chaque pression du circuit avant, une pression arrière plus faible, mais proportionnelle dans un rapport déterminé. Cette proportionnalité est assurée par un piston étagé.

Comme les limiteurs, les compensateurs peuvent être :

» non asservis ;

» asservis (figure 13.8).

Figure 13.8 *Compensateur asservi. Vue en coupe (document DBA Bendix).*

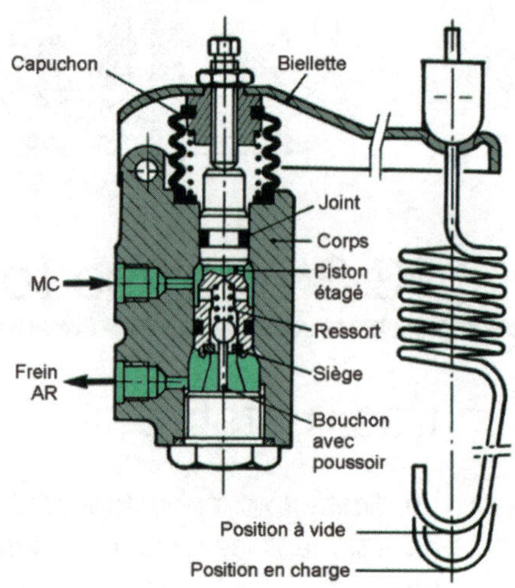

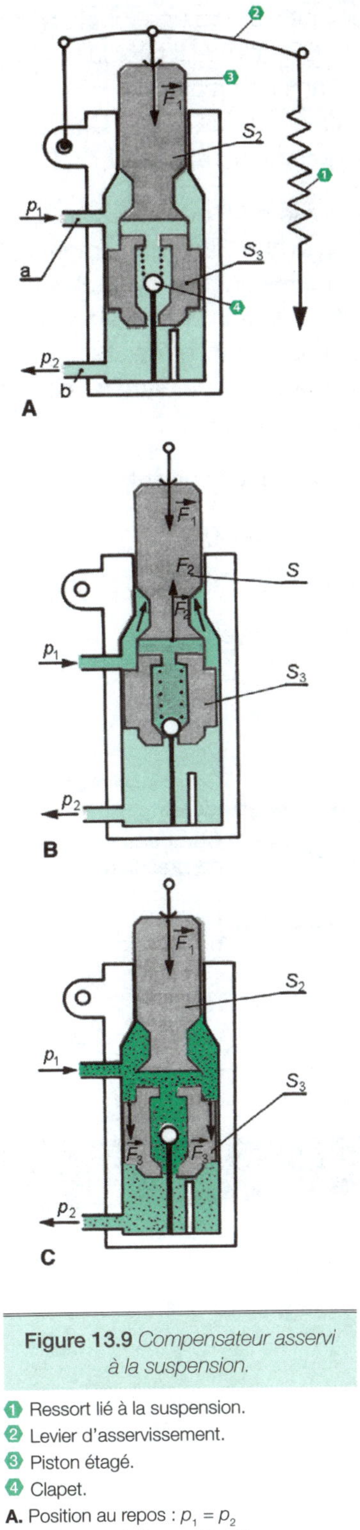

Figure 13.9 *Compensateur asservi à la suspension.*

❶ Ressort lié à la suspension.
❷ Levier d'asservissement.
❸ Piston étagé.
❹ Clapet.
A. Position au repos : $p_1 = p_2$
B. Position au freinage : $F_2 > F_1$; $p_2 < p_1$
C. Augmentation de la pression au maître-cylindre (en p_1), p_2 augmente proportionnellement avec un certain rapport.

Le compensateur asservi est lié à la suspension par un ressort. Il contrôle ainsi une pression variable en fonction de la charge.

Position repos. Le ressort agit sur le piston par l'intermédiaire du levier d'asservissement. Il crée une force ($\vec{F_1}$) proportionnelle à la charge de l'essieu et maintient le piston au fond de l'alésage. Le clapet ❹ est alors ouvert.

La communication hydraulique maître-cylindre/cylindre de roues arrière est assurée (figure 13.9A), donc :

$$p_1 = p_2$$

Freinage. La pression augmente dans l'ensemble du circuit hydraulique ($p_1 = p_2$).

La pression p_1 agit à la fois sur la section S_2 et la section S_3 (vers le bas). La pression $p_2 = p_1$ agit sur S_3 (vers le haut).

Donc, ces deux actions sur S_3 s'annulent :

$$|p_1 S_3| = |p_2 S_3|$$

Lorsque p_1 sur S_2 est suffisante ($\vec{F_2}$) pour vaincre l'action du ressort d'asservissement ($\vec{F_1}$), le piston monte, le clapet se ferme (figure 13.9B).

Augmentation de la pression. Le conducteur augmente son effort sur la pédale de freins : p_1 augmente et agit à la fois sur S_2 et S_3. L'équilibre des forces sur S_3 est rompu :

$$|p_1 S_3| > |p_2 S_3|$$

Le piston redescend, le clapet s'ouvre, p_2 augmente ($p_2 = p_1$) et un nouvel équilibre s'établit sur le piston (figure 13.9C) :

$$|p_1 S_3| = |p_2 S_3|$$

L'action de p_1 sur S_2 fait remonter le piston, donc le clapet se ferme.

Pendant la phase de montée en pression, le piston oscille donc autour d'une position d'équilibre. Par une succession d'ouvertures et de fermetures, la pression arrière augmente moins que la pression avant.

Les correcteurs de freinage réalisent une solution plus ou moins approchée du problème de la répartition du freinage, car ils ne peuvent tenir compte :

» du report de charge sur un même essieu dans les virages ;

» de l'adhérence réelle de chaque pneu sur le sol.

Les véhicules actuels comportent un dispositif qui permet le contrôle individuel du blocage des roues (Cf. chapitre 14).

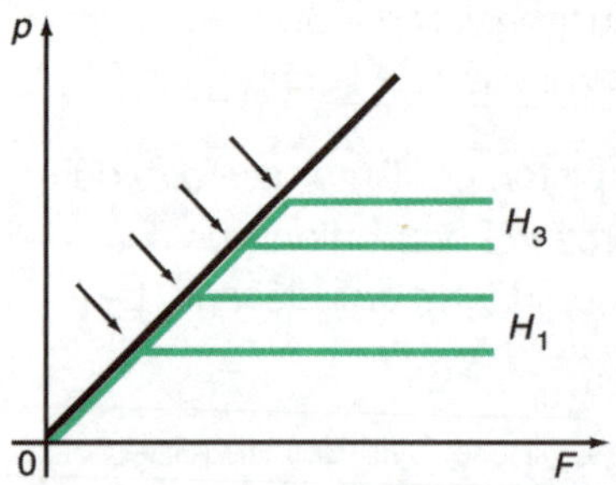

Figure 13.10 *Compensateur asservi.*

La compensation commence à des pressions variables selon la charge. La pression dans le circuit arrière augmente moins que dans le circuit avant.

En substitution des correcteurs de freinage il existe une fonction électronique, additionnelle à la logique ABS, afin de limiter la pression dans le circuit de frein arrière dans une plage de fonctionnement située avant celle d'intervention de l'ABS. Ce système permet la répartition électronique du freinage (REF).

Ce dispositif assure une régulation du glissement des roues arrière en fonction du comportement des roues avant. Si du glissement est détecté, le calculateur d'ABS, par l'entremise du bloc hydraulique, procède à un maintien de la pression dans le frein arrière, équivalent à la limitation ; mais si l'importance du glissement l'exige, il peut aussi provoquer une chute de pression dans le circuit arrière, ce que ne peut pas faire un dispositif mécanique classique.

Par ailleurs ce système offre les autres avantages suivants :

» être plus proche de la courbe idéale de freinage,

» adaptation automatique aux différentes conditions de charge,

» régulation constante durant toute la vie du véhicule.

Figure 13.11 *Courbe du répartiteur électronique de freinage (REF) par rapport à celle du compensateur et du limiteur.*

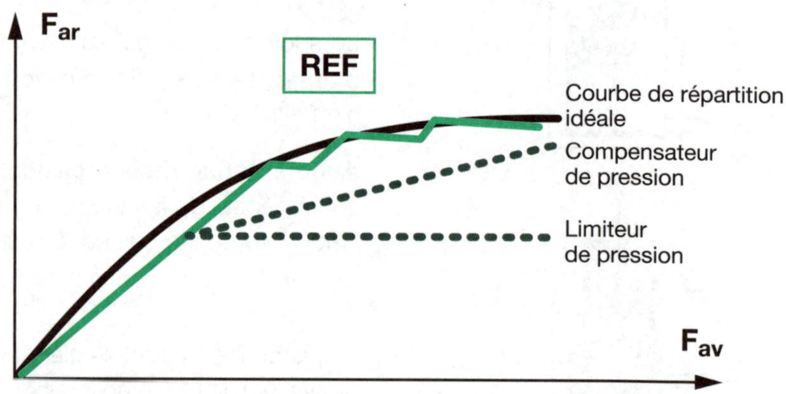

Résumé

Répartition du freinage

La répartition des couples de freinage appliqués aux freins avant et arrière est réalisée :

» statiquement par les différences de :
1. diamètre des disques et tambours,
2. section des cylindres récepteurs,
3. coefficient de frottement des garnitures ;

» dynamiquement, par répartition de la pression entre les récepteurs hydrauliques des roues avant et arrière.

Différents types de correcteurs de freinage

» Limiteurs (asservis ou non).

» Compensateurs (asservis ou non).

Principe des limiteurs

Ils limitent la pression dans les cylindres récepteurs de l'essieu délesté (en général essieu arrière) à une valeur :

» prédéterminée par le tarage de son ressort (limiteur non asservi) ;
» variable selon la charge.

Principe des compensateurs

Les compensateurs assurent, pour chaque pression du circuit avant, une pression arrière plus faible mais proportionnelle dans un rapport déterminé.

Système antiblocage

Certains véhicules sont équipés d'un dispositif qui assure le contrôle du blocage de chaque roue et donc tient compte de l'adhérence réelle de chaque pneu sur le sol (ABS).

Testez vos connaissances

1. Sur un véhicule, comment la force de freinage doit-elle être répartie ?

a ☐ *plus forte à l'avant*
b ☐ *plus forte à l'arrière*
c ☐ *identique aux quatre roues*

2. Le correcteur de freinage asservi est relié mécaniquement à :

a ☐ *la direction*
b ☐ *la suspension*
c ☐ *l'injection*

3. La distance de freinage est d'autant plus courte que l'on :

a ☐ *bloque les roues*
b ☐ *limite la pression dans le circuit arrière*
c ☐ *limite la pression dans le circuit avant*

Entraînez-vous

Relevez, pour le véhicule de votre choix (véhicule sans ABS) :
– le type de correcteur de freinage utilisé ;
– les valeurs et les conditions de contrôle de la pression dans les cylindres récepteurs arrière.

Le système antiblocage de roue
chapitre 14

14.1 Mise en situation

Figure 14.1 *Le système ABS.*

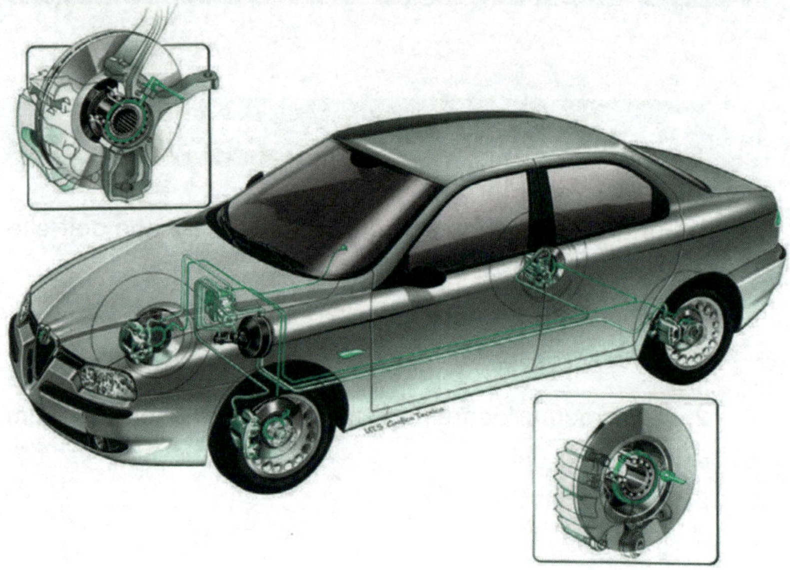

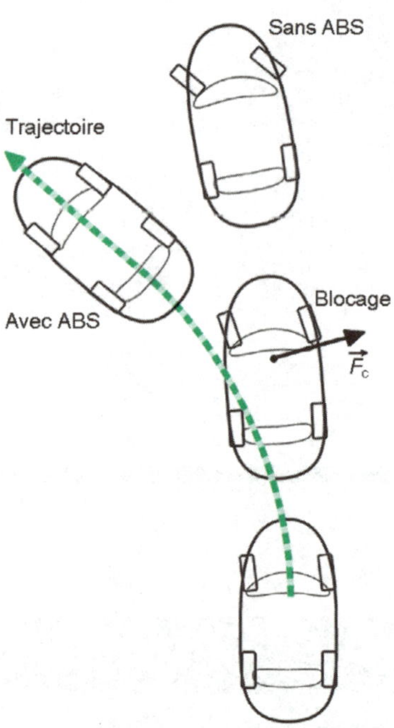

Figure 14.2 *Virage sur sol glissant : sans ABS, s'il y a blocage d'une roue, le véhicule va tout droit.*

Nous avons vu (cf. chapitre 13) que les correcteurs de freinage, aussi perfectionnés soient-ils, avaient leurs limites. Ils ne peuvent en effet tenir compte :

» des reports dynamiques dus à la force centrifuge en virage ;

» de l'adhérence réelle de chaque pneu sur le sol (gravillons, verglas, etc.).

Il ne peut y avoir freinage que s'il y a adhérence. Tout glissement :

» augmente la distance d'arrêt ;

» fait perdre le contrôle de la trajectoire du véhicule (figure 14.1).

Les systèmes antiblocage (ABS, ABR, etc.) ont pour fonction de détecter le blocage d'une ou plusieurs roues lors du freinage, et de

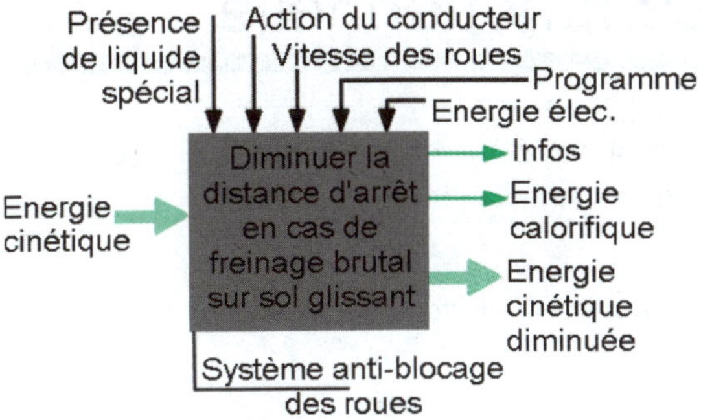

Figure 14.3 *Fonction globale des systèmes ABS.*

défreiner les roues concernées pendant un court instant jusqu'à ce qu'elles retrouvent leur adhérence.

Le système permet donc de diminuer la distance d'arrêt du freinage sur sol glissant sans dosage particulier du freinage de la part du conducteur (figure 14.3).

14.2 Analyse structurelle

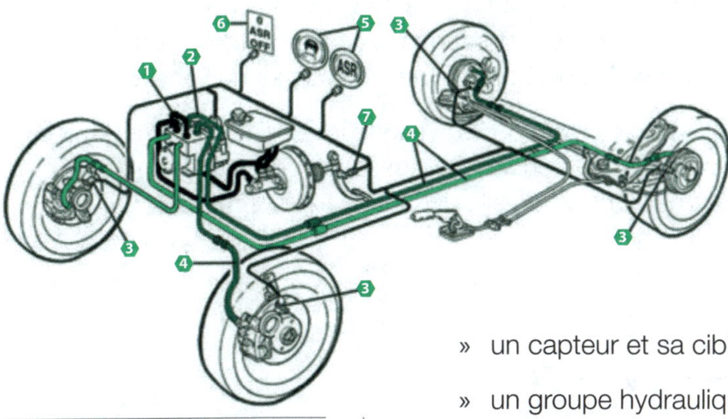

Figure 14.4 *Éléments de l'ABS.*

1 Bloc hydraulique ABS ;
2 Calculateur ABS ;
3 Capteurs des quatre roues ;
4 Tuyauterie hydraulique ;
5 Témoin d'alerte au tableau de bord ;
6 Faisceau électrique ;
7 Capteur pédale de freins.

Nous pouvons observer que, globalement, tous les systèmes d'antiblocage sont composés des mêmes éléments (exemple figure ci-dessous) :

» un élément de commande actionné par le conducteur (maître-cylindre classique ou spécial) ;

» un capteur et sa cible à chaque roue ;

» un groupe hydraulique comportant un modulateur ;

» un calculateur électronique.

Le système électrique

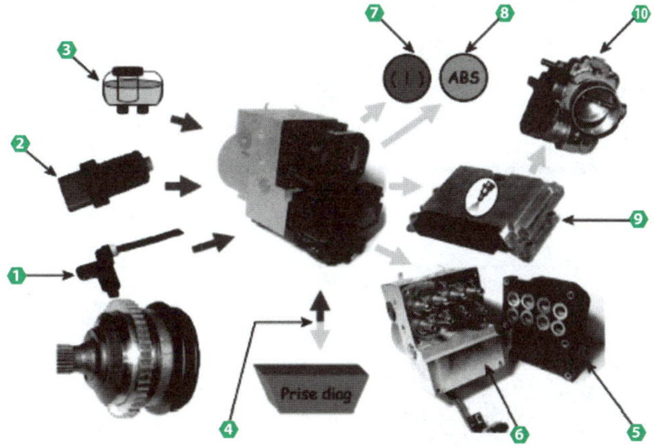

Figure 14.5 *Système électrique.*

Info. Entrée :
1 Capteur de roue ;
2 Contacteur de stop ;
3 Contacteur niveau liquide de frein ;
4 Liaison entrée diag.
Info. Sortie :
4 Liaison sortie diag ;
5 Électrovanne ;
6 Moteur-pompe ;
7 Voyant frein ;
8 Voyant ABS ;
9 Calculateur injection ;
10 Boîtier papillon motorisé.

14.3 Analyse fonctionnelle

Lorsqu'il y a freinage, le contact pédale met le système en veille. Grâce aux capteurs de roues, le calculateur mesure en permanence :

» les conditions de roulage (ligne droite, courbe, etc.) ;

» les accélérations, les décélérations ;

» l'adhérence des pneumatiques.

Accélération et décélération. À partir de la vitesse instantanée d'une roue (donnée par le capteur), il est possible de calculer l'accélération et la décélération de la roue considérée en observant l'évolution de la vitesse au cours du temps.

Adhérence longitudinale pneu/sol. La logique du calculateur calcule l'adhérence instantanée exacte à partir du comportement des roues en rapport ou non avec la vitesse du véhicule.

Conditions de roulage. En virage : les courbes sont détectées en observant les différences de vitesse des roues intérieures aux virages par rapport à celle des roues extérieures.

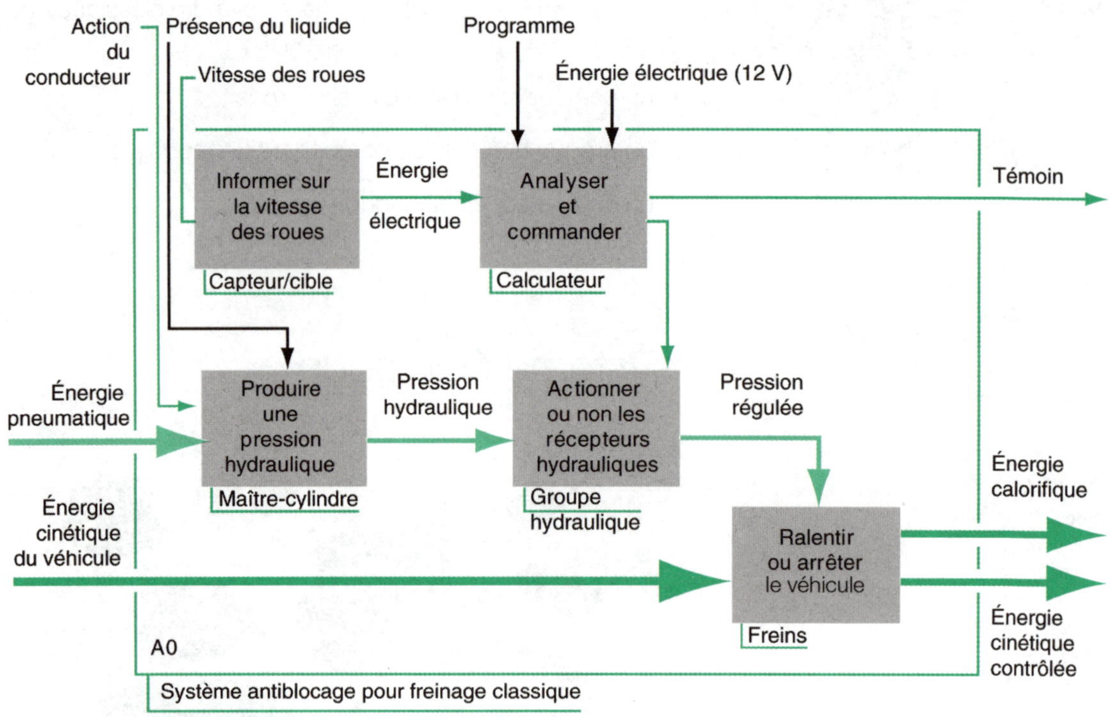

Figure 14.6 *Analyse systémique descendante du système antiblocage pour freinage classique, niveau A0.*

Principe de fonctionnement du groupe hydraulique de régulation

Dès qu'une roue présente une vitesse de rotation anormale (glissement), le calculateur agit sur le modulateur (électrovannes) afin que la roue soit défreinée partiellement ou totalement par baisse ou suppression de la pression hydraulique dans le récepteur concerné (figure 14.7).

Dans l'exemple de la figure 14.7, la roue avant gauche présente des pertes d'adhérence. Si le glissement est total, l'électrovanne d'échappement est mise en position ouverte et simultanément celle d'admission est fermée.

Dans le même temps, la pompe est actionnée, et la pression est évacuée du récepteur. Le liquide en excédent est stocké dans l'accumulateur basse pression. Si la quantité est importante (deux roues bloquées), l'excédent remonte au réservoir.

Le conducteur ressent un à-coup dans la pédale qui lui signale la mise en action du système antiblocage, ce qui lui permet d'avoir une information sur l'état du contact pneu/sol.

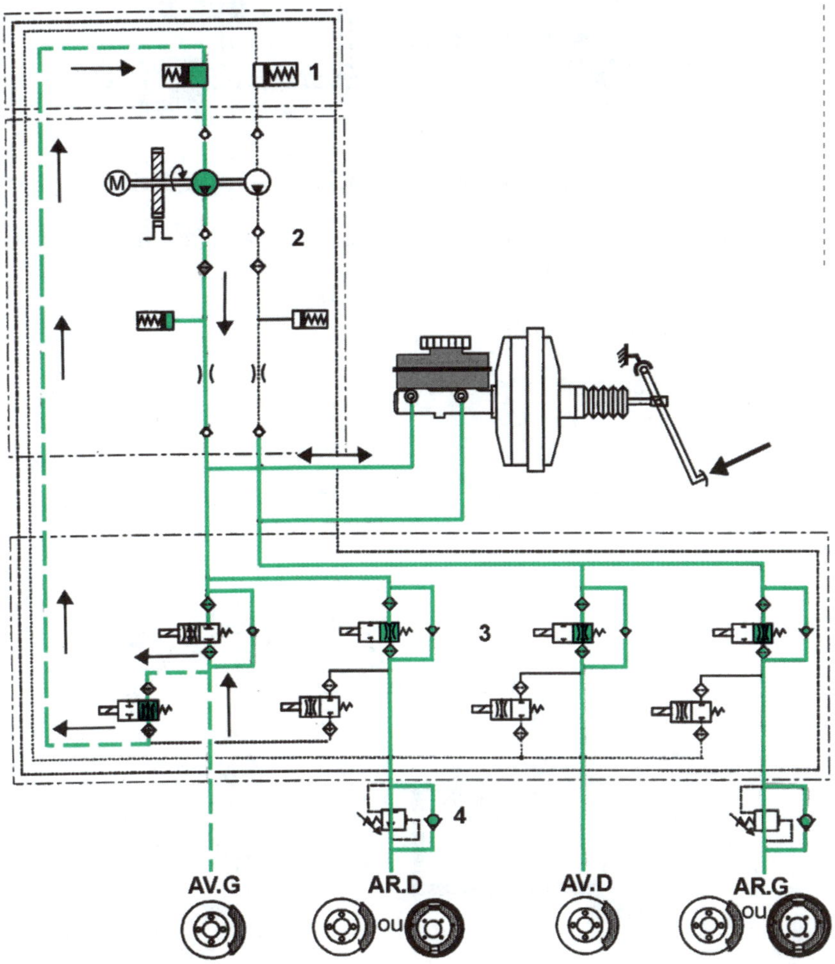

Figure 14.7 *Schéma hydraulique du système avec défreinage de la roue avant gauche (document Renault).*

1. Accumulateur basse pression.
2. Chambre d'amortissement et moteur-pompe.
3. Bloc électrovannes (modulateur).
4. Compensateurs.

Figure 14.8 *Groupe hydraulique ABS.*

Remarque

Ce système permet également une montée en pression après baisse.

Les principales phases de la régulation ABS

1. Phase de montée en pression

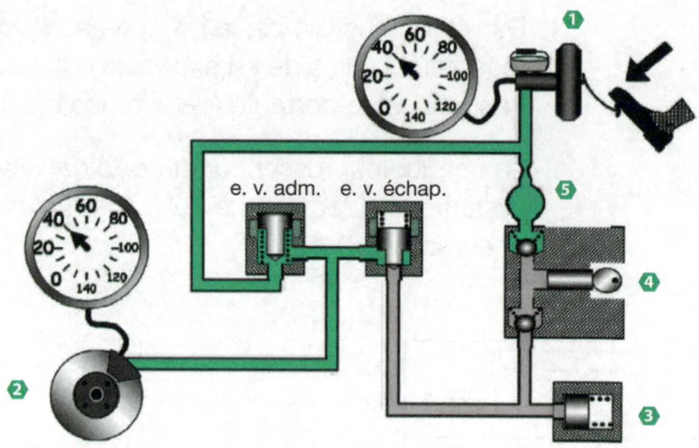

Figure 14.9 *Montée en pression.*

1. maître-cylindre ;
2. récepteur ;
3. accumulateur ;
4. pompe + moteur électrique ;
5. chambre de tranquillisation : e.v. adm. : électrovanne d'admission ; e.v. échap. : électrovanne d'échappement.

La pression du maître-cylindre est directement appliquée sur la roue.

e.v. adm. et e.v. échap. ne sont pas commandées (e.v. adm. ouverte et e.v. échap. fermée).

L'ABS n'intervient pas.

La roue évolue dans la zone stable.

2. Phase de maintien de pression

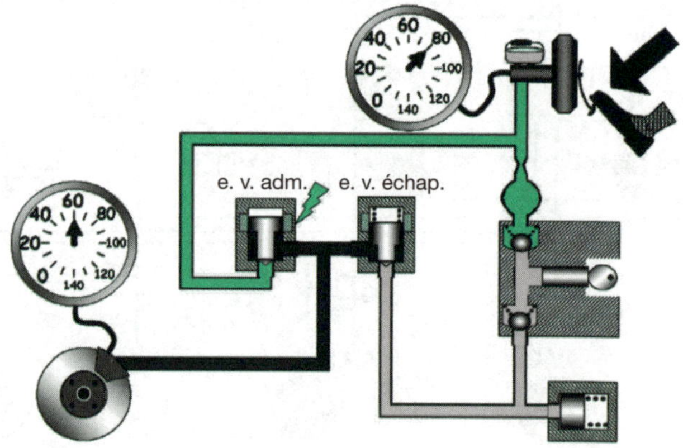

Figure 14.10 *Maintien de pression.*

L'adhérence est maximale.

e.v. adm. est commandée (fermée), e.v. échap. reste au repos (fermée).

L'étrier de roue (récepteur) est isolé du maître-cylindre (la pression n'évolue plus dans la roue).

3. Phase de baisse de pression

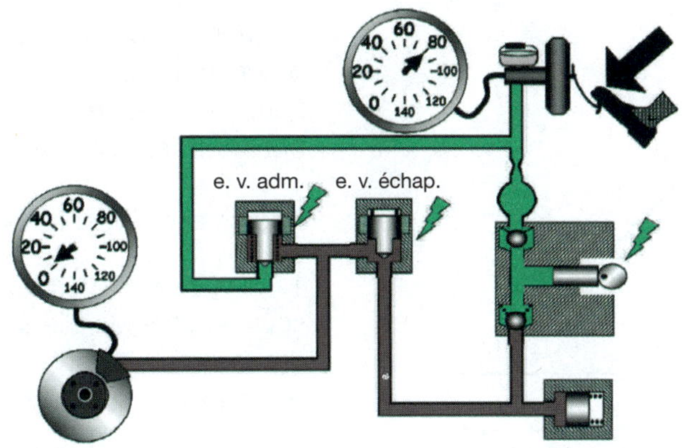

Figure 14.11 *Baisse de pression.*

La roue a atteint la zone instable.

e.v. adm. est commandée (fermée), e.v. échap. est commandée (ouverte).

La pompe est mise en route, pour renvoyer le liquide vers le maître-cylindre.

La pression dans le cylindre de frein chute.

L'accumulateur évite les « coups de bélier » et diminue les temps de réponse.

La roue reprend de la vitesse pour revenir en zone stable.

Le tableau ci-dessous va nous permettre de récapituler.

État de la pression	Électrovanne d'admission	Électrovanne d'échappement	Moteur-pompe	Régulation
• *Montée*	(0) Ouverte	(0) Fermée	0	Sans régulation
• *Maintien*	(1) Fermée	(0) Fermée	0*	Avec régulation
• *Baisse*	(1) Fermée	(1) Ouverte	1	
• *Montée après baisse*	(0) Ouverte	(0) Fermée	1	

0 = non alimentée en tension
1 = alimentée en tension

* Lors du premier maintien, la pompe ne fonctionne pas (0). Lors des maintiens suivants, la pompe fonctionne (1).

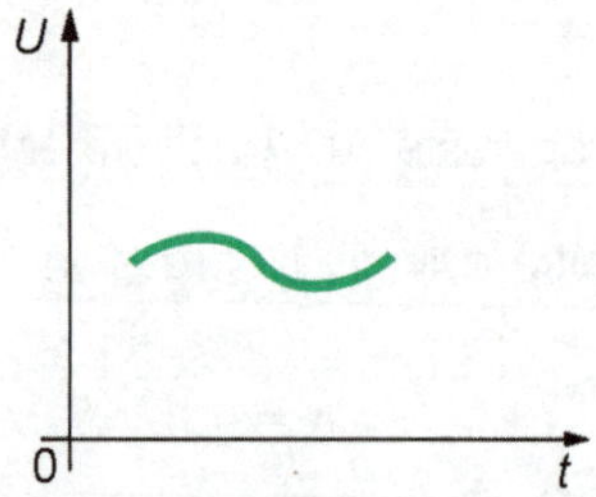

Figure 14.12 *Tension capteur.*

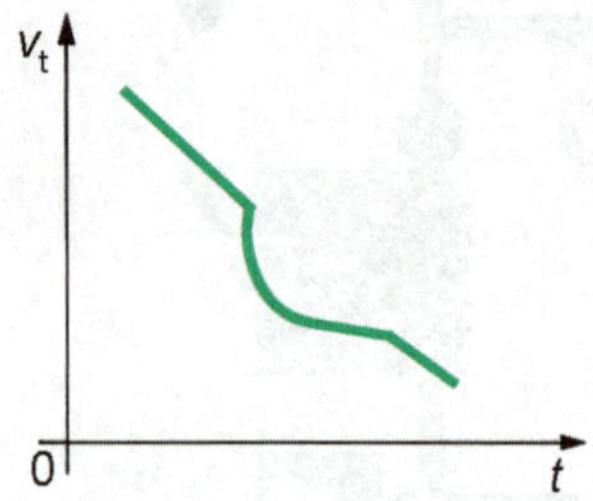

Figure 14.13 *Vitesse tangentielle d'une roue.*

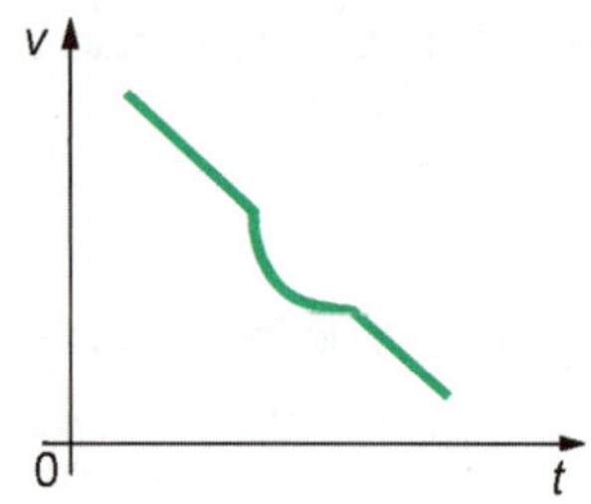

Figure 14.14 *Vitesse de référence.*

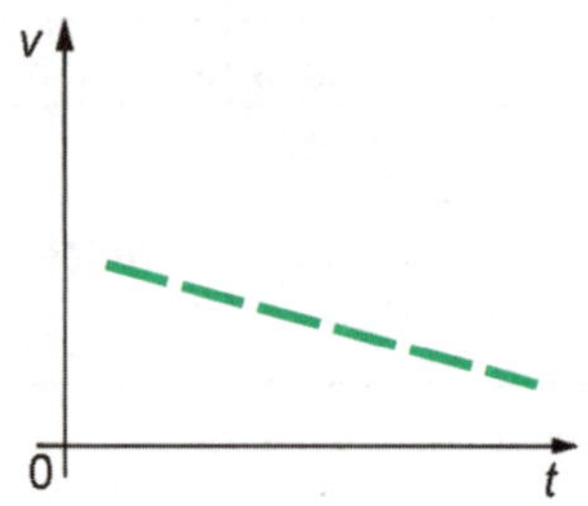

Figure 14.15 *Seuil.*

Les quatre capteurs de roues délivrent chacun une tension proportionnelle à la fréquence de rotation de chaque roue (figure 14.12). Ces tensions sont converties par le calculateur en courbes de vitesses tangentielles des roues (figure 14.13).

À partir de ces vitesses, la logique du calculateur détermine pour chaque roue une grandeur appelée « vitesse de référence » (figure 14.14) qui est proche de la vitesse du véhicule.

À partir de ces mêmes vitesses, la logique « reconnaît » le type d'adhérence et les conditions de roulage : verglas, route mouillée, haute adhérence, virage, etc. Elle en déduit un seuil de glissement optimal adapté à chacune des roues (figure 14.15).

Deux cas peuvent se présenter :

1. La vitesse de la roue concernée ne descend pas en dessous du seuil de vitesse ; elle est adaptée aux circonstances de roulage et d'adhérence instantanées. La roue ne se dirige donc pas vers le blocage. L'antiblocage n'est pas actionné (figure 14.16).

2. La vitesse de la roue concernée descend en dessous du seuil. Cela signifie que la vitesse de la roue s'écarte trop de la vitesse du véhicule. Le calculateur déclenche une régulation hydraulique en direction de la roue concernée (figure 14.17).

Exemple – Régulation de freinage sur route à forte adhérence

Phase 1

Au moment du freinage, mise sous pression du cylindre de freins, la décélération périphérique des roues augmente.

Phase 2

À la fin de la phase 1, la décélération périphérique dépasse le seuil prédéterminé (– a). Par conséquent, l'électrovanne correspondante passe en position « maintien de la pression ». La pression de freinage va encore un peu augmenter pour atteindre la plage stable de la courbe du coefficient d'adhérence longitudinale/transversale, le but étant d'éviter de « gaspiller » la distance de freinage. La vitesse de référence ($V_{réf}$) diminue simultanément selon une pente prédéfinie. La valeur pour le seuil de glissement *L* est déduite de cette vitesse de référence.

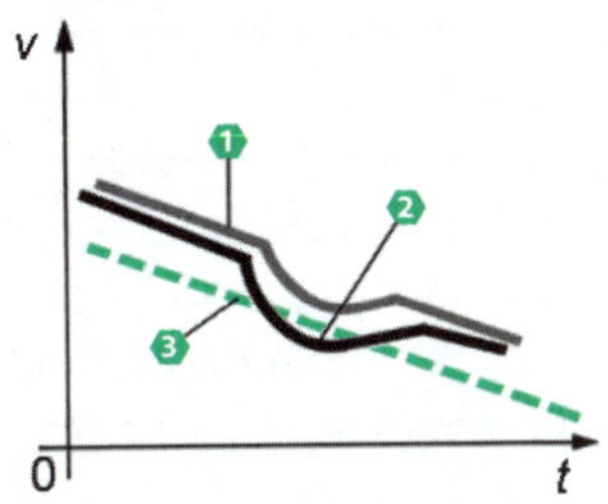

Figure 14.16 *La vitesse de la roue ne passe pas le seuil.*

1. Vitesse de référence.
2. Vitesse de roue.
3. Seuil.

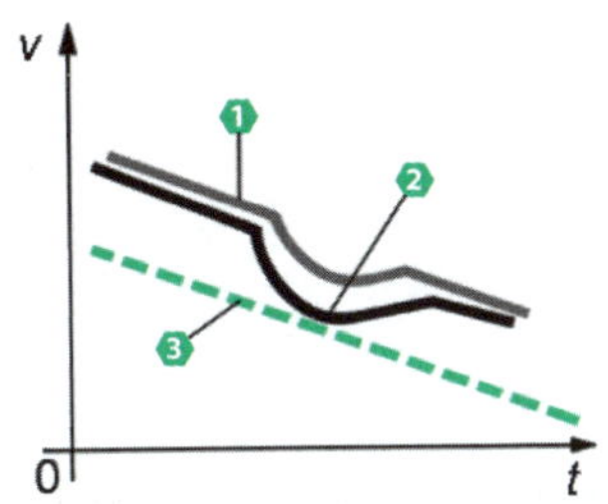

Figure 14.17 *La vitesse passe sous le seuil.*

Phase 3

À la fin de la phase 2, la vitesse périphérique devient inférieure au seuil. L'électrovanne passe alors sur « chute de pression », ce qui conduit à une baisse de la pression de freinage jusqu'à ce que la décélération périphérique des roues ait dépassé le seuil (– a).

Phase 4

À la fin de la phase 3, la valeur est à nouveau inférieure au seuil (– a). Une phase de maintien de la pression intervient pendant une durée déterminée pour que le calculateur détermine l'adhérence de la roue par rapport au sol dans le but d'anticiper sur les prochaines régulations. Pendant ce temps, l'accélération périphérique a augmenté de telle manière que le seuil (+ a) est dépassé. La pression reste constante.

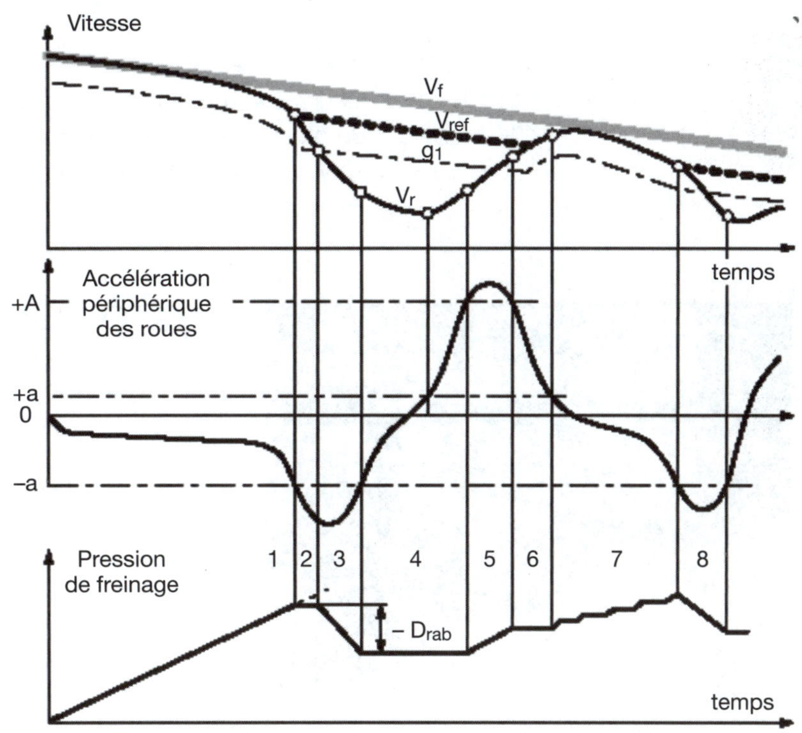

Figure 14.18 *Régulation de freinage.*

V_f : vitesse du véhicule ;
V_{ref} : vitesse de référence ;
V_r : vitesse périphérique des roues ;
+A, +a : seuils d'accélération périphériques des roues ;
-a : seuil de décélération périphérique des roues ;
$-\Delta_{pab}$: baisse de la pression de freinage ;
g1 : seuil de glissement.

Phase 5

À la fin de la phase 4, l'accélération périphérique dépasse le seuil (+ A) relativement élevé. La pression de freinage augmente tant que le seuil (+ A) n'est pas dépassé.

Phase 6

Au cours de la phase 6, la pression de freinage est à nouveau maintenue constante car le seuil (+ a) est dépassé. À la fin de cette phase, l'accélération périphérique devient inférieure au seuil (+ a). Cela signifie que la roue est entrée dans la plage stable de la courbe du coefficient d'adhérence et que le freinage est légèrement trop faible.

Phase 7

La pression de freinage est maintenant établie par paliers jusqu'à ce que la décélération périphérique dépasse le seuil (– a) (fin de la phase 7).

Phase 8

Cette phase est identique à la phase 3.

Nota

Certains véhicules ont eu un système ABS intégré avec une centrale de pression et un maître-cylindre spécial en remplacement du servofrein et du maître-cylindre classique.

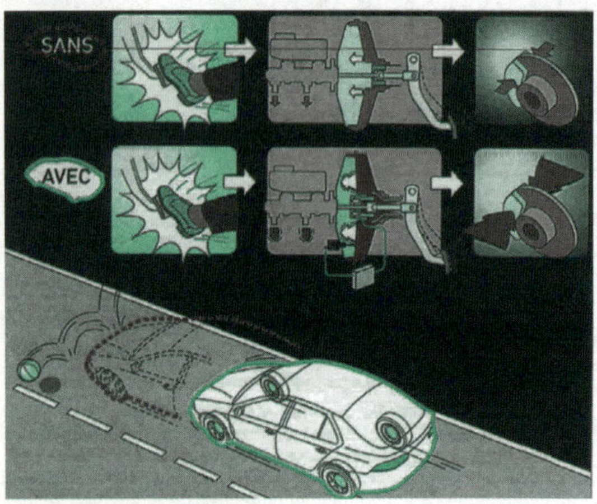

Figure 14.19 *Apport du système de freinage d'urgence.*

Les fonctions complémentaires

Le répartiteur électronique de freinage (REF)

Le REF (cf. chapitre 13) est un élargissement des prestations offertes par un système ABS.

Il permet d'assurer la stabilité du freinage sans que le circuit hydraulique ne comporte de compensateur de freinage, en utilisant l'hydraulique et les capteurs de l'ABS, et par l'ajout d'un module de logique de régulation supplémentaire.

L'aide au freinage d'urgence (AFU)

Le système d'assistance au freinage d'urgence est un dispositif complémentaire de l'ABS. Il permet d'améliorer significativement les distances d'arrêt en s'affranchissant de la manière d'appuyer sur la pédale de freins.

Dans les situations courantes de freinage, le système réagit comme tout système de freinage ABS conventionnel.

Lorsque le système détecte une vitesse élevée d'enfoncement de la pédale de freins (freinage d'urgence), il se met instantanément en situation d'assistance de freinage maximum pour permettre d'atteindre la régulation ABS au plus vite et de la maintenir tant que le conducteur ne relâche pas totalement la pédale de freins.

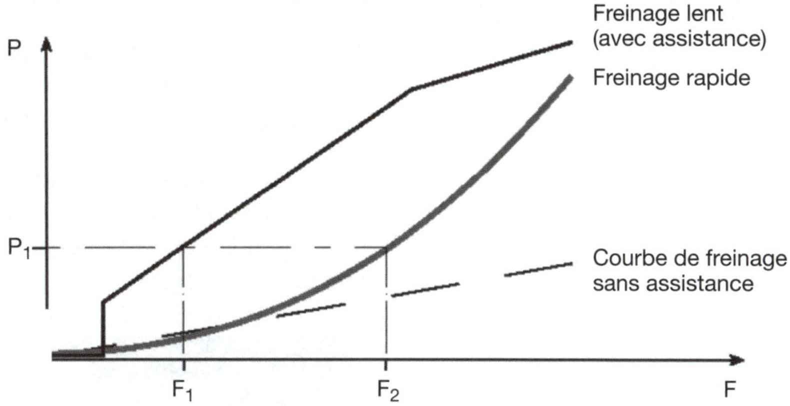

Figure 14.20 *Courbes du freinage d'urgence (AFU).*

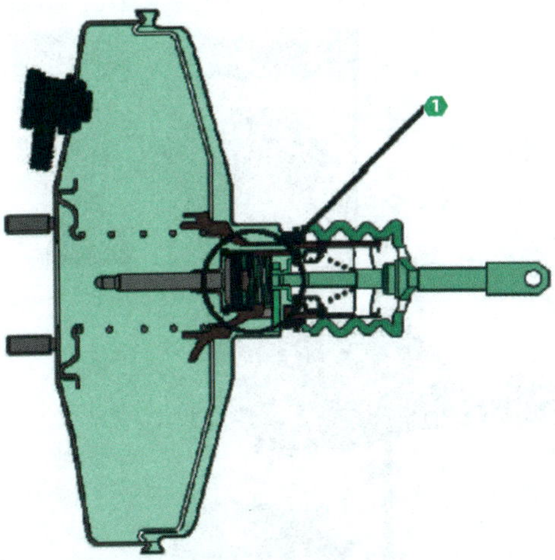

Figure 14.21 *Système mécanique TEVES ADAM.*

1 Unité de commande.

L'objectif des systèmes d'aide au freinage d'urgence est de réaliser la montée en pression la plus rapide possible dans les étriers de freins dès qu'une situation de freinage d'urgence a été détectée.

Il existe plusieurs sortes de systèmes, intégrés au master-vac. Les systèmes sont constitués d'éléments mécaniques, hydrauliques ou électriques intégrés au système d'assistance classique (cf. chapitre 12). Leur but est d'obtenir le niveau d'assistance maximum le plus rapidement possible et indépendamment de l'effort du conducteur.

La régulation du couple moteur

Figure 14.22 *Éléments du système de régulation du couple moteur.*

Ce système intervient lorsque le conducteur lève brusquement le pied de l'accélérateur sur des chaussées offrant une faible adhérence.

Le blocage des roues motrices peut survenir, car le frein moteur, qui apparaît à la coupure des gaz, devient trop important vis-à-vis de l'adhérence disponible.

Le système cherche à empêcher ce blocage. Dans un premier temps, il demande l'augmentation du couple du moteur au calculateur d'injection jusqu'à ce qu'il n'y ait plus de glissement des roues. Lorsque ce résultat est atteint, il s'efforce alors de faire passer le maximum de couple résistant du moteur, en le régulant afin qu'il n'y ait pas de glissement.

Ainsi il respecte la volonté de ralentir du conducteur, mais en privilégiant la dirigeabilité du véhicule. Ce système est la continuité logique de l'ABS.

À part l'électronique nécessaire pour assurer la liaison multiplexée, il n'y a pas d'autre modification matérielle du calculateur d'ABS.

L'antipatinage (ASR)

Tout comme les roues bloquées, les roues qui patinent à l'accélération entraînent une perte de stabilité, de dirigeabilité, de motricité du véhicule ainsi qu'une usure prématurée des pneumatiques.

Si une roue tend à patiner, le calculateur impose un freinage de celle-ci, jusqu'à ce que la motricité redevienne compatible avec le niveau d'adhérence. Cela est indépendant de l'action exercée sur la pédale d'accélérateur.

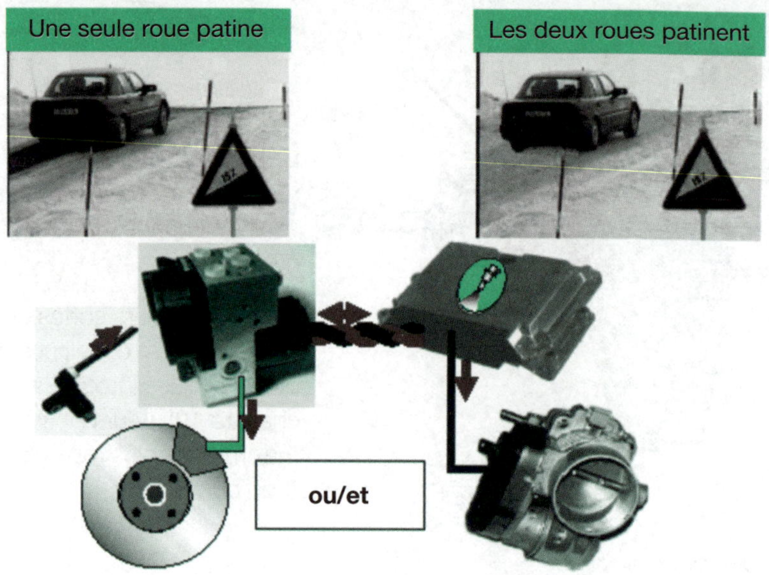

Figure 14.23 *Le principe de l'antipatinage.*

La régulation du patinage vient compléter l'ABS. Elle apporte une plus grande sécurité active en réduisant le couple d'entraînement en fonction du couple maximum transmissible à la chaussée.

Le calculateur peut agir de trois manières différentes :

» action uniquement sur les freins ;

» action uniquement sur le couple moteur[1] ;

» action combinée sur les freins et sur le couple moteur.

1. La régulation du couple moteur est obtenue en agissant sur le papillon des gaz, le point d'avance à l'allumage, et/ou le temps d'injection.

Ces actions peuvent êtres déclenchées à des seuils de vitesse et d'accélération de roues différents.

Un constructeur programme son unité de commande avec des stratégies adaptées aux modèles et aux caractéristiques de ses véhicules.

Un contacteur au tableau de bord permet de couper la régulation ASR.

Un affichage optique de fonctionnement de l'ASR informe le conducteur de la mise en action de l'antipatinage pendant le roulage. Le véhicule se trouve alors non loin de la limite physique de stabilité.

L'ASR peut se substituer aux dispositifs de glissement limités des différentiels.

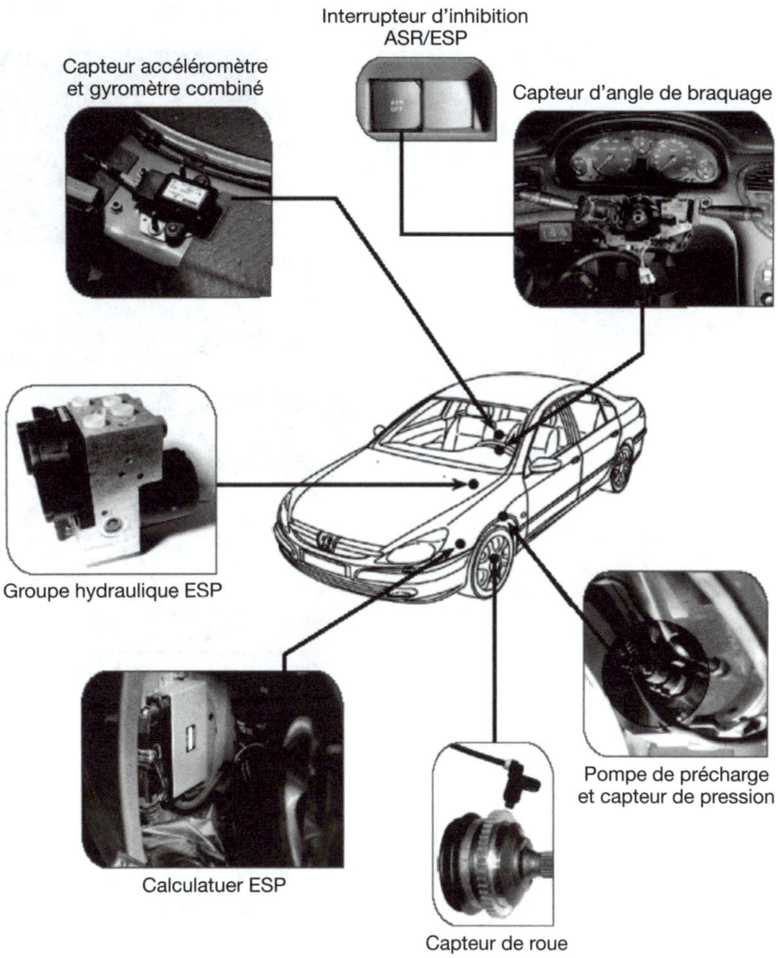

Figure 14.24 *Synoptique ESP/ASR.*

Le contrôle dynamique de trajectoire (ESP)

Le contrôle dynamique de trajectoire apporte une aide complémentaire dans les virages, où les risques d'accidents sont plus élevés.

Le calculateur détermine la trajectoire que le conducteur veut donner à son véhicule et la compare à la trajectoire réelle.

La trajectoire théorique que souhaite le conducteur est calculée grâce aux informations suivantes :

» caractéristiques du véhicule (monte pneumatique, poids, motorisation, etc.) ;

» angle de rotation du volant ;

» vitesse de rotation du volant ;

» sens de rotation du volant ;

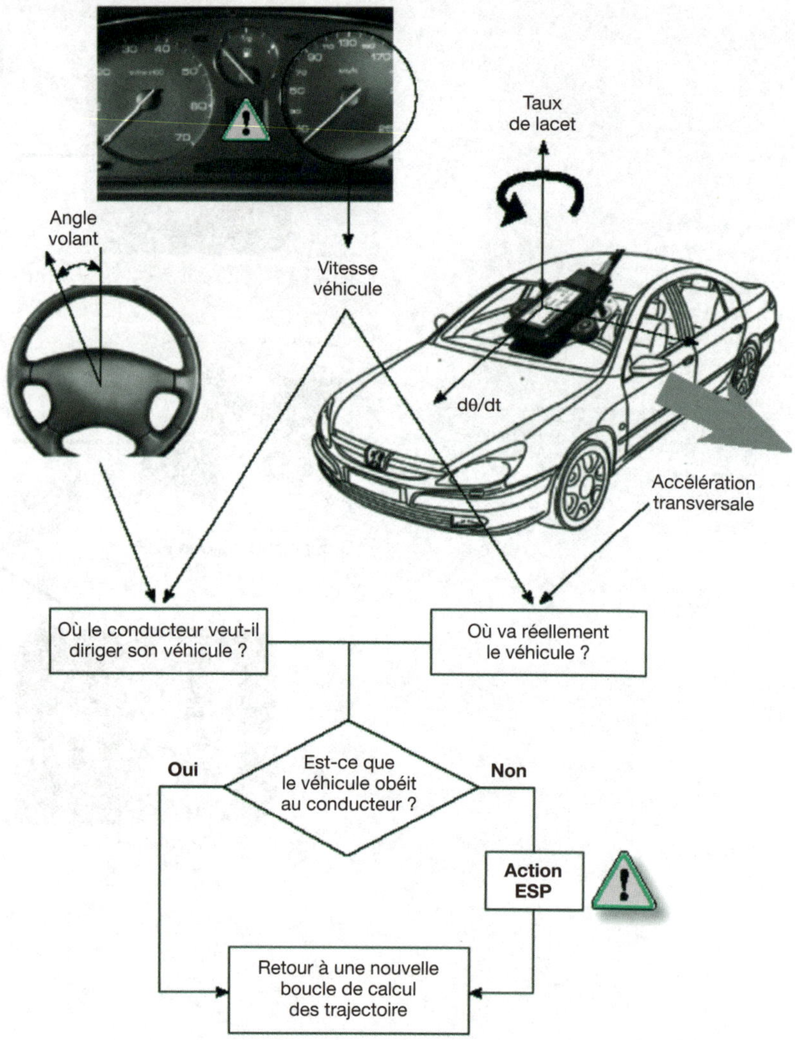

Figure 14.25 *Informations nécessaires à l'ESP.*

» vitesse du véhicule ;

» pression de freinage ;

» position papillon.

La trajectoire réelle est calculée suivant les informations suivantes :

» vitesse de lacet ;

» angle de lacet ;

» accélération transversale ;

» vitesse du véhicule.

La fonction est cependant déconnectable au gré du conducteur, grâce à un interrupteur situé sur le tableau de bord. La déconnection allume le voyant ESP.

Résumé

Fonction

Les systèmes antiblocage de roues ont pour but d'éviter la perte de contrôle du véhicule lors de freinages sur sols à faible adhérence.

Dispositif

Selon les véhicules, il peut être :

» intercalé dans le système de freinage classique ;

» intégré. Dans ce cas, le maître-cylindre classique avec servofrein est remplacé par une centrale de pression et un maître-cylindre spécial. (actuellement abandonné)

Principe de fonctionnement

Il est sensiblement identique pour tous les systèmes. Des capteurs de roues et leurs cibles mesurent la vitesse circonférentielle des roues, transmettent les informations à un calculateur qui en déduit :

» la vitesse du véhicule ;

» s'il y a courbe ou ligne droite ;

» la valeur d'accélération ou/et de décélération ;

» s'il y a vitesse anormale d'une roue par rapport aux autres.

En cas de blocage partiel ou total d'une roue, le calculateur commande les électrovannes de circuit concerné.

La roue en cause est défreinée partiellement ou totalement, puis freinée plus ou moins progressivement en fonction du retour à l'adhérence partielle ou totale.

Testez vos connaissances

1. Lorsque le coefficient d'adhérence passe de 0,8 à 0,4, la distance d'arrêt :

a ☐ *est doublée*

b ☐ *est divisée par deux*

c ☐ *reste la même*

2. Quel est l'élément qui indique au calculateur la vitesse des roues ?

a ☐ *le modulateur*

b ☐ *la pompe haute pression*

c ☐ *le capteur*

3. Quel est l'élément qui commande le défreinage d'une roue ?

a ☐ *le modulateur*

b ☐ *le calculateur*

c ☐ *le capteur*

4. Quel est l'élément qui fait chuter la pression dans un récepteur pour défreiner une roue ?

a ☐ *le modulateur*

b ☐ *le calculateur*

c ☐ *le capteur*

Entraînez-vous

Relevez, pour le véhicule de votre choix, les caractéristiques détaillées du système antiblocage.

Partie 3

La sécurité passive

La sécurité passive
chapitre 15

15.1 Mise en situation

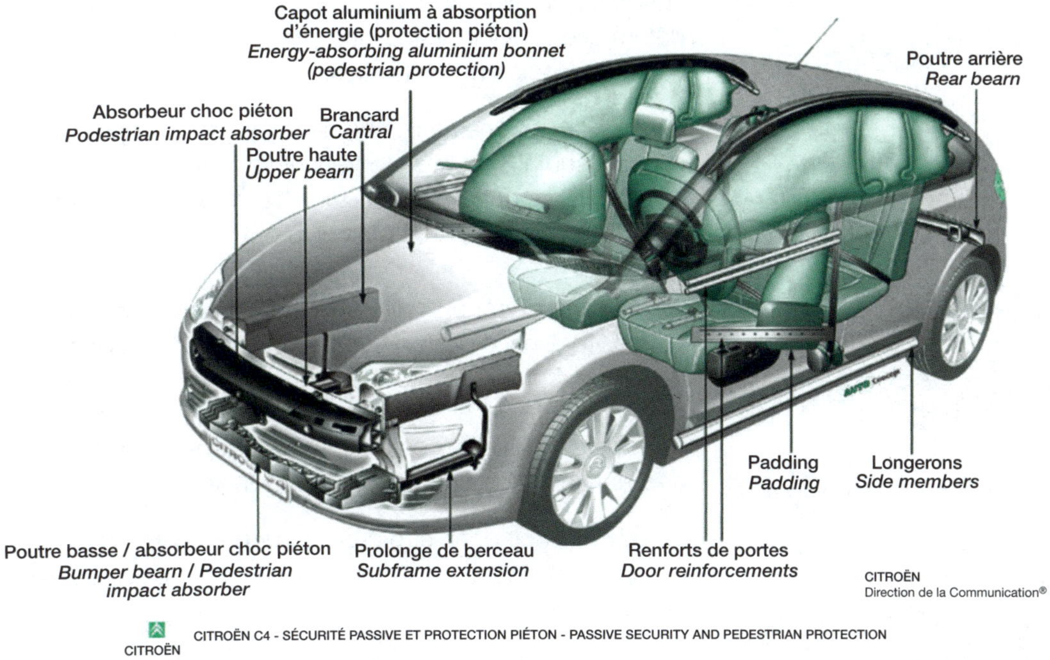

Figure 15.1 *Sécurité passive et protection piéton (Doc. Citroën).*

Les dispositifs de sécurité qui équipent un véhicule relèvent soit de la sécurité Active soit de la sécurité Passive.

La sécurité active englobe tous les systèmes du véhicule qui visent à prévenir ou éviter l'accident.

Ex. : ABS, ESP, aide au freinage d'urgence, direction assistée, éclairage xénon, détecteur de pluie, suspension pilotée, climatisation, détection de sous gonflage… (voir les différents chapitres concernés).

La sécurité passive englobe tous les dispositifs dont le but est d'atténuer la gravité d'un accident (protection des occupants pendant l'accident).

Ex : ceintures de sécurité avec prétensionneurs, airbags, appuie-tête, structure des vitres, renforts latéraux, zone d'absorption des chocs…

15.2 Analyse structurelle

Figure 15.2 *Le bouclier.*

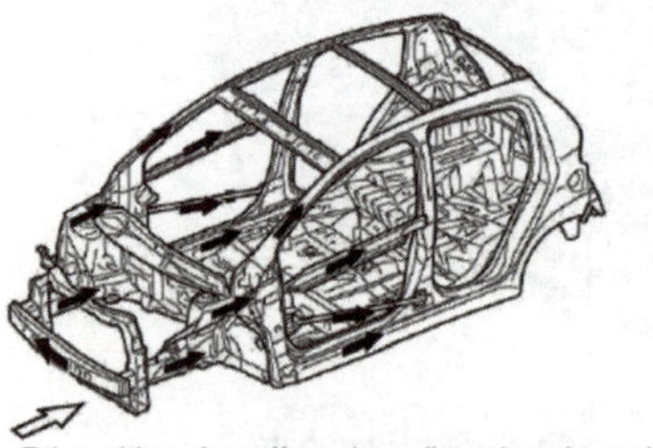

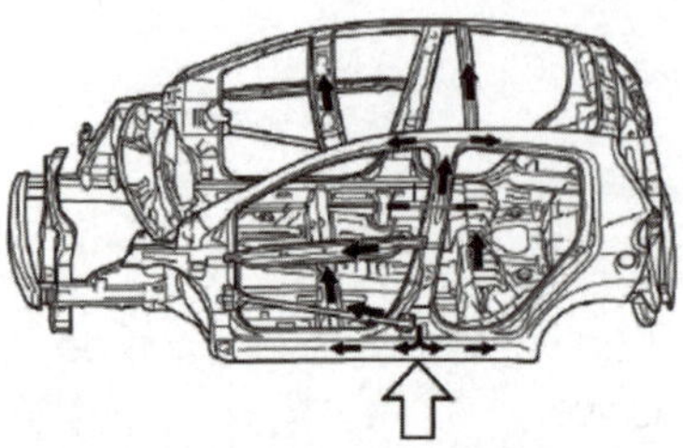

Figure 15.3 *Répartition des efforts.*

Composant essentiel de la sécurité passive, les zones de déformation sont aujourd'hui sur tous les véhicules et permettent de sauver d'innombrables vies. Pourtant, cela n'était pas gagné, car voici cinquante ans la rigidité des voitures était la protection essentielle. Désormais, l'avant et l'arrière de la voiture sont conçus pour encaisser le choc et absorber l'énergie.

L'énergie à absorber est énorme, et les crash-tests actuels effectués par l'Euro-NCAP sont fait à 62 km/h. Le passage à 65 ou même 70 km/h représente une hausse très importante de l'énergie à absorber. Par ailleurs, il faut savoir que la protection par les zones de déformation – si elle est la plus efficace – entraîne une très forte hausse du poids des véhicules.

Le bouclier est une mini-zone de déformation et peut absorber des chocs jusqu'à 3 km/h en reprenant sa forme. Jusqu'à 15 km/h, les constructeurs ont prévu une zone de déformation spécifique, plus facilement réparable et à moindre coût.

Le choc latéral est plus difficile à réaliser que le choc frontal ou arrière, car il n'y a pas ou très peu de zone de déformation. Des barres de renfort ont ainsi été ajoutées dans les portes, ainsi que des *paddings*, qui absorbent une partie de l'énergie. La structure du véhicule est en outre conçue pour que l'énergie soit transmise depuis le point de choc vers le reste du véhicule.

Le véhicule doit donc être prévu pour permettre l'absortion de l'énergie cinétique, tout en garantissant un espace de survie à ses occupants !

Les deux systèmes principalement étudiés dans ce chapitre sont les airbags (sacs gonflables) et les ceintures pyrotechniques (prétensionneurs de ceinture).

Ils relèvent tous les deux de la sécurité passive. Ces systèmes permettent d'éviter les impacts à la tête lors d'un choc, par gonflage instantané d'un sac et par traction de la ceinture de sécurité.

Figure 15.4 *Éléments de sécurité dans l'habitacle.*

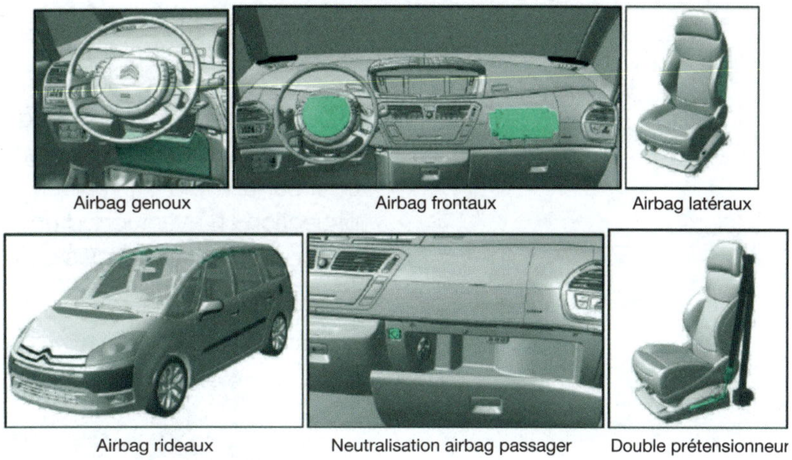

Description des éléments

Le calculateur d'airbags

Le calculateur d'airbags gère le déclenchement des ceintures de sécurité à prétension pyrotechnique et des airbags.

Les calculateurs d'airbags actuels sont équipés d'un capteur d'accélération en interne qui permet la détection des chocs frontaux et des chocs arrière.

Figure 15.5 *Capteur d'accélération latéral.*

Les capteurs d'accélération latéraux

Les capteurs d'accélération latéraux mesurent l'accélération latérale et transmettent ces informations au calculateur d'airbags.

Les capteurs transmettent :

» les données de décélération au calculateur d'airbags,

» une information de présence qui détecte un défaut de liaison entre les capteurs et le calculateur d'airbags.

À la mise sous tension, les capteurs d'accélération latéraux sont complètement opérationnels en quatre secondes.

Le contacteur tournant

Le contacteur tournant assure la liaison entre le module conducteur et le faisceau véhicule ; il est de type à bande pour éviter tout risque de microcoupure lors de la rotation du volant.

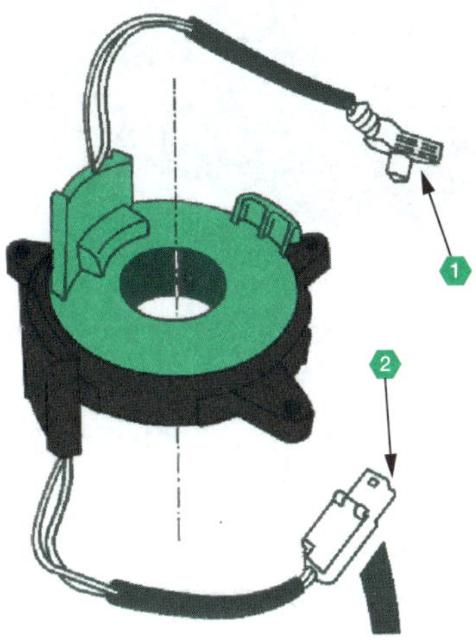

Figure 15.6 *Contacteur tournant.*

1 Contact airbag.
2 Liaison calculateur.

Nota

Le véhicule peut aussi être équipé de capteurs spécialement dédiés au choc frontal. Placés à l'avant du véhicule, ces capteurs sont capables d'estimer la sévérité d'une collision plus rapidement que le capteur principal placé au centre du châssis. Le résultat est une plus grande efficacité du tendeur de ceinture et un déploiement des airbags plus précis.

Coussins gonflables frontaux et latéraux

Le coussin gonflable frontal est un équipement complémentaire de la ceinture de sécurité, conçu pour entrer en action en cas de choc frontal important. Son rôle est de s'interposer entre le ou les occupants avant du véhicule et la planche de bord, pour amortir leur projection en avant lors d'un choc frontal important et permettre ainsi de limiter les risques de traumatismes à la tête et au buste.

Figure 15.7 *Airbags frontaux.*

Les coussins gonflables latéraux sont conçus pour se déclencher lors d'un choc latéral important et du côté où se situe l'impact. Les coussins gonflables latéraux ne sont pas prévus pour se déclencher lors d'un choc ou d'un accrochage léger sur le côté du véhicule, lors d'une collision arrière ou frontale, ni en cas de tonneaux car ils ne seraient d'aucune utilité.

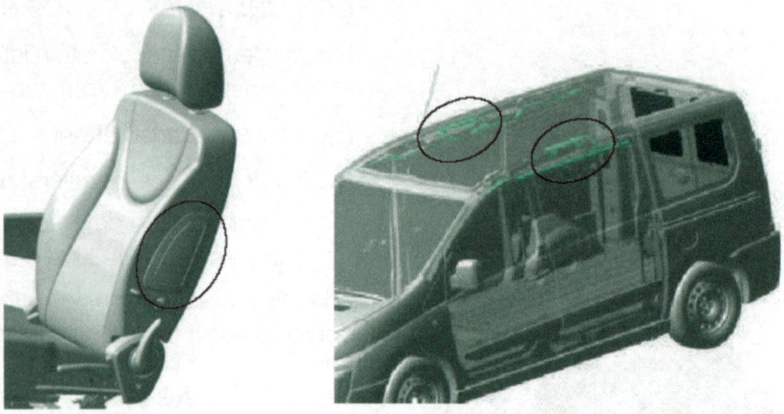

Figure 15.8 *Airbags latéraux.*

A : airbags latéraux thorax.
B : airbags latéraux rideaux.

Le rôle de l'airbag thorax est de s'interposer entre le conducteur ou le passager et le panneau de porte au niveau du thorax

Le rôle de l'airbag rideau est de s'interposer entre l'occupant avant ou arrière (rang 1 à 3) et les vitres. Il permet ainsi de limiter les risques de traumatismes à la tête.

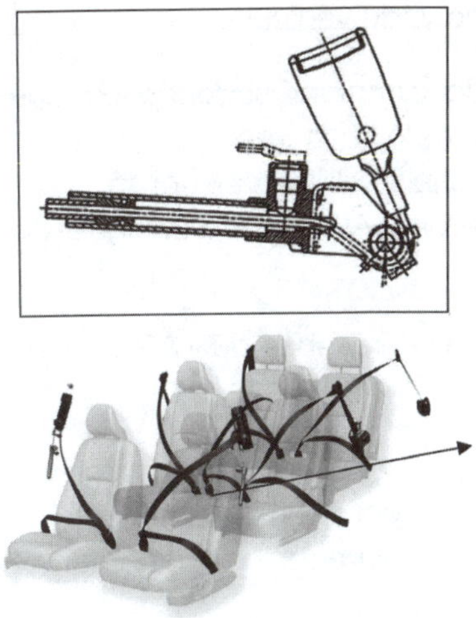

Figure 15.9 *Ceintures de sécurité à prétension.*

Ceintures de sécurité à prétension pyrotechnique et limiteur d'effort

Les prétensionneurs ont pour but de tendre les ceintures de sécurité avant ou arrière, de manière à plaquer fermement en arrière le corps des occupants contre le siège, et augmenter leur efficacité. La traction s'obtient par le déclenchement d'une cartouche pyrotechnique. Dans le cas d'un choc faible, les ceintures de sécurité à prétension pyrotechnique peuvent être déclenchées seules.

Le limiteur d'effort intervient après le prétensionneur et diminue la pression de la ceinture exercée sur le thorax des occupants.

Les ceintures de sécurité avant sont équipées de deux dispositifs pyrotechniques de prétensionneur :

» l'enrouleur, dont l'action est thoracique pour le dos de l'occupant,

» le prétensionneur de sangle, dont l'action est ventrale pour le bassin de l'occupant.

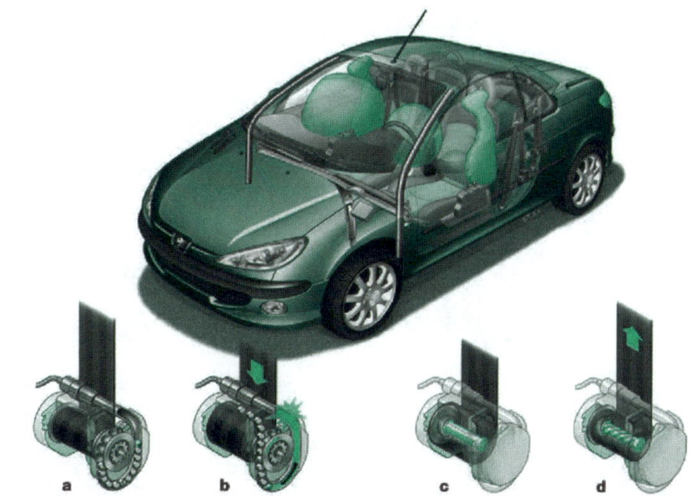

Figure 15.10 *Les différentes phases de fonctionnement (Doc. Peugeot).*

15.3 Analyse fonctionnelle

Lors d'un choc, les passagers sont projetés vers l'avant et retenus par la ceinture. L'airbag frontal va se gonfler afin de protéger la tête du volant ou du tableau de bord, puis se dégonfler rapidement pour libérer les occupants. Tout le succès de l'opération est dans la bonne synchronisation des différentes étapes du déploiement de l'airbag.

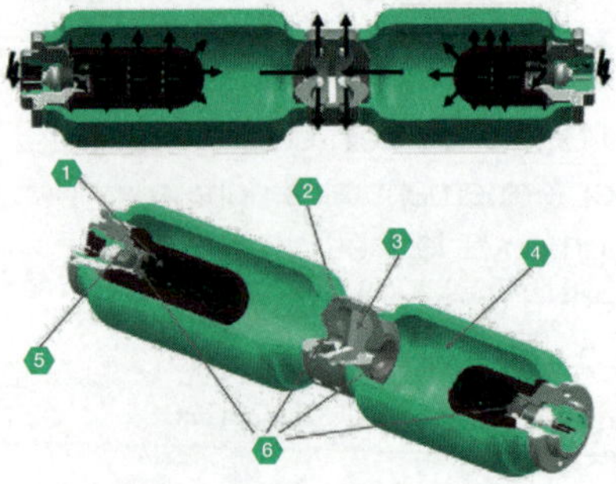

Figure 15.11 *Allumeurs d'Airbag.*

1. Charge pyrotechnique.
2. Diffuseur.
3. Disque.
4. Générateur de gaz.
5. Détonateur.
6. Membranes.

L'accéléromètre mesure les décélérations du véhicule.

Lorsque la valeur de référence de la décélération est dépassée, une pastille explosive amorce la combustion de la charge complémentaire, puis celle du combustible solide ; celui-ci se transforme en gaz (azote) et gonfle l'airbag. Au bout de quelques millisecondes, l'airbag se dégonfle.

Le déclenchement des airbags est lié à la présence du +APC suite à la détermination d'un choc.

La principale fonction du calculateur d'airbags pour son propre fonctionnement est le stockage d'énergie pour la mise à feu des allumeurs d'airbag en cas de rupture de l'alimentation au moment du choc.

Après disparition de l'alimentation +APC, la mise à feu des allumeurs (même en cas de choc) est neutralisée au bout d'une minute maximum.

Déclenchement des airbags frontaux

En cas de choc frontal violent, le calculateur d'airbags déclenche les airbags frontaux.

Déclenchement des airbags latéraux

Sur réception des données de décélération latérale provenant des capteurs, le calculateur d'airbags ordonne le déclenchement des airbags latéraux.

Déclenchement des ceintures de sécurité à prétension pyrotechnique

Le déclenchement des ceintures de sécurité à prétension pyrotechnique est requis pour tout déclenchement des airbags.

Le seuil de déclenchement des ceintures de sécurité à prétension pyrotechnique est effectué indépendamment de celui des airbags.

Dans un choc faible, seules les ceintures de sécurité à prétention pyrotechnique peuvent être déclenchées.

L'accéléromètre électronique implanté dans le boîtier permet la détection de choc frontal et de choc arrière.

Les capteurs d'accélération latéraux mesurent en permanence l'accélération latérale et en informent le calculateur d'airbags.

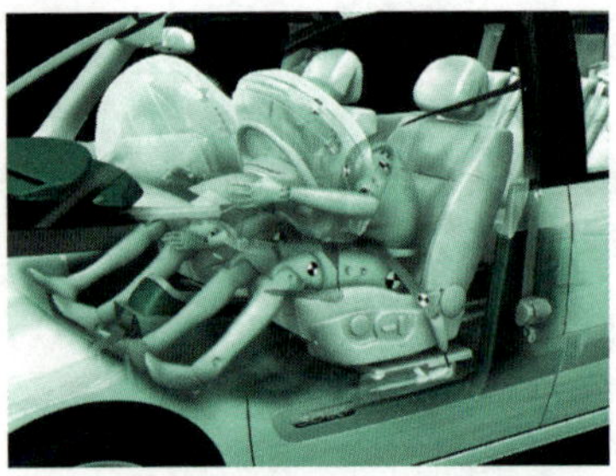

Figure 15.12 *Déclenchement d'airbags frontaux.*

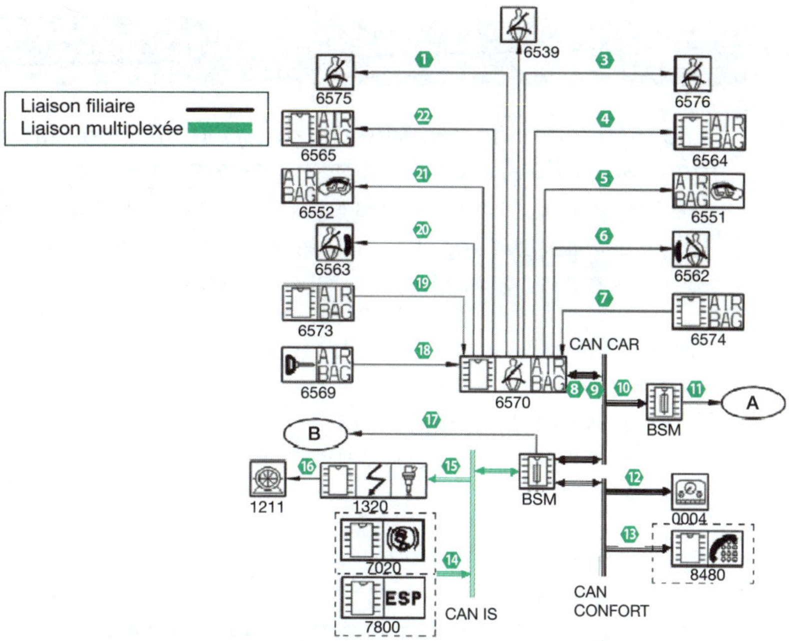

Figure 15.13 *Synoptique du système de sécurité passive.*

Organe	Désignation
A	Relais de commande d'alimentation électrique
B	Moteurs de verrouillage/déverrouillage des ouvrants
0004	Combiné
1211	Pompe et jauge à carburant
1320	Calculateur moteur
6539	Prétensionneur pyrotechnique central avant (selon équipement)
6551	Airbag rideau droit
6552	Airbag rideau gauche
6562	Airbag thorax droit
6563	Airbag thorax gauche
6564	Airbag passager
6565	Airbag conducteur
6569	Commutateur de neutralisation d'airbag passager
6570	Calculateur d'airbags
6573	Capteur d'accélération gauche
6574	Capteur d'accélération droit
6575	Prétensionneur pyrotechnique avant gauche
6576	Prétensionneur pyrotechnique avant droit
7020	Calculateur ABS
7800	Calculateur de contrôle dynamique de stabilité (ESP)

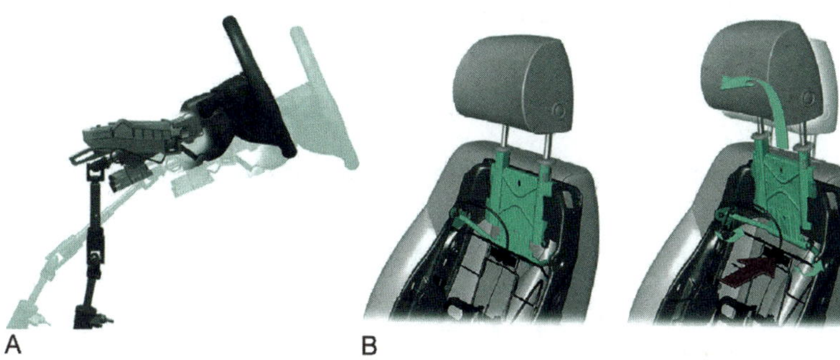

Figure 15.14 *Autres systèmes de sécurité passive*

A. Colonne de direction ;
B. Appuie-tête actif.

Résumé

Les dispositifs de sécurité qui équipent un véhicule relèvent soit de la sécurité Active soit de la sécurité Passive.

La sécurité active englobe tous les systèmes du véhicule qui visent à prévenir ou éviter l'accident.

La sécurité passive englobe tous les dispositifs dont le but est d'atténuer la gravité d'un accident (protection des occupants pendant l'accident).

Trois composants essentiels de la sécurité passive permettent de sauver d'innombrables vies :

» les zones de déformation,
» les prétensionneurs de ceinture avec limiteur d'effort,
» les airbags.

Principe de fonctionnement

Le calculateur d'airbags reçoit les informations des différents capteurs et permet le déclenchement des airbags et des prétensionneurs de ceinture par la mise à feu du générateur de gaz.

L'accéléromètre électronique implanté dans le boîtier permet la détection de choc frontal et de choc arrière.

Les capteurs d'accélération latéraux mesurent en permanence l'accélération latérale et en informent le calculateur d'airbags.

Les airbags ne se déploient pas tous obligatoirement en cas de choc. Seuls se déploient ceux concernés par le choc, en revanche le déclenchement des prétensionneurs de ceinture est requis pour tout déclenchement des airbags.

Plusieurs autres systèmes participent également à la sécurité passive, tels que appuie-tête actif, structure des vitres, renforts latéraux, colonne de direction...

Testez vos connaissances

1. La sécurité passive :

a ☐ *atténue la gravité d'un accident*

b ☐ *prévient ou évite l'accident*

c ☐ *permet au conducteur d'être moins vigilant sur la route.*

2. Parmi ces quatre éléments donnez-en deux qui participent à la sécurité passive :

a ☐ *les airbags*

b ☐ *les phare xénon*

c ☐ *les zones de déformation*

d ☐ *l'ABS*

3. Quels éléments déclenchent l'ouverture des airbags frontaux, latéraux et des prétensionneurs simultanément ?

a ☐ *le contacteur tournant*

b ☐ *l'information des différents capteurs d'accélération*

c ☐ *le générateur de gaz*

4. Combien de temps dure le déploiement de l'airbag ?

a ☐ *environ 150 ms*

b ☐ *environ 30 ms*

c ☐ *environ 5 ms*

Entraînez-vous

Relevez, sur le véhicule de votre choix, tous les systèmes de sécurité passive et recherchez leur principe de fonctionnement.

Partie 4

La tenue de route

La suspension
chapitre 16

16.1 Mise en situation

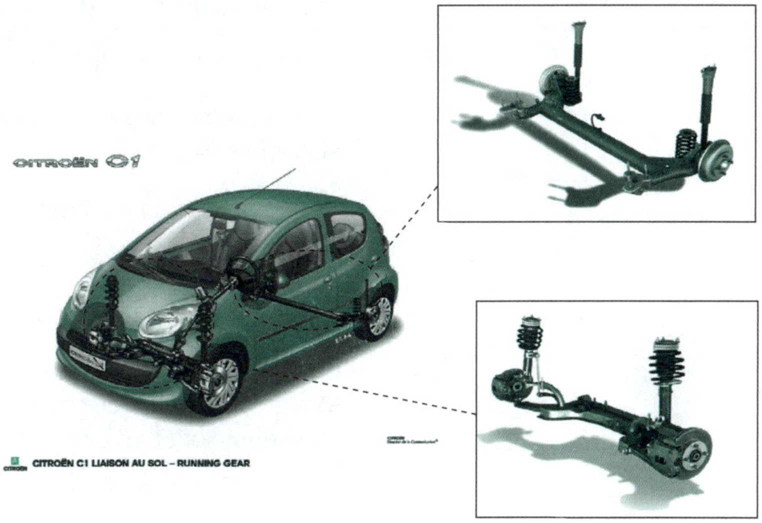

Figure 16.1 *Systèmes de suspension avant et arrière.*

Figure 16.2 *Véhicule sans suspension :*
– non-contact d'une des roues,
– torsion du châssis.

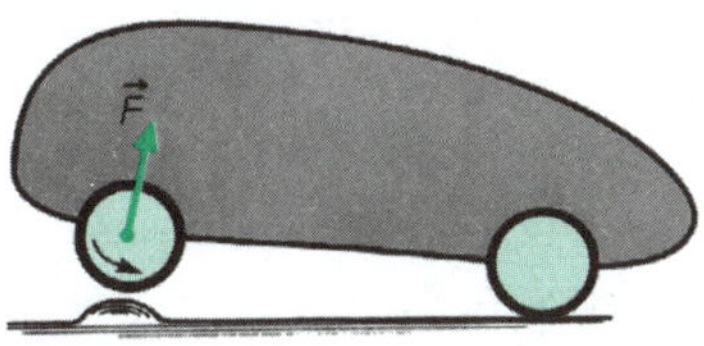

Figure 16.3 *Une impulsion aux roues provoque le décollement de l'ensemble véhicule/roues.*

Les chaussées sur lesquelles les véhicules automobiles sont amenés à circuler sont toujours plus ou moins déformées.
Le fait de ne pas avoir de liaison rigide avec le châssis permet d'éviter :

» le non-contact au sol d'une des roues à l'arrêt ou à basse vitesse et les contraintes de torsion du châssis qui en résulteraient (figure 16.2) ;

» le décollement du sol de l'ensemble véhicule/roues à plus grande vitesse en raison des impulsions reçues par les roues (figure 16.3) ;

» la perte d'adhérence des roues, d'où l'impossibilité de contrôler la trajectoire du véhicule (tenue de route) ;

» l'inconfort des passagers ou les risques de détérioration des marchandises transportées.

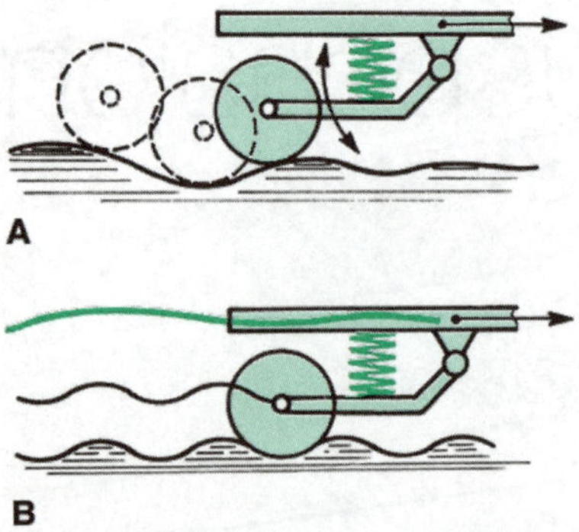

Figure 16.4 *Conditions à remplir par la suspension.*

A. Les roues suivent les inégalités de la route (adhérence).
B. ——— oscillations de la caisse.
——— oscillation des roues.

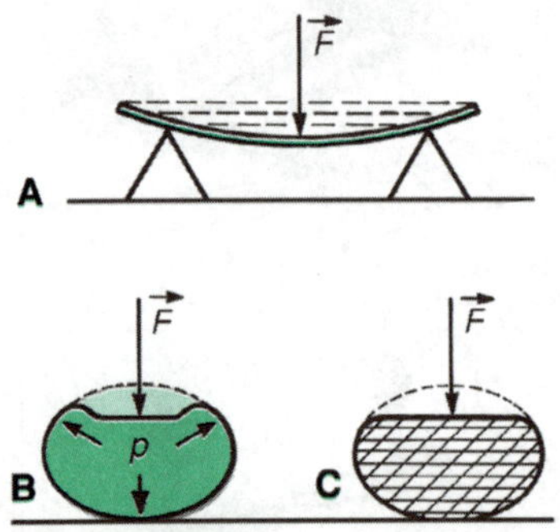

Figure 16.5 *Éléments élastiques.*

A. Acier à haute limite élastique.
B. Masse de gaz.
C. Bloc de matière élastique.

La suspension doit permettre (figure 16.4) :

» aux quatre roues de rester en contact avec le sol quelles que soient les inégalités pour conserver une adhérence permanente ;

» de filtrer les vibrations et oscillations rapides dont les roues sont le siège ;

» de maintenir les mouvements inévitables de la caisse dans des limites supportables par les passagers (mal de la route) et les marchandises, sans affecter la tenue de route.

Principe général utilisé dans les dispositifs de suspension

On interpose entre les trains roulants et le châssis des éléments élastiques (figure 16.5) qui peuvent être de différente nature :

» élément d'acier à haute limite élastique ;

» masse de gaz ;

» bloc de matière élastique (naturelle ou synthétique).

Les éléments mécaniques se trouvant entre les éléments élastiques et le sol font partie des masses non suspendues. Ceux se trouvant au-dessus font partie des masses suspendues (figure 16.6).

16.2 Analyse structurelle

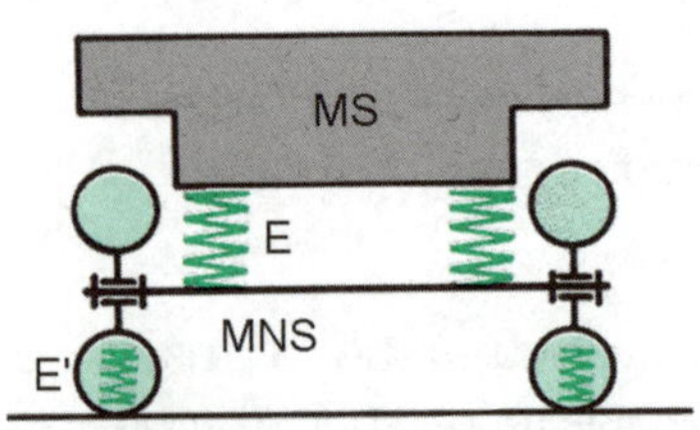

Figure 16.6 *Suspension à essieu rigide.*

MS. Masses suspendues.
E. Éléments élastiques.
MNS. Masses non suspendues.
E'. Élasticité de la masse d'air des pneumatiques.

Parmi les différentes solutions technologiques, il existe deux grandes familles qui sont :

» les suspensions à essieu rigide,

» les suspensions à roues indépendantes.

Remarque

Sur un même véhicule, on peut trouver une solution mixte, roues indépendantes à l'avant, essieu rigide à l'arrière.

Suspension à essieu rigide. Les deux roues d'un même train tournent sur une traverse unique appelée « essieu » (figure 16.6).

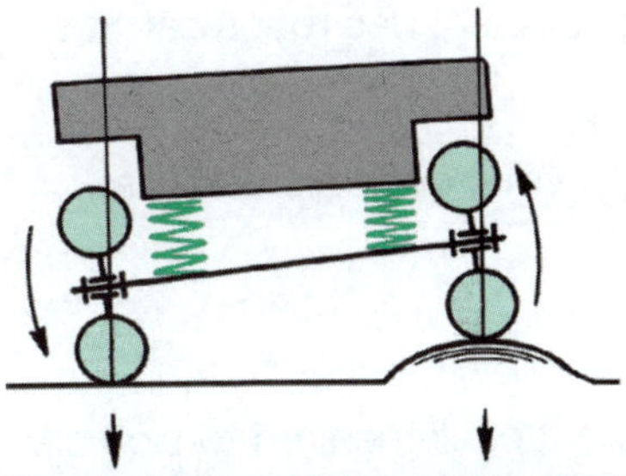

Figure 16.7 *Comportement d'un essieu rigide au passage d'un obstacle :*
– inclinaison des roues,
– risques d'effet gyroscopique.

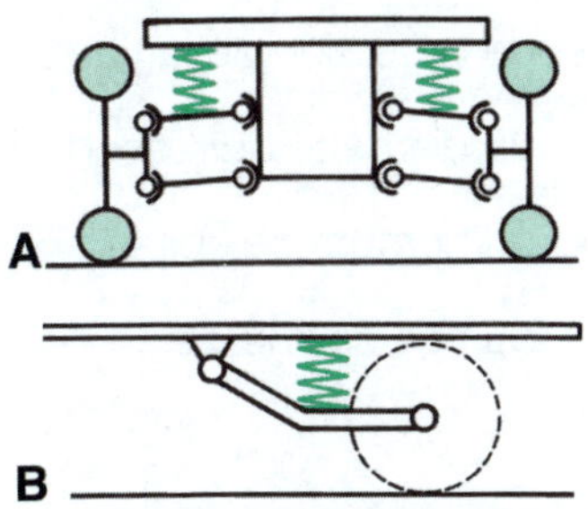

Figure 16.8 *Suspension à roues indépendantes.*

A. Bras de suspension à axes longitudinaux.
B. Axes transversaux (bras tirés ou poussés).

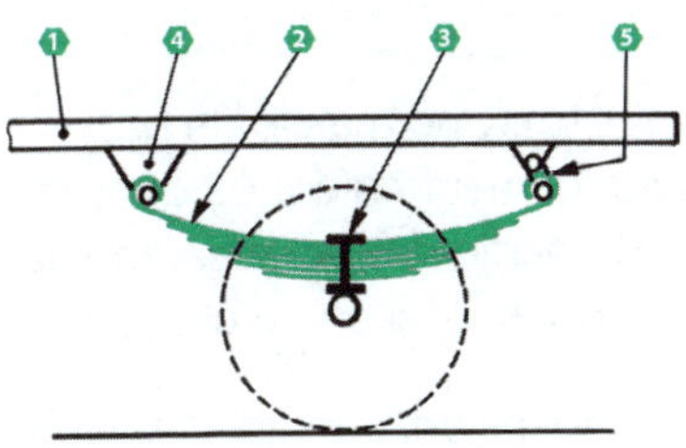

Figure 16.9 *Ressorts à lames pour essieu rigide.*

1. Châssis.
2. Lame maîtresse.
3. Étoquiot.
4. Main de ressort (fixe).
5. Jumelle (mobile).

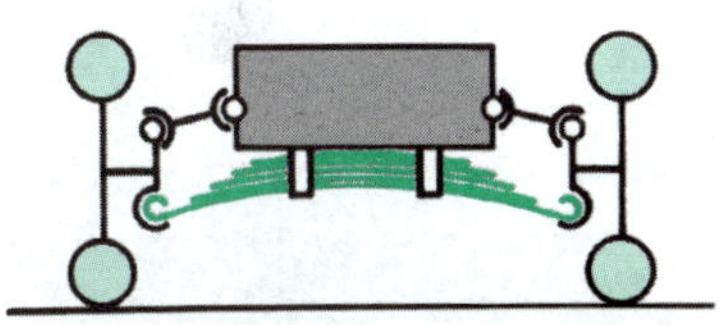

Figure 16.10 *Ressorts à lames en demi « cantilever », roues indépendantes.*

Les essieux rigides ont été abandonnés à l'avant des véhicules de tourisme pour plusieurs raisons :

» encombrement important, ne permettant pas un abaissement suffisant du moteur (abaissement du centre de gravité) ;

» incidence du mouvement d'une roue sur l'autre (effet gyroscopique, figure 16.7), lorsqu'une des deux roues rencontre un obstacle (perte de trajectoire).

Suspension à roues indépendantes. Chaque roue est solidaire en rotation d'un demi-essieu ou demi-train, dont le mouvement s'effectue autour d'un axe :

» longitudinal, bras latéraux (figure 16.8A) ;

» diagonal, bras obliques ;

» transversal, bras poussés ou bras tirés (figure 16.8B).

Les différents éléments élastiques utilisés

Acier élastique travaillant en flexion

Les ressorts à lames sont constitués de plusieurs lames semi-elliptiques, disposées dans un ordre décroissant et assemblées par un boulon traversant appelé « étoquiau ».

La plus grande lame, ou lame maîtresse, comporte deux points de fixation dont l'un au moins est mobile afin de permettre l'allongement sous charge (figure 16.9). Les ressorts à lames peuvent supporter de fortes charges par multiplication du nombre de lames. Ils sont couramment utilisés pour la suspension des véhicules utilitaires (poids lourds).

Ils peuvent servir d'éléments de transmission de l'effort de propulsion des roues motrices au châssis.

Acier élastique travaillant en torsion

Barres de torsion. Ces barres sont généralement cylindriques, une de leurs extrémités est fixée au châssis, l'autre à l'axe de pivotement du bras de suspension (figure 16.11). Le basculement du bras provoque la rotation de l'extrémité libre de la barre. Le décalage angulaire d'une extrémité par rapport à l'autre produit une torsion de la barre plus ou moins prononcée. Leur raideur varie selon leur

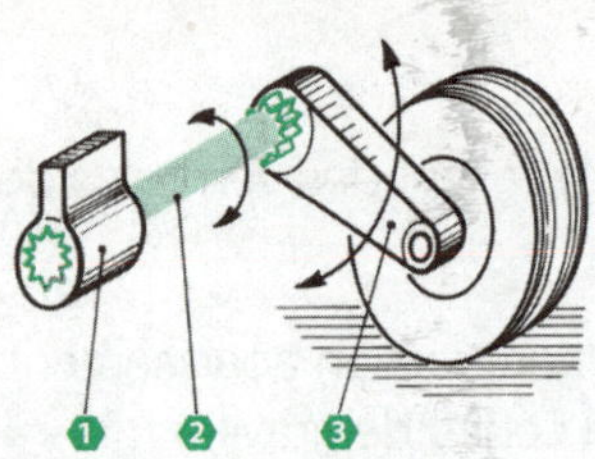

Figure 16.11 *Barre de torsion.*

1. Point fixe au châssis.
2. Barre de torsion.
3. Bras de suspension.

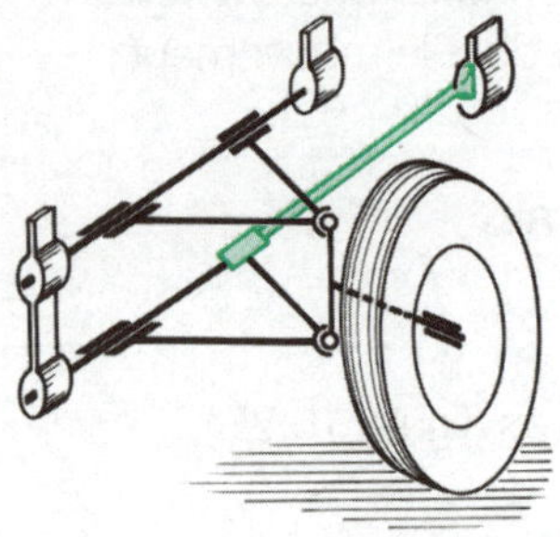

Figure 16.12 *Demi-train avant à barre de torsion.*

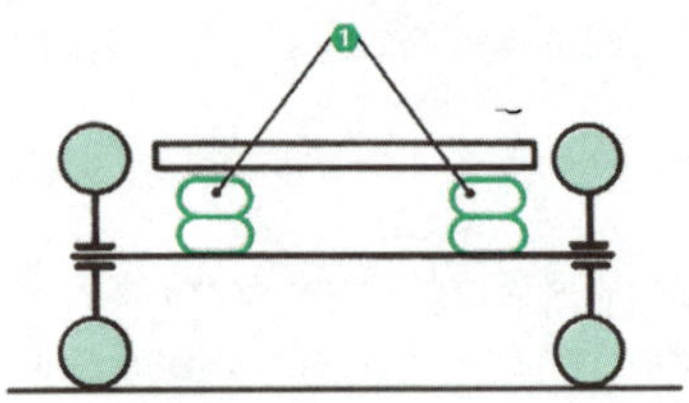

Figure 16.14 *Suspension sur coussin d'air (type Jef).*

1. Masses d'air.

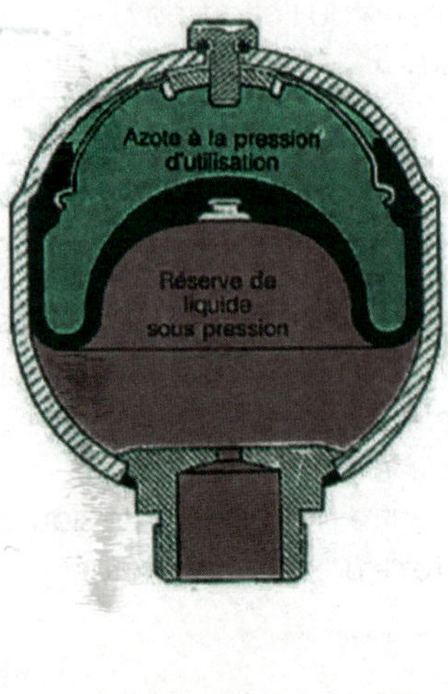

longueur et leur section. Un grand débattement des roues est possible.

Le point fixe de la barre, côté châssis, permet généralement de régler l'assiette (hauteur de coque).

Ressorts hélicoïdaux. Ceux-ci sont formés d'une tige cylindrique enroulée en hélice ; ces ressorts travaillent également en torsion. Ils sont d'une construction aisée et d'un encombrement réduit.

Leur raideur est fonction :

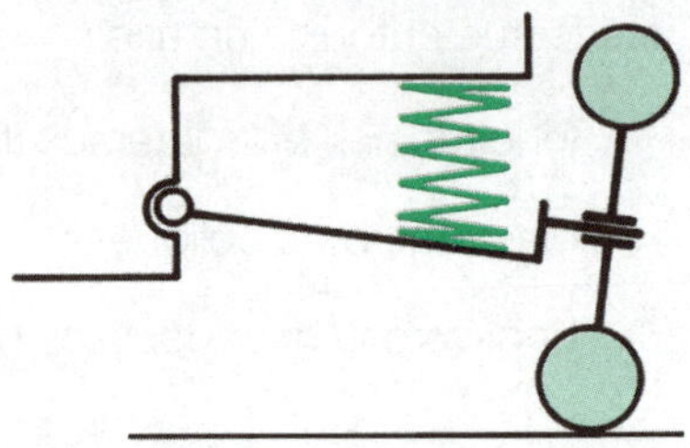

Figure 16.13 *Demi-essieu et ressort hélicoïdal.*

» de la section de la tige ;

» du diamètre du ressort ;

» du nombre de spires ;

» du pas de l'hélice.

Masse d'air – Travail en compression

Coussin d'air (figure 16.14). Une enveloppe élastique contient de l'air sous pression. L'ensemble est monté à la manière d'un ressort (par exemple Jef-air).

Sphères hydropneumatiques (figure 16.15). Une masse de gaz, généralement sous pression, est hermétiquement enfermée dans la partie supérieure d'une sphère d'acier. Sa partie inférieure est munie d'un cylindre. La sphère et son cylindre sont solidaires du châssis.

Un piston mobile, solidaire du bras de suspension, se déplace dans le cylindre en fonction du débattement des roues.

Un liquide – fluide hydraulique – séparé du gaz par une membrane déformable, assure la transmission entre le piston mobile et la masse gazeuse. C'est le cas de la suspension hydropneumatique chez Citroën

Figure 16.15 *Suspension hydropneumatique (Citroën).*

1. Gaz (azote).
2. Membrane.
3. Liquide.

Nous voyons que si la suspension comporte des ressorts métalliques, du fait de leur raideur constante, ces ressorts devront être choisis dans une gamme de raideurs donnant un compromis entre un confort correct à vide et une bonne tenue à la charge.

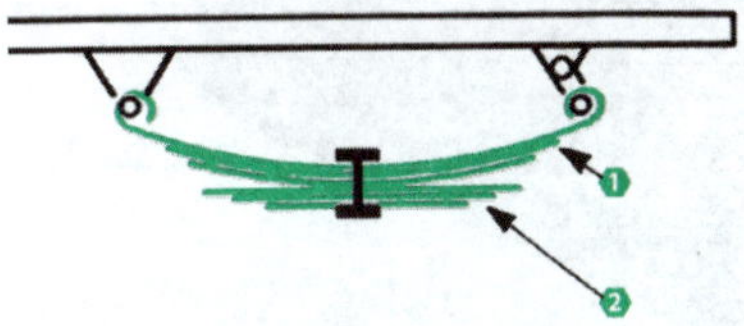

Figure 16.22 *Ressorts compensateurs.*

1 Ressort principal agissant à faible charge.
2 Ressort compensateur entrant en action à partir d'une certaine déflexion.

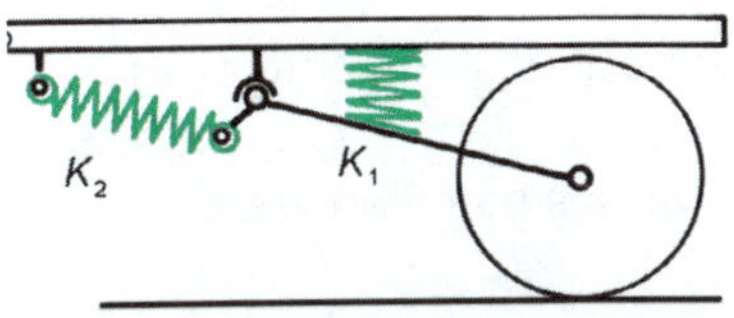

Figure 16.23 *Suspension à raideur variable (type Grégoire).*

K_1 : raideur du ressort principal.
K_2 : raideur du ressort compensateur.
En charge, les raideurs K_1 et K_2 s'ajoutent.

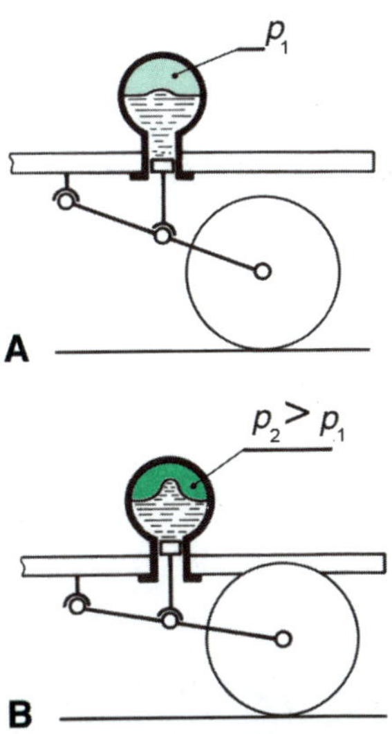

Figure 16.24 *Suspension hydropneumatique.*

A. À vide.
B. En charge, *p* augmente d'une façon non proportionnelle à *X* : *K* augmente.

Il existe deux possibilités pour concevoir une suspension à raideur variable

1. Ressorts métalliques

Ressorts compensateurs (figure 16.22). Dans une suspension par ressorts à lames, l'essieu comporte deux jeux de ressorts. Le second, les ressorts compensateurs, n'entre en action qu'à partir d'une certaine charge. Ce système est utilisé sur les poids lourds.

Ressorts complémentaires (figure 16.23). Dans les suspensions à ressorts hélicoïdaux ou à barres de torsion, il est possible de placer un ressort complémentaire, travaillant dans une position différente et entrant progressivement en action, proportionnellement à la charge. C'est le cas de la suspension Grégoire.

2. Blocs pneumatiques

La physique nous démontre que lorsque l'on diminue le volume qu'occupe un gaz, sa pression n'augmente pas d'une manière exactement proportionnelle (figure 16.24).

Dans ce cas, la raideur $K = F / X$ n'est pas constante.

Exemple

Si $F = 1$ N et $X = 0{,}01$ m, alors :

$$K = \frac{1}{0{,}01} = 100 \text{ N/m}$$

Et si $F = 2$ N, $X = 0{,}016$ m, alors :

$$K = \frac{1}{0{,}016} = 125 \text{ N/m}$$

Nous constatons bien que la raideur n'est pas constante.

Une suspension pneumatique est donc une suspension à raideur variable.

Figure 16.25 *Suspensions hydropneumatiques.*

Résumé

Fonctions de la suspension

La suspension permet :

» aux roues de suivre parfaitement le profil du sol afin d'assurer leur adhérence constante ;

» de filtrer les vibrations et oscillations rapides dont les roues sont le siège, dans le but d'assurer le confort des passagers, la protection des éléments mécaniques et des marchandises.

Principe de la suspension

On interpose entre la caisse et le train roulant des éléments élastiques qui peuvent être de différentes natures.

- Éléments d'acier à haute limite élastique :

» travail en flexion : ressorts à lames ;

» travail en torsion : ressorts hélicoïdaux, barres de torsion.

- Masse de gaz : travail en compression.
- Bloc de matière élastique.

Différents types de suspensions

» À essieu rigide. Sur train avant, cette suspension présente les inconvénients d'encombrement et de tendance aux effets gyroscopiques. Utilisée sur les trains arrière, elle peut être équipée de ressorts à lames ou de ressorts hélicoïdaux.

» À roues indépendantes. La montée d'une roue est sans influence sur la roue opposée. Chaque demi-essieu ou demi-train s'articule sur des axes longitudinaux, diagonaux ou transversaux.

Raideur d'un ressort

Un ressort est principalement caractérisé par sa raideur. La raideur (K) d'un ressort est fonction de la force nécessaire à son écrasement par rapport à la déflexion produite :

$$K = \frac{F}{X} \text{ (newtons/mètre)}$$

La raideur d'un ressort métallique est généralement constante.

Pour obtenir une suspension à raideur variable, il est nécessaire d'utiliser :

» une combinaison de plusieurs ressorts agissant sous des angles différents,

» une masse de gaz, sachant que sa déflexion n'est pas proportionnelle à la charge.

Testez vos connaissances

1. Citez un élément faisant partie des masses suspendues :

a ☐ *la caisse*

b ☐ *les ressorts*

c ☐ *les freins*

2. Citez un élément faisant partie des masses non suspendues :

a ☐ *la caisse*

b ☐ *les ressorts*

c ☐ *les freins*

3. Indiquez un système de suspension dont la hauteur de caisse peut être réglable :

a ☐ *les lames de ressorts*

b ☐ *les barres de torsion*

c ☐ *les ressorts hélicoïdaux*

4. Dans la suspension hydropneumatique, l'élément élastique est :

a ☐ *du caoutchouc*

b ☐ *un liquide hydraulique*

c ☐ *un gaz*

5. Pour une bonne tenue de route, par rapport aux masses suspendues les masses non suspendues doivent être :

a ☐ *plus lourdes*

b ☐ *plus légères*

c ☐ *plus larges*

Entraînez-vous

1. Relevez les caractéristiques de suspension sur deux véhicules équipés de suspensions différentes (sauf hydropneumatique).
2. Quels sont les effets produits par le vieillissement des éléments de suspension sur le comportement d'un véhicule ?

L'amortissement de la suspension
chapitre 17

17.1 Mise en situation

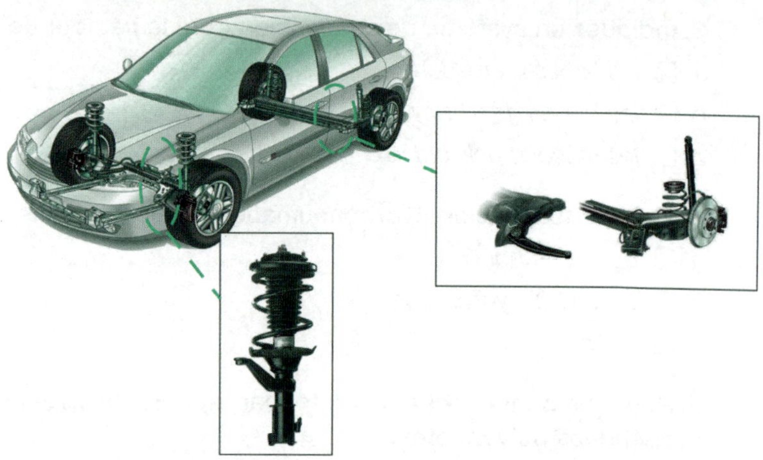

Figure 17.1 *Amortisseurs.*

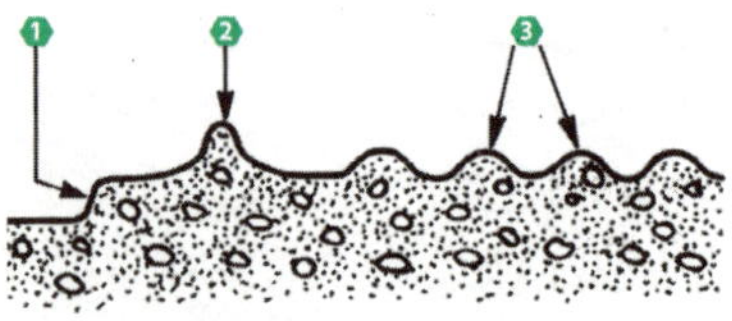

Figure 17.2 *Obstacles du sol.*

1 Échelon.
2 Impulsion.
3 Sinusoïde.

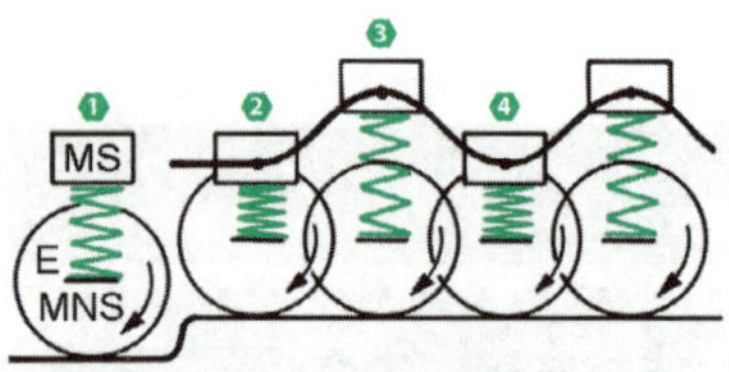

Figure 17.3 *Effet produit par le passage d'un obstacle de type échelon.*

1 Position des éléments au repos : MS, masses suspendues ; E, éléments élastiques ; MNS, masses non suspendues.
2 Le ressort emmagasine l'énergie.
3 L'énergie est restituée à la caisse qui monte d'une valeur égale à deux foix la déflexion du ressort.
4 Le ressort se comprime à nouveau.

Lorsqu'un véhicule roule, il peut rencontrer sur le sol trois genres d'obstacles (figure 17.1) :

» échelon : brusque montée du sol ;

» impulsion : brusque montée suivie immédiatement d'une brusque descente ;

» sinusoïdes : obstacles périodiques de forme sinusoïdale répétés.

Nous observons dans le cas d'une brusque montée du sol les phénomènes suivants (figure 17.3) :

» montée de la roue 2, que nous supposons sans rebondissement ;

» montée de la caisse 3 ; l'énergie cinétique acquise par le train roulant à la montée est emmagasinée par le ressort, puis restituée vers le haut par celui-ci.

L'élasticité du ressort provoque une montée de la caisse théoriquement égale à deux fois la déflexion du ressort.

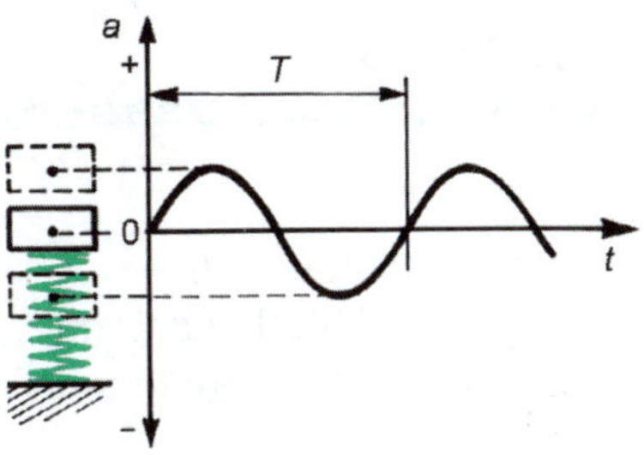

Figure 17.4 *Notion de fréquence.*

Si en une seconde, il se produit une période de cycle, la fréquence est de 1 hertz.

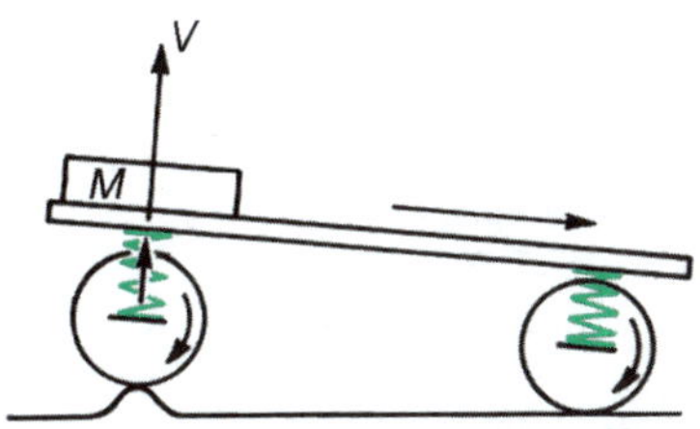

Figure 17.5 *Si les masses suspendues (M) sont faibles par rapport à la raideur du ressort alors le rapport K/M augmente. Si elles sont faibles par rapport à la masse du train roulant, alors le rapport m/M augmente et la vitesse ascensionnelle de la caisse (V) est grande.*

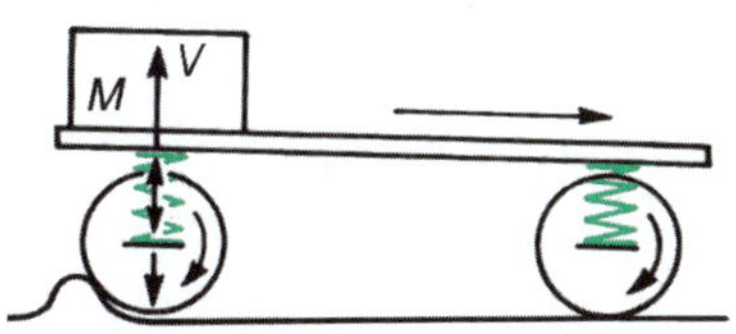

Figure 17.6 *Si les masses suspendues (M) sont importantes par rapport à la raideur du ressort, alors le rapport K/M diminue. Si elles sont importantes par rapport à la masse du train roulant, alors le rapport m/M diminue et la vitesse ascensionnelle de la caisse (V) est faible.*

Aussi, en négligeant les frottements, la masse décrit-elle des oscillations dont la hauteur de crête est égale à la hauteur de l'échelon.

On appelle « pas », ou « longueur d'onde », la longueur d'un cycle – ou période – représenté par deux points de même altitude sur deux ondes successives.

On nomme « fréquence » la cadence à laquelle les crêtes se succèdent dans le temps. Elle représente le nombre de cycles par seconde et s'exprime en hertz (Hz).

Règle générale. Pour qu'une suspension soit confortable, la fréquence des oscillations ne doit pas dépasser 1 Hz (un cycle par seconde).

La fréquence d'oscillations de la caisse (figures 17.5 et 17.6) sera notamment fonction du rapport :

$$\frac{K}{M} = \frac{\text{raideur du ressort}}{\text{masses suspendues}}$$

et, pour une raideur de ressort donnée, du rapport :

$$\frac{m}{M} = \frac{\text{masses non suspendues}}{\text{masses suspendues}}$$

Conclusion

Les éléments du train roulant devront posséder une masse faible pour éviter l'acquisition d'une énergie cinétique importante.

La caisse devra posséder une masse assez importante pour éviter les accélérations brutales et les fréquences dépassant les valeurs de confort souhaité (environ 1 Hz).

Remarque

Les caisses des véhicules de tourisme étant relativement légères, il est nécessaire d'alléger les trains roulants par diverses dispositions technologiques qui sont notamment :
- roues en alliage léger, ajourées, de petit diamètre ;
- porte-fusées, étriers de freins en alliage léger ;
- triangles de suspension allégés, à bras unique, freins en sortie de pont suspendu, etc.

17.2 Analyse structurelle

Figure 17.7 *Train roulant.*

Figure 17.8 *Représentation schématique d'une suspension (document Citroën).*

1. Pneumatique : ressort (air), amortisseur (caoutchouc).
2. Ressort de suspension (métallique ou pneumatique).
3. Amortisseur hydraulique.
4. Siège : ressort et amortisseur (mousse).

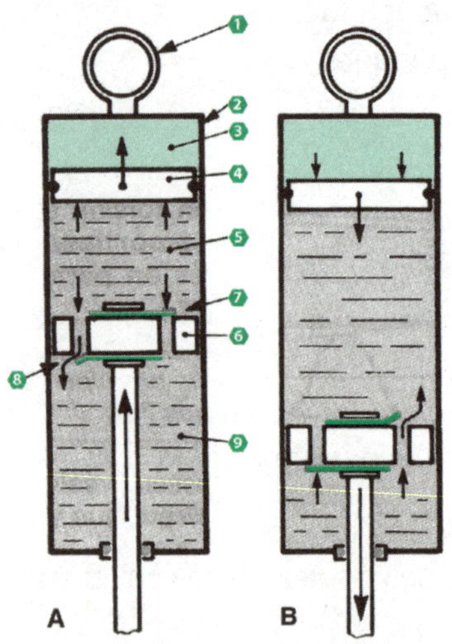

Figure 17.9 *Principe de fonctionnement d'un amortisseur.*

A. Compression.
B. Détente.
1. Point de fixation supérieur.
2. Cylindre.
3. Chambre compensatrice (à gaz).
4. Cloison mobile.
5. Fluide hydraulique.
6. Piston.
7. Orifice et clapet de détente.
8. Orifice et clapet de compression.
9. Tige de poussée.}

Voyons comment atténuer le pompage d'un élément de suspension. En effet, tout ressort a l'inconvénient de restituer intégralement, au frottement interne près, l'énergie qu'il a accumulée. Ce phénomène donne à la caisse un mouvement oscillatoire.

La solution technique consiste à absorber, par frottement, une partie de l'énergie accumulée par le ressort.

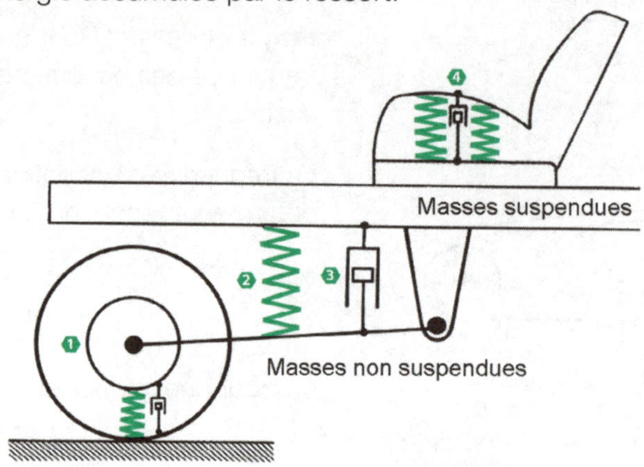

Cet amortissement par frottement peut être obtenu par :

» la nature même des ressorts : ressorts à lames, frottement des lames entre elles ;

» les points d'articulation élastiques (Silentbloc) travaillant en torsion et frottement ;

» des amortisseurs, généralement hydrauliques, montés en parallèle avec la suspension.

» L'importance de l'amortissement et son effet sont déterminés par :

» la section des trous,

» la raideur des ressorts des clapets, qui permettent un passage plus ou moins facile du liquide suivant le sens du déplacement (figure 17.9).

Dans un amortisseur télescopique, le déplacement du piston vers le haut nécessite l'entrée de la tige de poussée à l'intérieur du cylindre.

Le volume de cette tige déplace un volume de liquide correspondant. L'amortisseur serait bloqué (incompressibilité des liquides) si l'on n'aménageait pas une chambre compensatrice qui permette les variations de volume du liquide à chaque mouvement du piston.

Il existe plusieurs solutions technologiques.

Exemple

La figure 17.9 schématise un amortisseur à chambre compensatrice à gaz.
La montée du piston et de sa tige tend à diminuer le volume de la chambre, ce qui augmente la pression. La cloison mobile de la chambre compensatrice se déplace, comprimant le gaz.

Remarque

Dans cet exemple, ce dispositif ajoute une certaine raideur à celle de l'élément élastique principal.

17.3 Analyse fonctionnelle

L'étude dynamique de la suspension fait apparaître que :

» le véhicule est en contact au sol par quatre roues ;

» les actions du sol sont diverses ;

» les quatre éléments de suspension réagissent les uns sur les autres.

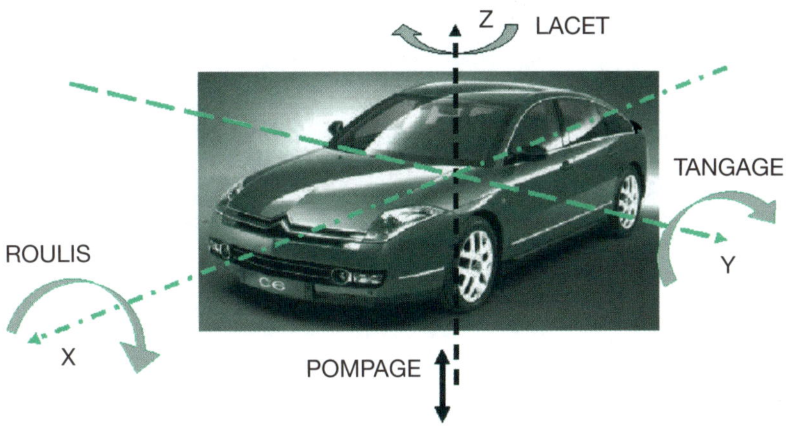

Figure 17.10 *Étude dynamique de la suspension.*

Ces différentes réactions sont schématisées par les figures ci-dessus et 17.11.

» Pompage : translation suivant l'axe OZ, provoquée par une dénivellation uniformément répartie sur les essieux.

» Tangage : rotation suivant l'axe OY, provoquée par l'espacement des obstacles.

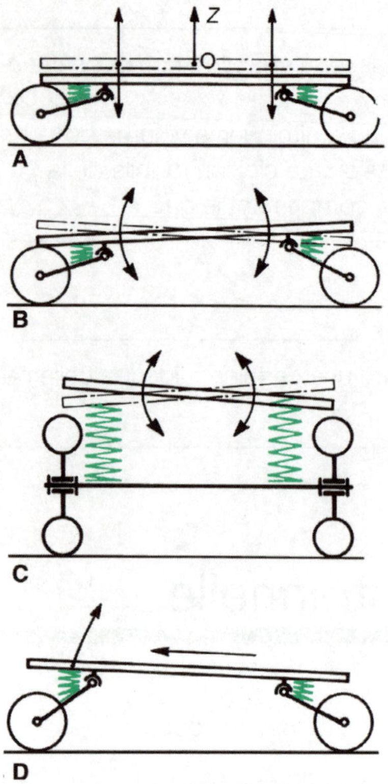

Figure 17.11 *Réactions dynamiques.*

A. Pompage.
B. Tangage.
C. Roulis.
D. Câbrage.

» Roulis : rotation suivant l'axe OX, provoquée par les sollicitations alternatives des deux roues d'un même essieu.

» Cabrage : au démarrage, la force d'inertie provoque un couple de basculement suivant l'axe OY, qui déleste l'essieu avant et surcharge l'essieu arrière d'autant (amorce de tangage).

Ces phénomènes sont plus importants dans les suspensions souples (faible rapport *K/M*) et à grand débattement.

» Lacets : la rotation se fait suivant l'axe vertical OZ.

Ces divers mouvements :

» incommodent les passagers ;

» affectent la tenue de route et le freinage par variations d'adhérence incontrôlables.

Il importe donc de limiter leurs effets aussitôt après leur apparition, sans affecter les qualités de la suspension.

Le tangage, ou « galop », peut être limité par l'utilisation de ressorts et d'amortisseurs de raideurs différentes à l'avant et à l'arrière. Dans tous les cas, la fréquence propre à l'essieu arrière doit être supérieure à celle de l'essieu avant, quelle que soit la charge.

Le roulis peut être limité par une barre de torsion, appelée « barre antiroulis », généralement de faible raideur, qui relie les deux bras indépendants d'un même essieu (figure 17.12).

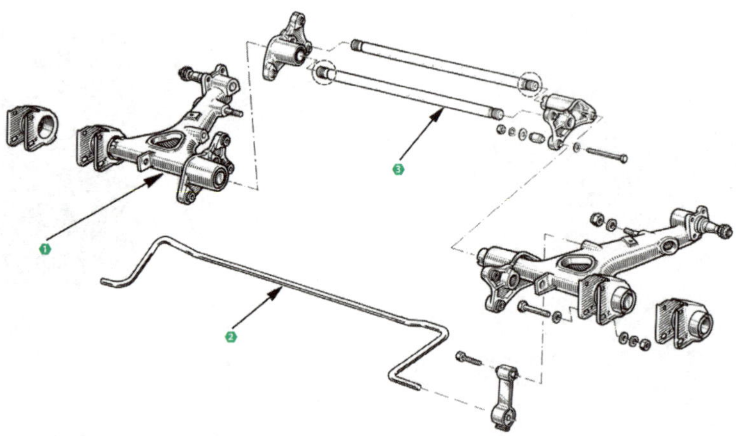

Figure 17.12 *Train arrière, suspension par barre de torsion (document Renault).*

❶ Bras de suspension.
❷ Barre de torsion.
❸ Barres antiroulis.

Lorsque la caisse bascule latéralement, un des bras de suspension se trouve étiré, l'autre est enfoncé dans la caisse. La barre est alors mise en contrainte de torsion et tend à ramener les deux bras de suspension au même niveau, ce qui a pour effet de faire cesser le roulis.

Remarque

Les lacets proviennent principalement de la dérive des pneumatiques, phénomène que nous étudierons dans le chapitre 20.

Le cabrage à l'accélération comme la plongée au freinage peuvent être limités par une disposition géométrique particulière des axes des bras de suspension avant (voir figure ci-après).

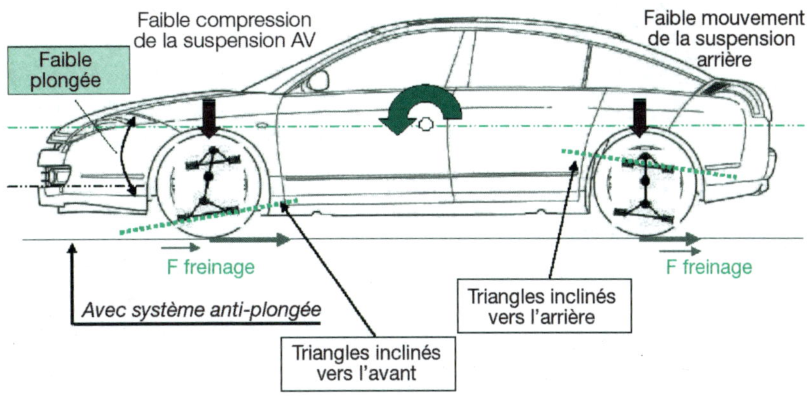

Figure 17.13 *Disposition géométrique particulière des axes des bras de suspension avant.*

Principe de fonctionnement des amortisseurs hydrauliques

L'amortisseur réalise un freinage par laminage d'un fluide hydraulique dans des trous calibrés.

On rencontre deux dispositions principales :

» **Déplacement d'un piston dans un liquide** (figure 17.14) : les deux extrémités de l'amortisseur télescopique sont fixées, comme le ressort, d'un côté au train roulant et de l'autre à la caisse. À chaque débattement de suspension, le piston se déplace dans son cylindre. Ses mouvements sont gênés par la présence du liquide qui s'oppose à son déplacement.
Le déplacement du piston ne pourra s'effectuer que si le liquide peut passer d'une chambre dans l'autre. Des trous calibrés, pratiqués dans le piston, permettent le passage du liquide entre les deux chambres. Les mouvements relatifs entre la caisse et le train roulant, freinés, ne pourront s'effectuer avec la même amplitude et seront rapidement arrêtés (figure 17.15).

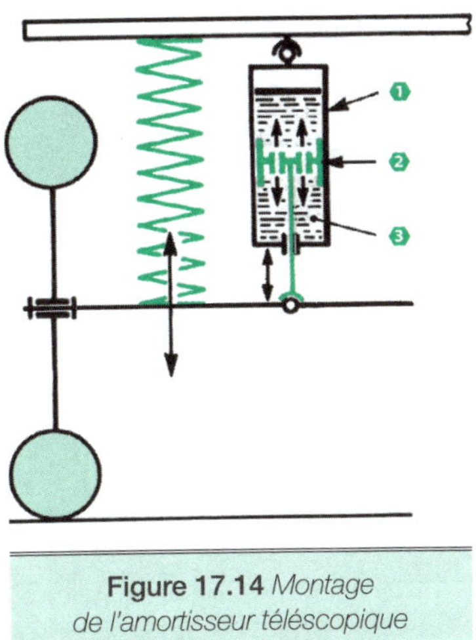

Figure 17.14 *Montage de l'amortisseur téléscopique en parallèle avec la suspension.*

1 Cylindre.
2 Piston percé de trous calibrés.
3 Fluide hydraulique.

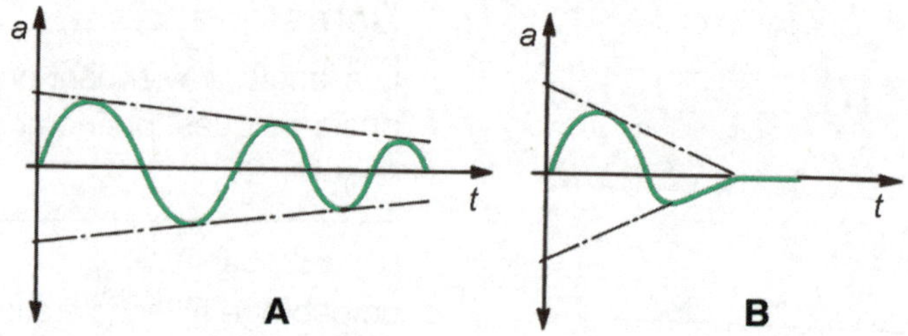

Figure 17.15 *Oscillations d'une suspension.*

A. Sans amortisseur.
B. Avec amortisseur.

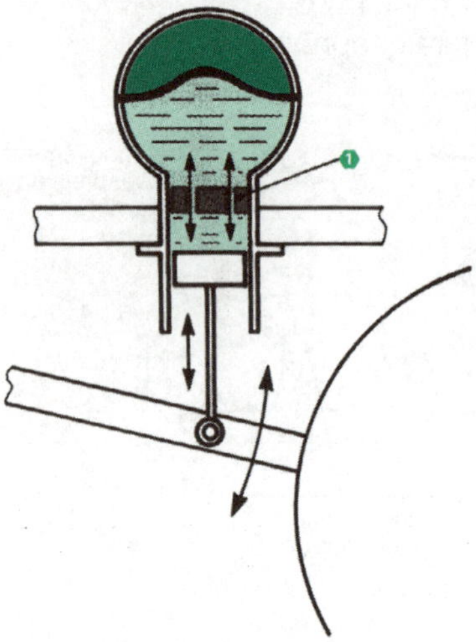

Figure 17.16 *Suspension hydropneumatique.*

Déplacement du liquide à travers les trous *de l'amortisseur fixe* ❶.

» **Déplacement d'un liquide à travers un amortisseur fixe** : la suspension hydropneumatique Citroën (figure 17.16), équipée d'un cylindre et d'un piston ayant un mouvement relatif. Un déplacement de liquide est nécessaire à la transmission de l'effort à la masse d'air, il suffit d'incorporer un piston fixe percé de trous calibrés pour assurer l'amortissement.

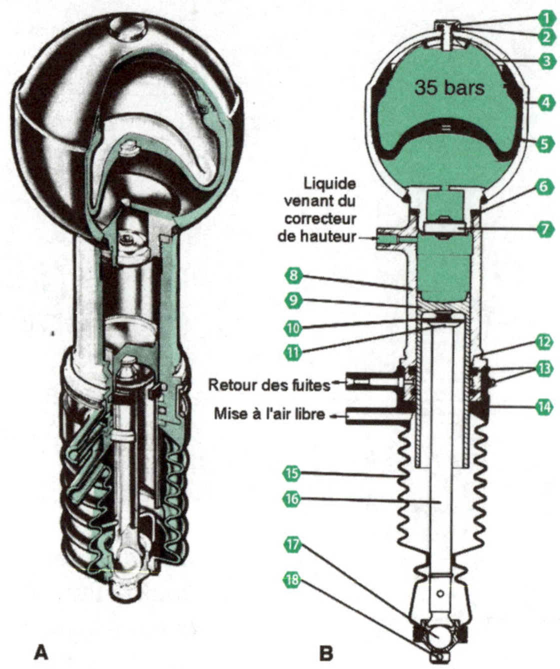

Figure 17.17 *Cylindre de suspension (document Citroën).*

❶ Vis d'obturation.
❷ Joint torique.
❸ Coupelle.
❹ Bloc pneumatique.
❺ Membrane.
❻ Joint torique.
❼ Amortisseur.
❽ Cylindre.
❾ Piston.
❿ Grain.
⓫ Rondelle de centrage.
⓬ Joint téflon.
⓭ Joints toriques.
⓮ Joint feutré.
⓯ Pare-poussière.
⓰ Tige de suspension.
⓱ Bille.
⓲ Logement de bille.

Fonctionnement d'un amortisseur

Phase de détente

Le fluide doit passer de la chambre supérieure à la chambre inférieure. Pour cela, il passe au travers d'un des deux clapets calibrés, ce qui freine le déplacement de la tige et amortit donc les oscillations de la caisse.

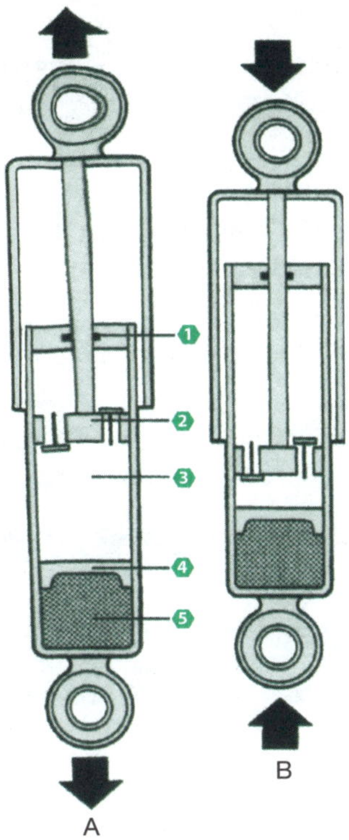

Lorsque la tige se déplace, le volume total des deux chambres change. Le gaz sous pression et le piston flottant (qui se déplace) permettent de compenser ces variations de volume.

Phase de compression

Le fluide doit passer de la chambre inférieure à la chambre supérieure. De la même manière, il passe au travers d'un des deux clapets calibrés, ce qui freine le déplacement de la tige.

Le piston flottant et le gaz sous pression permettent de compenser ces variations de volume.

Figure 17.18 *Fonctionnement d'un amortisseur.*

A. Détente.
B. Compression.
1 Joint ;
2 Piston de travail ;
3 Huile ;
4 Piston flottant ;
5 Gaz (25 à 30 bars).

Résumé

Oscillations de la suspension

Les obstacles rencontrés par les roues d'un véhicule lui communiquent des mouvements oscillatoires néfastes à la tenue de route et au confort des passagers.

Notions de fréquence d'une suspension

La fréquence d'une suspension est le nombre de cycles effectués par seconde et s'exprime en hertz (Hz). Pour qu'une suspension soit confortable, sa fréquence doit être maintenue aux environs de 1 Hz (± 0,3 Hz).

La fréquence d'une suspension est fonction du rapport :

$$\frac{K}{M} = \frac{\text{Raideur du ressort}}{\text{Masses suspendues}}$$

et pour une raideur de ressort donnée, du rapport :

$$\frac{m}{M} = \frac{\text{Masses non suspendues}}{\text{Masses suspendues}}$$

La masse des éléments du train roulant doit être la plus légère possible par rapport à la masse de la caisse.

Amortissement des oscillations

Les oscillations de la caisse doivent être rapidement arrêtées par dissipation d'une partie de l'énergie emmagasinée par les ressorts. Cette fonction est réalisée par des amortisseurs en général hydrauliques.

Réactions dynamiques du véhicule

Le pompage est le mouvement du véhicule suivant un axe vertical. Il est limité par les amortisseurs.

Le tangage est le pompage alternatif de chaque essieu. Il est limité par une fréquence de suspension arrière supérieure à celle de l'essieu avant quelle que soit la charge.

Le roulis est un mouvement latéral alternatif de la caisse. Il est diminué par le montage de barres antiroulis, reliant les deux roues indépendantes d'un même essieu.

Le cabrage est un couple provoqué par la force de traction du véhicule. Il est limité par une disposition géométrique des axes des bras de suspension formant un angle α par rapport à la normale au sol.

Testez vos connaissances

1. L'élément élastique principal dans une suspension est :

a ☐ *l'amortisseur* b ☐ *le ressort* c ☐ *le pneumatique*

2. Une partie de l'énergie cinétique acquise par le ressort lors d'un choc est transformée par l'amortisseur en :

a ☐ *énergie mécanique* b ☐ *énergie hydraulique* c ☐ *énergie thermique*

3. L'amortisseur permet de :

a ☐ *remplacer le ressort* b ☐ *freiner les mouvements du ressort*
c ☐ *diminuer la raideur du ressort*

4. Le rebond de la caisse correspond pour le ressort :

a ☐ *à son repos* b ☐ *à sa compression* c ☐ *à sa détente*

5. Le balancement de la caisse dans le sens transversal – droite/gauche – se nomme :

a ☐ *le roulis* b ☐ *le tangage* c ☐ *le pompage*

Entraînez-vous

Effectuez une étude sur une suspension de type « Mac Pherson » à amortisseur incorporé.

Effectuez les schémas montrant :
- la disposition des éléments de suspension ;
- le fonctionnement de l'amortisseur.

Indiquez :
- les avantages de ce type de suspension ;
- l'entretien périodique à effectuer et les possibilités de réparation.

La suspension pilotée
chapitre 18

18.1 Mise en situation

Nous avons défini précédemment qu'il est souhaitable d'avoir une suspension dont la raideur varie avec la charge – faible à vide et plus élevée en charge – afin d'offrir un maximum de confort aux passagers et d'éviter les affaissements trop importants de la caisse en charge.

Cette disposition peut être réalisée :

» par l'utilisation de deux ressorts différents, positionnés d'une manière particulière (ressort compensateur) ;

» par une suspension pilotée.

La suspension pilotée est un dispositif dont la fonction est de limiter les mouvements de la caisse (roulis, tangage, lacets) lors des modifications d'allure ou de trajectoire.

Par exemple, lors d'un virage, la force centrifuge provoque un report de charge sur le côté extérieur au virage, ce qui modifie la tenue de route du véhicule par modification de la géométrie des trains roulants.

Figure 18.1 *Suspensions pilotées.*

Le calculateur reçoit les informations issues des différents capteurs, puis pilote ses actionneurs afin d'anticiper les accélérations longitudinales (cabrage, plongée), transversales (roulis) et verticales (pompage) afin d'améliorer la tenue de route et le confort des passagers.

Avantages

Amélioration de la sécurité et de l'agrément de conduite :

- » adaptation de l'amortissement à l'état de la chaussée et au style de conduite ;
- » abaissement du centre de gravité ;
- » moindre résistance à l'air, donc consommation diminuée ;
- » réduction de la force ascensionnelle sur l'essieu avant.

Adaptation individuelle :

- » augmentation de la garde au sol en cas de chaussée accidentée,
- » possibilité de choisir deux types de lois d'amortissement privilégiant le style de conduite confortable ou sportif.

18.2 Analyse structurelle

Figure 18.2 *Éléments constitutifs de la suspension pilotée.*

Éléments constitutifs

Le calculateur		Le calculateur sélectionne la loi d'amortissement la plus adéquate en fonction des informations issues des capteurs. Il intègre les fonctions suivantes : – alerte défaut grave suspension, – sélection mode d'amortissement, – alerte combinée suspension « Auto/Sport », – contrôle du comportement véhicule, – contrôle du confort, – régulation ESP.
Les actionneurs		Coiffant la tige d'amortisseur, ils commandent les clapets par rotation de la tige centrale. Ce sont des moteurs pas à pas.
Les capteurs d'accélération verticale	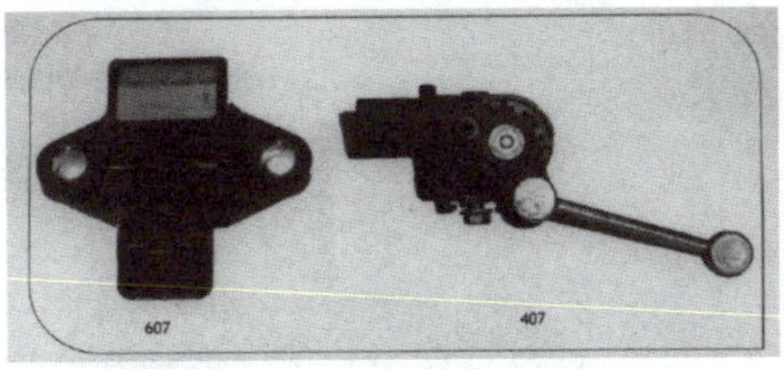	Ces capteurs permettent le pilotage de la loi d'amortissement roue par roue. Ils donnent une image électrique de la position, de l'amplitude et des vitesses de déplacements de la roue par rapport à la caisse.
L'interrupteur « auto/sport »	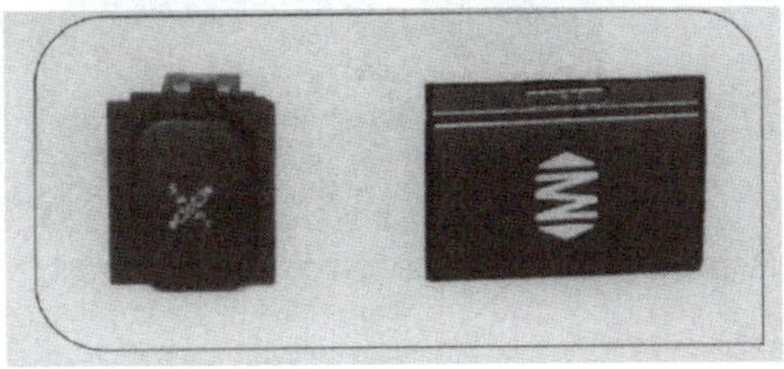	Placé sur la console centrale, il permet au conducteur de sélectionner le mode « Sport » qui limite l'utilisation des lois aux cinq dernières (les plus fermes). Par défaut, et à chaque mise du contact, le mode « Auto » est sélectionné.

18.3 Analyse fonctionnelle

Après traitement des informations issues des capteurs de débattement ou capteurs de hauteur et des informations reçues par le réseau multiplexé, le calculateur pilote ses actionneurs afin de placer ses amortisseurs dans la loi la plus adéquate en fonction des sollicitations.

Par exemple :

» Limitation des mouvements de caisse en ligne droite et à vitesse stabilisée pour accroître le confort (sollicitation route) ;

» durcissement de la suspension lors des virages, des freinages et des accélérations pour garantir la stabilité et la tenue de route (sollicitation conducteur) ;

» variation de l'amortissement pour conserver un comportement homogène en cas de :

- roulage à basse vitesse,
- charge du véhicule,
- obstacles de type « ralentisseur » ,
- freinage sur revêtement dégradé,
- entrée en régulation ESP.

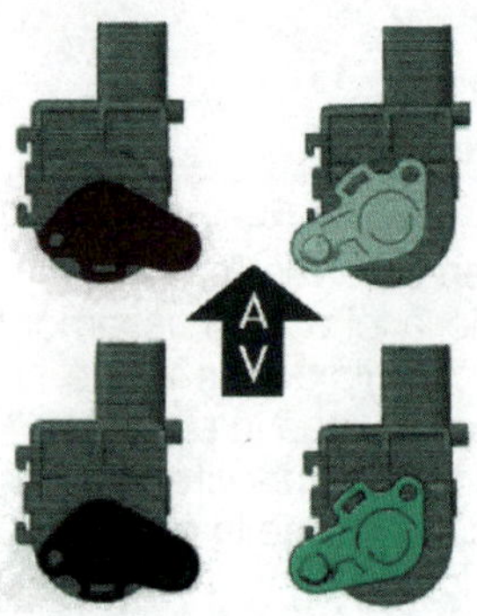

Figure 18.3 *Synoptique de fonctionnement de la suspension pilotée.*

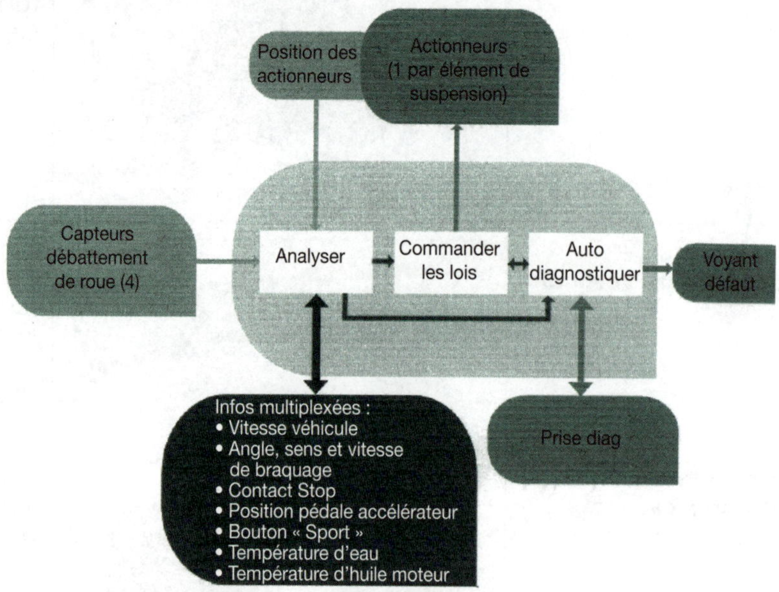

Remarque : Les capteurs de hauteur de caisse sont spécifiques et sont repérés par une couleur correspondant avec leur position sur le véhicule.

Le pilotage de chaque amortisseur est effectué en fonction :

» des débattements de chaque roue, fournis par les capteurs de hauteur de caisse ;

» de la vitesse du véhicule, fournie par le calculateur d'ESP ;

» de la charge du véhicule et de la répartition avant/arrière de cette charge, qui sont estimées par le calculateur à partir de l'amplitude des mouvements de roues et de la hauteur de la caisse ;

» de l'état de la route, calculé également à partir des mouvements de roues ;

» de la demande du mode « Sport » par le conducteur ;

» de l'angle, de la vitesse et du sens de rotation du volant ;

- de l'info frein et de la pression maître-cylindre données par l'ESP ;
- de la vitesse de lacet et de l'accélération latérale fournies par l'ESP ;
- du couple moteur fourni par le calculateur moteur.

Le fonctionnement normal peut être modifié par des détections de cas particuliers :

- lorsque les débattements d'une roue approche la fréquence d'environ 15 Hz (risque de résonance), la loi de l'amortisseur est modifiée pour ne pas détériorer le confort ;
- lorsqu'il y a régulation ESP, le calculateur détermine une raideur minimale et interdit les positions moins raides ;
- lorsqu'il y a freinage sur chaussée déformée, le calculateur reçoit l'information de l'adhérence de chaque roue (fournie par l'ESP) et adapte l'amortissement de façon à rendre le véhicule plutôt sous-vireur.

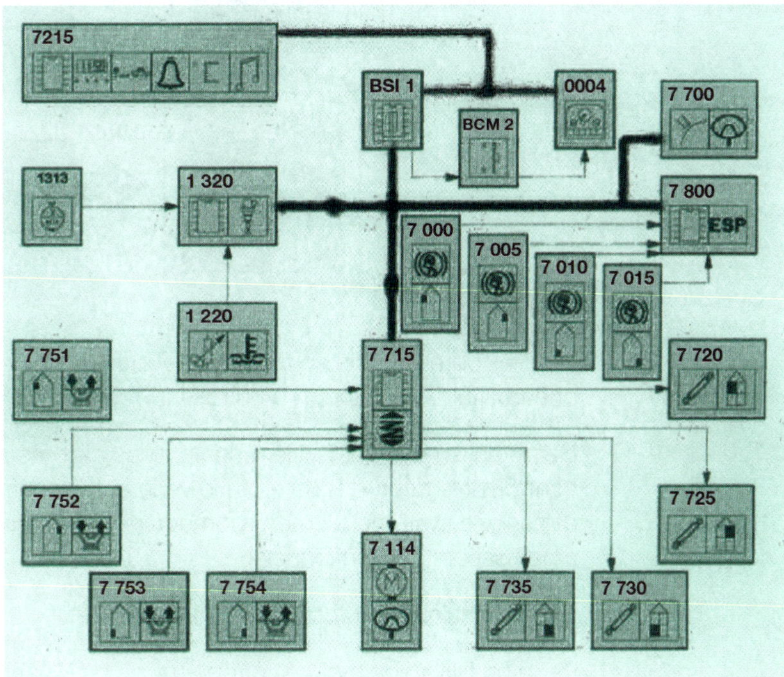

Figure 18.4 *Synoptique.*

BSI 1 : Boîtier de servitude intégré BCM2 : Bloc commutateur 0004 : Combiné 1220 : Capteur de température moteur 1313 : Capteur régime moteur 1320 : Calculateur d'injection 7000 : Capteur ABS avant gauche 7005 : Capteur ABS avant droit 7010 : Capteur ABS arrière gauche 7015 : Capteur ABS arrière droit 7114 : Valve de direction assistée 7215 : Écran multifonction	7700 : Capteur d'angle au volant 7715 : Calculateur suspension/direction 7720 : Amortisseur avant gauche 7725 : Amortisseur avant droit 7730 : Amortisseur arrière gauche 7735 : Amortisseur arrière droit 7751 : Capteur de hauteur de caisse AVG 7752 : Capteur de hauteur de caisse AVD 7753 : Capteur de hauteur de caisse ARG 7754 : Capteur de hauteur de caisse ARD 7800 : Calculateur ABS/ESP

La suspension Hydractive

Pour mémoire, les ressorts sont remplacés par des coussins d'azote confinés dans des sphères en acier solidaires de la coque. Une membrane en élastomère divise la sphère en deux cavités, celle de l'autre côté de la membrane étant remplie d'huile spécifique (LHM). Les sphères sont vissées en haut d'un vérin de suspension dont le piston est lié aux débattements de la roue.

La suspension hydropneumatique Citroën est composée d'une sphère de suspension jouant le rôle de ressort, et d'un amortisseur sous forme de « cartouche » placée entre le cylindre de suspension et la sphère.

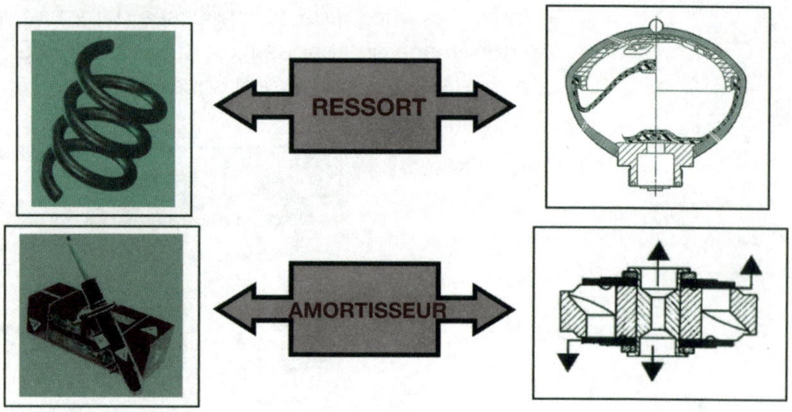

Figure 18.5 *Suspension hydractive.*

Une flexibilité variable en fonction de la charge est l'avantage principal d'un ressort pneumatique par rapport à un ressort métallique.

L'amortissement est confié à des orifices calibrés et complétés de soupapes qui contrôlent le débit d'huile entre le vérin et la sphère, freinant ainsi les mouvements de caisse. Ce système d'amortissement intégré est inusable, contrairement aux amortisseurs conventionnels.

La suspension Hydractive 3 se compose :

- d'un BHI (bloc hydroélectronique intégré), véritable « cœur » du système, qui intègre un puissant calculateur, un générateur autonome de pression hydraulique (pompe et électrovannes de distribution hydraulique) et un moteur électrique ;
- de quatre sphères de suspension ;
- de régulateurs de raideur avant et arrière avec leur sphère ;
- de capteurs de hauteur électriques reliés aux barres antidévers ;
- et d'une commande et d'un indicateur de position sur l'écran multifonction.

La suspension Hydractive 3 s'adapte automatiquement et en permanence au style de conduite et à l'état de la route.

L'Hydractive peut avoir deux lois d'amortissement : une suspension « confort » et une suspension « dynamique ».

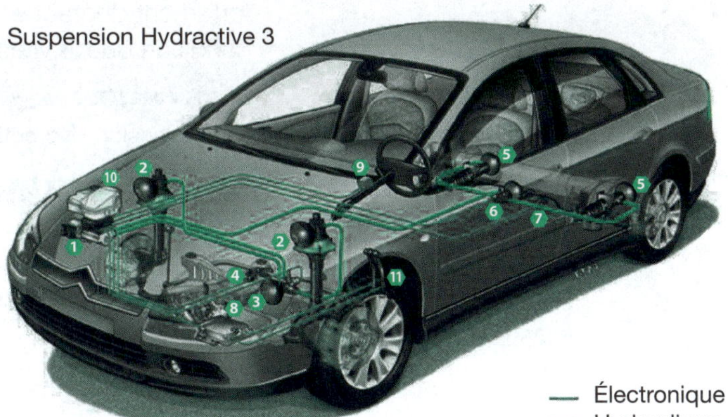

Figure 18.6 *Suspension hydractive 3 (Doc. Citroen).*

Électronique
Hydraulique
1 BHI : Bloc Hydro-électronique intégré.
2 Éléments porteurs AV.
3 Régulateur de raideur AV.
4 Capteur électronique de position AV.
5 Cylindres Hydropneumatiques AR.
6 Régulateur de raideur AR.
7 Capteur électronique de position AR.
8 BSI : Boitier de Servitude intelligent.
9 Capteur de volant de direction.
10 Réservoir de liquide hydraulique.
11 Pédales d'accélérateur et de freinage.

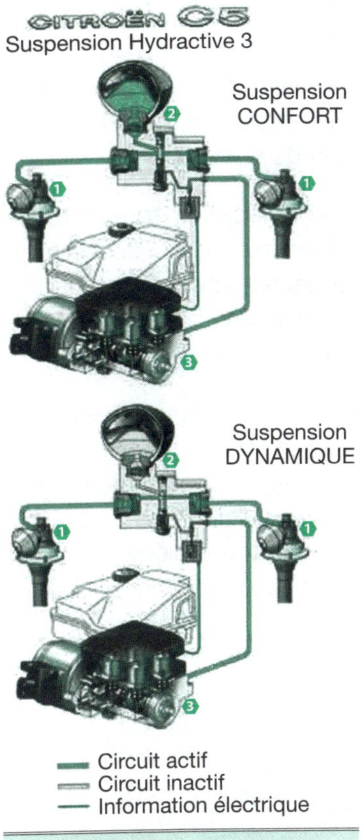

Figure 18.7 *Hydractive 3 : Suspension dynamique ou confort.*

1 Éléments porteurs + sphères principales
2 Régulateur de raideur + sphère additionnelle
3 BHI Bloc hydro-électronique intégré

Chaque essieu est équipé d'une troisième sphère déconnectable qui fait varier la flexibilité et l'amortissement. Elle est isolée pour obtenir un état « dynamique » ou activée pour un état « confort ».

Les états « dynamique » ou « confort » sont choisis en se basant sur les informations reçues par des capteurs de hauteur, du volant de direction, de la pression de freinage et sur le régime moteur en réseau multiplexé.

Les valeurs d'accélération longitudinale et transversale sont aussi collectées sur une période d'environ une minute.

Plus le style de conduite est dynamique, plus la fréquence de passage à l'état dynamique sera rapide et donc personnalisée.

Le conducteur a la possibilité de privilégier le passage à l'état dynamique (position « Sport ») par l'intermédiaire d'une commande située sur le poste de conduite.

Principe de fonctionnement

Une utilisation plus poussée de l'électronique a permis d'asservir la suspension aux conditions de vitesse et à l'état de la route :

» Jusqu'à 110 km/h, le véhicule est à sa hauteur de référence.

» Au-delà de 110 km/h, le châssis descend de 15 mm à l'avant et de 11 mm à l'arrière. Il permet ainsi l'amélioration de la stabilité du véhicule par l'abaissement du centre de gravité, la réduction de la consommation par la diminution du maître couple (S.Cx) et la réduction de la sensibilité au vent latéral. Le véhicule revient à sa hauteur de référence pour une vitesse inférieure à 90 km/h.

» Lorsque la chaussée se dégrade, la hauteur du châssis est augmentée pour accroître la garde au sol tout en préservant la tenue de route et le confort (position « Piste »). Sur route fortement dégradée, le véhicule s'élève jusqu'à 13 mm à condition que la vitesse soit inférieure à 70 km/h.

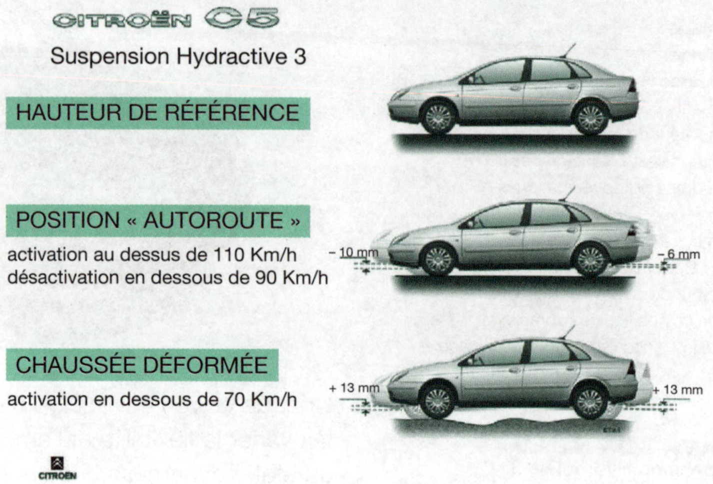

Figure 18.8 *Ajustement de la suspension.*

La suspension Hydractive 3 conserve, bien entendu, les avantages procurés par l'hydraulique comme, par exemple, une hauteur de référence constante quelle que soit la charge du véhicule.

L'assiette est contrôlée par des capteurs de débattement des roues et par des capteurs de pression hydraulique qui jaugent la charge sur chaque essieu. Pour maintenir la voiture à hauteur constante indépendamment de sa charge, la pression nécessaire est générée par groupe électropompe intégré au BHI.

La correction automatique d'assiette autorise de grandes flexibilités de suspension. Cette dernière est ordinairement très souple et confortable, mais elle passe à un état plus ferme pour contenir les mouvements de caisse en virage, lors des accélérations et des freinages. Dans ce but, chaque vérin est relié non seulement à une sphère de roue mais aussi à une sphère centrale commune à l'avant et à deux sphères à l'arrière.

Fonction

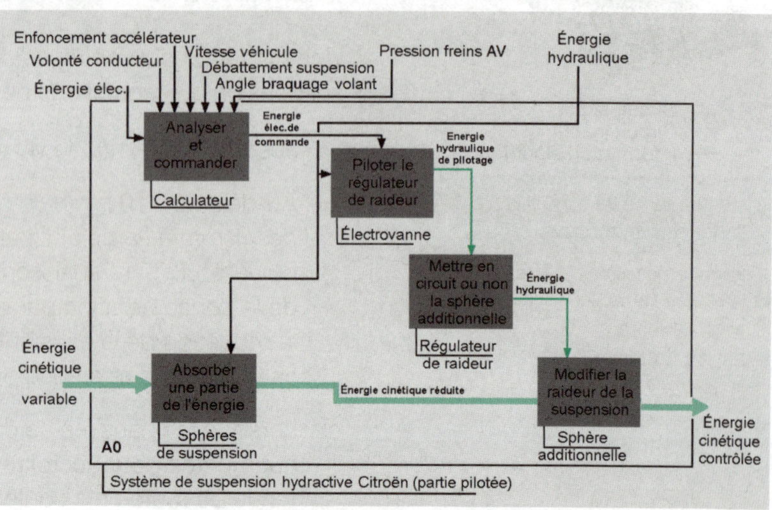

Figure 18.9 *Suspension hydractive. Analyse descendante simplifiée.*

Résumé

La suspension pilotée est un dispositif dont la fonction est de limiter les mouvements de la caisse (roulis, tangage, lacets) lors des modifications d'allure ou de trajectoire.

Principaux avantages :

» adaptation de l'amortissement à l'état de la chaussée et au style de conduite ;
» abaissement du centre de gravité ;
» moindre résistance à l'air, donc consommation diminuée ;
» réduction de la force ascensionnelle sur l'essieu avant ;
» augmentation de la garde au sol en cas de chaussée accidentée ;
» possibilité de choisir deux types de lois d'amortissement privilégiant le style de conduite confortable ou sportif.

Qualités de la suspension hydropneumatique

Elle permet :

- une suspension à raideur variable en fonction de la charge ;
- une hauteur caisse/sol constante quelle que soit la charge ;
- une modification de la hauteur au gré du conducteur pour :
  » le passage d'obstacles,
  » le remplacement d'une roue sans effort.

Suspension pilotée ou Hydractive

La raideur de la suspension peut être modifiée par interposition ou non, dans le circuit de suspension de chaque essieu, d'une sphère additionnelle. L'état « ferme » supprime l'action de cette troisième sphère en fonction de divers paramètres. L'état « mœlleux » rétablit son action.

Testez vos connaissances

1. Citez deux types de ressorts à raideur variable :

a ☐ *ressorts à lames*

b ☐ *ressorts à gaz*

c ☐ *barres de torsion*

d ☐ *ressorts double*

2. Si l'on charge le véhicule sur un véhicule équipé de la suspension pilotée, la hauteur de caisse :

a ☐ *diminue*

b ☐ *augmente*

c ☐ *reste constante*

3. Dans une suspension hydropneumatique, l'élément élastique est :

a ☐ *la membrane*

b ☐ *le liquide*

c ☐ *le gaz*

4. Dans la suspension Hydractive, la sphère additionnelle est mise en service par :

a ☐ *le régulateur de raideur*

b ☐ *l'électrovanne*

c ☐ *le calculateur*

Entraînez-vous

1. Relevez les caractéristiques de la suspension et de la réserve de pression sur un véhicule Citroën équipé d'une suspension Hydractive.
2. Recherchez les caractéristiques et particularités du liquide employé dans ce circuit hydraulique de suspension.

La direction
chapitre 19

19.1 Mise en situation

Figure 19.1 *La direction.*

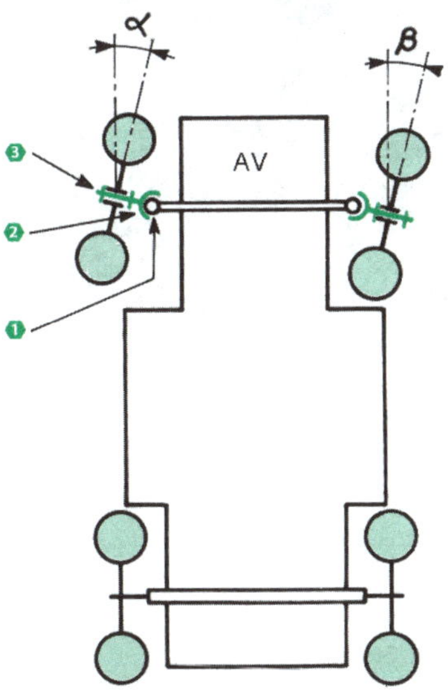

Figure 19.2 *Orientation des roues AV.*

❶ Axe du pivot.
❷ Porte-fusée.
❸ Fusée.
α et β : angles de braquage des roues AV.

Lorsqu'un véhicule roule, sa direction doit être modifiée en fonction (figure 19.1) :

» du tracé de la route (virages) ;
» des irrégularités du sol (réactions) ;
» de l'influence du vent latéral (dérive) ;
» des manœuvres à effectuer.

Figure 19.3 *Fonction de la détection.*

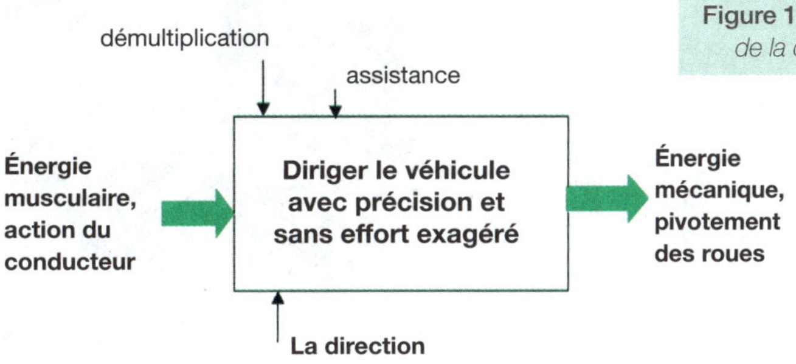

Chaque extrémité de l'essieu ou des deux demi-essieux avant comporte un axe, qui permet le pivotement du porte-fusée (figure 19.4). C'est l'axe de pivot. La position géométrique de cet axe est très importante (voir chapitre 20).

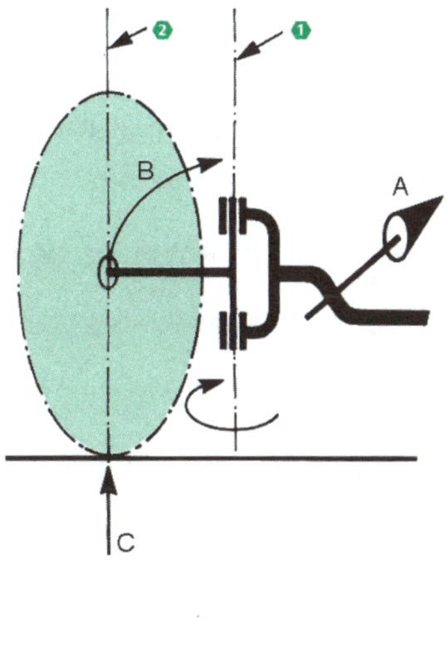

Figure 19.4 *Pivotement d'une roue.*

❶ Axe de pivot.
❷ Plan moyen de la roue.
A. Avancement du véhicule.
B. Braquage à droite.
C. Action du sol sur la roue.

19.2 Analyse structurelle

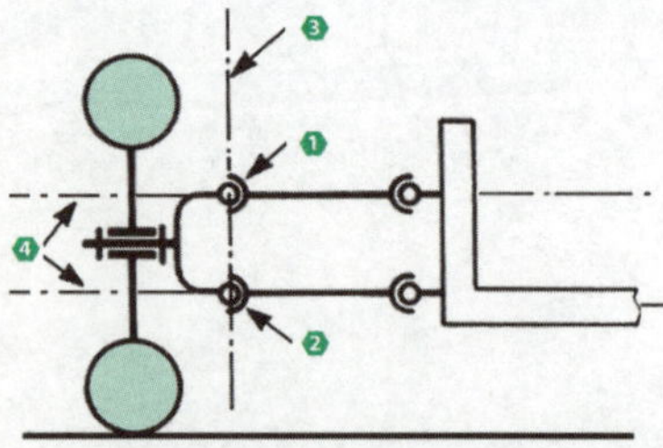

Figure 19.5 *Pivot pour train à roues indépendantes. Rotule de direction-suspension.*

1 Rotule supérieure.
2 Rotule inférieure.
3 Axe de pivotement.
4 Axes des mouvements de suspension.

Sur un système de pivot à roues indépendantes l'articulation doit permettre :

» le mouvement de direction (axe vertical) ;

» le mouvement de suspension (axe horizontal).

Des rotules, interposées entre les bras de suspension et le porte-fusée, permettent de réaliser l'articulation suivant deux axes. L'axe de pivotement est matérialisé par une ligne passant par le centre des deux rotules.

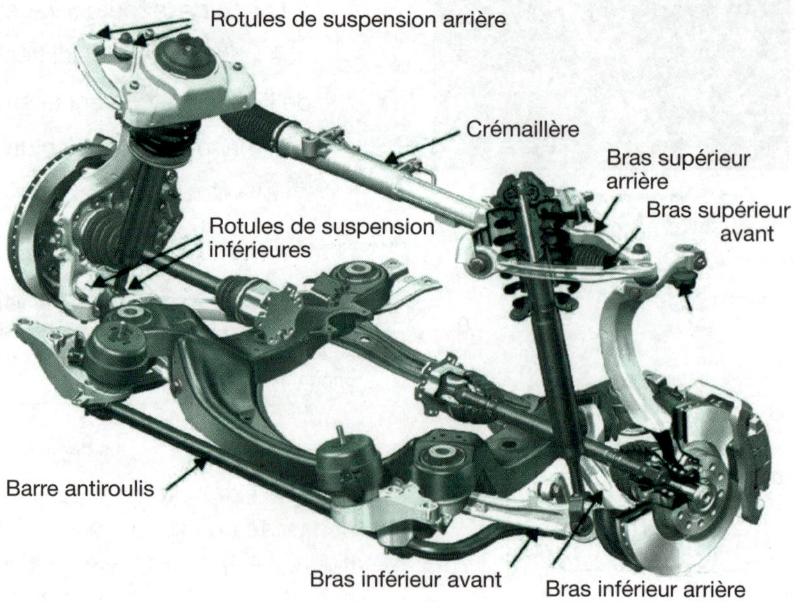

Figure 19.6 *Éléments constitutifs de la direction.*

Figure 19.7 *Demi-train avant à roues indépendantes (document Citroën).*

La commande de rotation est possible grâce à un bras, solidaire du porte-fusée, qui peut être positionné :

» en avant ou en arrière de l'axe des fusées ;

» au-dessus ou au-dessous de celui-ci.

Il existe deux types de mécanismes :

» boîtier de direction (figure 19.8) ;

» crémaillère (figures 19.9).

La direction
chapitre 19

19.1 Mise en situation

Figure 19.1 *La direction.*

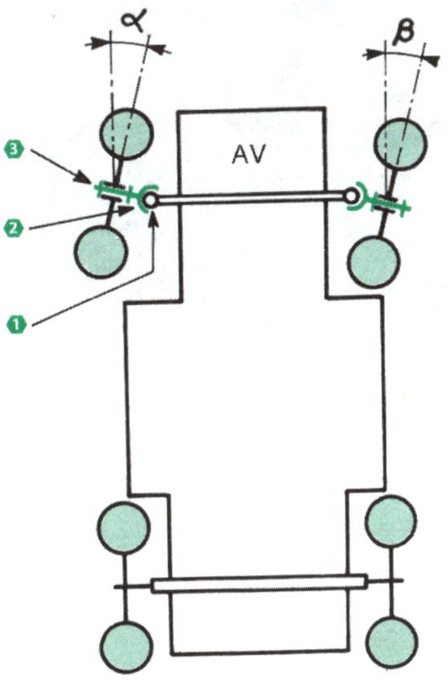

Figure 19.2 *Orientation des roues AV.*

❶ Axe du pivot.
❷ Porte-fusée.
❸ Fusée.
α et β : angles de braquage des roues AV.

Lorsqu'un véhicule roule, sa direction doit être modifiée en fonction (figure 19.1) :

- du tracé de la route (virages) ;
- des irrégularités du sol (réactions) ;
- de l'influence du vent latéral (dérive) ;
- des manœuvres à effectuer.

Figure 19.3 *Fonction de la détection.*

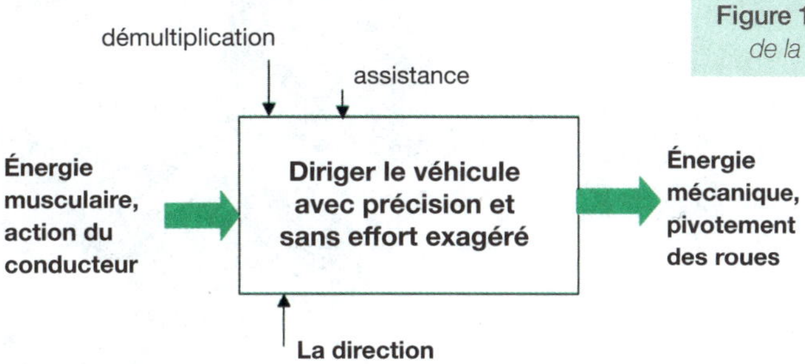

Chaque extrémité de l'essieu ou des deux demi-essieux avant comporte un axe, qui permet le pivotement du porte-fusée (figure 19.4). C'est l'axe de pivot. La position géométrique de cet axe est très importante (voir chapitre 20).

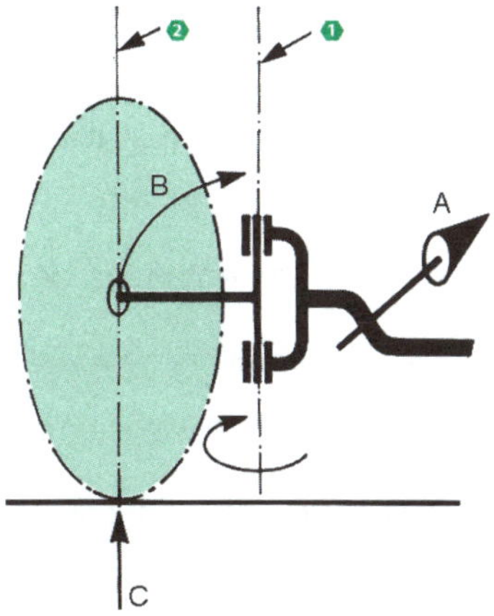

Figure 19.4 *Pivotement d'une roue.*

❶ Axe de pivot.
❷ Plan moyen de la roue.
A. Avancement du véhicule.
B. Braquage à droite.
C. Action du sol sur la roue.

19.2 Analyse structurelle

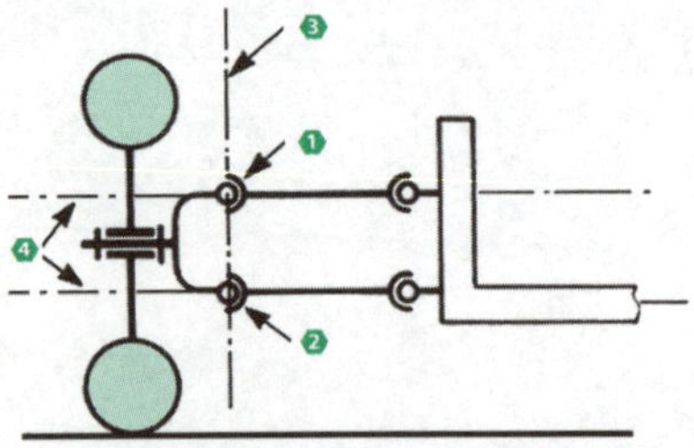

Figure 19.5 *Pivot pour train à roues indépendantes. Rotule de direction-suspension.*

1. Rotule supérieure.
2. Rotule inférieure.
3. Axe de pivotement.
4. Axes des mouvements de suspension.

Sur un système de pivot à roues indépendantes l'articulation doit permettre :

» le mouvement de direction (axe vertical) ;

» le mouvement de suspension (axe horizontal).

Des rotules, interposées entre les bras de suspension et le porte-fusée, permettent de réaliser l'articulation suivant deux axes. L'axe de pivotement est matérialisé par une ligne passant par le centre des deux rotules.

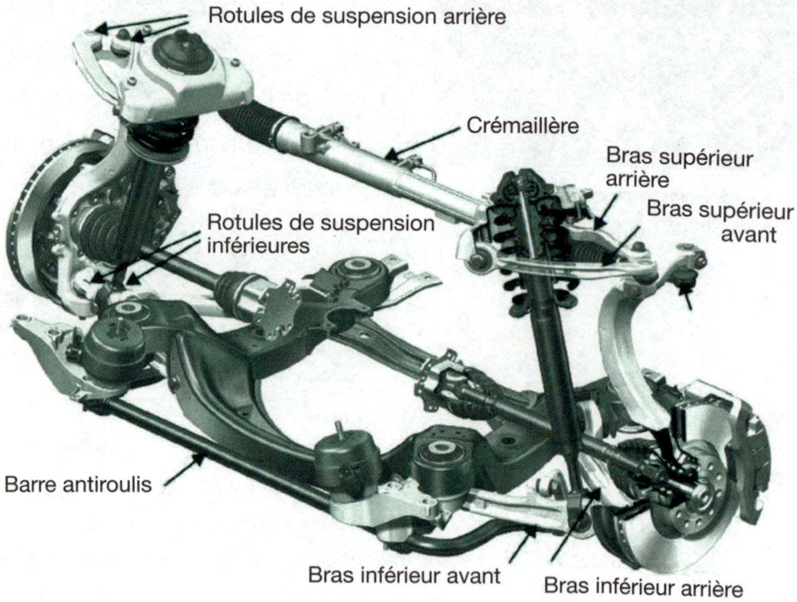

Figure 19.6 *Éléments constitutifs de la direction.*

Figure 19.7 *Demi-train avant à roues indépendantes (document Citroën).*

La commande de rotation est possible grâce à un bras, solidaire du porte-fusée, qui peut être positionné :

» en avant ou en arrière de l'axe des fusées ;

» au-dessus ou au-dessous de celui-ci.

Il existe deux types de mécanismes :

» boîtier de direction (figure 19.8) ;

» crémaillère (figures 19.9).

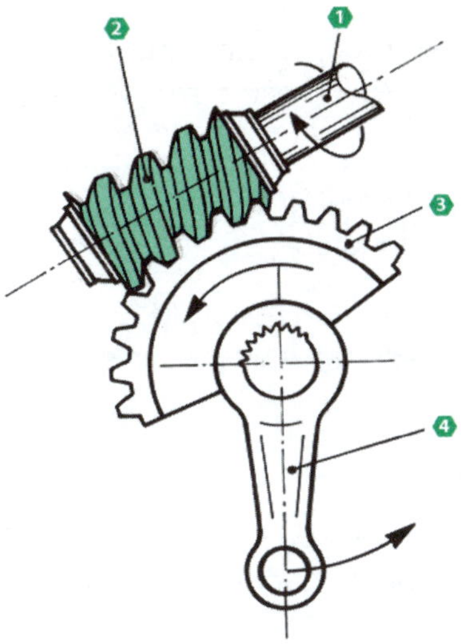

Figure 19.8 *Boîtier de direction à vis et secteur.*

1 Colonne de direction.
2 Vis sans fin.
3 Secteur de roue dentée.
4 Bielle pendante.

Figure 19.9 *Éléments de la direction à crémaillère.*

1 Colonne de direction articulée.
2 Crémaillère de direction.
3 Biellette de direction à manchon réglable.

Boîtier de direction

Son entrée est directement reliée à la colonne de direction. La démultiplication est réalisée par un engrenage.

Muni de cet engrenage à vis sans fin, il peut être fiabilisé par un « chemin de billes ».

Ce système n'est plus utilisé sur les véhicules de tourisme actuels.

Il est uniquement monté sur les véhicules lourds (4 x 4, camions…)

Crémaillère

Un pignon relié à la colonne de direction 1 entraîne une crémaillère 2 dans un mouvement latéral. Accouplé directement aux biellettes 3 de direction, ce système est peu encombrant et réduit le nombre d'articulations.

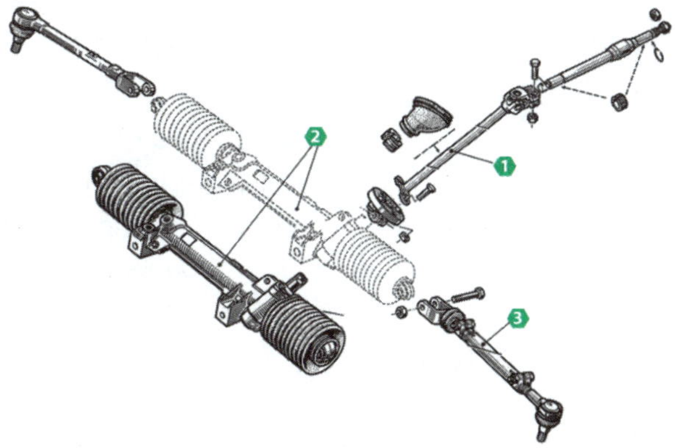

19.3 Analyse fonctionnelle

Le conducteur doit pouvoir diriger les roues avant :

» avec précision ;

» sans effort exagéré.

Ce qui implique une commande :

» sans jeu dans sa transmission ;

» démultipliée ;

» éventuellement assistée.

En effet, une direction trop directe (peu démultipliée) présente plusieurs inconvénients :

» au moindre mouvement du volant, le véhicule fait un écart de trajectoire important ;

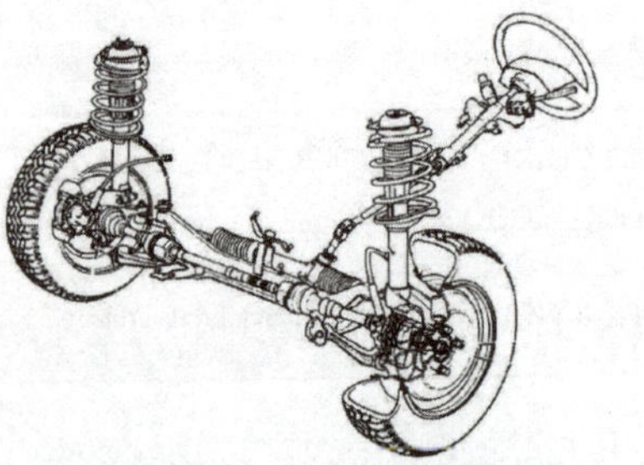

Figure 19.10 *Train avant avec le système de direction.*

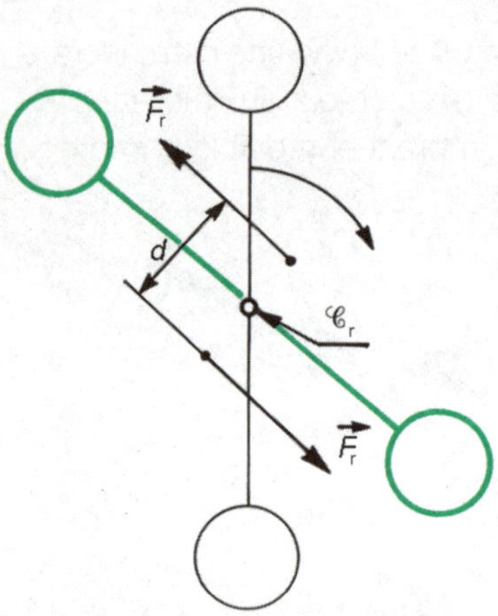

Figure 19.11 *Couple résistant à l'axe de pivot : $\mathscr{C}_r = F_r d$.*

$\vec{F_r}$: forces résistantes.
d : distance entre les deux forces.

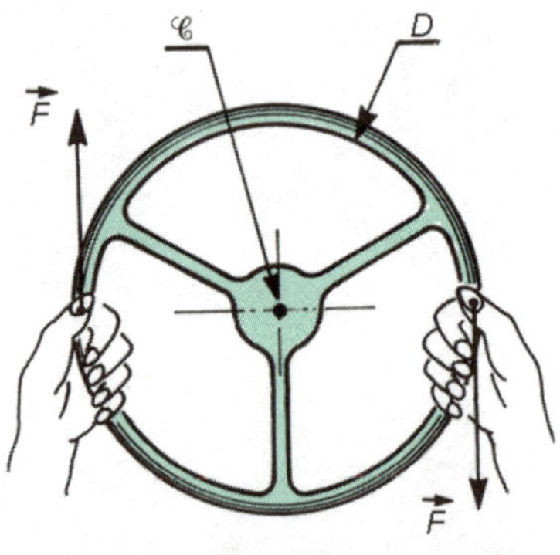

Figure 19.12 *Couple à l'axe du volant : $\mathscr{C} = FD$.*

$\vec{F}$: force donnée par le conducteur.
D : diamètre du volant.

» le couple résistant au pivotement des roues, important dans les manœuvres de stationnement, demande un effort exagéré de la part du conducteur ;

» les chocs reçus par les roues sont répercutés au volant, lequel risque d'échapper au contrôle du conducteur.

Pour réaliser ces conditions nous comprenons la nécessité d'interposer entre le volant et les pivots des roues un mécanisme démultiplicateur qui permette :

» de donner plus de précision à la direction ;

» de diminuer le couple à appliquer au volant de direction en augmentant le nombre de tours de volant pour un braquage donné ;

» de limiter la réversibilité (entraînement en rotation du volant par les mouvements des roues).

Calcul de la valeur du rapport de multiplication du couple de l'engrenage de direction :

Exemple

Prenons le cas d'un train avant dont l'adhérence des deux roues produit un couple résistant de 32 daN.m. (figure 19.11). Si l'on désire que le couple appliqué au volant par le conducteur ne dépasse pas 2 daN.m, il faut réaliser un mécanisme dont le rapport de couple R soit :

$$R = \frac{\text{couple aux roues}}{\text{couple au volant}} = \frac{32}{6} = \frac{16}{1}$$

Le rapport de démultiplication roue/volant devra donc être de 1/16.

Cela nous fait comprendre la nécessité d'effectuer plusieurs tours de volant pour un angle de pivotement des roues faible. Dans l'exemple choisi : à partir de la ligne droite, il faut deux tours de volant pour braquer les roues de 45° (en supposant la timonerie directe).

L'intensité de la force fournie par le conducteur est égale à (figure 19.12) :

$$F = \frac{\mathscr{C}}{D}$$

Si l'on veut diminuer l'effort à fournir par le conducteur, il est possible, pour un couple donné :

» d'augmenter le diamètre du volant (*D*),

» de diminuer l'intensité de la force (*F*) en utilisant un dispositif d'assistance.

Fonctionnement de la direction à crémaillère

Le mouvement de rotation du volant est transmis à un pignon qui entraîne une crémaillère dans un déplacement latéral (figure 19.13). Le rapport de démultiplication est déterminé par le diamètre du pignon. Son fonctionnement est réversible : il est possible d'entraîner le volant en agissant sur les roues (inconvénient).

De chaque côté, la sortie de crémaillère est directement reliée au porte-fusée par une seule biellette.

La direction à crémaillère est couramment montée par les constructeurs, car elle présente pour avantages :

» la légèreté et un faible encombrement de l'ensemble crémaillère-timonerie ;

» une réduction des articulations et des jeux ;

» une bonne adaptation aux roues indépendantes.

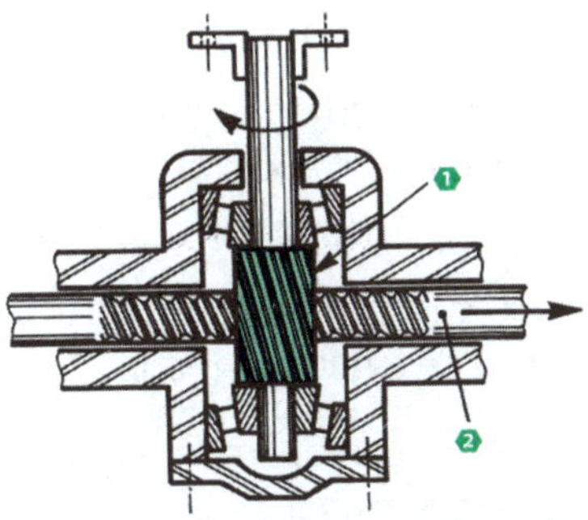

Figure 19.13 *Crémaillère de direction.*

1 Pignon.
2 Crémaillère.

L'assistance de la direction

Une assistance est nécessaire lorsque :

» l'importance du couple résistant aux roues nécessiterait une trop grande démultiplication ;

» la réversibilité de la direction (à crémaillère) risquerait de répercuter au volant des chocs trop importants ;

» l'on veut améliorer le confort de conduite.

Le système d'assistance agit en parallèle avec le mécanisme de direction. Dans son action sur le volant, le conducteur réalise :

» le contrôle de la direction en ligne droite grâce à une certaine résistance à la rotation du volant ;

» le déclenchement automatique de l'assistance au braquage et son contrôle.

Fonction

Figure 19.14 *Analyse systémique descendante des systèmes de direction assistée.*

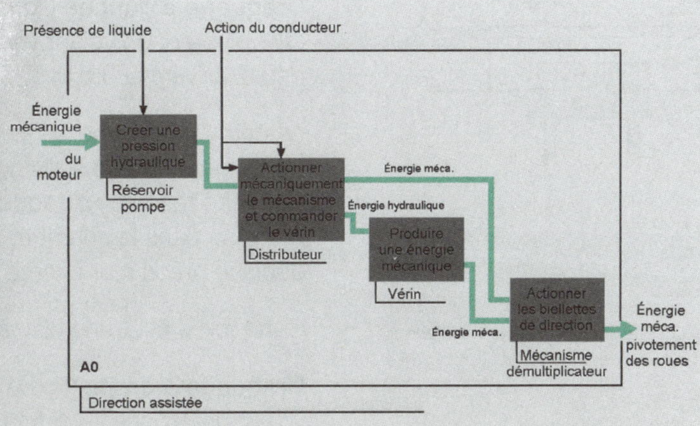

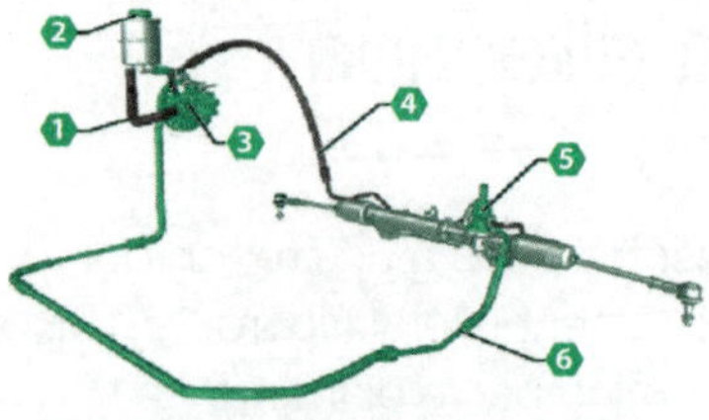

Figure 19.15

1 Tuyau alimentation huile de direction assistée ;
2 Bouchon jauge de contrôle du niveau d'huile de direction assistée ;
3 Pompe de direction assistée ;
4 Tuyau haute pression ;
5 Valve de direction assistée ;
6 Tuyau basse pression.

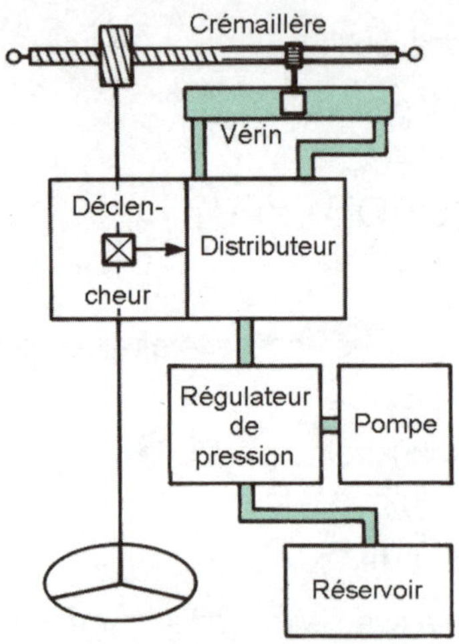

Figure 19.16 *Circuit hydraulique de direction assistée.*

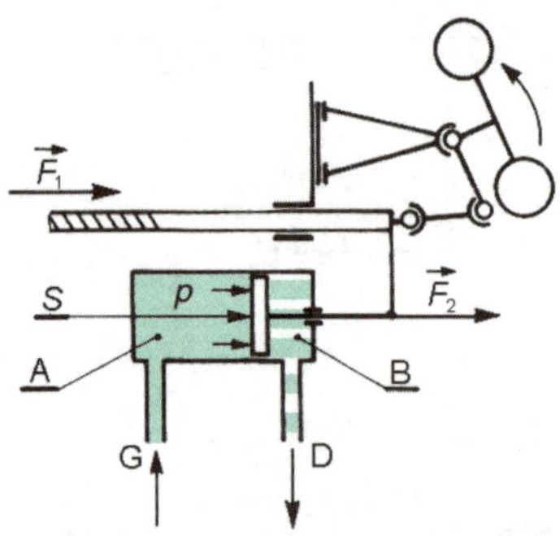

Figure 19.17 *Braquage à gauche.*

Chambre A. Admission du liquide sous pression.
Chambre B. Échappement (retour au réservoir).
Déplacement de la crémaillère vers la droite grâce à $\vec{F_1}$, force transmise par le conducteur, et $\vec{F_2}$, force du piston du vérin : $F_2 = pS$.

Il existe deux types de directions assistées :

» la direction assistée hydraulique ;

» la direction assistée électrique.

La direction assistée hydraulique

Éléments constitutifs de l'assistance et fonctions respectives

» Un réservoir de fluide hydraulique.

» Une pompe hydraulique, entraînée mécaniquement par le moteur, aspire le liquide du réservoir et le refoule vers le régulateur de pression.

» Un régulateur de pression maintient dans le distributeur une pression sensiblement constante dans tous les cas de fonctionnement.

» Un distributeur hydraulique, commandé mécaniquement par le volant, dirige la pression hydraulique vers le circuit correspondant au braquage effectué.

» Un vérin hydraulique à double effet transforme la pression hydraulique reçue du distributeur en une force capable d'actionner le mécanisme de direction.

Principe de fonctionnement du vérin de direction

Le vérin, incorporé à la crémaillère ou placé en parallèle, se compose :

» d'un corps ou cylindre ;

» d'un piston séparant le cylindre en deux chambres (A et B) ;

» de deux canalisations (une par chambre) assurant l'arrivée ou le retour du liquide.

Braquage à gauche (figure 19.17). Le conducteur commence à faire pivoter son volant vers la gauche. La crémaillère doit se déplacer vers la droite.

Le début d'effort nécessaire à cette action déclenche le distributeur qui dirige le liquide sous pression dans la chambre A et permet le retour au réservoir du liquide se trouvant dans la chambre B. La pression dans la chambre A agit sur la surface utile du piston qui se déplace grâce à une force ($F_2 = pS$).

Cette force est transmise à la crémaillère par une liaison mécanique.

Braquage à droite (figure 19.18). L'action du conducteur sur le volant déclenche le distributeur qui met en communication la

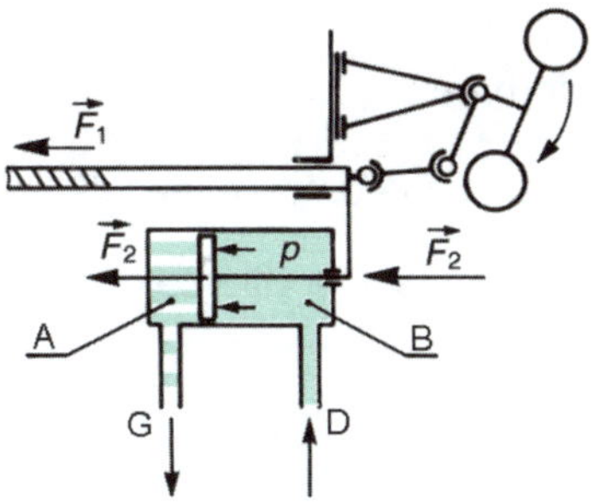

Figure 19.18 *Braquage à droite.*

Chambre A. Échappement.
Chambre B. Admission du liquide sous pression.
Déplacement de la crémaillère vers la gauche grâce à $\vec{F_1}$ et $\vec{F_2}$.

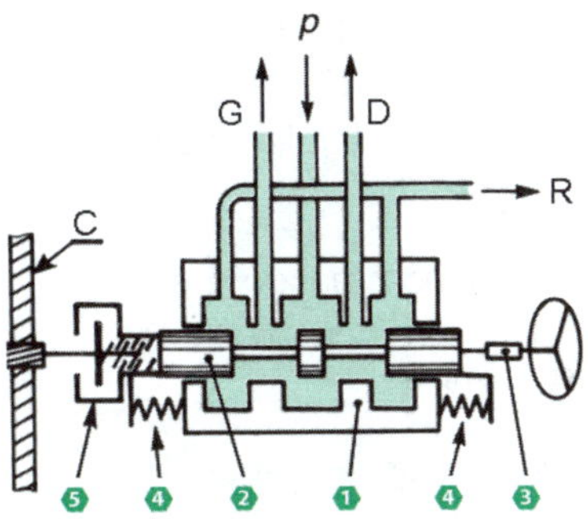

Figure 19.19 *Principe de fonctionnement du distributeur. Position ligne droite.*

❶ Cylindre.
❷ Tiroir.
❸ Liaison glissière.
❹ Ressorts de rappel en position de repos.
❺ Rampe hélicoïdale avec butées.
C. Crémaillère.
G. Canalisation alimentant la chambre A pour braquage à gauche.
D. Canalisation alimentant la chambre B pour braquage à droite.
R. Retour au réservoir.
p. Pression de la pompe.

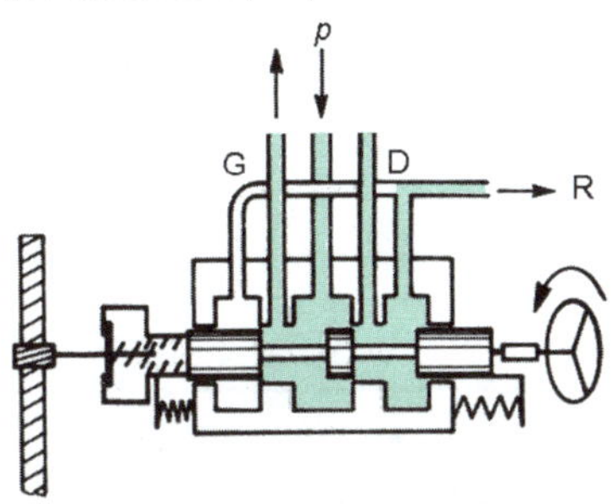

Figure 19.20 *Braquage à gauche : le tiroir ❷ recule ; le retour de* ***G*** *est obturé, l'alimentation de* ***D*** *est supprimée ; le vérin se déplace par différence de pression vers la droite.*

chambre B avec le liquide sous pression et la chambre A en retour au réservoir.

Le vérin se déplace en sens inverse.

Remarque

La force du vérin est calculée pour que le conducteur conserve une partie de l'effort à fournir pour braquer et ainsi contrôler le braquage.

Principe de fonctionnement du distributeur

Le distributeur comprend un ou plusieurs tiroirs hydrauliques commandés mécaniquement par l'action du conducteur sur le volant.

Dans la figure 19.19, nous voyons que le tiroir ❷ tourne avec la colonne de direction. Il peut coulisser dans le cylindre ❶ grâce au montage sur rampe hélicoïdale ❺.

Ligne droite. Lorsque le volant n'est pas sollicité, le liquide sous pression est dirigé vers les orifices de retour au réservoir et également sur chaque face du piston. Les pressions étant égales sur chaque face du piston, il n'y a aucune assistance.

Braquage à gauche (figure 19.20). Par l'intermédiaire de ❺, la rotation du volant et la résistance du pignon de crémaillère provoque le déplacement axial du tiroir ❷ vers la droite. La communication s'établit entre la réserve de pression et la chambre A du vérin et entre la chambre B et le réservoir.

Le conducteur cesse la rotation du volant – virage prolongé – et l'assistance entre en action. En effet, le vérin continue sa course, ce qui provoque une rotation du pignon de crémaillère par rapport au tiroir ❷ immobile en rotation.

Par l'intermédiaire de ❺, le tiroir revient en position neutre : il y a arrêt de l'assistance.

Le contrôle de l'assistance de direction s'effectue donc automatiquement par action du volant et réaction de la crémaillère. Les mêmes phénomènes se produisent lors du braquage dans le sens opposé (figure 19.21).

Remarque

Les constructeurs peuvent résoudre les problèmes de déclenchement et de contrôle de l'assistance de manières différentes, mais le principe que nous avons étudié en reste la base.

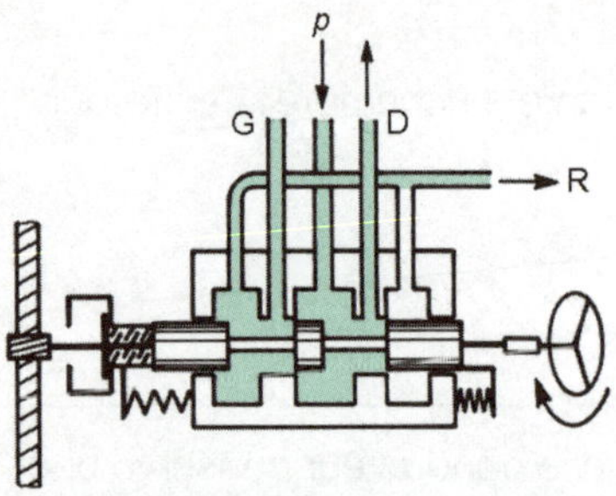

Figure 19.21 *Braquage à droite : le tiroir ❷ s'avance. Retour de* ***D*** *obturé, alimentation de* ***G*** *supprimée. Le vérin se déplace vers la gauche.*

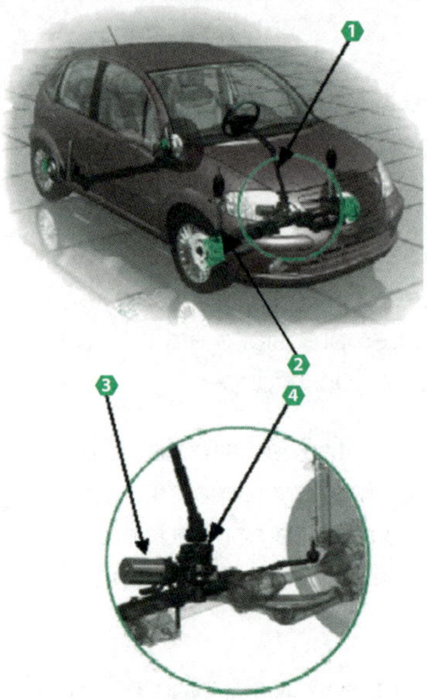

Figure 19.22 *Direction assistée électrique.*

❶ Colonne de direction ;
❷ Crémaillère de direction ;
❸ Moteur d'assistance ;
❹ Captéur de couple.

Des perfectionnements sont apportés comme :

» le rappel asservi : le rappel du volant en ligne droite est assisté ;

» le durcissement de la direction proportionnel à la vitesse du véhicule.

La direction assistée électrique

Cette direction apporte de nombreux avantages :

» Un fort agrément de conduite aussi bien en ville que sur route. La gestion électronique des données (vitesse du véhicule, angle de volant) permet un paramétrage extrêmement fin des lois de direction.

» Une réduction non négligeable de la consommation d'environ 0,2 litre aux 100 km obtenue par la suppression de la pompe d'assistance.

» La suppression des fluides hydrauliques, de la pompe d'assistance et des canalisations réduit la masse globale de la direction. L'absence de pompe d'assistance participe également à la limitation des bruits parasites lors de braquages importants.

Éléments constitutifs

Le système de direction assistée électrique est composé d'une direction manuelle classique avec en plus :

» un capteur de couple ❶ ;

» un moteur électrique d'assistance et son réducteur ❷ ;

» deux faisceaux (un faisceau signal ❹) et un faisceau puissance ❸ ;

» d'un calculateur branché sur le réseau CAN (non présenté sur ce dessin).

Figure 19.23 *Système de direction assistée électrique.*

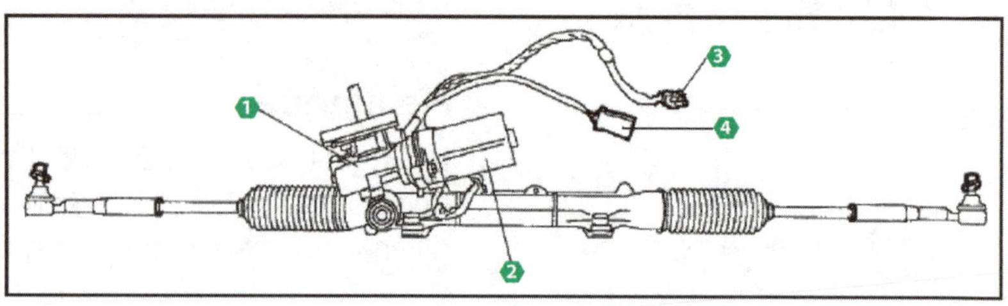

Capteur de couple

Il permet de mesurer en permanence le couple que le conducteur applique au volant. Le capteur de couple détermine : le sens de rotation du volant et le couple exercé par le conducteur. Cette direction n'utilise pas de capteur d'angle volant.

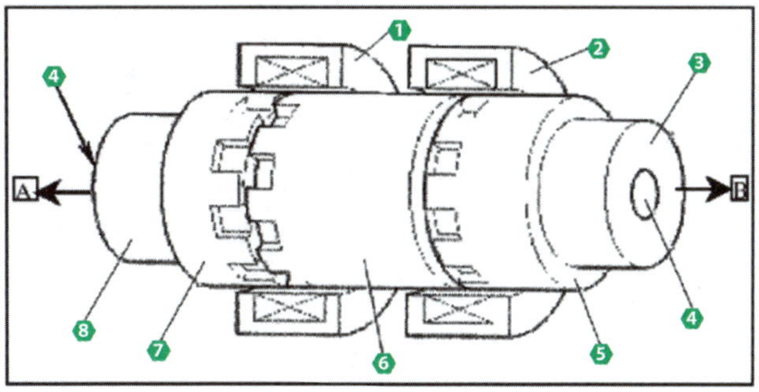

Figure 19.24 *Capteur de couple.*

A. Côté pignon de crémaillère ;
B. Côté volant de direction ;
1 Bobine de mesure fixe par rapport à la direction ;
2 Bobine de référence fixe par rapport à la direction ;
3 Arbre d'entrée côté colonne (volant) ;
4 Barre de torsion qui relie l'arbre d'entrée et l'arbre de sortie permettant un déplacement relatif entre les deux arbres de +/– 4,5° maximum ;
5 et 6. Bague de détection solidaire de l'arbre d'entrée ;
7 Bague de détection solidaire de l'arbre de sortie ;
8 Arbre de sortie côté pignon de crémaillère créneaux se décalent l'un par rapport à l'ordre fréquence.

L'ensemble motoréducteur

La direction, de type pignon-crémaillère, intègre un moteur électrique qui agit directement sur le pignon de direction.

Le moteur électrique est un moteur à balais à courant continu.

Pour que le moteur fonctionne, deux conditions sont nécessaires :

» tension batterie supérieure à 9 volts,

» régime moteur supérieur à 285 tr/min.

Le réducteur est composé d'une roue et d'une vis sans fin. La roue est solidaire de la colonne de direction.

La vis est reliée à l'arbre du moteur d'assistance.

Principe de fonctionnement

La direction assistée électrique assiste les efforts de manœuvre dès la sollicitation du volant.

Le couple d'assistance est fourni à l'aide d'un moteur électrique. Ce couple est transmis au pignon de la crémaillère par un réducteur (roue + vis sans fin de rapport 1:15). Il s'additionne au couple volant appliqué par le conducteur. La force exercée par le conducteur sur le volant est transmise mécaniquement à la crémaillère via le pignon. Ce couple conducteur est mesuré par l'intermédiaire du capteur de couple et envoyé au calculateur de direction assistée.

Le calculateur alimente le moteur en fonction :

» du couple volant,

» de la vitesse du véhicule.

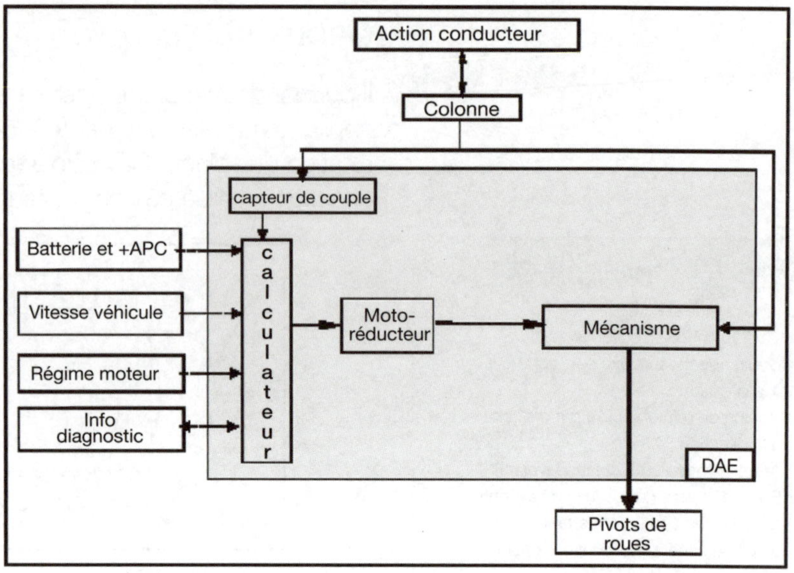

Figure 19.25 *Synoptique de la direction assistée électrique.*

Vitesse du véhicule	Niveau d'assistance	Remarques
Vitesse nulle ou inférieure à 7 km/h (parking, manœuvre)	MAXIMUM	Le calculateur commande le moteur d'assistance uniquement en fonction du capteur de couple.
Vitesse moyenne de 8 km/h à 152 km/h	VARIABLE	Le calculateur commande le moteur d'assistance en fonction du capteur de couple et de la vitesse véhicule. L'assistance est d'autant plus faible que la vitesse véhicule est élevée.
Vitesse supérieure à 152 km/h	FAIBLE	Le calculateur commande le moteur d'assistance uniquement en fonction du capteur de couple. On dit que l'assistance est constante sur cette plage de vitesses.

Résumé

Pivotement des roues

Le pivotement des roues est assuré par des articulations placées à chaque extrémité de l'essieu ou des deux demi-essieux avant.

L'orientation des porte-fusées s'effectue par rapport à une ligne appelée « axe de pivot ».

Démultiplication de la direction

La démultiplication nécessaire est réalisée par un mécanisme, boîtier ou crémaillère, composé essentiellement d'un engrenage à renvoi d'angle. Le rapport de couple de l'engrenage est calculé en fonction du quotient :

$$\frac{\text{couple résistant au pivotement}}{\text{couple communiqué au volant par le conducteur}}$$

Transmission du mouvement

Le pignon d'entrée du boîtier ou de la crémaillère est en liaison avec le volant de direction. L'élément de sortie commande les pivots par l'intermédiaire d'une timonerie composée d'un certain nombre de biellettes articulées. Un bras solidaire du porte-fusée permet la commande de ce dernier par la timonerie.

Boîtier de direction

Le boîtier comporte un engrenage qui peut être composé d'une vis et d'une roue, secteur de roue, galet, écrou. Sa robustesse, ses possibilités de démultiplication et sa grande irréversibilité justifient son utilisation, plus particulièrement en poids lourds.

Crémaillère de direction

Elle se compose d'un pignon d'axe longitudinal dont la rotation déplace une crémaillère selon un axe transversal. Son fonctionnement est réversible. Sa légèreté, son faible encombrement et sa commande directe des pivots justifient son utilisation courante en automobile.

Direction assistée

Il existe deux types de directions assistées :

- » la direction assistée hydraulique ;
- » la direction assistée électrique.

Le principe d'une assistance consiste à aider le conducteur dans la manœuvre d'un mécanisme grâce à l'action d'une force annexe.

Dans la direction assistée hydraulique, cette force est communiquée au piston d'un vérin hydraulique grâce à la pression agissant sur une des faces de celui-ci. Le dispositif comprend :

- » un réservoir de fluide hydraulique ;
- » une pompe actionnée par le moteur ;
- » un régulateur de pression ;
- » un distributeur hydraulique commandé par l'action du conducteur sur le volant ;
- » un vérin à double effet lié mécaniquement au boîtier ou à la crémaillère.

Dans la direction assistée électrique le couple d'assistance est fourni à l'aide d'un moteur électrique. Ce couple est transmis au pignon de la crémaillère par un réducteur. Il s'additionne au couple volant appliqué par le conducteur. La force exercée par le conducteur sur le volant est transmise mécaniquement à la crémaillère via le pignon.

Le contrôle de l'action de l'assistance est assuré par les contraintes produites par l'action du volant et la réaction de l'engrenage de direction.

Entraînez-vous

1. Recherchez les valeurs des rayons de braquage pour un véhicule de votre choix. Effectuez des schémas explicatifs.
2. Comptez le nombre de tours de volant nécessaire à un braquage complet sur un véhicule à votre disposition.
3. Relevez la valeur de l'angle de braquage pour chacune des roues en braquage à droite, puis en braquage à gauche (à l'aide de plateaux pivotants gradués).

La géométrie du train avant
chapitre 20

20.1 Mise en situation

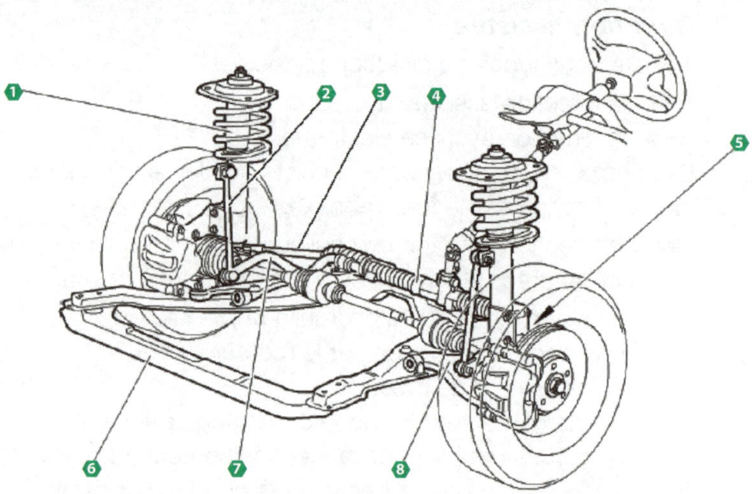

Figure 20.1 *Éléments du train avant.*

1 Élément porteur ;
2 Ensemble de direction ;
3 Biellettes de barre antiroulis ;
4 Pivot ;
5 Barre antidévers ;
6 Triangle de suspension ;
7 Berceau ;
8 Biellettes de direction.

Pour assurer la stabilité d'un véhicule et son contrôle aisé, il est nécessaire :

» d'éviter les pertes d'adhérence et de trajectoire par :

• ripage permanent des pneumatiques en ligne droite ou en virage ;

• déplacement latéral subit des roues ;

• braquage incontrôlé des roues lors des débattements de suspension ;

» d'éviter que les réactions reçues par les roues soient répercutées au volant ;

» de faciliter le retour et le maintien des roues en position ligne droite.

Ces différents défauts provoqueraient, en plus d'une mauvaise tenue de route, une usure anormale de la bande de roulement des pneumatiques.

20.2 Analyse structurelle

Plusieurs types d'architectures de trains avant sont possibles :

Le Mac Pherson

Il est composé d'une jambe de force et d'une triangulation inférieure sommaire, assurée par la barre antiroulis et un tirant.

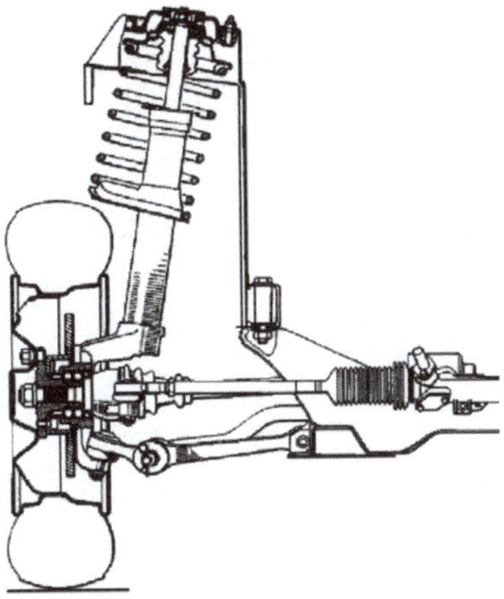

Figure 20.2 *Train Mac Pherson.*

Le pseudo Mac Pherson

La triangulation inférieure est assurée par un triangle, ce qui permet d'obtenir une plus grande rigidité du train avant et donc un comportement plus rigoureux. L'axe de pivot n'est pas confondu avec l'axe de la coulisse d'amortisseur. Dans certain cas, le triangle inférieur peut adopter une forme L.

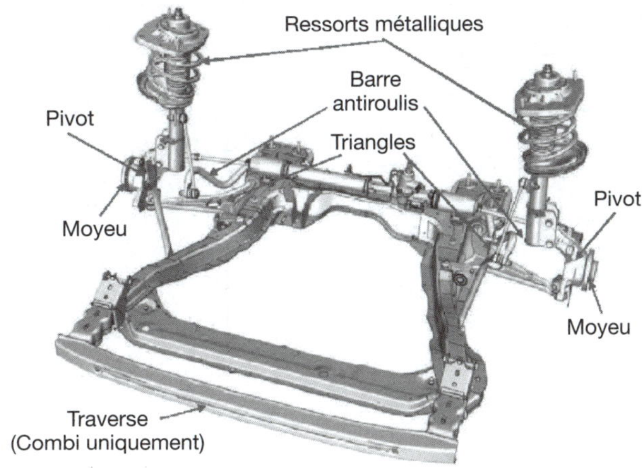

Figure 20.3 *Train pseudo Mac Pherson.*

Le double triangulation

Le maintien du porte-moyeux est ici assuré par deux triangles superposés. La rigidité de ce type de montage est bien supérieure aux précédents, le guidage de roues est beaucoup plus rigoureux.

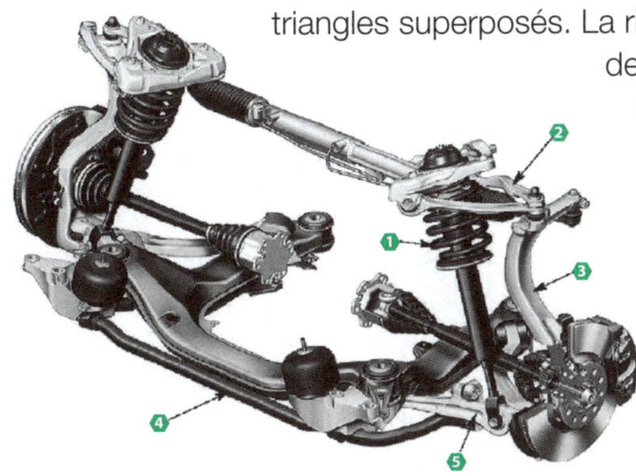

Figure 20.4 *Train à double triangulation.*

1. Combiné ressort amortisseur ;
2. Bras supérieur ;
3. Pivot ;
4. Barre stabilisatrice ;
5. Bras inférieur.

20.3 Analyse fonctionnelle

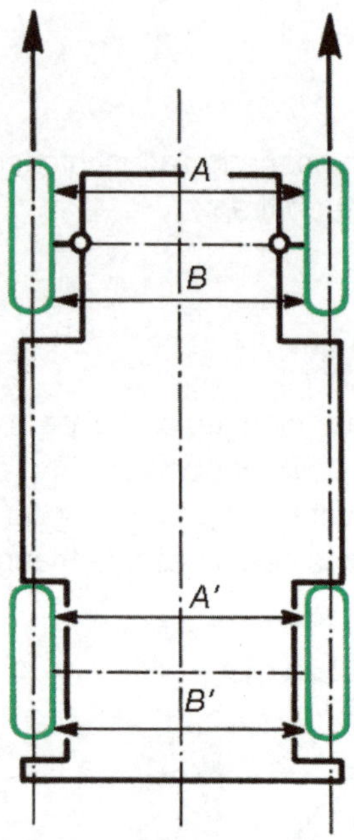

Figure 20.5 *Parallélisme et alignement. Parallélisme parfait.*

Train AV : $A = B$;
Train AR : $A' = B'$.
Axes des plans des roues confondus ou parallèles à l'axe de symétrie du véhicule.

Lorsque le véhicule est en ordre de marche et roule sur un sol plan et uni, les deux roues d'un même essieu doivent être parallèles et les deux essieux alignés (figure 20.5).

Le parallélisme est parfait lorsque la distance *A* est égale à la distance *B* :

» si $A < B$, il y a pincement (figure 20.6) ;

» si $A > B$, il y a ouverture (figure 20.7).

La différence de cote entre l'avant et l'arrière des roues du même essieu peut se mesurer en millimètres ou en degrés, si l'on considère l'angle (α) formé par l'axe de la roue et l'axe de symétrie du véhicule (figure 20.7).

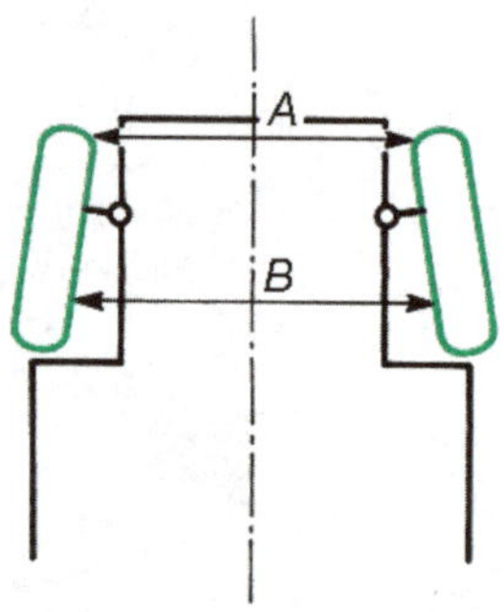

Figure 20.6 *A < B : pincement.*

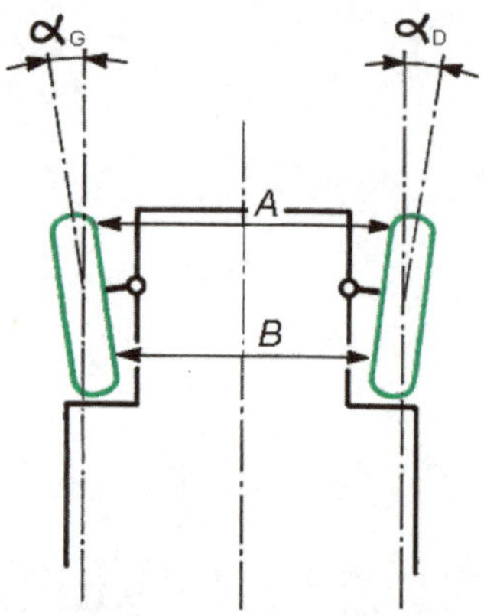

Figure 20.7 *A > B : ouverture.*

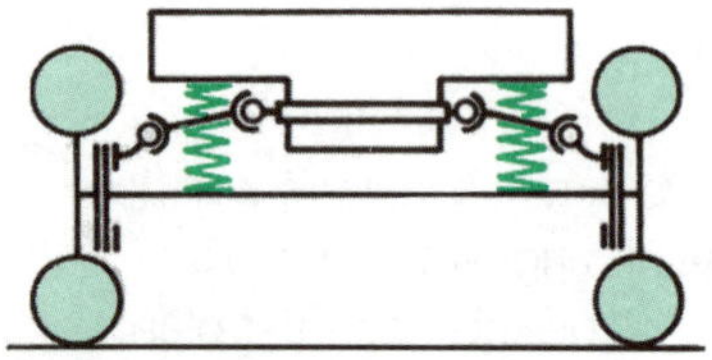

Figure 20.8 *Position de la crémaillère de direction par rapport aux rotules des bras de direction.*

Les biellettes de direction sont, par une extrémité, solidaires de la crémaillère de direction fixée à la caisse, par l'autre, solidaires du train roulant (figure 20.8). Lors des débattements de suspension, la position des biellettes de direction varie, entraînant des variations de parallélisme.

Dans l'exemple choisi au sein de la figure 20.9 (direction placée en arrière de l'essieu), le parallélisme varie dans le sens du pincement ($A < B$) lors des compressions de suspension.

Si la direction avait été placée en avant de l'essieu, la variation se serait produite dans le sens de l'ouverture.

Ces variations inévitables pourront être judicieusement réparties par une mise à hauteur précise de la crémaillère, ou de la timonerie du boîtier de direction.

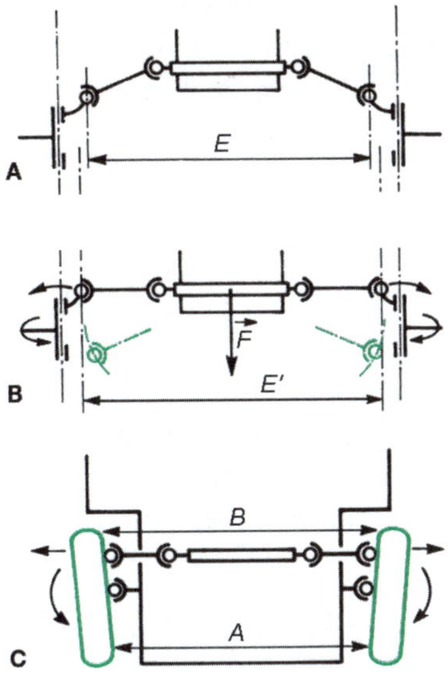

Figure 20.9 *Variations de parallélisme.*

A. Élément de la direction véhicule à vide.
B. En charge : déplacement relatif entre la crémaillère et les rotules de bras de direction *E'* > *E*.
C. Variation du parallélisme : A < B.

Nous comprenons donc qu'à vide les roues ne sont pas nécessairement parallèles.

Le constructeur devra tenir compte, dans le réglage initial :

» des phénomènes démontrés ci-dessus ;

» des tendances à l'ouverture ou à la fermeture provoquées par le mode de propulsion et les autres éléments de la géométrie du train avant ;

» des usures anormales décelées lors des essais routiers.

Pour qu'aucune des roues ne ripe, dans un virage, il est nécessaire que les quatre roues se déplacent par rapport à un centre de rotation commun, O (figure 20.10).

Les roues arrière ne pouvant être orientées, le centre O devra obligatoirement se situer dans le prolongement de leur axe commun.

Les axes des fusées des roues avant devront être orientés de telle sorte que leurs prolongements soient concourants du point O.

Dans un virage à droite, l'angle α_G doit donc être inférieur à l'angle α_D. Dans un virage à gauche, α_G doit être supérieur à α_D.

Ces conditions sont obtenues par une orientation particulière des bras de direction par rapport aux axes de pivot.

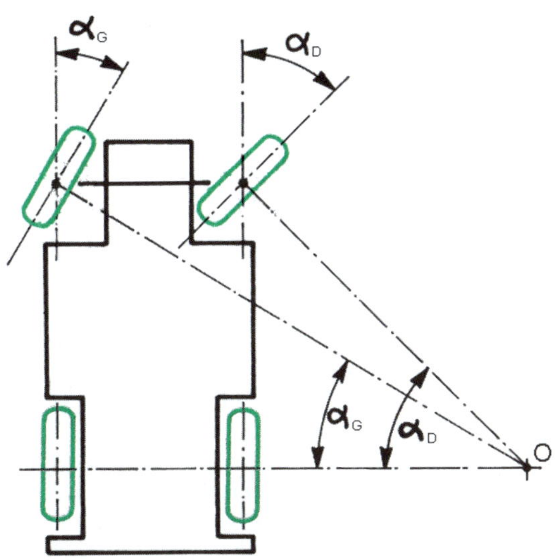

Figure 20.10 *Dans un virage à droite, α_D doit être supérieur à α_G.*

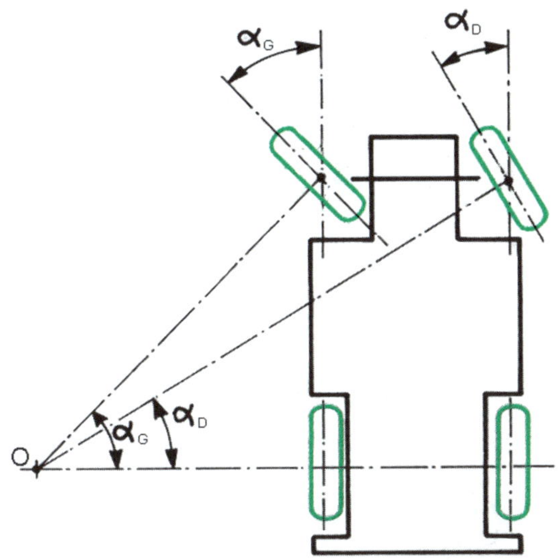

Figure 20.11 *Dans un virage à gauche, α_G doit être supérieur à α_D.*

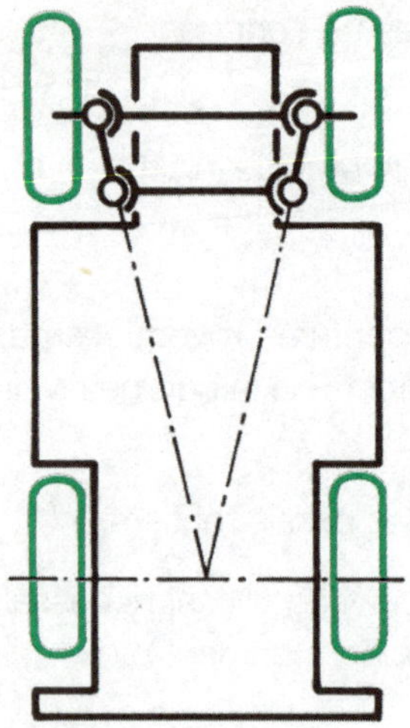

Figure 20.12 *Épure de Jeantaud.*

L'épure de Jeantaud définit que les prolongements des lignes passant par les pivots et les rotules des bras de direction doivent être concourants, en ligne droite, au centre de l'axe de l'essieu arrière (figure 20.12).

Cette solution approchée n'est pas toujours vérifiée.

Dans les virages, les pneumatiques ne suivent pas toujours la trajectoire désirée du fait de la force centrifuge :

» dérive des pneumatiques (voir chapitre 21) ;

» reports de charge sur la roue avant extérieure et du délestage de la roue avant intérieure (roulis) qui provoquent des variations de braquage de celles-ci (mouvement angulaire des biellettes de direction).

Pour ces raisons, les dispositions définies par l'épure de Jeantaud, qui reste une base de référence, doivent être adaptées à chaque type de véhicule.

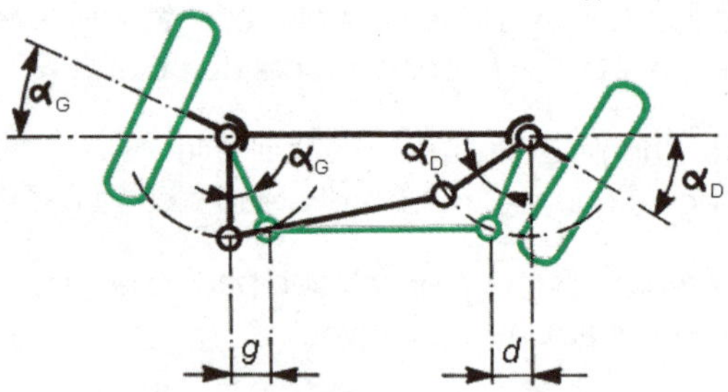

Figure 20.13 *Épure de Jeantaud en braquage à droite :*

$g = d \Rightarrow \alpha_G < \alpha_D$

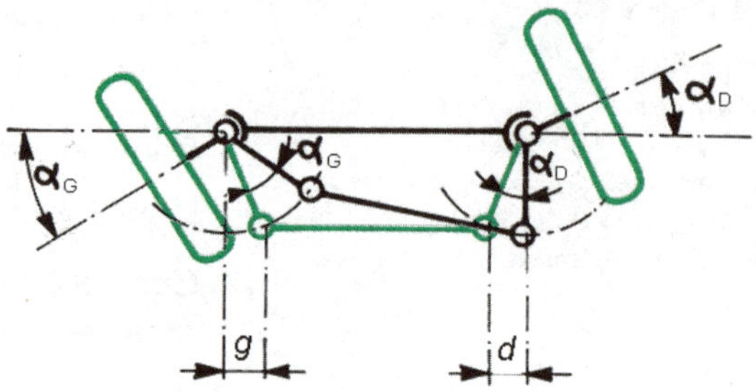

Figure 20.14 *Braquage à gauche :*

$g = d \Rightarrow \alpha_G > \alpha_D$

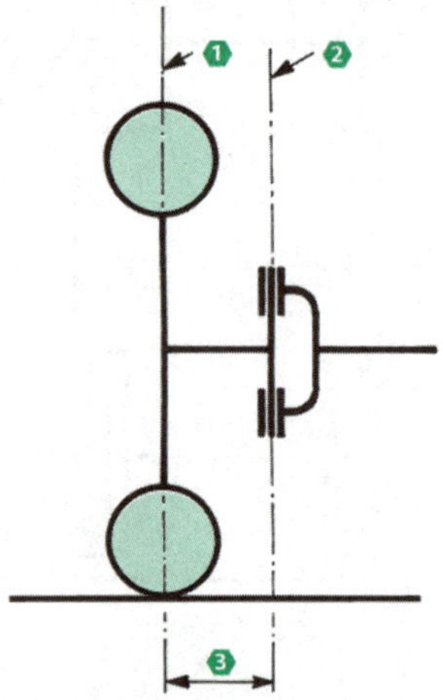

Figure 20.15 *Déport au sol.*

1 Plan de la roue.
2 Axe de pivot.
3 Déport au sol.

Pour éviter les répercussions dans le volant des actions du sol sur les roues il est possible :

» d'utiliser une direction peu réversible, ce qui n'est pas toujours souhaitable ou possible (voir chapitre 19) ;

» de limiter ou supprimer les couples sur les axes de pivot.

On peut diminuer ou supprimer la distance entre l'axe de pivot et le plan de la roue mesuré au sol. On nomme cette distance le « déport » (figure 20.15).

Lorsqu'une roue directrice reçoit du sol un choc de face, celle-ci est retenue vers l'arrière par une force résistante. Cette force produit sur l'axe de pivot un couple dont le moment est égal à (figure 20.16) :

$$\mathscr{C} = Fd$$

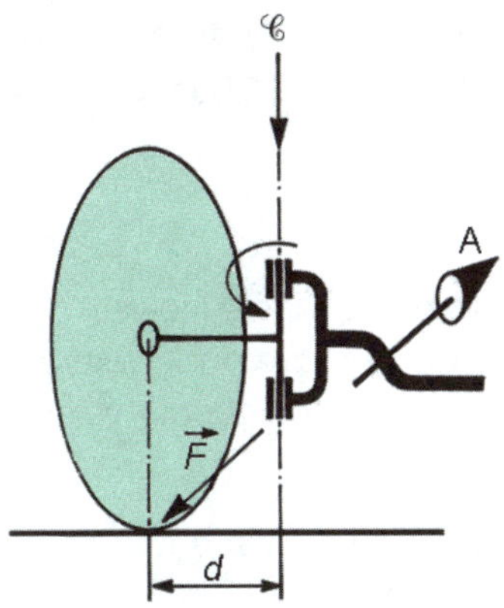

Figure 20.16 *Effet du déport au sol.*

A : sens d'avancement du véhicule.

$\vec{F}$: force produite par un choc.

d : déport au sol.

𝒞 : couple produit sur l'axe de pivot (𝒞 = *Fd*).

Si l'on diminue *d*, 𝒞 diminue.

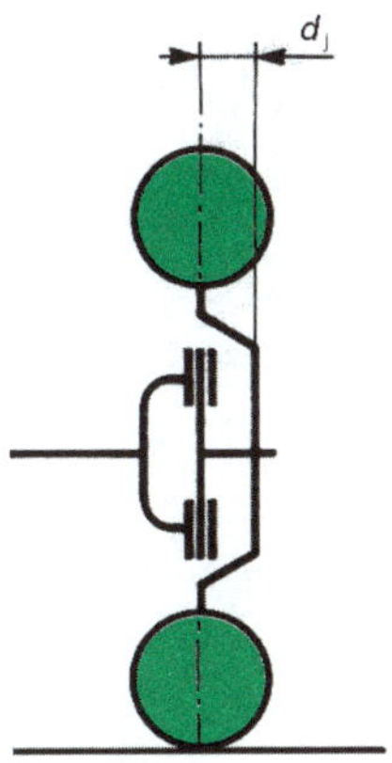

Figure 20.17 *Pivot dans le plan de la roue.*

d_j : déport de jante.

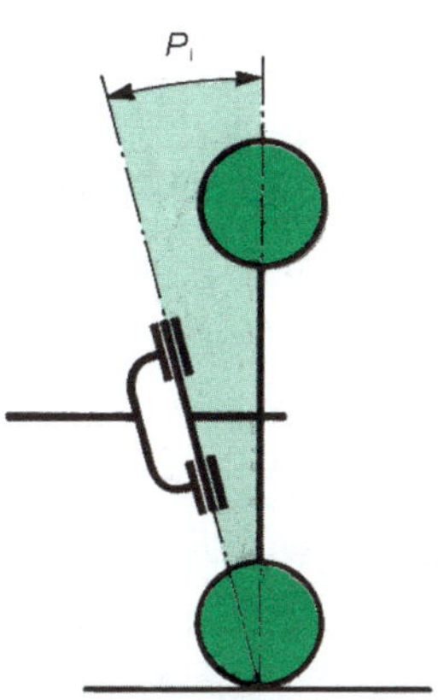

Figure 20.18 *Angle d'inclinaison de pivot : P_i*

Pour une force résistante donnée, le couple sera donc fonction du déport.

Le déport au sol peut être réduit ou supprimé par une orientation particulière :

» des plans des roues, par déport de jante ou carrossage (figures 20.17 et 20.19) ;

» des axes de pivot, par leur inclinaison (figure 20.18).

Le déport au sol peut être positif, nul ou négatif.

Remarque

Un léger déport :
– facilite le retour et le maintien des roues en ligne droite en roulant (autostabilité) ;
– évite le ripage des pneus dans les manœuvres à basse vitesse.

Solutions utilisées pour réduire ou supprimer le déport au sol

1. **Déport de jante** : axe de pivot et plan de la roue confondus. Cela n'est possible que si les freins ne sont pas placés entre le porte-fusée et la roue (figure 20.17).

2. **Inclinaison de l'axe de pivot**. L'angle d'inclinaison de pivot est l'angle formé par la verticale au sol et l'axe de pivot dans le plan transversal du véhicule (figure 20.18).

L'inclinaison du pivot contribue au retour des roues en ligne droite grâce au léger soulèvement du véhicule qu'il provoque au moment du braquage.

3. **Inclinaison de la roue** : carrossage. L'angle de carrossage est l'angle formé par la verticale au sol et le plan de la roue (figure 20.19). Le carrossage toujours très faible peut être positif, négatif et même nul.

Un carrossage exagéré provoquerait :

» la convergence ou la divergence des roues par roulage sur la génératrice d'un cône (figure 20.20) ;

» le braquage intempestif sur chaussée bombée ;

» une usure anormale des pneumatiques.

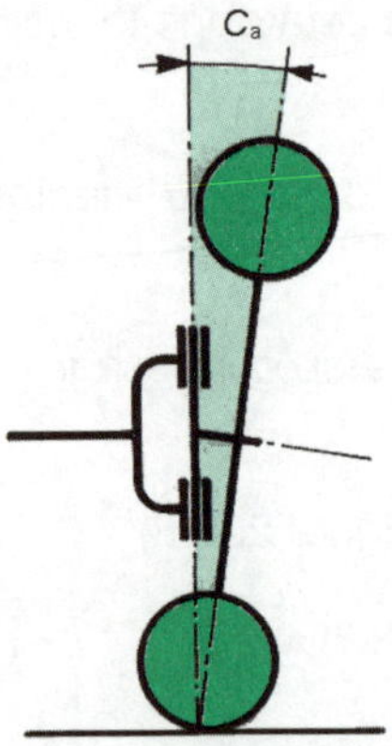

Figure 20.19 *Angle de carrossage : C_a.*

4. **Conclusion**. Nous voyons que le déport, dans les cas où le pivot n'est pas dans l'axe de la roue, est fonction de deux angles :

» angle d'inclinaison de pivot,

» angle de carrossage.

Ces deux angles sont indissociables. Ils forment l'angle inclus (figure 20.21). Ils déterminent la forme du porte-fusée dont l'axe de fusée et l'axe de pivot forment un angle précis (α) qui a pour valeur la somme de trois angles (figure 20.22) :

angle de pivot + angle droit + angle de carrossage

L'angle inclus doit rester invariable d'une roue à l'autre d'un même essieu. Une variation de cet angle sur une des roues lors du contrôle du train avant indique la déformation du porte-fusée.

Le retour et le maintien des roues en ligne droite sont obtenus par :

» un léger déport (positif ou négatif) ;

» l'inclinaison du pivot qui provoque, au braquage, un soulèvement de la caisse ;

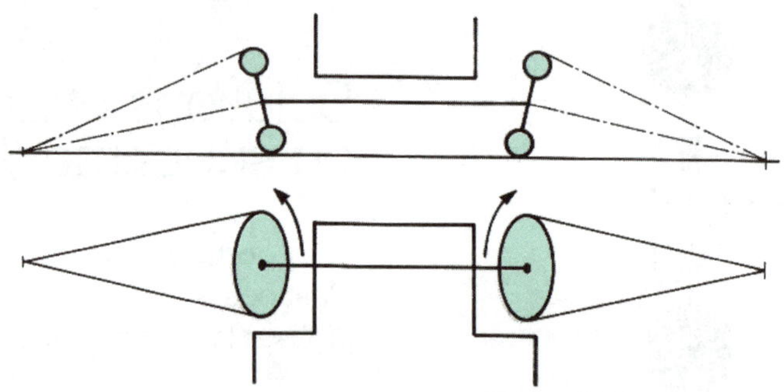

Figure 20.20 *Effet du carrossage positif. Les roues roulent sur les génératrices d'un cône d'où divergence des roues.*

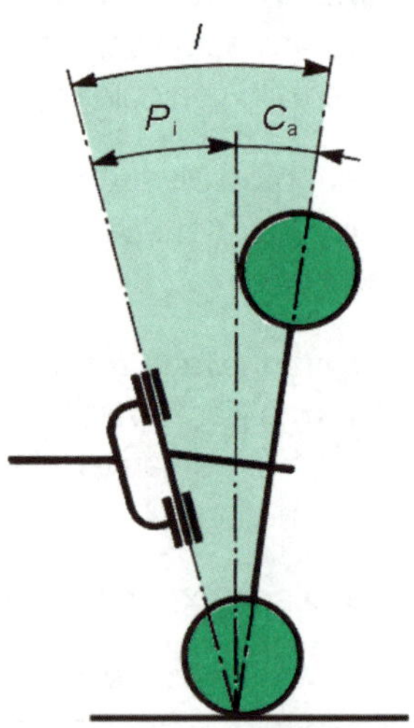

Figure 20.21 *Combinaison des deux angles :*

$P_i + C_a = I$ (angle inclus)

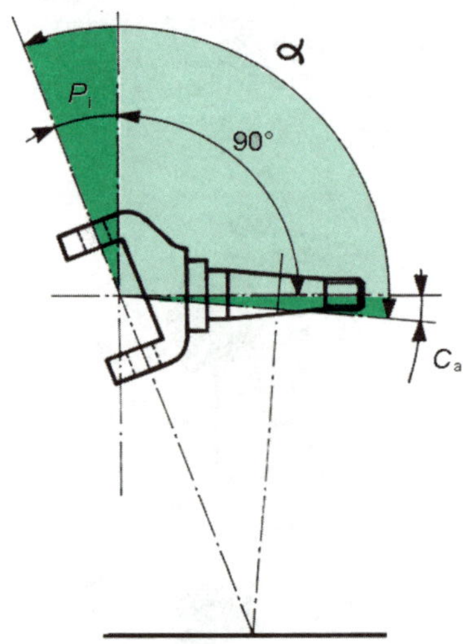

Figure 20.22 *Géométrie des porte-fusées :*

$P_i + 90° + C_a = \alpha$

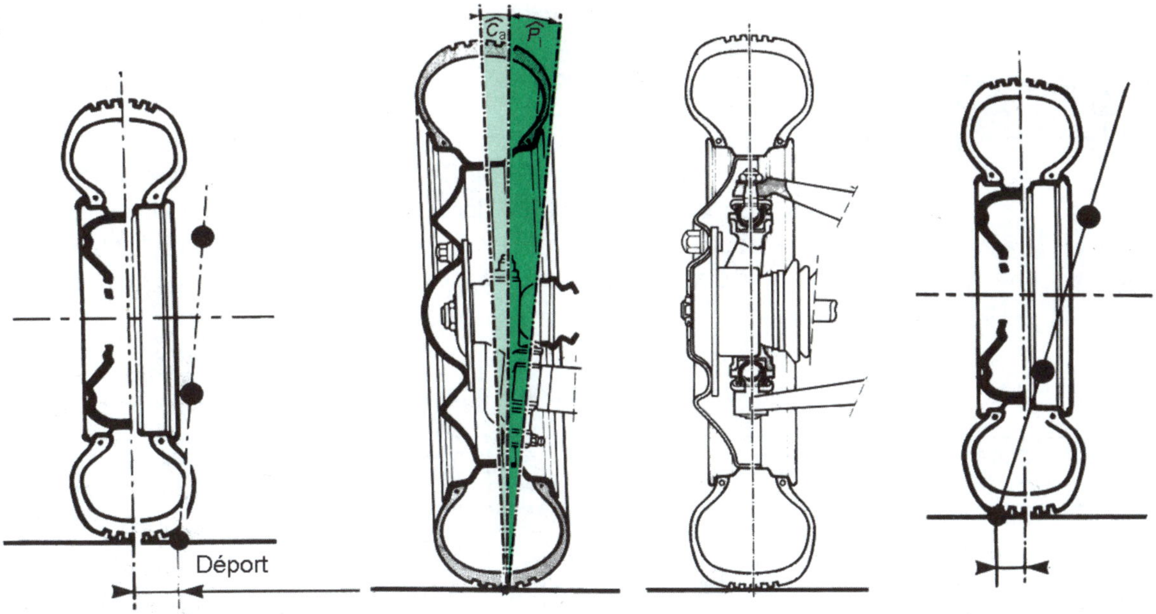

Figure 20.23 *Déport au sol (document Citroën).*

1 Déport positif.
2 Déport nul (par combinaisons des angles de carrossage et inclinaison de pivot).
3 Déport nul (pivot dans l'axe).
4 Déport négatif.

» le carrossage (positif ou négatif) ;

» l'angle de chasse

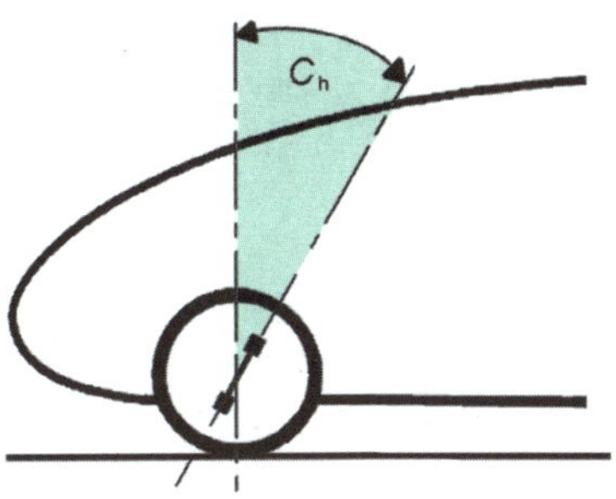

Figure 20.24 *Angle de chasse.*

L'angle de chasse est l'angle (C_h) formé par la verticale et l'inclinaison du pivot vue dans le plan longitudinal du véhicule (figure 20.24).

Grâce à cet angle, le prolongement de l'axe de pivot coupe la ligne du sol en un point situé en avant du point de contact du pneu sur le sol.

Il se produit un effet de « roue tirée », dont le prolongement de l'axe de pivot se situe en avant de la roue, roulette mobile de chariot par exemple (figure 20.25B).

Figure 20.25 *Le point de contact au sol du prolongement de l'axe de pivot est en avant du point de contact (roue tirée).*

A. Roue de vélo.
B. Roulette de chariot.

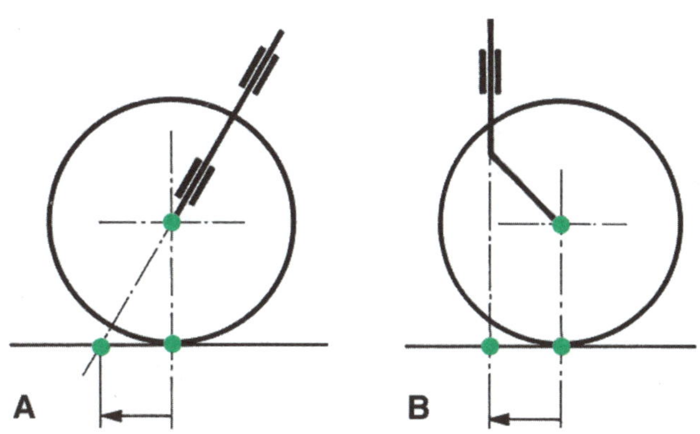

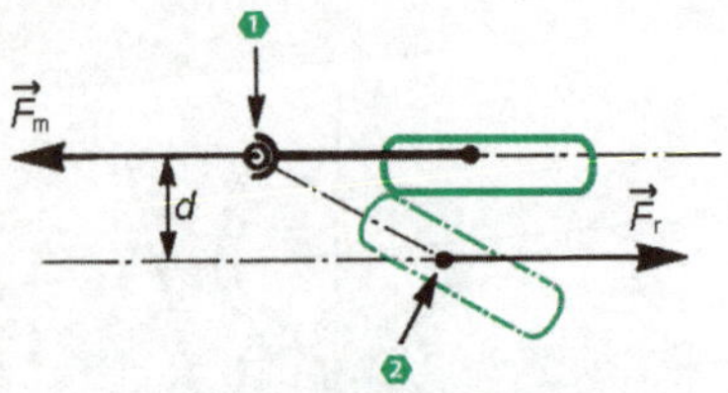

Figure 20.26 *Retour en ligne droite ; le moment du couple en ❶ est égal à* $\mathscr{C} = Fd$.

Lorsqu'une roue est braquée, si l'on applique une force à l'axe de pivot dans le sens d'avancement, on constate le retour en ligne droite de la roulette.

Il se crée un couple formé par $\vec{F}_m$, force motrice, et $\vec{F}_r$, action du sol sur la roue (figure 20.26). Ce couple est proportionnel à l'intensité de la force motrice et à la distance qui sépare le point de contact de la roue au sol ❷ et le point de concours de l'axe de pivot et du sol ❶ (distance prise perpendiculairement à la direction des forces).

Résumé des différents angles du train avant :

Le parallélisme	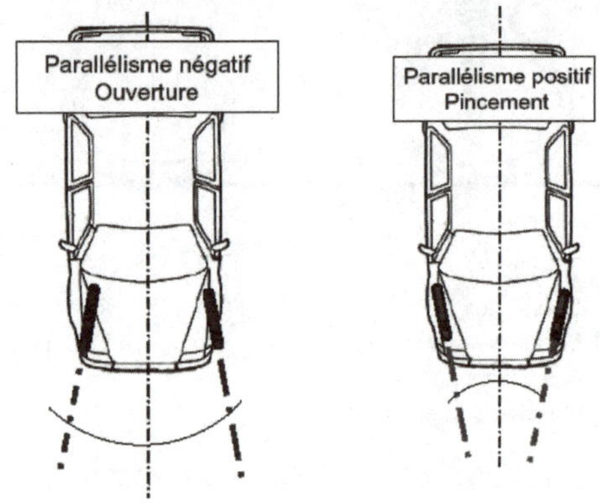	Vue de dessus, angle formé entre les plans tangents aux roues d'un même essieu.
L'angle de carrossage	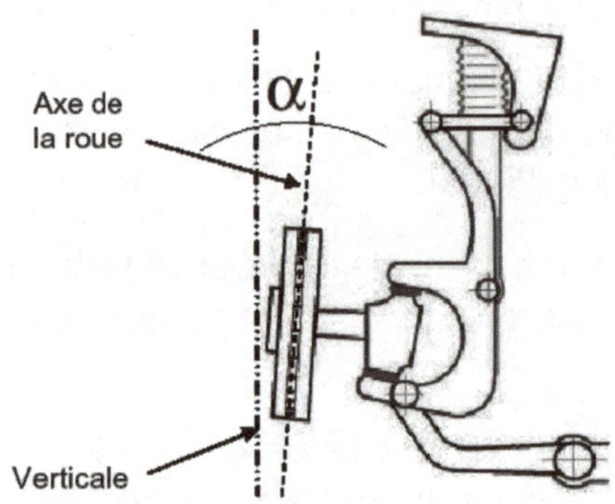	Vue de face, angle formé entre l'axe tangent de la roue et la verticale. (cas d'un carrossage négatif)
L'angle de pivot	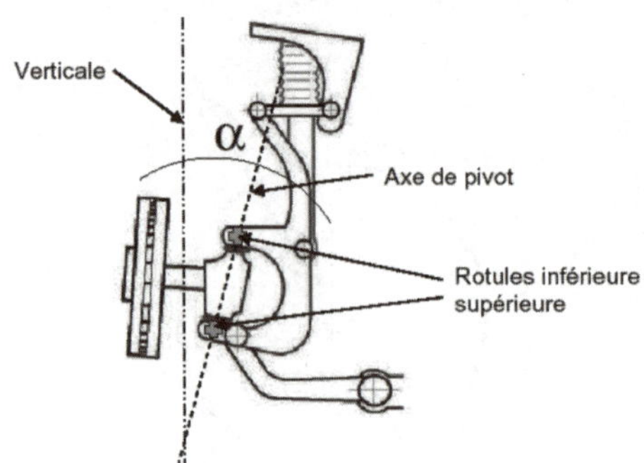	Vue de face, angle formé entre l'axe de rotation de la roue et la verticale.

Le déport de pivot (déport au sol)	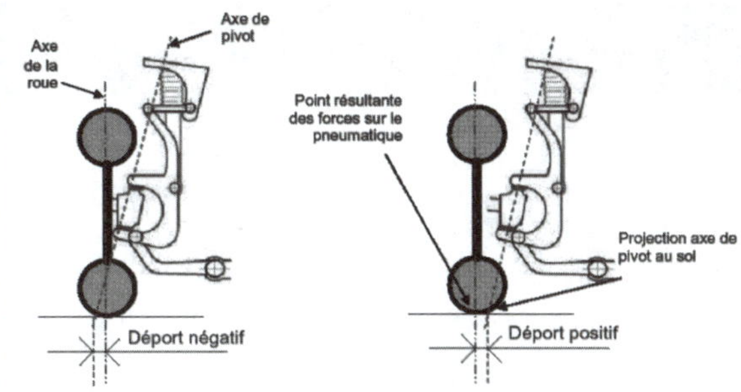	Distance au sol entre le point de la résultante des efforts du pneumatique au sol et le prolongement de l'axe de pivot.
L'angle inclus	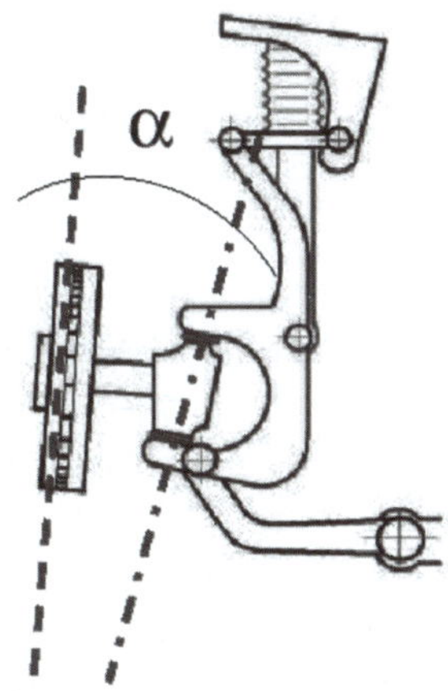	Angle inclus = angle de pivot + angle de carrossage
L'angle de chasse	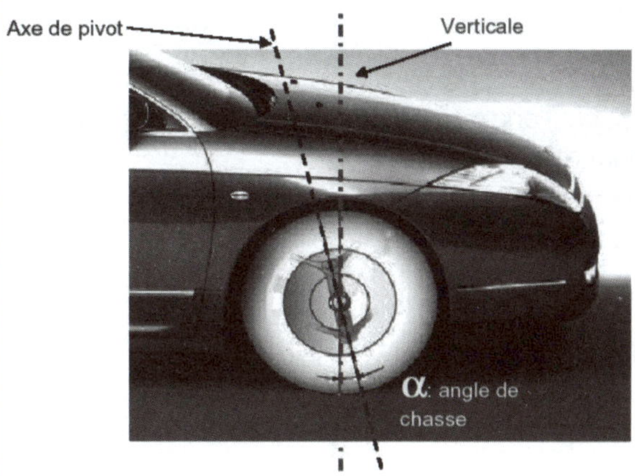	Vue de côté, angle formé entre l'axe de pivot et la verticale.

Résumé

Conditions à remplir

Une géométrie particulière du train avant permet :

» d'éviter les pertes d'adhérence et de trajectoire, en ligne droite comme en virage ;
» de limiter les répercussions dans le volant des chocs reçus par les roues ;
» de faciliter le retour et le maintien des roues en position ligne droite (autostabilité).

Parallélisme

Lorsque le véhicule roule, les deux roues de chaque essieu doivent être sensiblement parallèles.

Des variations de parallélisme (pincement ou ouverture) se produisent lors des débattements de la suspension.

Épure de Jeantaud

En virage, l'orientation de chaque roue avant doit être différente. Pour réaliser cette condition, les prolongements des axes formés par l'axe de commande des bras et les axes de pivot doivent être concourants. Leur point de concours doit être situé au milieu de l'axe de l'essieu arrière.

Déport au sol

Les répercussions des chocs reçus par les roues sont limitées par le déport au sol. Il est la distance entre l'axe de pivot et le plan moyen de la roue mesuré à leur intersection avec la ligne du sol. Le déport peut être positif, négatif ou nul.

Angle d'inclinaison de pivot

L'angle d'inclinaison de pivot est l'angle formé par la verticale et l'axe du pivot dans le plan transversal du véhicule. Il permet :

» de diminuer ou supprimer le déport ;
» de contribuer au retour des roues en ligne droite.

Angle de carrossage

L'angle de carrossage est l'angle formé par la verticale et l'axe de la roue dans le plan transversal du véhicule. Il peut être positif, négatif ou nul. Sa valeur doit être faible.

Angle inclus

L'angle inclus est la somme des angles :

angle d'inclinaison de pivot + angle de carrossage.

Sa modification indique une déformation du porte-fusée.

Angle de chasse

L'angle de chasse est l'angle formé par la verticale et l'axe de pivot dans le plan longitudinal du véhicule. Il a pour fonction de ramener les roues en ligne droite et de les y maintenir (autostabilité).

Testez vos connaissances

1. L'alignement des roues est, par rapport aux deux roues du même essieu :

a ☐ *l'ouverture*
b ☐ *le pincement*
c ☐ *la symétrie*

2. Sur un véhicule dont la crémaillère est placée plus haut et en arrière des roues, si l'on charge le véhicule à l'avant :

a ☐ *l'ouverture augmente*
b ☐ *le pincement augmente*
c ☐ *la dissymétrie augmente*

3. Lors du braquage, la roue extérieure au virage braque d'un angle :

a ☐ *supérieur à celui de la roue intérieure*
b ☐ *inférieur à celui de la roue intérieure*
c ☐ *égal à celui de la roue intérieure*

4. Un défaut de pincement exagéré des roues provoque une usure des pneumatiques :

a ☐ *au centre de la bande de roulement*
b ☐ *sur les bords extérieurs*
c ☐ *sur les bords intérieurs*

5. Le retour des roues en ligne droite est favorisé par (deux réponses) :

a ☐ *l'angle de chasse*
b ☐ *le carrossage*
c ☐ *le parallélisme*
d ☐ *l'inclinaison de pivots*

Entraînez-vous

1. Expliquez la différence entre l'alignement des roues et le parallélisme.

2. Énumérez les défauts provoqués par :
   – un mauvais alignement ;
   – un défaut de parallélisme.

3. En comparant différents types de suspension avant, étudiez les variations possibles de : carrossage, voie, parallélisme.

Le pneumatique et la roue
chapitre 21

21.1 Mise en situation

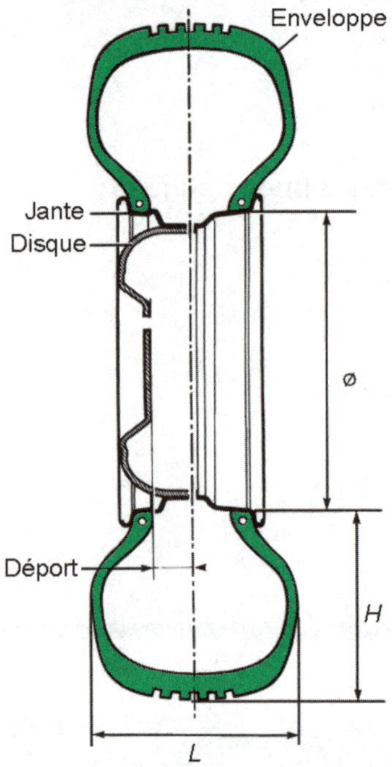

Figure 21.1 *Description d'un pneumatique (document Citroën).*

Seuls éléments de liaison entre le véhicule et le sol, le pneumatique et la roue doivent :

» supporter les charges ;

» transmettre l'effort moteur et l'effort de freinage ;

» participer à la suspension ;

» contribuer au guidage (direction) ;

» adhérer sur tous les types de revêtements quel que soit leur état (sec ou mouillé).

21.2 Analyse structurelle

Plusieurs éléments constituent l'ensemble pneumatique + roue :

» l'enveloppe qui forme, avec la jante, un volume étanche. Sa carcasse doit principalement (figure 21.3) :

- résister aux efforts de tension dus à la pression de l'air (p) ;
- résister aux déformations dues aux actions du sol.

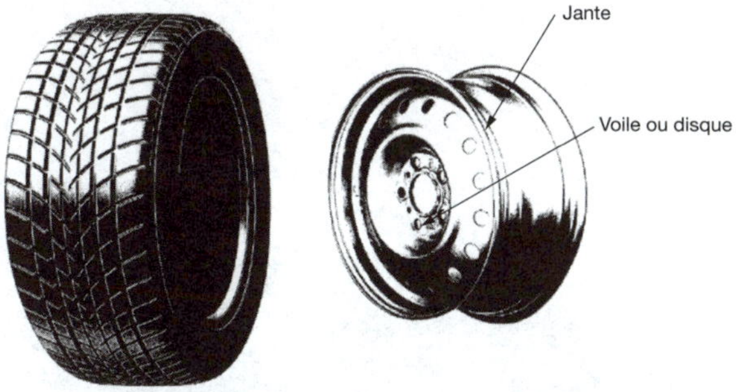

Figure 21.2 *Pneumatique + roue*

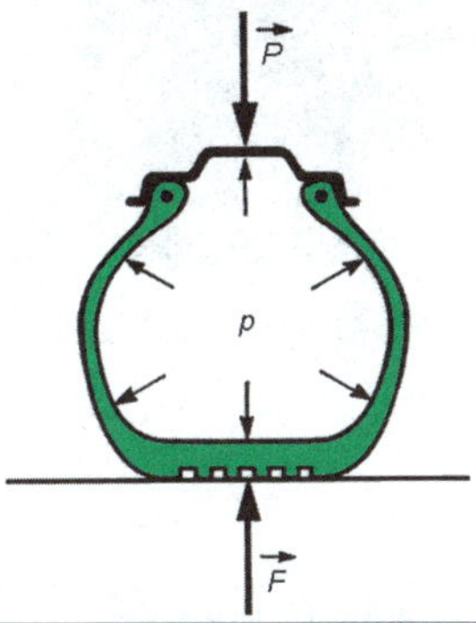

Figure 21.3 *Actions sur le pneumatique.*

$\vec{P}$: charge statique appliquée.
$\vec{F}$: action statique et dynamique du sol.
p : pression de l'air.

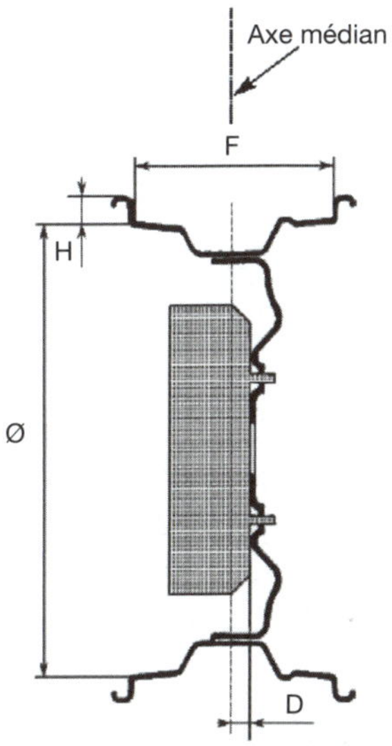

Figure 21.4 *Inscription sur la jante :*

F → Largeur intérieure → pouces ;
H → Hauteur d'accrochage → mm ;
Ø→ Diamètre de siège → pouces ;
Profil de sécurité → FH → *flat hump* ;
Nombre de trous de fixation → exemple : 4 trous ; D → Déport → mm.

» la jante qui, solidaire du voile ou disque, forme la roue.

- La jante doit :

» maintenir solidement l'enveloppe ;

» permettre le démontage de l'enveloppe.

- Le voile doit :

» permettre une liaison rigide et concentrique du pneumatique ;

» éviter toute déformation du plan moyen de la roue (voilage).

» l'air sous pression emmagasiné directement entre l'enveloppe et la jante. L'air joue un rôle primordial, il doit :

- supporter la charge (*P*) ;
- amortir une partie des chocs reçus par les roues.

L'ensemble doit avoir une masse faible (masse non suspendue).

21.3 Analyse fonctionnelle

Fonctions remplies par chaque partie de l'enveloppe

La carcasse doit permettre à l'enveloppe de conserver sa forme initiale malgré la pression.

La bande de roulement, en contact avec le sol, doit :

» assurer l'adhérence, même sur sol mouillé (sculptures) ;

» résister à l'usure (par abrasion) ;

» contribuer au guidage du véhicule par répartition de la force pressante au sol.

Les flancs doivent :

» permettre les déformations radiales, limiter les déformations latérales ;

» résister aux chocs latéraux (bordures de trottoirs) ;

» résister aux agents chimiques, notamment à l'action de l'ozone de l'air, qui provoque des craquelures.

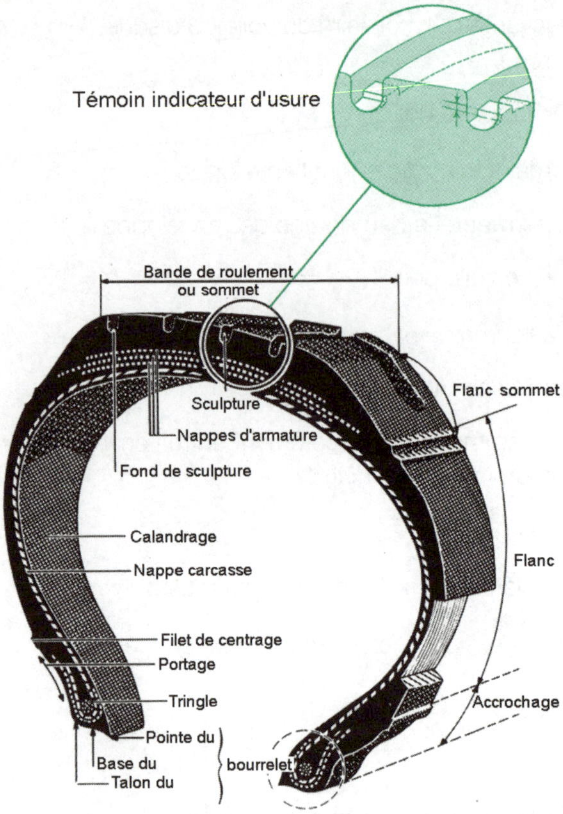

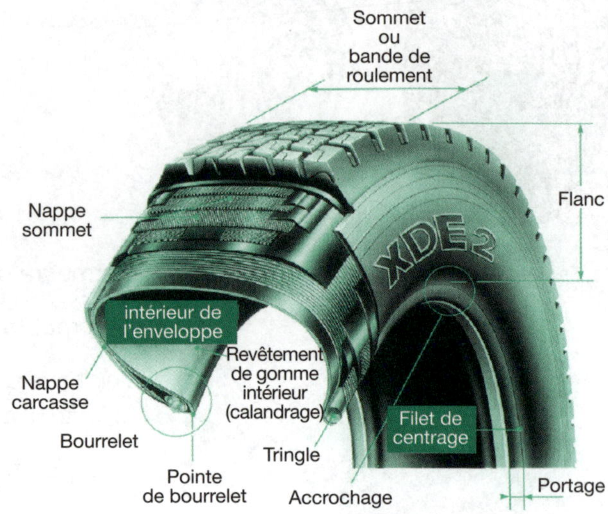

Figure 21.5 *Terminologie de l'enveloppe (document Michelin).*

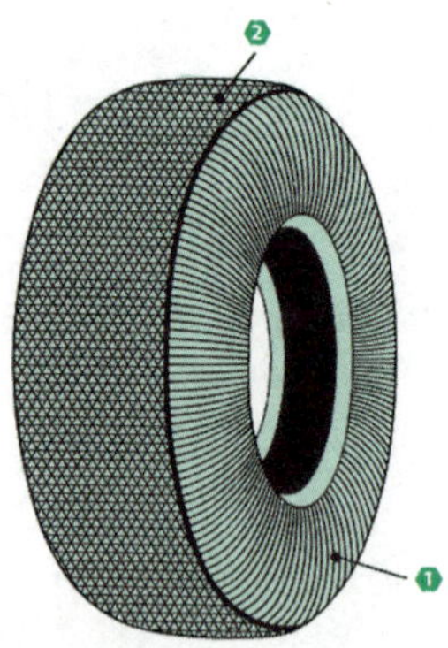

Figure 21.6 *Carcasse radiale.*

❶ Fils de la carcasse juxtaposés dans le sens radial.
❷ Ceinture tressée en triangle (indéformabilité).

L'accrochage doit :

» empêcher toute distension sous l'action de la pression des flancs ;

» limiter les déformations latérales ;

» jouer un rôle de portance ;

» résister à l'action des outils de démontage.

La carcasse radiale

Il est apparu que les différentes parties de l'enveloppe ayant des fonctions très différentes elles devaient être conçues de manière différente. La bande de roulement et l'accrochage doivent être renforcés alors que les flancs demandent une plus grande souplesse, sans échauffement exagéré, afin de mieux répondre aux efforts de flexion nécessaires.

L'enveloppe à structure radiale comprend (figure 21.6) :

» une carcasse de base formée de fils juxtaposés dans le sens radial ;

» une ceinture rigide qui renforce la bande de roulement ;

» une ou plusieurs nappes de renfort à l'accrochage.

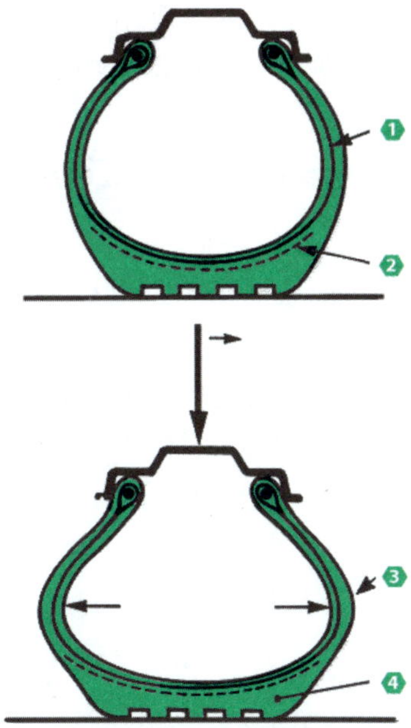

Figure 21.7 *Effets de la carcasse radiale.*

1. Fil de carcasse (un seul pli).
2. Bande de roulement renforcée, ceinture ou nappe de sommet.
3. Flexion sans échauffement.
4. Non-déformation de la bande de roulement.

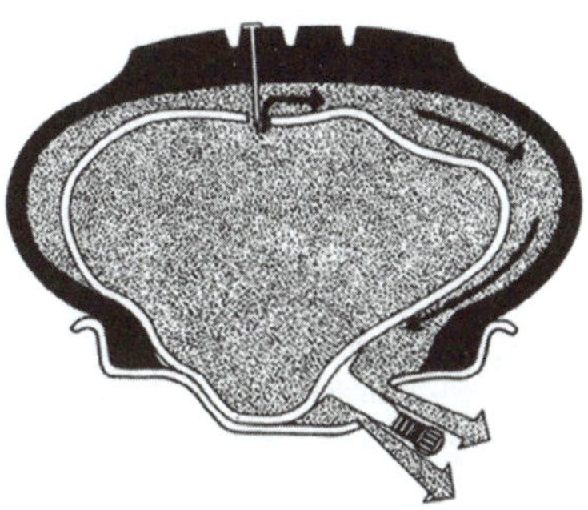

Figure 21.8 *Enveloppe avec chambre à air. Mise à plat instantanée (document Michelin).*

Cela permet (figure 21.7) :

» un travail des flancs en flexion sans échauffement exagéré ;

» un gonflage à basse pression ;

» une meilleure filtration des chocs reçus par les roues ;

» moins de résistance au roulement grâce à la stabilité de la bande de roulement, donc moins d'usure et de perte d'énergie ;

» l'utilisation d'une gomme de plus faible tenue à l'abrasion mais plus adhérente.

Pour ces raisons, ce type de structure est pratiquement le seul utilisé en Europe en véhicules particuliers comme en poids lourds.

De plus, actuellement tous les véhicules particuliers possèdent des pneumatiques sans chambre (*tubeless*).

Lorsque le pneumatique comporte une chambre à air (solution disparue aujourd'hui), la perforation de celle-ci provoque généralement la mise à plat immédiate, par évacuation de l'air par le trou de valve de la jante (figure 21.8).

Le pneumatique sans chambre améliore la sécurité primaire de l'automobile en supprimant les risques de mise à plat instantanée. L'étanchéité à l'air est réalisée par (figure 21.9) :

» une enveloppe à carcasse radiale dont le calandrage est étanche ;

» une jante au profil particulier réalisant une étanchéité parfaite avec l'accrochage de l'enveloppe ;

» une valve montée étanche sur la jante.

Lorsqu'un corps étranger pénètre l'enveloppe, la gomme se resserre autour de celui-ci. L'air ne pouvant s'échapper que par les bords de la blessure, la baisse de pression s'effectue lentement. L'arrêt du véhicule est possible sans perdre son contrôle.

Matériaux utilisés dans la construction des pneumatiques

La carcasse est le plus souvent réalisée en rayonne (dérivé de la cellulose du bois), en polyester ou en Nylon (dérivés du pétrole). La ceinture est constituée d'une ou plusieurs nappes d'acier, tressées de manière à accroître l'indéformabilité.

L'accrochage comporte, noyé dans la gomme du bourrelet, un câble formant cerclage (tringle), constitué de plusieurs brins d'acier.

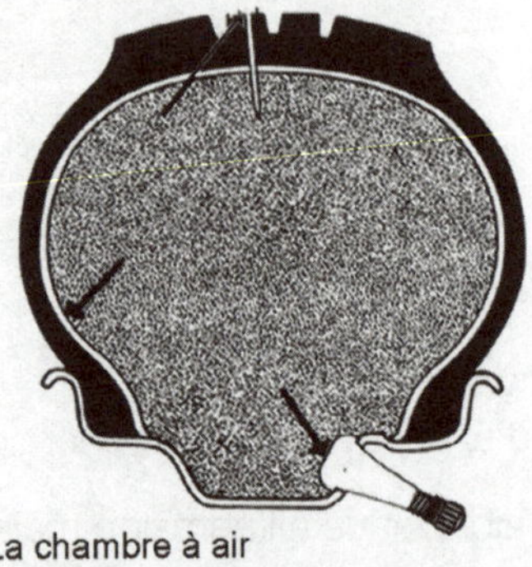

Figure 21.9 *Pneumatique sans chambre à air (tubeless). Mise à plat retardée (document Michelin).*

Le revêtement de gomme est composé d'un mélange complexe de : caoutchouc naturel, caoutchouc synthétique, noir de fumée, soufre, etc.

Les différentes parties de l'enveloppe peuvent être réalisées dans un mélange différent selon leur fonction :

» bande de roulement : gomme possédant un bon rapport adhérence/usure ;

» flancs : comportent des agents antioxydants permettant de résister à l'ozone de l'air ;

» accrochage : gomme dure résistant bien aux déformations (outils de démontage).

Identification des pneumatiques

Les enveloppes comportent, sur leurs flancs, un marquage qui permet une identification précise de chaque pneumatique.

Lorsqu'un pneumatique subit un effort latéral, on constate un déplacement relatif du plan de la roue par rapport à celui de la bande de roulement. Ce déport de jante s'ajoute ou se retranche au déport de jante existant.

En roulant ce mouvement provoque des phénomènes jouant sur la tenue de route, et qui sont :

» le ballant ;

» la dérive.

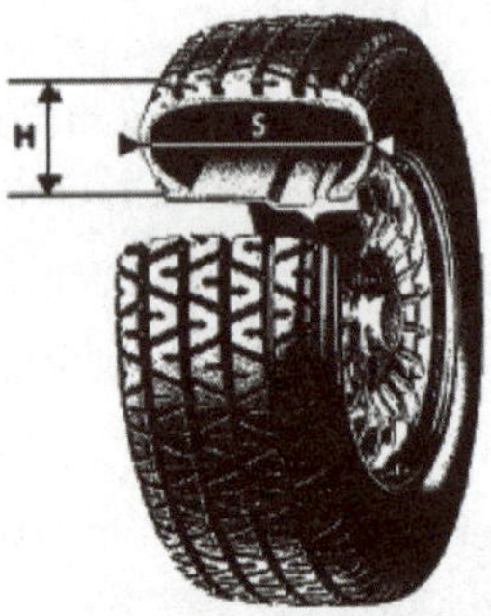

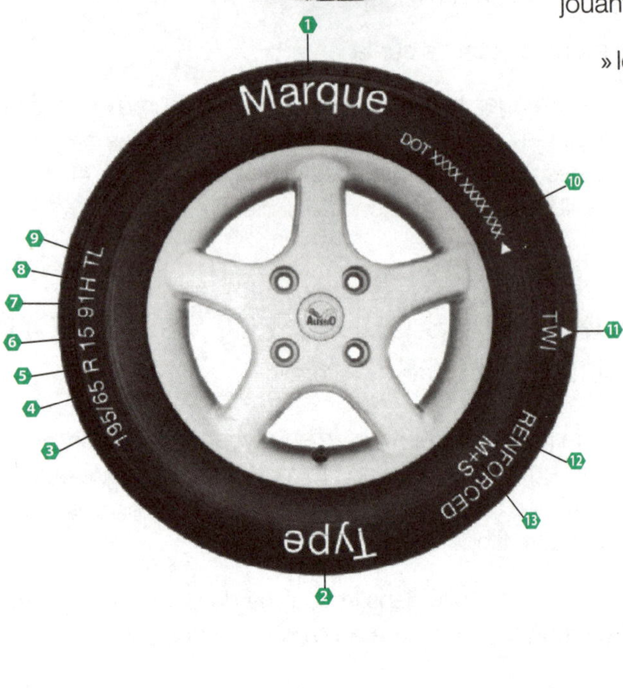

Figure 21.10

1. Marque du pneumatique ;
2. Type d'enveloppe ;
3. Largeur en millimètres ;
4. Hauteur du flanc par rapport à la largeur sous forme de rapport H/S (voir figure) ;
5. Structure du pneu (radiale) ;
6. Diamètre intérieur en pouces ;
7. Indice de charge ;
8. Indice de vitesse maxi ;
9. Pneu sans chambre *(tubeless)* ;
10. Année et semaine de fabrication ;
11. Présence de témoins d'usure ;
12. Renforcé pour de fortes charges ;
13. Sculpture adaptée à la neige et à la boue.

Symboles de vitesse	Vitesse km/h
J	100
K	110
L	120
M	130
N	140
P	150
Q	160
R	170
S	180
T	190
U	200
H	210
V	240
W	270
Y	300
ZR	>240

Le symbole ZR est inclus dans la dimension. Exemple : 235/45 ZR 17 Double marquage avec indice de charge/vitesse (W ou Y) possible.

Indices de charge	Charge kg
59	243
60	250
61	257
62	265
63	272
64	280
65	290
66	300
67	307
68	315
69	325
70	335
71	345
72	355
73	365
74	375
75	387
76	400
77	412
78	425
79	437

Indices de charge	Charge kg
80	450
81	462
82	475
83	487
84	500
85	515
86	530
87	545
88	560
89	580
90	600
91	615
92	630
93	650
94	670
95	690
96	710
97	730
98	750
99	775
100	800

Indices de charge	Charge kg
101	825
102	850
103	875
104	900
105	925
106	950
107	975
108	1000
109	1030
110	1060
111	1090
112	1120
113	1150
114	1180
115	1215
116	1250
117	1285
118	1320
119	1360
120	1400
121	1450

Figure 21.11 *Symboles de vitesse et indices de charge.*

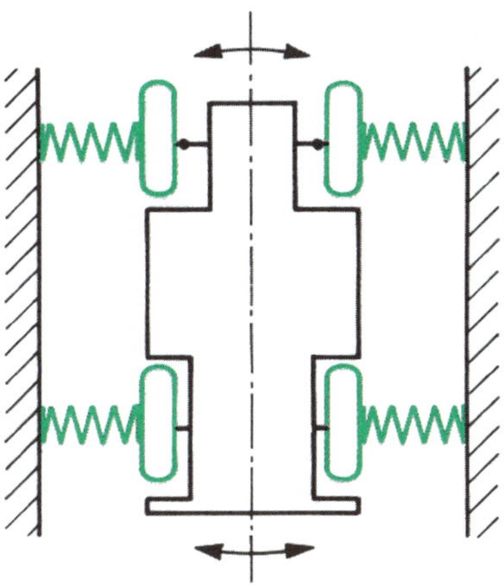

Figure 21.12 *Le ballant des pneumatiques provoque un phénomène de lacet de véhicule.*

Le ballant

Le ballant est le déplacement latéral alternatif de la jante provenant de l'élasticité de l'enveloppe. Il provoque sur le véhicule le phénomène de lacet (figure 21.12).

La dérive

Lorsqu'une roue est soumise à une force latérale (vent, force centrifuge, etc.), les flancs de l'enveloppe se déforment (figure 21.13). Le plan moyen de la roue ne passe plus par le point de contact central de la bande de roulement avec le sol.

La bande de roulement se déforme, elle aussi. Sa trajectoire n'est plus confondue avec celle de la roue (figures 21.14 et 21.15). Ces deux trajectoires forment entre elles un angle appelé « angle de dérive ». Celui-ci varie selon :

» l'effort latéral subi par le pneumatique ;

» la structure de l'enveloppe ;

» la pression de gonflage ;

» la charge radiale ;

» la largeur de la jante ;

» le rapport H/S.

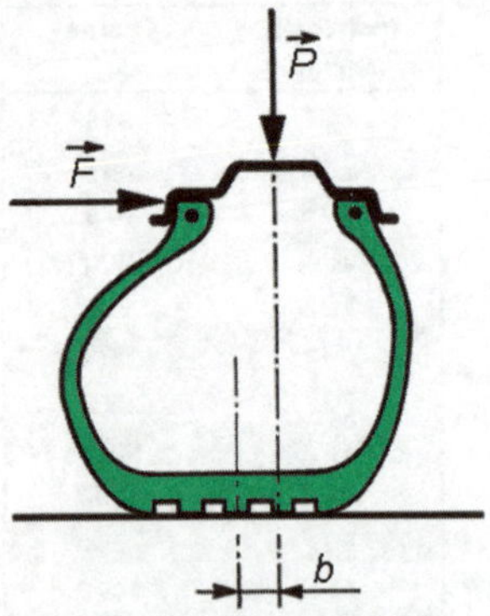

Figure 21.13 *Effet d'un ballant (b) permanent.*

Conséquences du phénomène de dérive sur la tenue de route des véhicules

En ligne droite, une dérive momentanée se produit lors des coups de vent latéraux. Ces réactions imprévisibles provoquent des variations de trajectoire du véhicule qui obligent à ralentir.

En virage, l'effort latéral provoqué par la force centrifuge ($F_c = M\varpi^2 r$) agit sur chaque roue. Cette force, proportionnelle à la masse du véhicule, s'applique en son centre de gravité.

De la dérive des pneumatiques, entre autres, découle le comportement « sous-vireur », « survireur » ou « neutre » du véhicule.

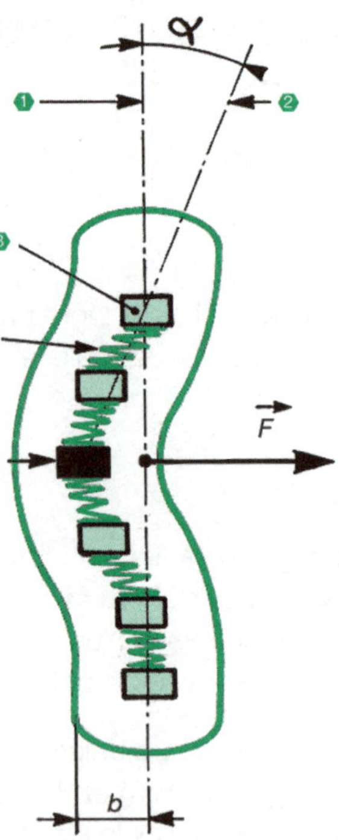

Figure 21.14 *Principe de déformation du pneu (document Citroën).*

$\vec{F}$: force latérale agissant sur le plan de la roue.

b : ballant ; a : angle de dérive.

1. Trajectoire théorique de la roue.
2. Trajectoire de l'enveloppe.
3. Pain de gomme de la bande de roulement.
4. Liaison élastique entre chaque pain.
5. Pain de gomme en contact avec le sol.

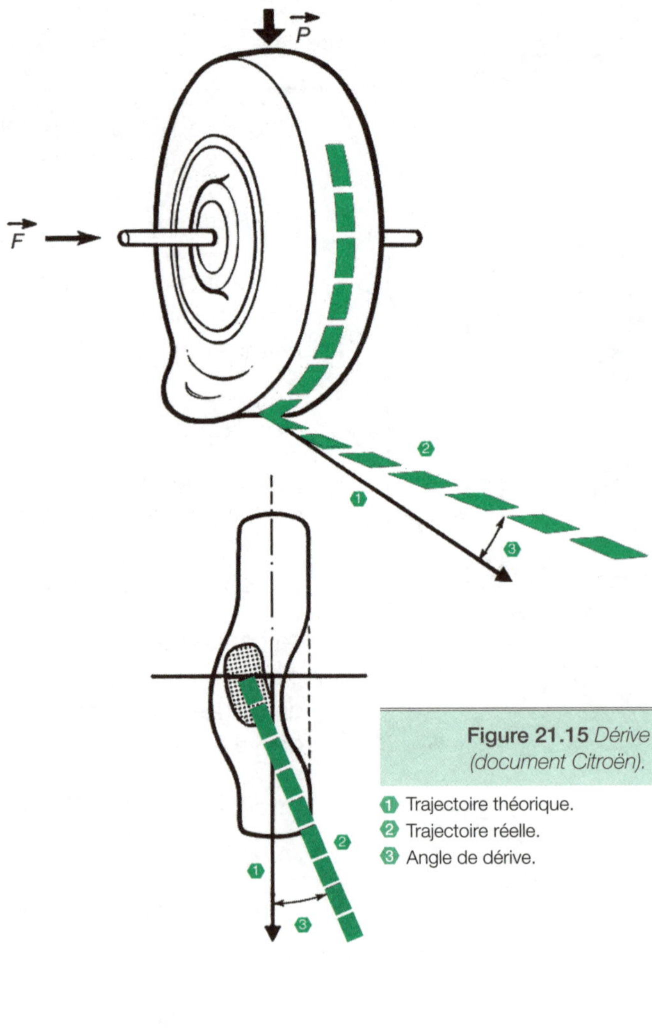

Figure 21.15 *Dérive (document Citroën).*

1. Trajectoire théorique.
2. Trajectoire réelle.
3. Angle de dérive.

Survirage	Neutre	Sous-virage
– La dérive du train arrière est supérieure à la dérive avant. – Le train arrière a tendance à sortir du virage. – Le conducteur compense en contre-braquant le volant. – Comportement non adapté pour un véhicule de tourisme.	– Les dérives avant et arrière sont identiques. – La caisse prend une direction conforme à la courbe du virage. – Comportement adapté aux conducteurs « communs ».	– La dérive avant est supérieure à la dérive arrière. – La caisse a tendance à aller tout droit dans le virage. – Le conducteur compense par une rotation supérieure du volant. – Comportement adapté aux conducteurs « communs ».

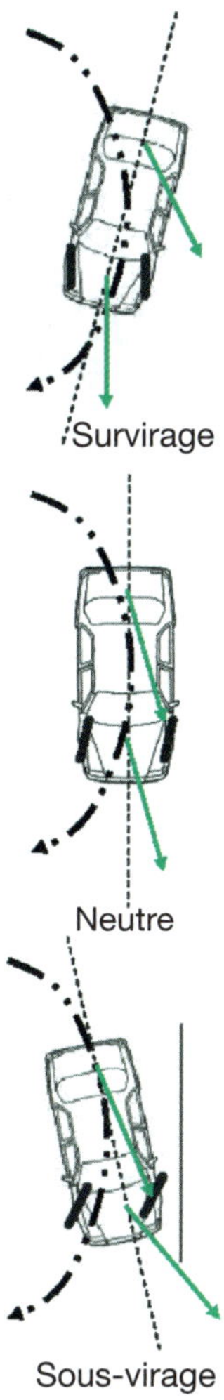

Figure 21.16 *Comportement du véhicule.*

Remarque

Il est plus aisé pour un conducteur non initié de conduire une voiture à tendance sous-vireuse.

Afin d'éviter des comportements imprévus et dangereux du véhicule, il est important de :

» respecter les pressions préconisées (qui tiennent compte du comportement du véhicule) ;

» surgonfler en cas de charge ;

» ne pas équiper un véhicule de pneus de structures différentes.

Remarque

Le respect des pressions préconisées évite également l'échauffement anormal des flancs, qui provoque la dislocation de la carcasse et l'éclatement du pneu.

La surveillance électronique de la pression

Le dispositif électronique permet la surveillance permanente de la pression des roues.

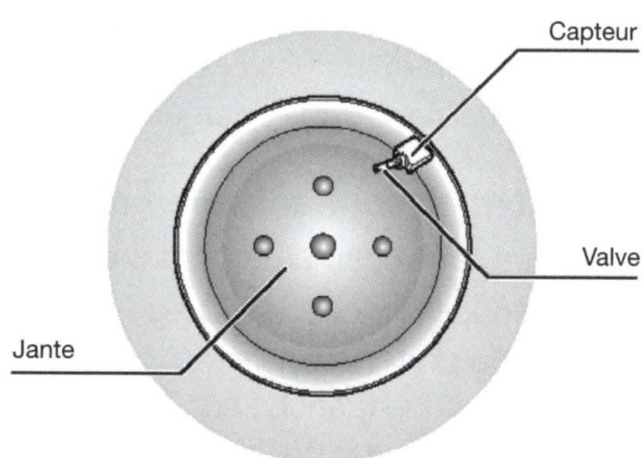

Figure 21.17 *Roue avec capteur électronique de pression.*

L'implantation du capteur, généralement fixé à la valve, nécessite quelques précautions lors d'une intervention.

Pour le démontage et remontage :

» Il est recommandé de décoller le pneu à l'inverse de la valve ;

» Le démontage est à commencer au niveau de la valve ;

» Le remontage est à terminer au niveau de la valve ;

» Il faudra après l'opération utiliser l'outil de diagnostic pour réinitialiser le système afin d'éteindre la lampe défaut ;

» Il est déconseillé lors d'une révision d'intervertir les roues, car le système indiquera alors un défaut.

Résumé

Définition

Un pneumatique est un ensemble composé de :

» l'enveloppe ;
» la jante qui liée à son voile forme la roue ;
» l'air, sous pression, emmagasiné entre l'enveloppe et la jante.

L'enveloppe comprend : la carcasse, la bande de roulement, les flancs, l'accrochage.

Rôle de chaque élément

L'air supporte la charge et amortit les chocs.

L'enveloppe possède une carcasse qui résiste aux efforts de tension dus à la pression de l'air, un revêtement de gomme qui protège la carcasse et assure l'adhérence de la bande de roulement.

La jante guide l'enveloppe. Grâce à son voile, elle assure la liaison rectiligne et concentrique de la roue avec le moyeu.

La structure de l'enveloppe est dite « radiale ». La carcasse est formée de fils juxtaposés dans le sens radial. La bande de roulement est renforcée par une ceinture rigide. Ce type de structure permet :

» un travail en flexion des flancs sans échauffement exagéré ;
» une meilleure filtration des chocs dus à la route ;
» moins de résistance au roulement, d'usure et de pertes d'énergie.

Les pneumatiques sont actuellement sans chambre.

Un pneumatique sans chambre comprend :

» une enveloppe dont le calandrage est étanche ;
» une jante au profil particulier ;
» une valve montée étanche sur la jante.

Ce type de pneumatique évite la mise à plat instantanée en cas de crevaison.

Matériaux utilisés

Carcasse en rayonne, polyester ou Nylon.

Ceinture en acier tressé.

Revêtement composé de caoutchouc naturel et synthétique, de noir de fumée, de soufre, etc.

Marquage des pneumatiques

Premier nombre : largeur du boudin de flanc à flanc.

S, H et V : indices de vitesse maximale.

R : structure radiale.

Deuxième nombre : diamètre de l'enveloppe à la base du talon.

Le rapport H/S peut être indiqué à la suite du premier nombre.

Il n'y a aucune indication si le pneu est de série 80 (H/L = 0,80).

Réactions dynamiques des pneumatiques

Les efforts latéraux agissant sur le véhicule provoquent :

- le ballant : déplacement alternatif de la jante par rapport à la bande de roulement qui produit sur le véhicule un phénomène de lacet ;
- la dérive : angle formé par la trajectoire de la roue et la trajectoire de la bande de roulement, lors d'un effort latéral permanent.

En virage, si la dérive des pneus avant est :

- supérieure à celle des pneus arrière, le véhicule est sous-vireur ;
- inférieure à celle des pneus arrière, le véhicule est survireur.

Testez vos connaissances

1. Quel est le rôle des sculptures sur un pneumatique ?

a ☐ *renforcer la bande de roulement*

b ☐ *diminuer l'usure*

c ☐ *évacuer l'eau*

2. La diminution du rapport H/L permet de diminuer (deux réponses) :

a ☐ *la dérive*

b ☐ *le ballant*

c ☐ *le diamètre de la roue*

d ☐ *la largeur du pneu*

3. La dérive d'un pneu est d'autant plus grande que (deux réponses) :

a ☐ *sa pression est faible*

b ☐ *sa pression est forte*

c ☐ *sa hauteur est grande*

d ☐ *sa hauteur est faible*

4. Calculez le diamètre d'une roue d'après le marquage 180/50 R 14 sur son flanc :

a ☐ *380 mm*

b ☐ *670 mm*

c ☐ *760 mm*

5. Dans l'exemple de la question 4, calculez la distance en mètres parcourue par tour :

a ☐ *2,38 mm*

b ☐ *2,83 mm*

c ☐ *1,83 mm*

Entraînez-vous

1. Relevez les caractéristiques de pneumatiques, ainsi que celles des véhicules qu'ils équipent.
2. Quelles sont les conséquences du montage sur un véhicule :
   – de pneumatiques de largeur supérieure à celle préconisée ?
   – de jantes larges ou dont le déport de jante est différent de celui de la jante d'origine ?
3. Décodez chacun des termes du marquage suivant : 185/65 R15 88T.

Partie 5

L'équipement électrique et de confort

Les bases de l'électricité automobile
chapitre 22

22.1 Le courant électrique

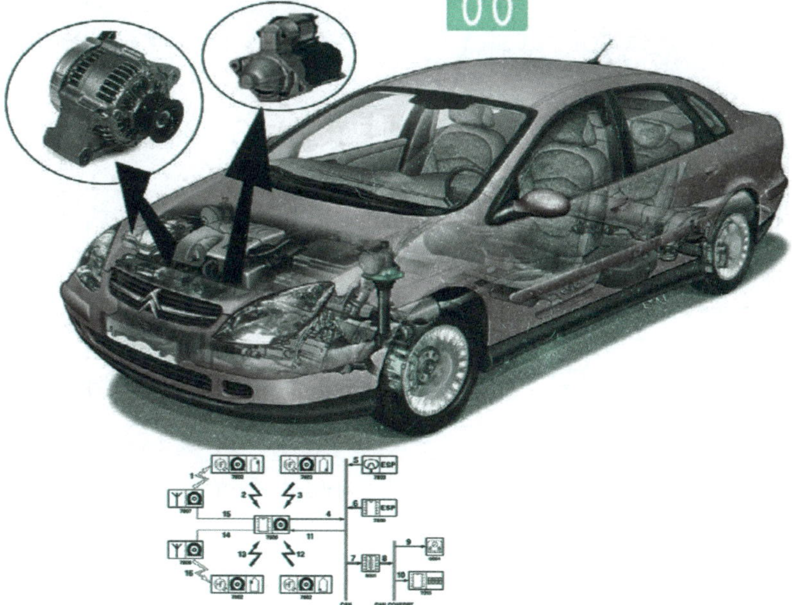

Figure 22.1 *Système électrique.*

Les métaux conducteurs possèdent des électrons libres qui se déplacent lorsqu'on leur applique une différence de potentiel électrique. C'est le courant électrique.

Sens du courant

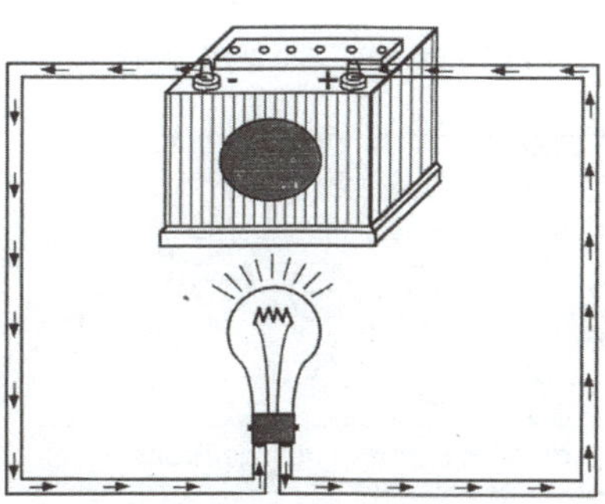

Figure 22.2 *Sens du courant.*

Dans un circuit électrique sous tension, le courant se déplace du pôle négatif vers le pôle positif :

C'est le sens électronique

Par convention, on utilise le sens contraire, c'est-à-dire du pôle positif vers le pôle négatif :

C'est le sens conventionnel

22.2 Les grandeurs électriques usuelles

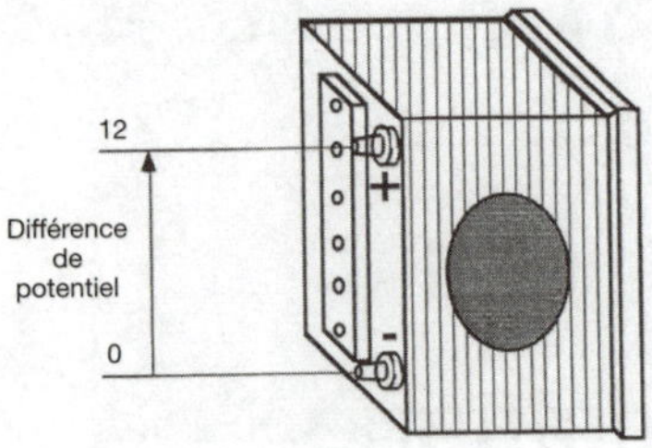

Figure 22.3 *Tension.*

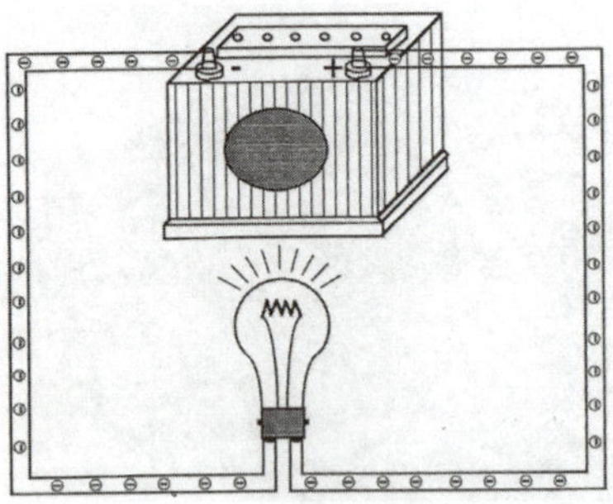

Figure 22.4 *Intensité.*

La tension (ou différence de potentiel)

Cette grandeur s'exprime en volts (V) et se mesure à l'aide d'un voltmètre. La tension est la différence de potentiel existant entre deux points d'un circuit. On la note *U*.

L'intensité

Cette grandeur s'exprime en ampère (A) et se mesure à l'aide d'un ampèremètre. L'intensité est la quantité d'électricité (nombre d'électrons) circulant chaque seconde dans un conducteur. On la note *I*.

La puissance

Elle s'exprime en watts (W) et se mesure à l'aide d'un voltmètre et d'un ampèremètre ou bien à l'aide d'un appareil unique : le wattmètre. On la note *P*. La puissance représente la quantité d'énergie consommée par un récepteur électrique, chaque seconde.

$$P = U \times I$$

P : puissance en watts (W).

U : tension en volts (V).

I : intensité en ampères (A).

La résistance

Le déplacement des électrons dans un circuit électrique s'effectue plus ou moins rapidement. La facilité avec laquelle se déplacent les électrons dépend de la résistance du circuit électrique (consommateurs, conducteurs). La résistance à la circulation des électrons libres sera vaincue par la tension. La résistance s'exprime en ohms (Ω) et se note *R*.

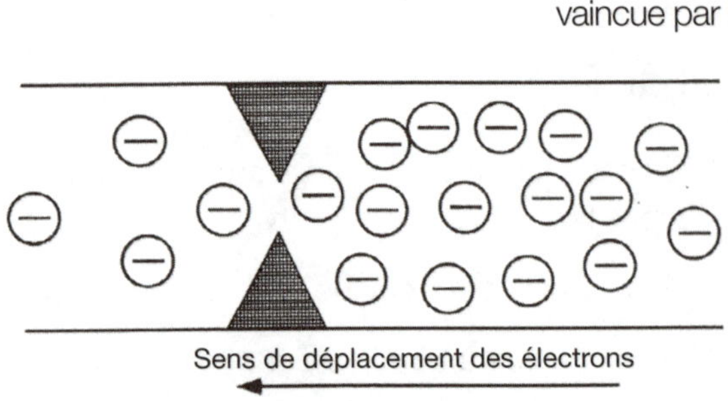

Figure 22.5 *Grande résistance.*

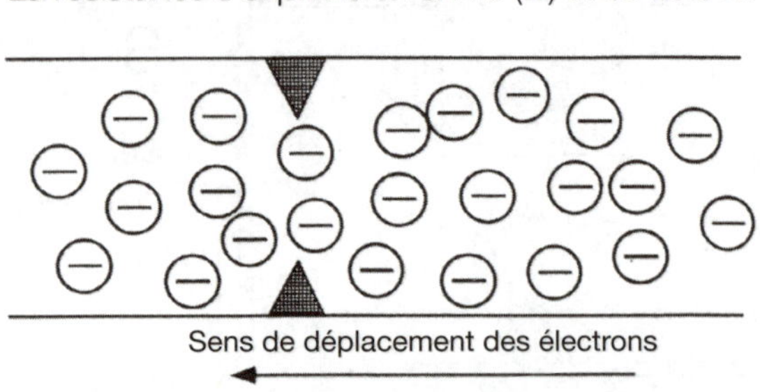

Figure 22.6 *Faible résistance.*

22.3 La loi d'Ohm

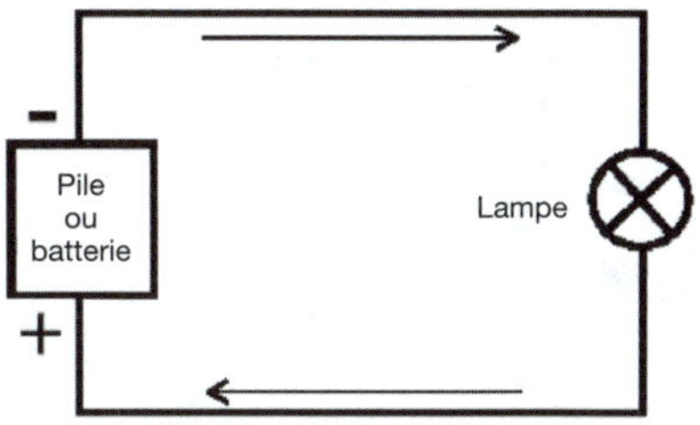

Figure 22.7 *Circuit électrique de base.*

La loi d'Ohm montre que la tension aux bornes d'un dipôle est égale au produit de la résistance par l'intensité.

$$U = R \times I$$

U : tension en volts (V).

R : résistance en ohms (Ω).

I : intensité en ampères (A).

Un circuit électrique est composé au minimum :

» d'un générateur ou d'un réservoir de courant : batterie ;

» d'un consommateur : lampe, moteur, etc. ;

» d'un conducteur : fil électrique. C'est la liaison en circuit fermé entre le générateur et les consommateurs.

Le fil de cuivre est protégé par une gaine isolante.

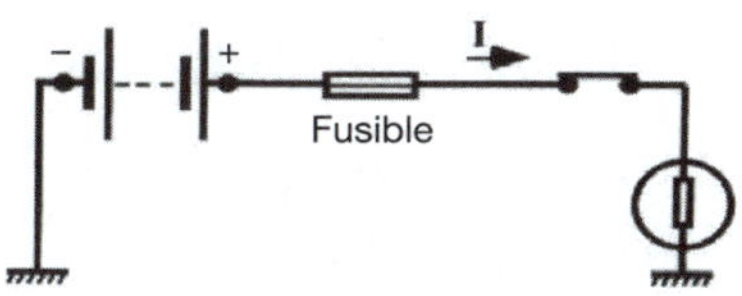

Figure 22.8 *Circuit électrique protégé par un fusible.*

Il peut être complété par :

» un interrupteur : il autorise ou non le passage du courant dans le circuit.
Circuit ouvert : pas de circulation du courant.
Circuit fermé : circulation du courant.

» un fusible : il protège le circuit en cas d'anomalie (court-circuit). Les fusibles sont calculés pour fondre (l'étain fond à 235 °C) lorsqu'une intensité légèrement supérieure à la consommation demandée les traverse. Les fusibles se montent en série et avant les récepteurs.

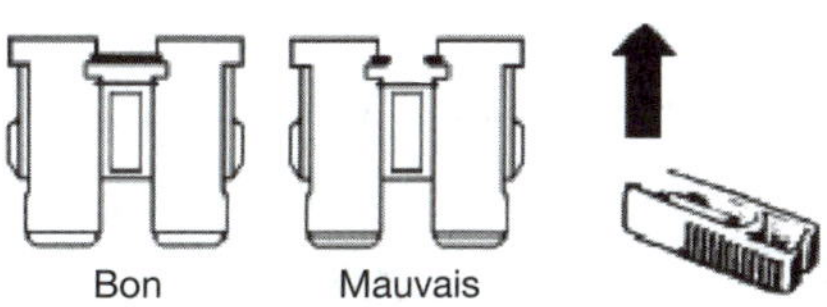

Figure 22.9 *Fusibles montés sur une platine de servitude. Cosses plates. Pince d'extraction.*

On obtient un court-circuit lorsque le courant passe directement du positif au négatif de la source de courant, sans passer par un consommateur.

En automobile on utilise le courant continu : il circule toujours dans le même sens (Ex. : une batterie de 12 V).

22.4 Les montages électriques

Le circuit en série

La tension totale *UT* aux bornes de l'ensemble des récepteurs est égale à la somme des tensions aux bornes de chaque récepteur (figure 22.10A).

$$UT = U1 + U2 + U3$$

Dans un circuit en série, l'intensité totale IT du circuit est égale à celle qui traverse chaque récepteur (figure 22.10B).

$$IT = I1 = I2 = I3$$

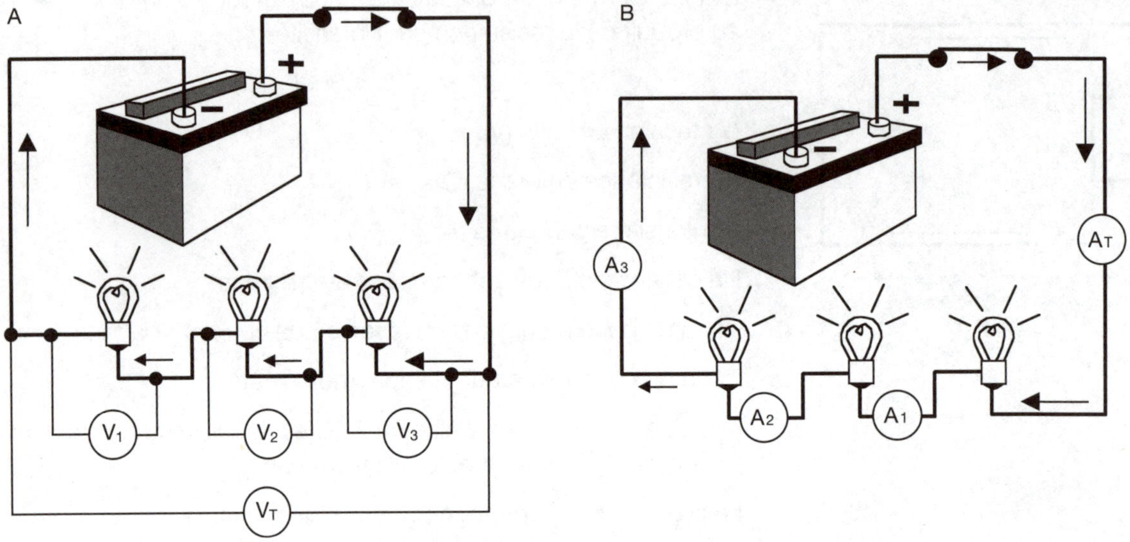

Figure 22.10 *Circuit en série.*

Le circuit en parallèle (ou en dérivation)

La tension totale UT aux bornes de l'ensemble des récepteurs est égale à la tension aux bornes de chaque récepteur (figure 22.11A).

$$UT = U1 = U2 = U3 = 12 \text{ volts}$$

Dans un circuit en parallèle, l'intensité totale IT est égale à la somme des intensités passant dans toutes les dérivations (figure 22.11B).

$$IT = I1 + I2 + I3$$

Figure 22.11 *Circuit en parallèle.*

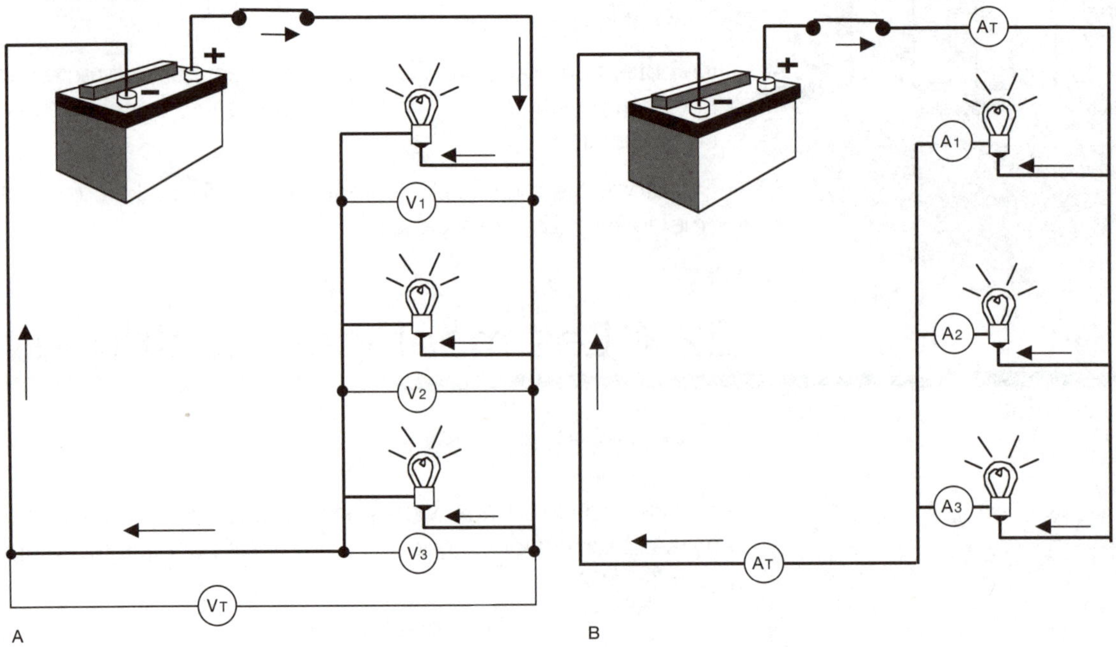

Appareils de mesure	Grandeur physique	Symbole	Branchement de l'appareil de mesure	Schéma de branchement
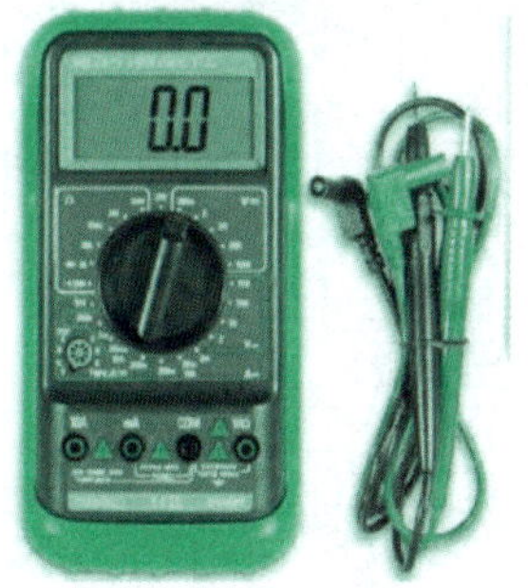 **Multimètre**	Tension (volts)	*U*	Parallèle ou dérivation	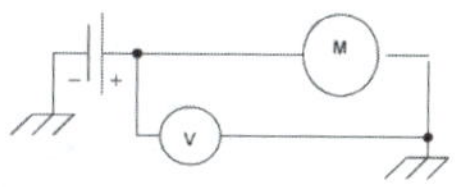
	Intensité (ampères)	*I*	Série	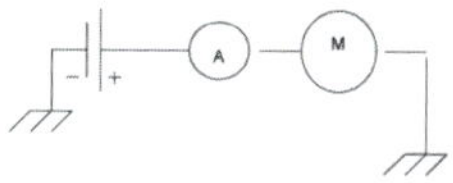
	Résistance (ohms) Continuité (ohms)	*R*	Parallèle	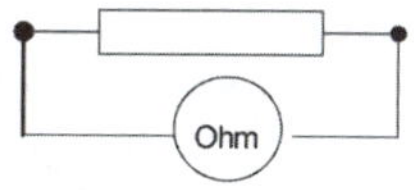
 **Pince ampèremétrique**	Intensité (ampère)	*I*	Série	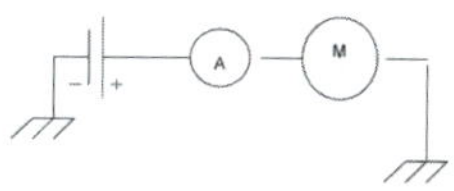

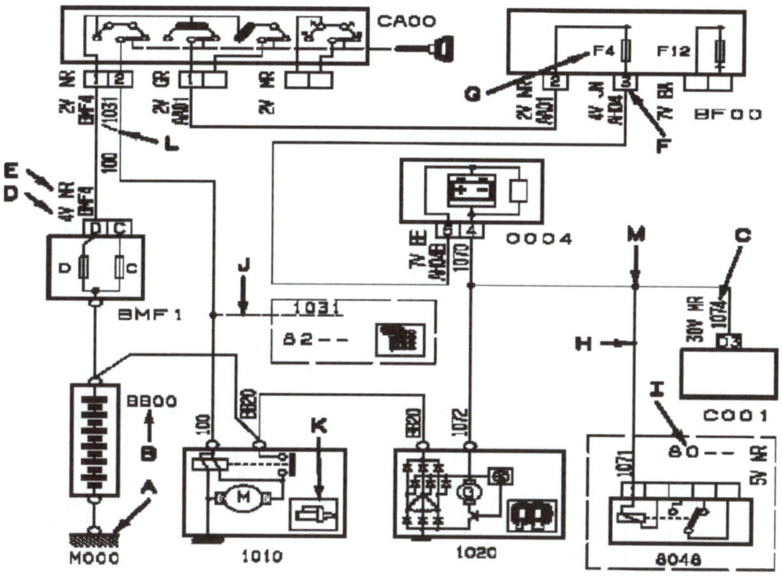

Figure 22.12 *Exemple de circuit électrique.*

A. représentation prise de masse ;
B. numéro de l'appareil ;
C. numéro de fil ;
D. Nombre de voies du connecteur ;
E. Couleur du connecteur ;
F. Numéro de case du connecteur ;
G. Numéro de fusible ;
H. Représentation d'information allant vers une autre fonction ;
I. Numéro de la fonction concernée par le report ;
J. Représentation fil existant suivant équipement du véhicule ;
K. Figurine représentative de l'appareil ;
L. Fils en mariage ;
M. Représentation d'une épissure.

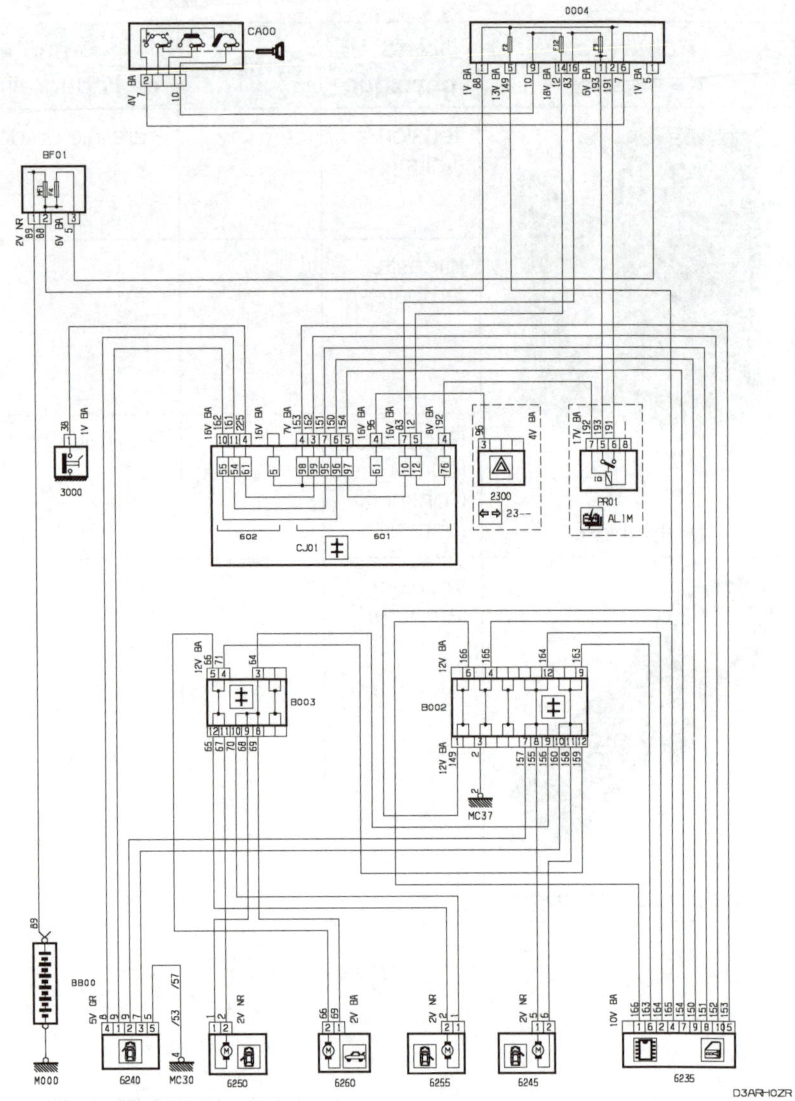

Figure 22.13 *Exemple d'un schéma électrique de commande de centralisation de porte.*

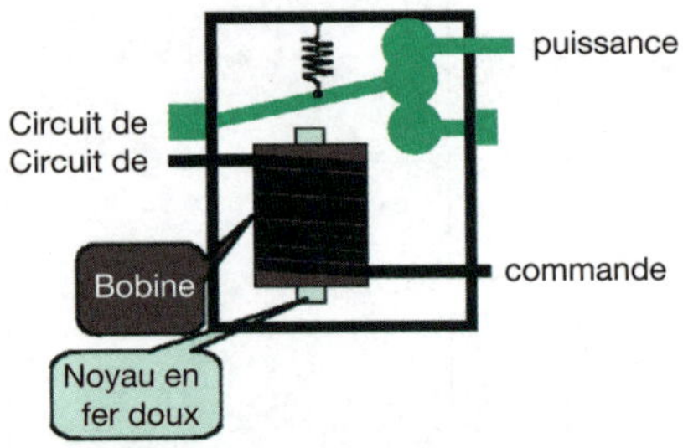

Figure 22.14 *Le relais :*
circuit de puissance.
circuit de commande.

Le relais

Il évite les chutes de tension qu'engendrerait un circuit électrique long (cas des circuits de commande au tableau de bord).

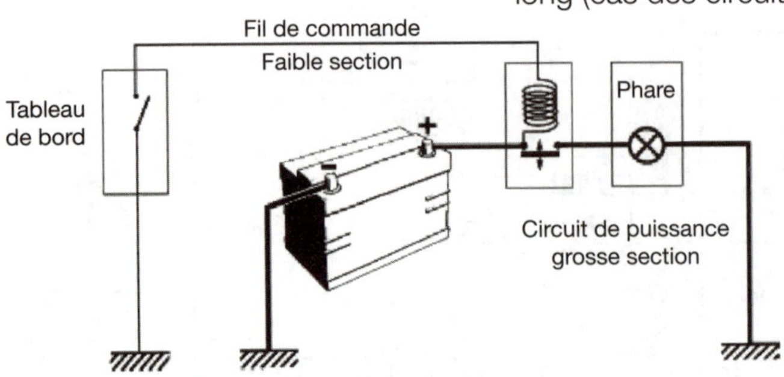

Figure 22.15 *Circuit électrique avec relais.*

Son utilisation évite d'utiliser de gros faisceaux électriques, chers et encombrants. Les circuits de commande passant par le tableau de bord sont ainsi constitués de fil plus fin, ce qui apporte une sécurité supplémentaire (risque d'échauffement et d'incendie).

» Il est placé entre la batterie et le consommateur.

» Il assure deux fonctions : contact ouvert ou fermé.

» Il doit pouvoir être commandé à distance.

» Il doit permettre le passage d'intensités importantes.

Testez vos connaissances

1. Pour mesurer une tension, quelle fonction du multimètre utilise-t-on ?

a ☐ *la position ampèremètre*

b ☐ *la position voltmètre*

c ☐ *la position ohmmètre*

2. De quelle manière place-t-on le multimètre dans le circuit (cocher la bonne case) ?

Multimètre	Série	Parallèle
Ampèremètre		
Voltmètre		
Ohmmètre		

3. Le rôle du fusible d'un véhicule automobile est :

a ☐ *d'éviter les chutes de tension*

b ☐ *de protéger le circuit en cas d'anomalie*

c ☐ *d'augmenter la puissance d'une lampe*

4. Dans un montage en série les tensions :

a ☐ *s'ajoutent*

b ☐ *sont les mêmes*

5. Dans un montage en dérivation (en parallèle), les intensités :

a ☐ *s'ajoutent*

b ☐ *sont les mêmes*

6. Dans un montage en dérivation les tensions :

a ☐ *s'ajoutent*

b ☐ *sont les mêmes*

7. La résistance d'une ampoule montée sur un véhicule dont la puissance est de 60 W est égale à :

a ☐ *60 Ω*

b ☐ *32 Ω*

c ☐ *155 Ω*

Le multiplexage
chapitre 23

23.1 Mise en situation

Les normes antipollution, la sécurité et le confort des utilisateurs entraînent une augmentation constante du nombre de fonctions électroniques présentes dans nos véhicules : climatisation, navigation, ABS, radar, EOBD (*European On-Board Diagnostics*), ainsi que du nombre d'informations qui peuvent être utilisées par les systèmes.

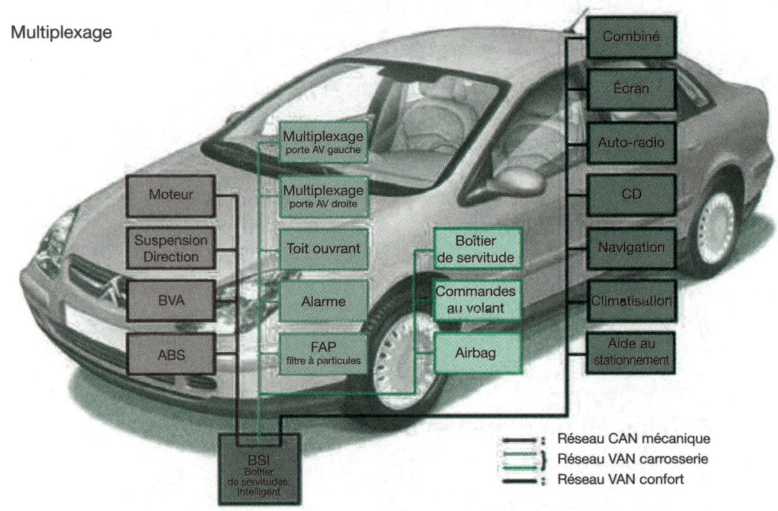

Figure 23.1 *Multiplexage.*

L'électronique automobile est en évolution constante :

» Exigences de plus en plus sévères en matière de pollution ;

» Améliorations en matière de sécurité et de confort ;

» Évolution en cours de vie du véhicule (options).

D'où une croissance constante des fonctions électroniques :

» ABS, REF, ESP, ASR ;

» Direction à assistance variable, BVA, suspension pilotée, gestion moteur ;

» Airbag, antidémarrage, climatisation régulée, détection du sous-gonflage des roues, aide au stationnement ;

» Allumage automatique des feux de croisement, essuie-vitre automatique, correction de site des feux (lampes au xénon) ;

» Allumage automatique des feux de détresse en cas de forte décélération ou de choc ;

» Régulation de vitesse avec radar anticollision, navigation par satellite ;

» Et à venir : direction et freins entièrement électriques, guidage du véhicule par rapport aux « bandes blanches », etc.

Ce renforcement de l'électronique se traduit par :

» une augmentation du nombre de calculateurs ;

» une augmentation du nombre de capteurs ;

» une augmentation des faisceaux de câbles électriques : encombrement, poids et coûts accrus ;

» une augmentation du nombre d'interconnexions.

Des problèmes de :

» conception et fabrication ;

» fiabilité ;

» recherche de pannes et diagnostics.

Un véhicule haut de gamme nécessite environ 40 à 70 kg de faisceaux pour une longueur de plus de 2 à 7 km et 1 800 interconnexions.

23.2 Analyse structurelle

Le multiplexage permet la mise en commun et l'échange d'informations entre les systèmes.

Certains capteurs ont des liaisons avec plusieurs calculateurs ou existent en deux exemplaires en raison de leur localisation.

Les liaisons entre boîtiers sont de plus en plus nombreuses.

Diminution du nombre de capteurs et de liaisons entre boîtiers car chacun fournit aux autres, par l'intermédiaire du bus, les infos qu'il reçoit en filaire : c'est le partage des informations.

On appelle « bus » les fils électriques véhiculant les informations d'un calculateur à l'autre.

Sur ce bus, les informations sont véhiculées sous forme numérique, transmises à haute vitesse, codées et envoyées les unes à la suite des autres.

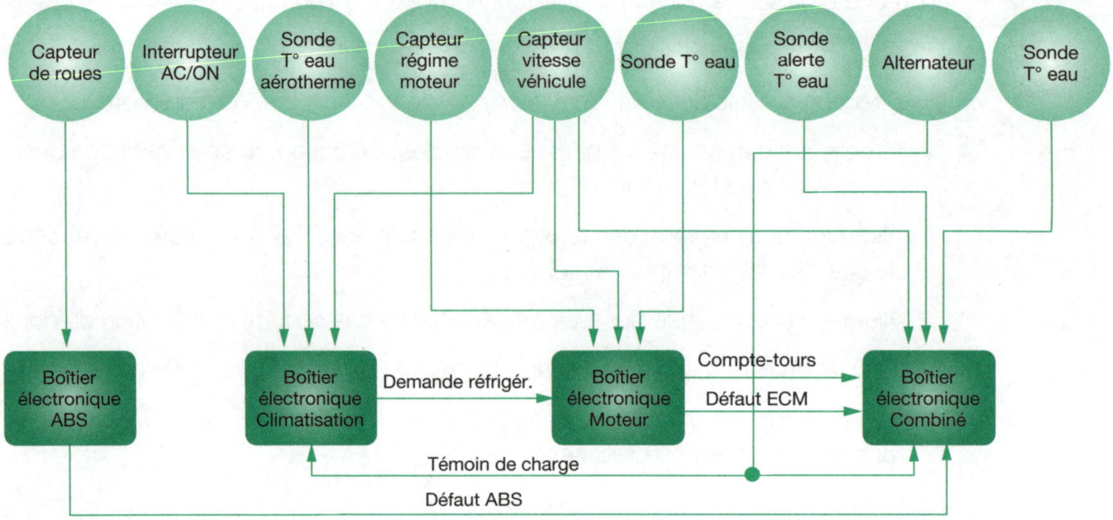

Figure 23.2 *Exemple d'un câblage classique.*

Figure 23.3 *Exemple après multiplexage.*

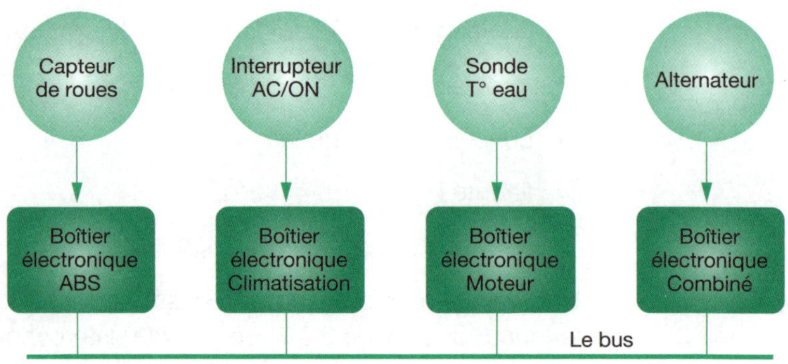

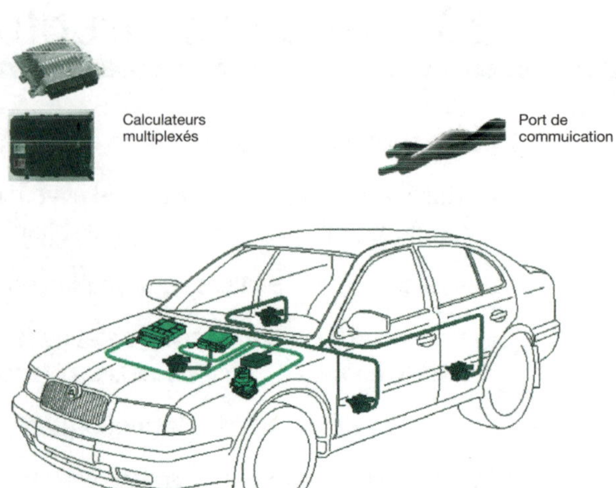

Figure 23.4 *Constitution du réseau de communication.*

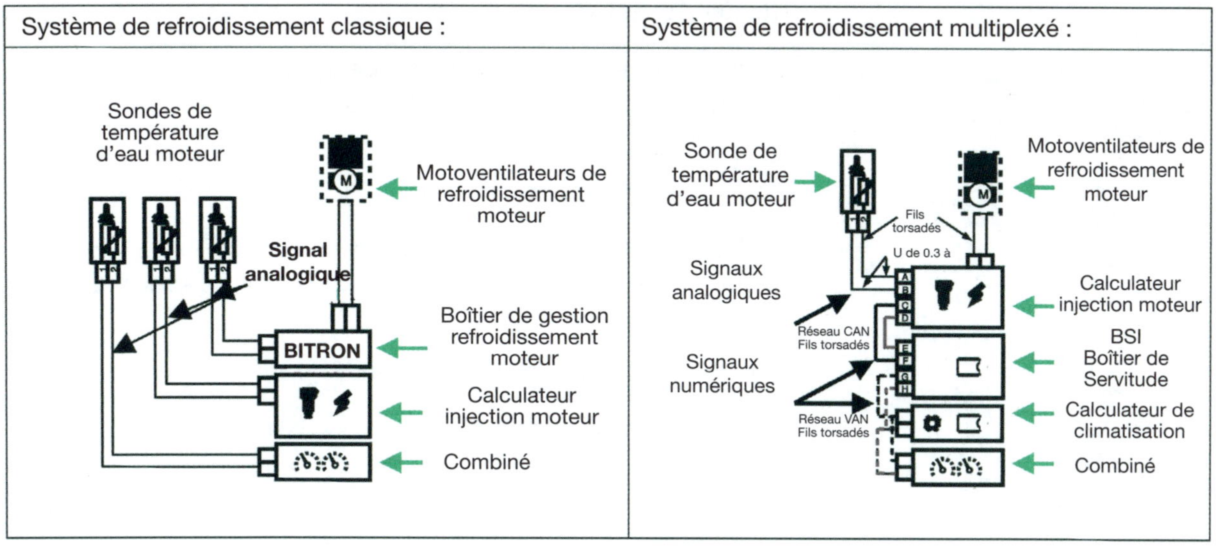

Figure 23.5 *Comparatif sur un même système.*

23.3 Analyse fonctionnelle

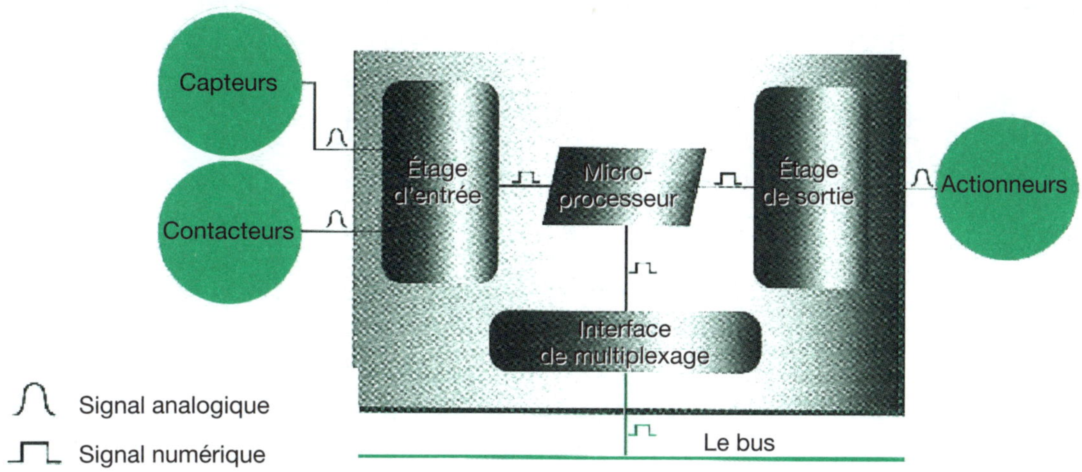

Figure 23.6 *Principe du multiplexage.*

Le signal analogique est l'image de ce qu'il mesure, son amplitude et parfois sa fréquence évoluent avec le temps.

Le signal numérique est un signal codé qui utilise la numérotation binaire, c'est-à-dire qu'il ne peut prendre que deux valeurs (ex. : tension ou pas tension, lumière ou pas lumière).

La numérotation binaire utilise deux symboles, 0 et 1, qui s'appellent des « bits » (*binary digit*).

L'étage d'entrée du boîtier :

» Il transforme (il code) les signaux analogiques des capteurs en signaux numériques exploitables par le microprocesseur (ex. : signal délivré par la thermistance d'eau).

L'étage de sortie du boîtier (appelé « étage de puissance ») :

» Il transforme les ordres fournis par le microprocesseur sous forme de signaux numériques en signaux analogiques destinés aux actionneurs.

L'étage de calcul : le microprocesseur (la puce)

» C'est le composant « intelligent » du boîtier

» Il possède des mémoires qui peuvent être :

- ROM : mémoire morte qu'on ne peut que lire ;
- RAM : mémoire qui disparaît dès que l'alimentation est coupée ;
- EEPROM : mémoire morte pouvant être reprogrammée ;

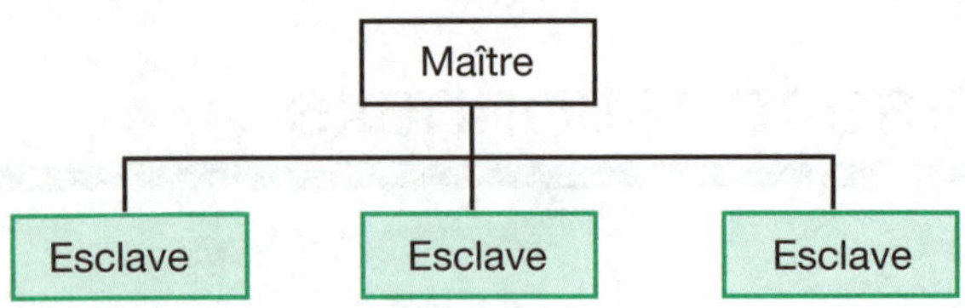

Figure 23.7 *Le réseau maître/esclaves.*

- La ROM ou l'EEPROM contiennent le ou les programmes à réaliser de la forme « **Si…, alors…** ».

» Les signaux traités le sont en général par groupes de 8 bits (ou plus) :

- 8 bits (1 octet) : 256 informations différentes pouvant être codées ;
- 16 bits (un *word*) Þ 216 = 65 536 informations ;
- 32 bits : *double word*.

Un réseau multiplexé peut être organisé avec des dispositifs maîtres ou esclaves. Tout dépend de ce qu'ils peuvent faire : prendre l'initiative d'une communication (maître) ou seulement répondre à un maître (esclave).

Ce réseau permet à un « maître » de piloter plusieurs « esclaves », chacun ayant une tâche précise à exécuter. Les maîtres pourront dialoguer entre eux et mettre en commun des informations (maître-maître).

Le multiplexage consiste à faire circuler plusieurs informations entre divers équipements électriques avec le moins de fils possible. Cela implique que les informations soient :

» numérisées (constituées de bits) ;

» rapides (62 000 bits/seconde) ;

» identifiées (trame : destinataire, information, commande) ;

» classées par priorité.

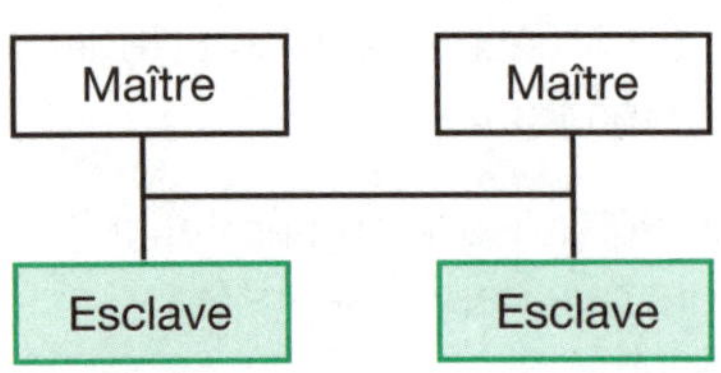

Figure 23.8 *Le réseau multimaître/multiesclave.*

On appelle « bus » le circuit électrique véhiculant les informations multiplexées. Sur la majorité des véhicules multiplexés, le bus est constitué de deux fils. Chaque fil porte une appellation différente suivant le type de multiplexage :

» DATA ou (*data* barre) : codage VAN (*Vehicule Area Network*) ;

» CAN-H ou CAN-L : codage CAN (*Controller Area Network*).

Dans les deux cas, ces deux informations sont complémentaires : quand l'un est à un niveau haut, l'autre est à un niveau bas.

Exemple

Cette stratégie de câblage permet d'éliminer une partie des parasites (entrants et sortants de la paire).

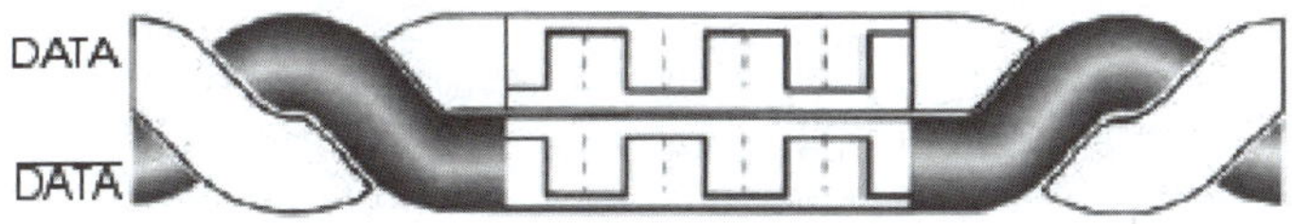

Figure 23.9 *Câblage du multiplexage.*

Les deux grandes familles de protocoles (langages) multiplexés sont le VAN et le CAN.

Le VAN est utilisé pour le confort et le multimédia.

Le CAN est utilisé pour gérer les fonctions moteur et sécurité (plus rapide).

Un véhicule peut posséder plusieurs réseaux (un CAN et deux VAN).

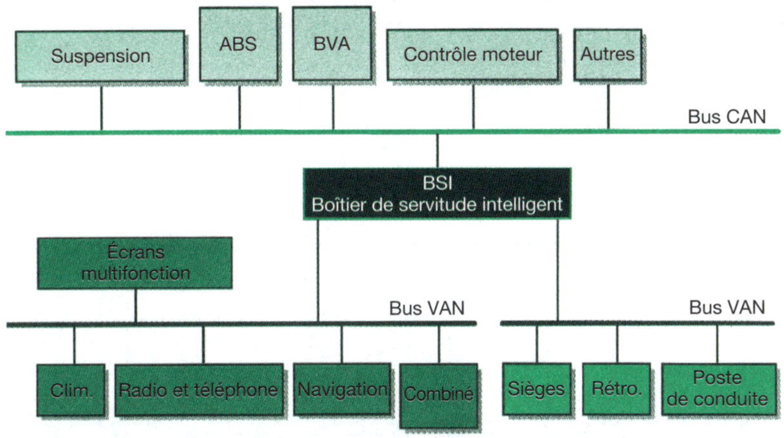

Figure 23.10 *Réseaux multiplexés.*

Le bus utilisé en format VAN est constitué de deux fils désignés par DATA et $\overline{\text{DATA}}$.

Sur chacun de ces fils le signal ne peut prendre que deux niveaux « 0 » ou « 1 », les signaux étant complémentaires l'un de l'autre (figure 23.11).

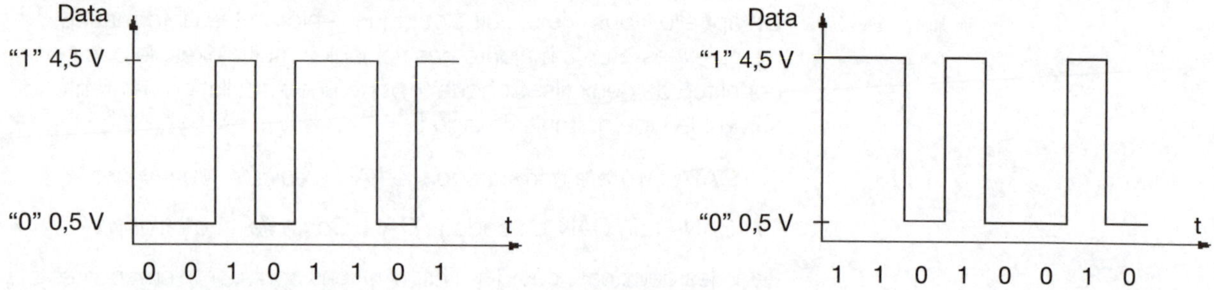

Figure 23.11 *Exemple de signal du réseau multiplexé.*

Les valeurs de tension sont comprises, pour DATA et $\overline{\text{DATA}}$ entre 0,5 V et 4,5 V.

Le bus utilisé en format CAN est constitué de deux fils désignés par CAN-H (*High* : haut) et CAN-L (*Low* : bas) ; les signaux sont complémentaires l'un de l'autre, mais les niveaux logiques « 0 » et « 1 » sont à des potentiels différents (figure 23.12).

Les tensions sont comprises entre les valeurs suivantes :

» – 2,5 < CAN-H < 3,5 V ;

» – 1,5 < CAN-L < 2,5 V.

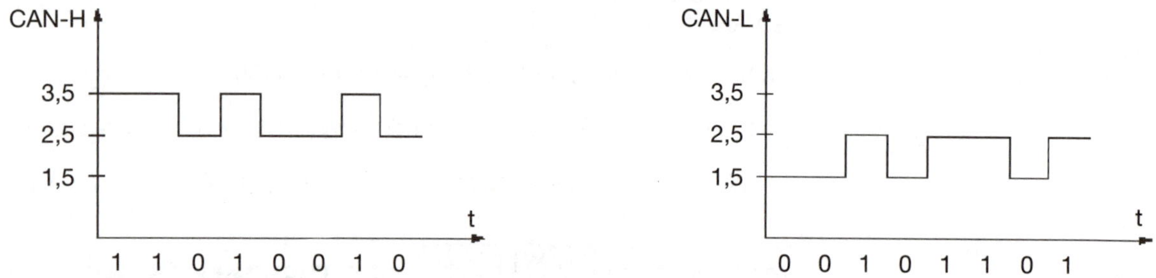

Figure 23.12 *Signaux provenant du bus CAN.*

Sur les réseaux VAN et CAN, les signaux sont transmis sous forme de trame.

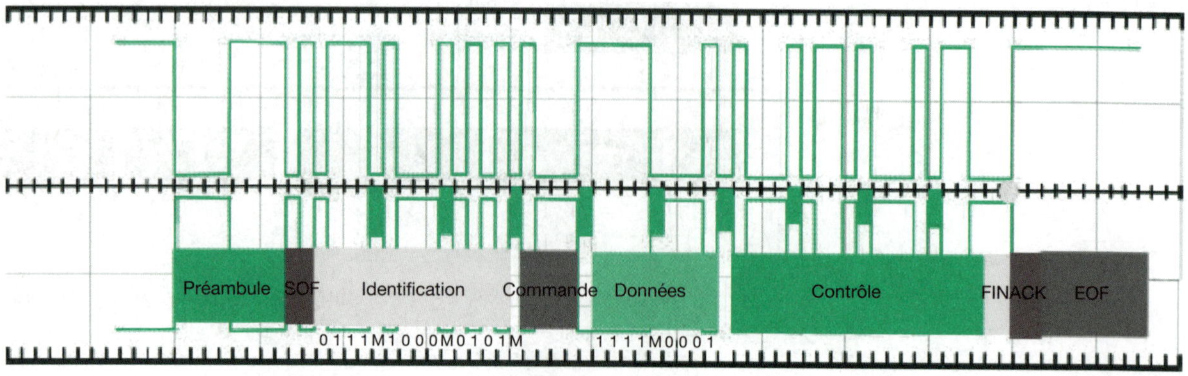

Figure 23.13 *Trame.*

Sur les réseaux CAN ou VAN, les trames sont envoyées à des moments précis selon les besoins de fonctionnement des systèmes.

On distingue différents types de trames, dont voici les principales :

» Trame périodique : elle est envoyée périodiquement sur le réseau par les boîtiers (intervalles réguliers). Ex. : pour PSA, toutes les 50 ms, le BSI transmet sur le champ de données les valeurs suivantes : régime moteur, vitesse du véhicule, distance parcourue.

» Trame événementielle : elle est envoyée chaque fois que surgit un événement. Ex. : demande de mise en route de l'autoradio, de la climatisation, etc.

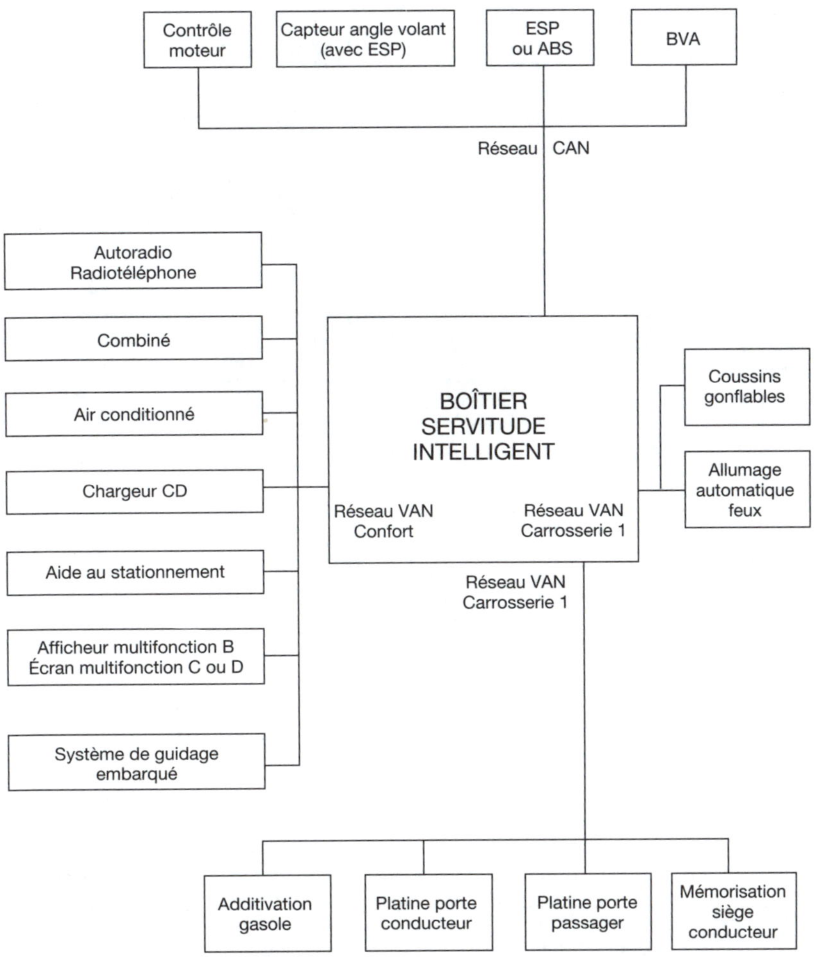

Figure 23.14 *Exemple d'une architecture multiplexée.*

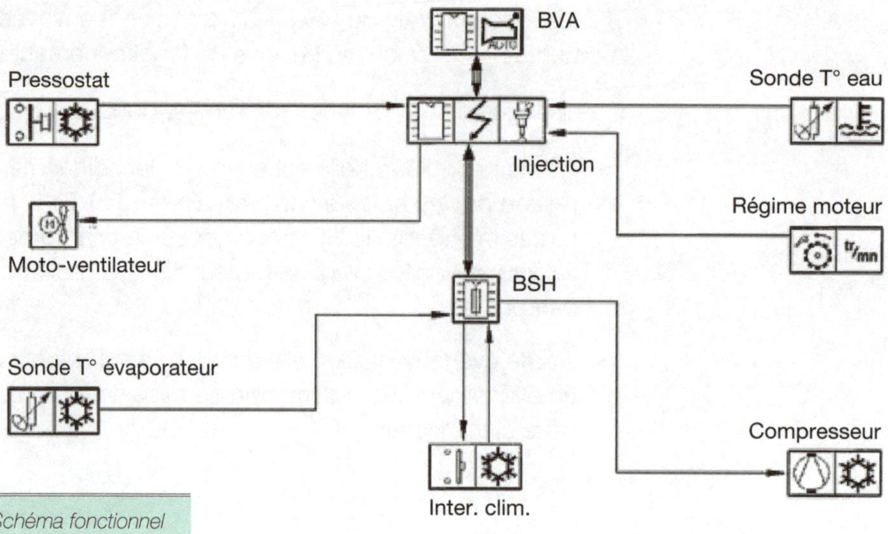

Figure 23.15 *Schéma fonctionnel constructeur (réfrigération habitacle).*

Réseau multiplexé

Figure 23.16 *Architecture multiplexée du véhicule et implantation des calculateurs.*

Architecture multiplexée du véhicule et implantation des calculateurs

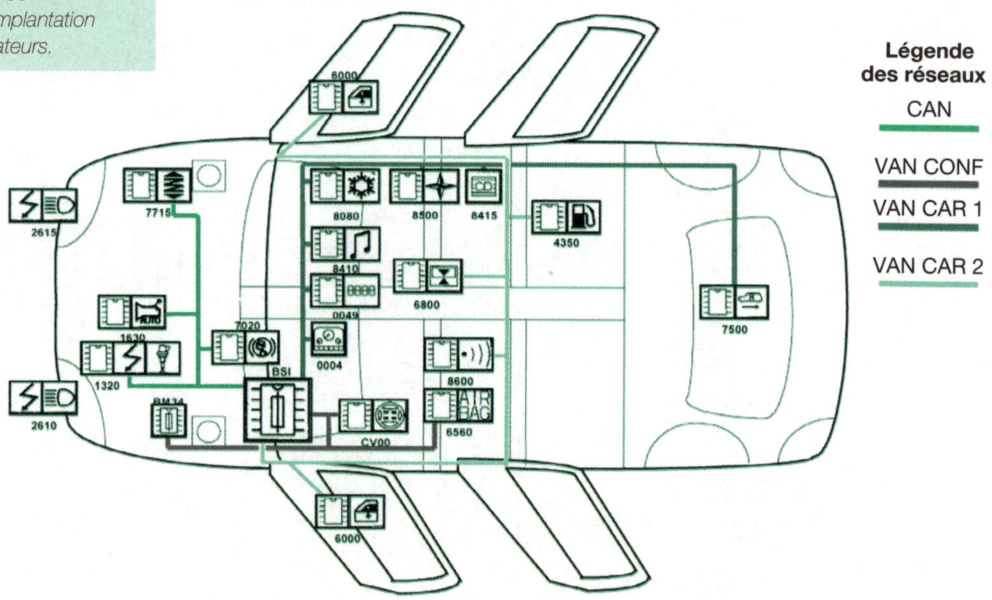

Légende

BM34	Boîtier de Servitude Moteur	6560	Calculateur airbag
BSI	Boîtier de Servitude Intelligent	6800	Calculateur de toit ouvrant
CV00	Module de commutation sous volant de direction (COM 2000)	7020	Calculatuer ABS
0004	Combiné d'instrument	7500	Calculateur d'aide au stationnement
0049	Écran multifonction	7715	Calculateur de suspension
1320	Calculateur moteur	8080	Calculateur de réfrigération
1630	Calculateur de boîte de vitesses automatique	8410	Autoradio
4350	Calculateur d'additif de gasole	8415	Changeur de disques compacts
6000	Modules de portes	8500	Calculateur de navigation
		8600	Alarme anti-effraction

Résumé

Les fonctions électroniques présentes dans nos véhicules, comme l'ABS, la climatisation ou la navigation, sont en constante augmentation et ont **besoin d'un grand nombre d'informations** pour fonctionner. Certaines de ces informations peuvent être **communes** d'un point de connexion système à l'autre et parfois dépendre de l'état d'un autre système.

Avantages du multiplexage :

» Diminution du nombre de fils électriques ;
» Diminution du nombre de calculateurs et de capteurs ;
» Mise en commun d'informations ;
» Rapidité des informations circulant sur un bus ;
» Réduction de certains coûts de fabrication ;
» Facilité du diagnostic à l'aide d'une valise de diagnostic ;
» Possibilité d'activer/désactiver des fonctions.

Inconvénients du multiplexage :

» Coût des appareils de diagnostic ;
» Difficulté d'installation d'un équipement en deuxième monte ;
» Diagnostic complet impossible sans l'outil constructeur ;
» Technologie nouvelle pas totalement maîtrisée.

Le multiplexage consiste à faire circuler une multitude d'informations entre différents calculateurs avec le moins de fils possible.

On appelle « bus » les fils électriques véhiculant les informations d'un calculateur à l'autre.

Sur ce bus, les informations sont véhiculées sous forme numérique, transmises à haute vitesse, codées et envoyées les unes à la suite des autres.

Le « réseau », c'est l'architecture (forme du « bus », mode de fonctionnement, vitesse d'exécution...) d'un système électronique.

Pour le multiplexage chaque constructeur à plus ou moins son propre système, mais deux systèmes sont plus employés :

» Le réseau « VAN » (*Vehicle Area Network*), bus français ;
» Le réseau « CAN » (*Controller Area Network*), bus allemand.

L'éclairage et la signalisation
chapitre 24

24.1 Mise en situation

Figure 24.1 *Bloc optique avant.*

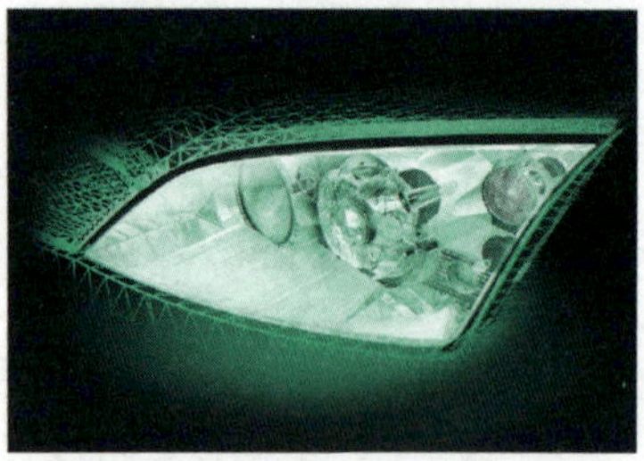

Figure 24.2 *Bloc optique à deux fonctions :*
– croisement ;
– route.
(Document Citroën).

L'éclairage d'un véhicule comprend les projecteurs avant répondant à la fonction « voir ».

La signalisation comprend :

» l'ensemble des feux nécessaires à la circulation de nuit répondant à la fonction « être vu » ;

» les feux permettant au conducteur de signaler aux autres usagers, de jour comme de nuit, ses modifications de conduite :

- changement de direction (clignotants) ;
- freinage (feux stop).

Le Code de la route impose différentes normes.

Éclairage à l'avant (figure 24.2) :

» deux feux de route qui doivent éclairer efficacement la route à une distance minimale de 100 m par temps clair ;

» deux feux de croisement de couleur jaune ou blanche, dont le faisceau rabattu doit éclairer à 30 m minimum sans éblouir les autres usagers.

Signalisation à l'avant (figure 24.3) :

» deux feux de position visibles à 150 m par temps clair (couleur blanche ou orangée) ;

» deux indicateurs de changement de direction, les clignotants (couleur blanche ou orangée).

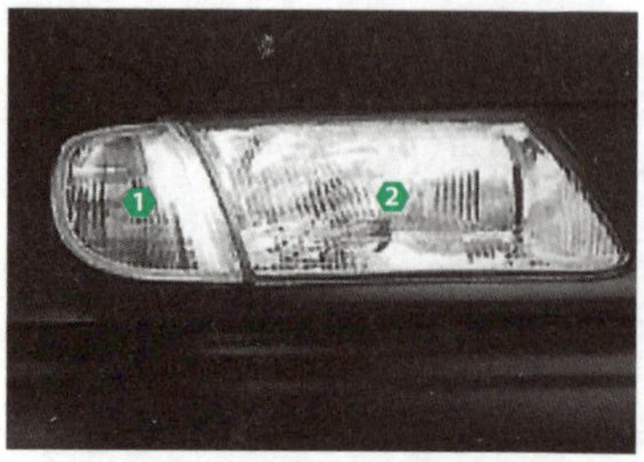

Figure 24.3 *Feu avant (document Cibié).*

❶ Clignotant.
❷ Feu de position.

Signalisation à l'arrière (figure 24.4) :

- deux feux rouges, non éblouissants, visibles à 150 m par temps clair ;
- un dispositif éclairant la plaque d'immatriculation et la rendant lisible à 20 m par temps clair ;
- deux feux stop, orangés ou rouges, non éblouissants ;
- deux indicateurs de changement de direction (couleur orange ou rouge) ;
- deux dispositifs réfléchissant une lumière rouge lorsqu'ils sont éclairés par les feux de route d'une voiture suiveuse (visible à 100 m).

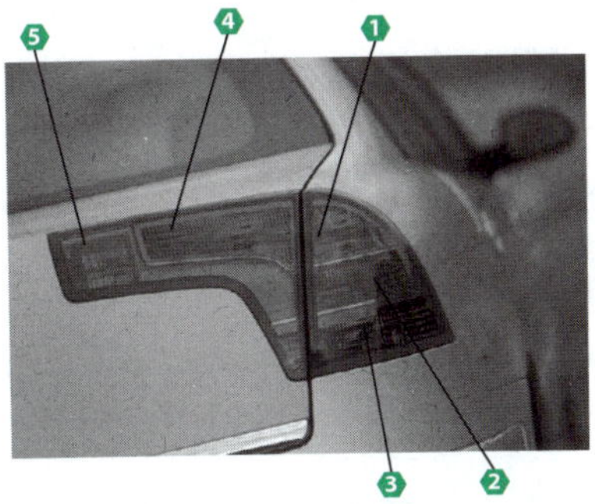

Figure 24.4 *Bloc arrière (document PSA Peugeot Citroën).*

1. Changement de direction (clignotant).
2. Feu de position arrière.
3. Feu de stop.
4. Feu arrière de brouillard.
5. Feu de recul.

Les feux rouges arrière et l'éclairage de plaque doivent s'allumer en même temps que l'éclairage avant.

En cas de panne ou de toute cause nécessitant l'arrêt imprévu du véhicule sur la chaussée, le conducteur doit mettre son gilet réfléchissant, placer un triangle de présignalisation à 30 m en amont de son véhicule et utiliser un signal de détresse qui met simultanément en circuit les quatre feux indicateurs de changement de direction (warning).

Remarque

Le Code de la route précise la puissance maximale des lampes à utiliser dans ces différents feux.

Un véhicule peut être équipé d'un certain nombre d'accessoires électriques. Bien que non obligatoires, ils sont soumis à la réglementation du Code de la route. On peut citer notamment :

- les projecteurs antibrouillard (figure 24.5), intégrés dans le bouclier avant du véhicule ;
- les longues portées.

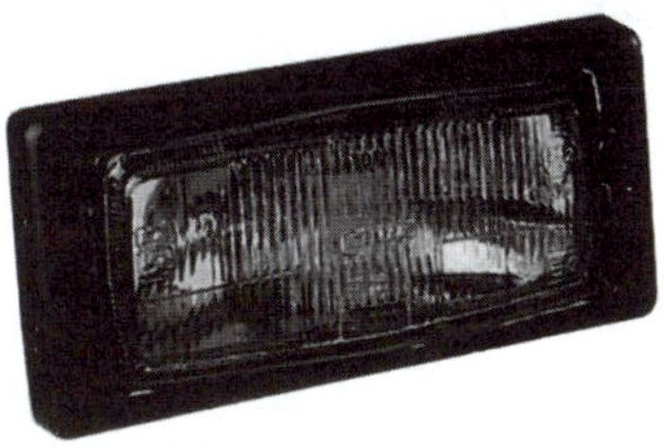

Figure 24.5 *Projecteur complémentaire antibrouillard.*

Les projecteurs de brouillard ou à longue portée nécessitent un branchement particulier. La puissance des lampes (deux fois 55 W en H_3 par exemple) nécessite l'interposition d'un relais (voir chapitre 22).

24.2 Analyse structurelle

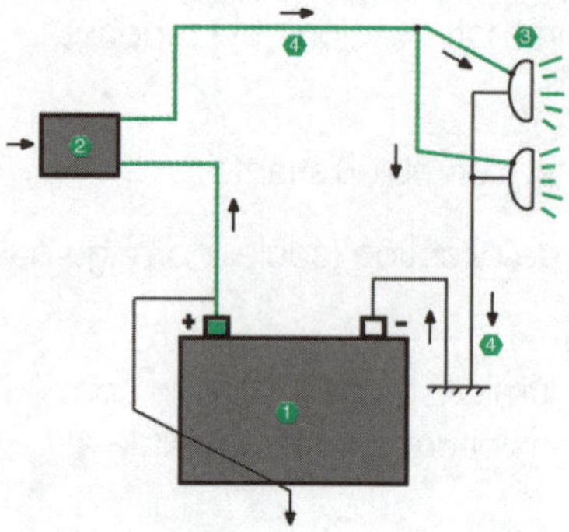

Figure 24.6 *Principe du système d'éclairage.*

→ sens conventionnel de circulation du courant.

Comme tout circuit électrique le système d'éclairage comprend :

» ❶ un générateur statique, la batterie ; un générateur dynamique, l'alternateur, qui débite en parallèle avec la batterie ;

» ❷ un interrupteur, le combiné d'éclairage ;

» ❸ un ou des récepteurs, les projecteurs ;

» ❹ des conducteurs d'alimentation et de retour du courant.

Sur la figure 24.7, nous voyons que :

» ❶ le courant continu venant du circuit de charge est stocké dans la batterie d'accumulateurs ;

» ❷ le conducteur agit sur le combiné d'éclairage ;

» ❸ les projecteurs s'allument et diffusent un faisceau lumineux.

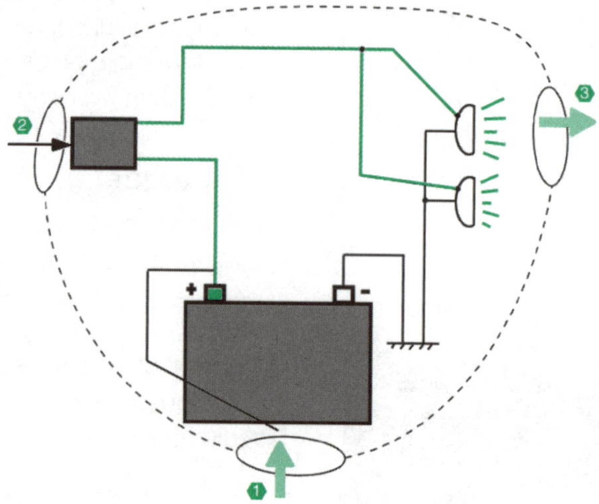

Figure 24.7 *Frontière du système d'éclairage.*

Un projecteur comprend principalement (figure 24.8) :

Un bloc optique composé :

» d'un miroir parabolique qui est une surface réfléchissante concave obtenue par rotation d'une parabole autour d'une directrice ;

» d'une glace qui a pour fonction de :

- protéger le miroir parabolique des agents atmosphériques qui risquent de ternir la fine couche réfléchissante qui le recouvre ;

- diffuser les rayons lumineux par un effet de prisme afin de former des zones d'éclairement adaptées à l'utilisation du projecteur.

Exemple

Une glace striée dans le sens vertical disperse les rayons horizontalement.

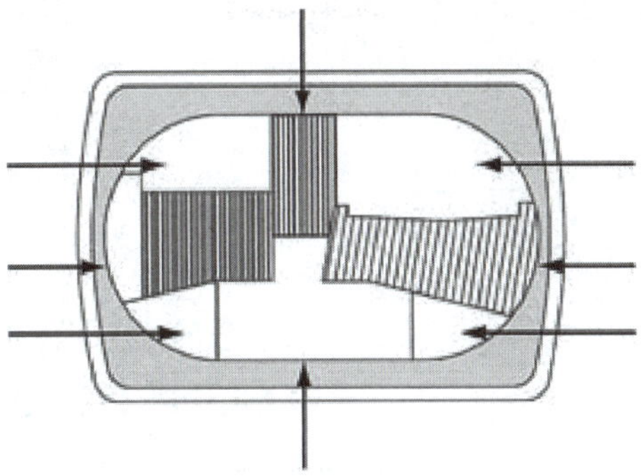

Figure 24.8 *Projecteur avant.*

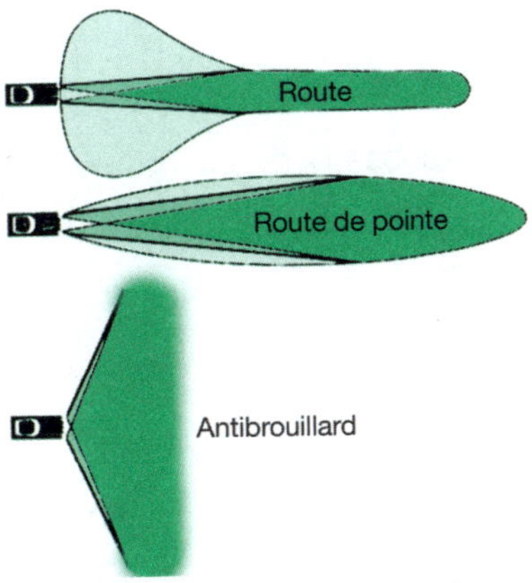

Figure 24.9 *Projecteurs d'appoint (document Cibié).*

Cette propriété est utilisée :

» pour une partie du faisceau de croisement en vue de permettre l'éclairement des bas-côtés de la route ;

» dans les projecteurs antibrouillard qui nécessitent une plage lumineuse horizontale passant sous la nappe de brouillard.

- un porte-lampe fixé sur le bloc optique ;
- une lampe dont le type et la puissance sont adaptés au porte-lampe qui la positionne dans le bloc optique ;
- un cuvelage fixé sur un élément de la carrosserie, il supporte l'optique de phare. Les points de fixation de l'optique comportent un dispositif de réglage pour les projecteurs principaux.

Remarque

Le système de réglage est fixé sur le bloc optique ; prenant appui sur le cuvelage, il permet le réglage vertical et horizontal du phare.

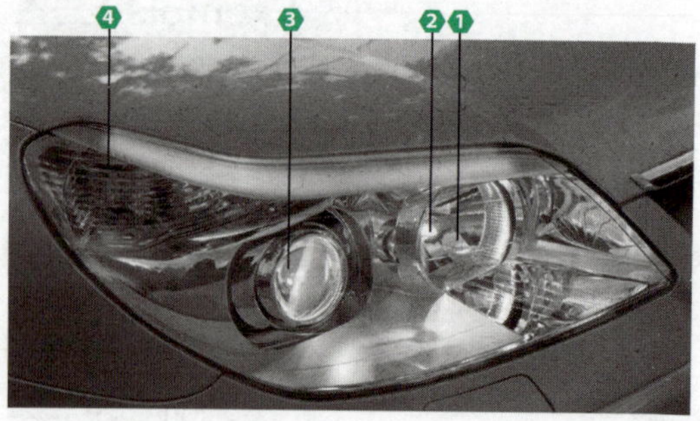

Figure 24.10 *Bloc optique avant (document PSA Peugeot Citroën).*

1 Feu de position.
2 Feu de croisement.
3 Feu de route.
4 Indicateur de changement de direction (clignotant).

Les lampes utilisées en automobile sont de trois conceptions différentes

Les lampes à gaz neutre et filament sous vide (lampes classiques) sont utilisées pour :

» les projecteurs de route et de croisement ;

» les autres sources lumineuses du véhicule.

Les lampes à iode ou à halogène sont utilisées pour :

» les projecteurs de croisement et de route dans le cas de véhicules de haut de gamme ;

» les projecteurs de complément, antibrouillard et longue portée.

Les lampes à décharge ont une intensité lumineuse très élevée et produisent une lumière proche de la lumière du jour.

Les différents types de lampes utilisées en automobile

Les projecteurs sont en général équipés de lampes de type H_4 halogène à deux fonctions : croisement et route.

On peut également rencontrer des véhicules équipés de quatre projecteurs : deux feux de croisement et deux de route. Ils sont alors munis de lampes à une seule fonction :

» lampes à halogène (H_1, H_2 ou H_3) ;

» lampes à décharge (D_2, figure 24.11).

Les lampes de type classique sont utilisées pour la signalisation. Elles se présentent sous diverses formes : poirette, graisseur, navette. Leur puissance va de 5 à 21 W suivant la fonction.

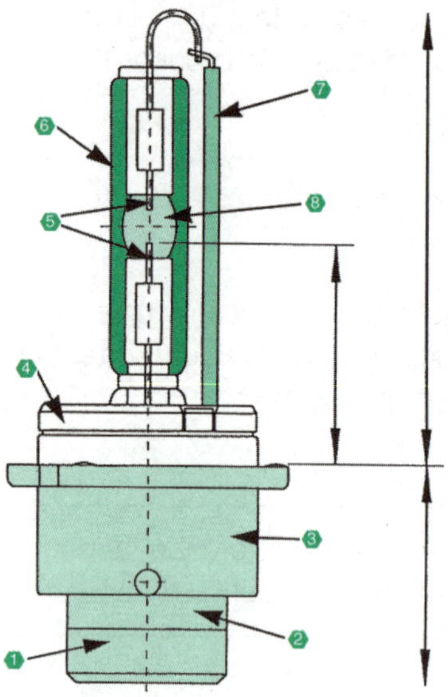

Figure 24.11 *Lampe type D_2 à décharge.*

1 Contact central.
2 Bague de contact.
3 Culot.
4 Isolant haute tension.
5 Électrodes.
6 Enveloppe de protection.
7 Tube céramique isolant.
8 Brûleur.

24.3 Analyse fonctionnelle

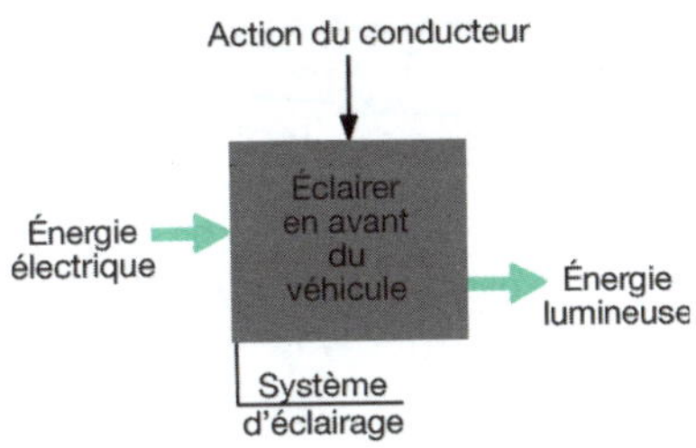

Figure 24.12 *Fonction globale simplifiée du système d'éclairage.*

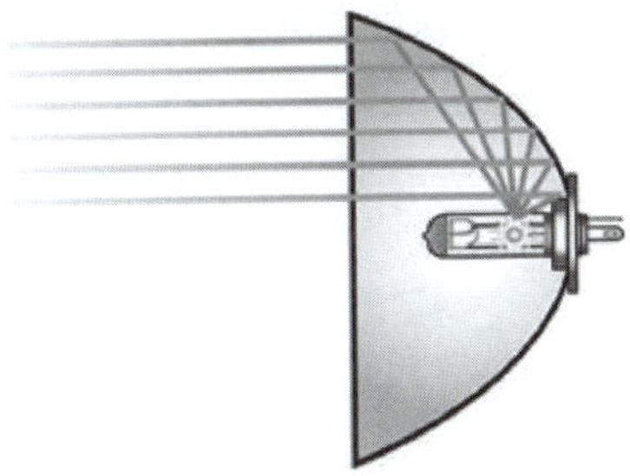

Figure 24.13 *Exemple : Feux de route.*

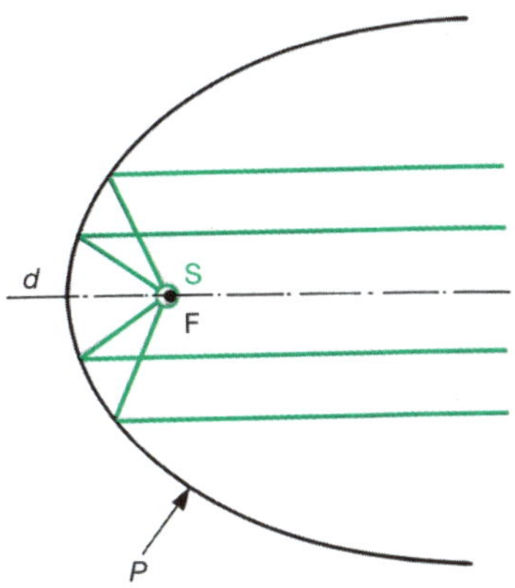

Figure 24.14 *Réflexion des rayons lumineux par un miroir parabolique. La source est placée au foyer.*

P : parabole. **F.** Foyer.
d : directrice. **S.** Source lumineuse.

Lorsque le soleil se couche, le conducteur agit sur le combiné d'éclairage.

Les projecteurs éclairent en avant du véhicule selon les règles définies par le Code de la route. Ils transforment l'énergie électrique en énergie lumineuse.

La source lumineuse est une lampe à incandescence. Le flux lumineux qu'elle émet (dans toutes les directions) est fonction de :

» sa puissance électrique (P = UI) ;

» sa conception (nature du filament, du gaz qu'elle contient, etc.).

Pour obtenir un faisceau lumineux dirigé, il est nécessaire de concentrer les rayons et de les réfléchir dans la direction désirée. Cette condition est réalisée par la mise en place de la lampe dans un projecteur parabolique.

Si une source lumineuse (S) est placée :

» au foyer de la parabole, on constate que tous les rayons réfléchis sont parallèles à la directrice (figure 24.14) ;

» en arrière du foyer, les rayons sont divergents (figure 24.15A) ;

» en avant du foyer, les rayons sont convergents (figure 24.15B).

Dans un projecteur de route, la source lumineuse ❶ devra être placée au foyer de la parabole (figure 24.15C). Dans un projecteur de croisement, la source lumineuse ❷ devra être placée en avant du foyer (figure 24.15D).

Les rayons émis vers le bas seront arrêtés par un petit écran déflecteur ❸ appelé également « coupelle », dirigés vers le haut, puis réfléchis vers le bas par la parabole.

Rappel

L'unité d'éclairement est le lux. L'éclairement est proportionnel à l'intensité lumineuse de la source et inversement proportionnel au carré de la distance.

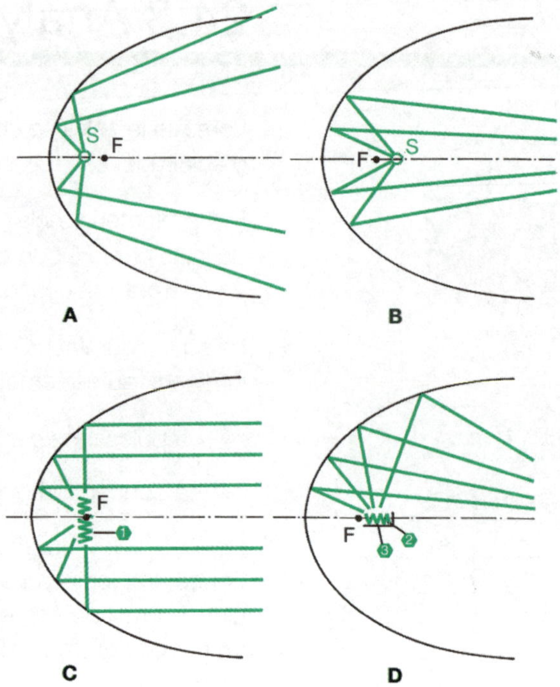

Figure 24.15 *Différentes directions de réflexion des rayons lumineux par un miroir parabolique.*

1. Filament route.
2. Filament croisement.
3. Déflecteur.

A. Source en arrière du foyer.
B et **D.** Sources en avant du foyer.
C. Source au foyer.

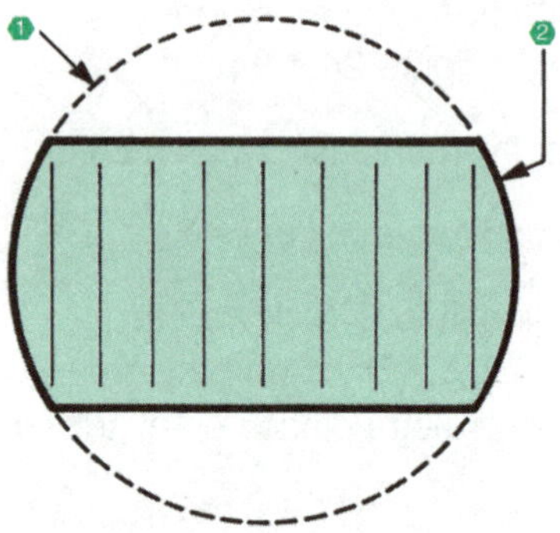

Figure 24.16 *Projecteur de forme rectangulaire.*

1. Miroir parabolique de base de fort diamètre.
2. Optique «rectangulaire» à éclairement élevé.

La valeur de l'éclairement à une distance donnée est donc fonction :

» du flux lumineux de la lampe ;

» de la surface du miroir parabolique et de sa qualité ;

» de la propreté de la lampe et de la glace.

Les projecteurs de forme rectangulaire sont en général construits sur la base d'un miroir de grand diamètre dont on a tronqué les deux demi-lunes verticales (figure 24.16). Cette disposition augmente notablement l'efficacité des projecteurs.

Remarque

Grâce aux nouveaux types de lampes puissantes (lampes à décharge), les paraboles peuvent être de très petit diamètre.

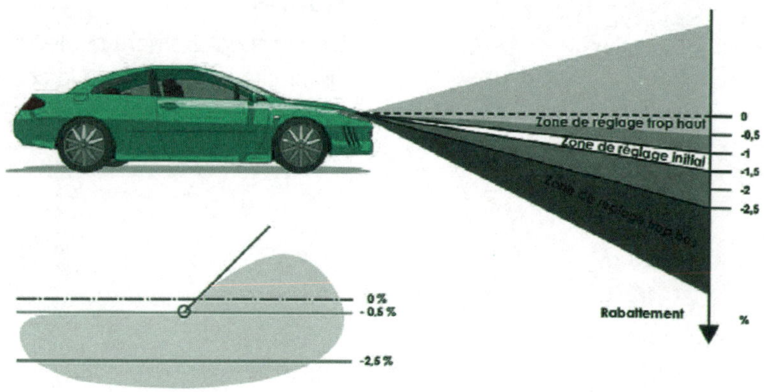

Figure 24.17 *Valeur de rabattement.*

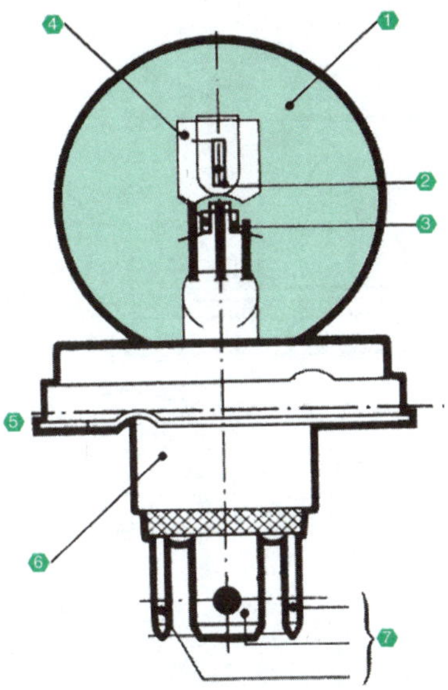

Figure 24.18 *Lampe dite «code européen».*

1. Gaz neutre argon ou azote.
2. Filament croisement.
3. Filament route.
4. Coupelle déflectrice croisement.
5. Positionnement sur parabole.
6. Culot.
7. Languettes de connexion.

Principe d'une lampe classique

Dans une ampoule étanche, contenant un gaz neutre (argon ou azote) injecté sous vide ($p < p_a$), est placé un filament en tungstène, relié à deux électrodes en liaison avec l'extérieur. Le filament se comporte comme une résistance (figure 24.18).

Lorsqu'il est parcouru par un courant électrique, il se produit un dégagement de chaleur et une brillance intense du filament.

La présence du gaz neutre (absence d'oxygène) évite l'oxydation rapide du filament. Mais la chaleur dégagée évapore lentement le tungstène :

» les vapeurs de tungstène se déposent sur la paroi intérieure de l'ampoule et forment un écran aux rayons lumineux ;

» le filament diminue de section puis se coupe (on dit que la lampe est « grillée »).

La lampe comporte deux filaments. Le filament croisement est plus avancé et comporte un déflecteur qui oriente les rayons vers le haut de la parabole et vers la gauche. Après réflexion le faisceau permet d'éclairer de façon asymétrique, plus à droite qu'à gauche (figure 24.19).

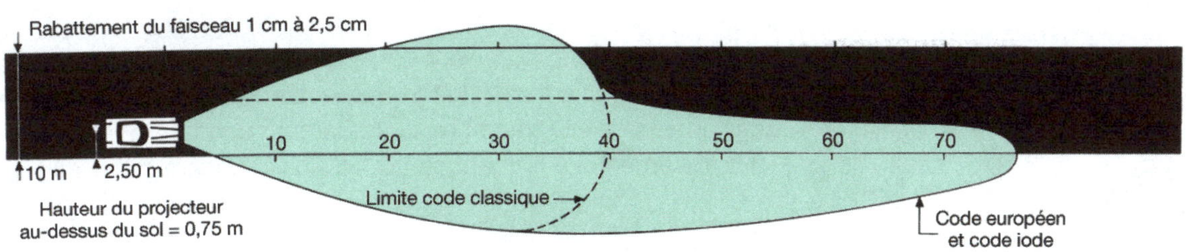

Figure 24.19 *Faisceau obtenu grâce à la tôle déflectrice des lampes : code européen et H4 en feu de croisement (document Cibié).*

Principe de la lampe à halogène

Dans une ampoule étanche en verre de silice, contenant des éléments halogènes dans un gaz neutre (krypton), est placé un filament au tungstène.

Le mélange halogène est constitué d'iode, de brome et de fluor. La présence de ce mélange a pour but de réaliser un cycle appelé « cycle halogène » qui permet d'augmenter la température du filament sans diminuer sa durée de vie.

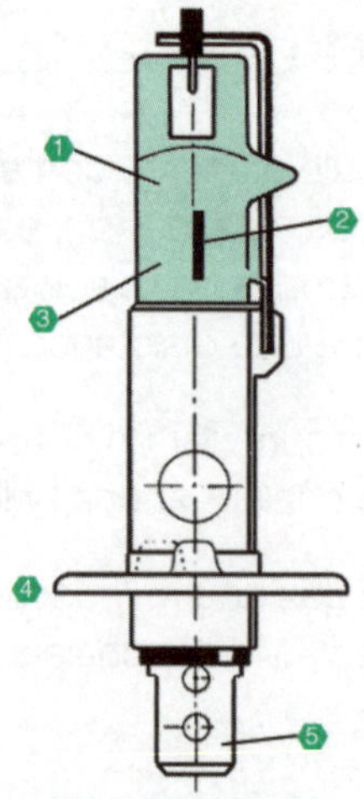

Figure 24.20 *Lampe à halogène dite «lampe à iode», type H1 à une seule fonction*

1. Verre de silice.
2. Filament tungstène.
3. Gaz neutre krypton + halogènes.
4. Plan de positionnement et de mise à la masse.
5. Languette de connexion.

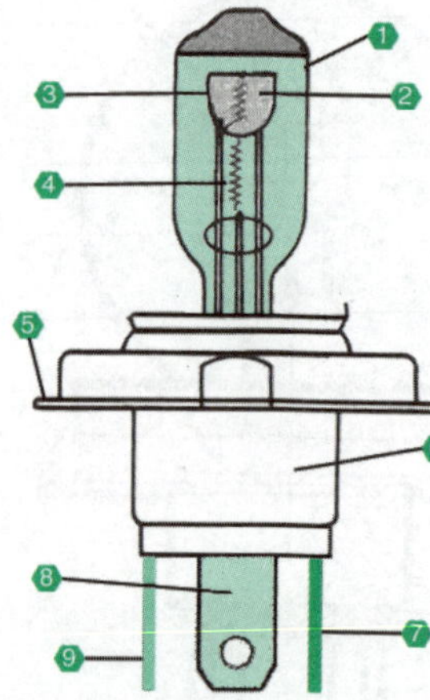

Figure 24.21 *Lampe H4 à deux fonctions : croisement et route.*

1. Verre de silice.
2. Coupelle.
3. Filament croisement.
4. Filament route.
5. Plan de positionnement.
6. Culot.
7. Languette route.
8. Languette croisement.
9. Languette masse.

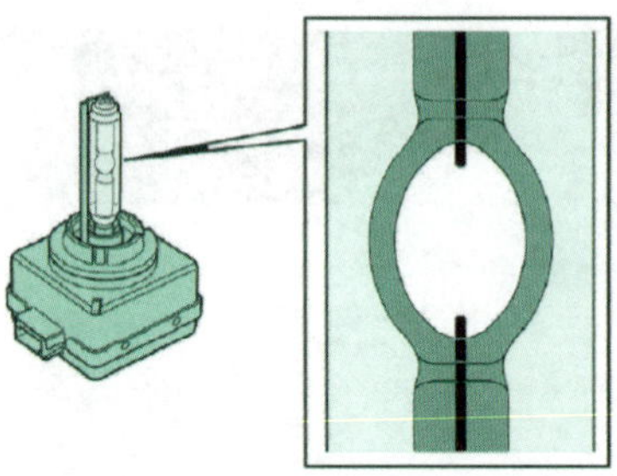

Figure 24.22 *Lampe au xénon.*

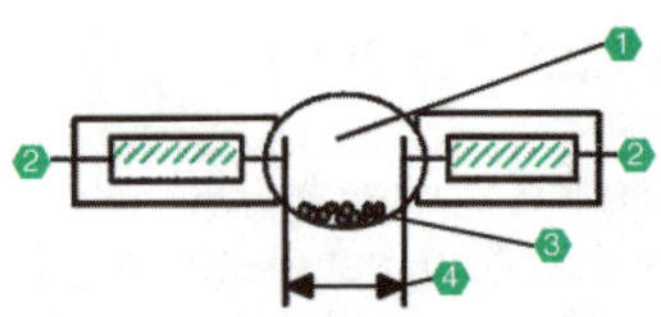

Figure 24.23 *Lampe à décharge.*

1. Brûleur rempli au xénon.
2. Électrodes.
3. Sels.
4. Espacement des électrodes.

En fonctionnement, la chaleur dégagée par le filament provoque la vaporisation d'une partie du tungstène. Le cycle halogène permet à ces vapeurs de se redéposer sur le filament pendant le refroidissement. Le filament se trouve ainsi régénéré.

Avantages de la lampe halogène par rapport à la lampe classique

Sa durée de vie est augmentée. Le flux lumineux est augmenté, et la couleur est plus claire grâce à l'élévation de température du filament (3 200 °C contre 2 800 °C pour la lampe classique).

Principe de la lampe à décharge

La lampe à décharge ne comporte pas de filament (figure 24.23). Un arc électrique est créé entre deux électrodes par ionisation d'un gaz (xénon) contenu dans une bulle en quartz appelée « brûleur ».

L'apparition de l'arc est obtenue grâce à une différence de potentiel élevée entre les deux électrodes.

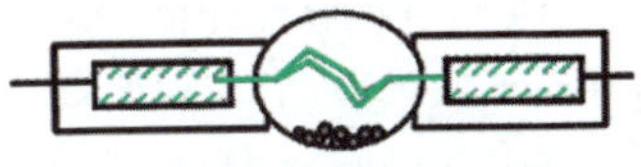

Figure 24.24 *Phase allumage : 20 kV entre les électrodes.*

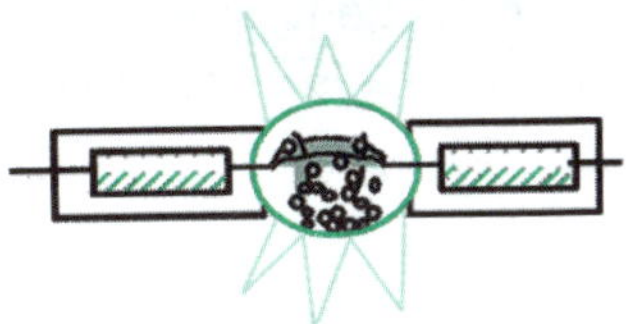

Figure 24.25 *Phase chauffage : évaporation des sels.*

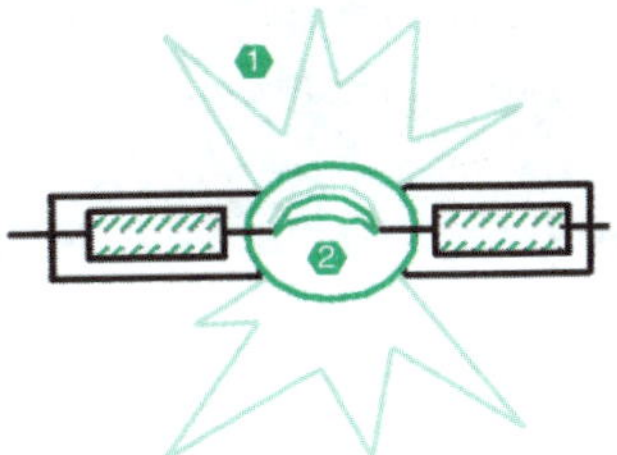

Figure 24.26 *Régime stabilisé.*

1 Lumière diffuse.
2 Arc électrique.
Intensité lumineuse : 3 200 lumen.
Température : 4 200 °C.
Puissance électrique absorbée : 35 W.

Cette élévation de tension est réalisée par un boîtier électronique interposé entre l'interrupteur et les lampes. Il doit être capable de débiter sous 20 kV au moment de l'allumage pour se stabiliser à 85 V après évaporation des sels.

Avantages de la lampe à décharge

Par comparaison avec la lampe à halogène, à puissance égale, le flux lumineux est multiplié par trois et sa durée de vie par six, ce qui correspond sensiblement à la durée de vie du véhicule.

La luminosité est plus proche de la lumière du jour grâce à la température élevée de l'arc (4 200 °C).

Le diamètre des projecteurs est diminué et s'intègre mieux dans le profil avant du véhicule.

Remarque

La réglementation oblige les véhicules équipés de ce type de projecteurs à posséder des dispositifs :
– de correction d'assiette automatique ;
– de lave-phares.

Figure 24.27 *Principe des feux de route directionnels (document PSA Peugeot Citroën).*

A B

A. Éclairage normal en ligne droite.
B. Les phares directionnels anticipent sur le véhicule dans le virage.

L'évolution du système est d'utiliser une caméra à infrarouge et de reproduire son image sur un écran. La route est filmée par une ou deux caméras à infrarouge. Le « film » est traité et ensuite projeté en temps quasi réel sur le pare-brise avec l'aide de la technologie « affichage tête haute ».

La lumière infrarouge est sensible aux différences de température. Les objets chauds apparaissent en blanc et les objets froids en noir.

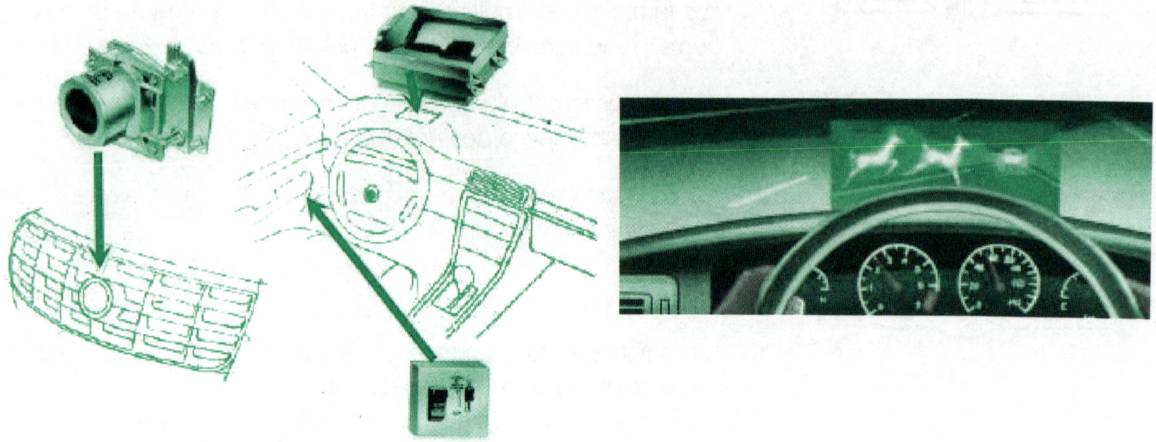

Figure 24.28 *Système affichage tête haute.*

Principe utilisé dans les centrales clignotantes électroniques

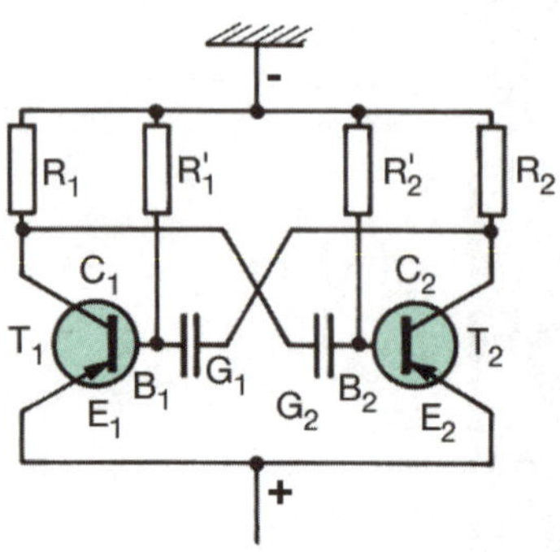

Figure 24.29 *Principe de multivibrateur astable utilisé dans les centrales électroniques.*

T. Transistor.
E. Émetteur.
B. Base.
C. Collecteur.
Q. Condensateur.
R. Résistance.

Le montage comporte deux transistors (T_1 et T_2) dont chaque base (B) est commandée par le circuit émetteur-collecteur (E-C) de l'autre (figure 24.29).

Ainsi, lorsque T_1 est passant, par E_1-C_1, T_2 a son circuit de commande (E2-B2) soumis à une tension nulle ou insuffisante et est bloqué. Inversement, lorsque T_2 est passant, T_1 est bloqué.

Le basculement du courant de commande est obtenu grâce à la présence de deux condensateurs (Q_1 et Q_2). La particularité des condensateurs est de laisser passer une quantité d'électricité pendant le laps de temps où ils se chargent ou se déchargent.

La charge ou la décharge sont obtenues par la mise en circuit des transistors. Si nous remplaçons la résistance R_1 (ou R_2) par une ou deux lampes de résistance équivalente, nous constatons leur clignotement. Ce montage électronique est appelé « multivibrateur astable ».

Résumé

Définition

L'éclairage comprend les appareils électriques permettant :

» de voir (les projecteurs) ;

» d'être vu (les feux de position).

La signalisation regroupe les feux permettant au conducteur de signaler ses modifications de conduite : feux stop, indicateurs de changement de direction.

Constitution d'un projecteur

Un projecteur comprend principalement :

» un bloc optique composé d'un miroir parabolique et d'une glace ;

» un porte-lampe fixé au miroir parabolique qui donne la position convenable de la lampe ;

» une lampe de type et de puissance adaptés à la destination du projecteur ;

» un cuvelage qui sert d'élément de liaison entre la carrosserie et le bloc optique.

Le miroir parabolique

Une parabole est une ligne courbe dont tous les points sont équidistants d'un point fixe appelé « foyer ».

Pour le projecteur de route, le filament de la lampe est placé au foyer : tous les rayons sont réfléchis parallèlement.

Pour le projecteur de croisement, le filament est en avant du foyer : les rayons supérieurs sont rabattus par la parabole, les rayons inférieurs sont arrêtés par un écran déflecteur appelé « coupelle ».

Les lampes

» Lampe classique : dans une ampoule étanche, contenant un gaz neutre injecté sous vide, est placé un filament au tungstène. Lorsque le filament est parcouru par un courant électrique, sa brillance permet à la lampe de produire un flux lumineux. Ces lampes sont de moins en moins utilisées pour les projecteurs, mais équipent tous les autres feux.

» Lampe à halogène : dans une ampoule étanche, en verre de silice, contenant un gaz neutre (krypton + halogène) dont la pression est supérieure à la pression atmosphérique, est placé un filament au tungstène. Le cycle halogène permet la régénération du filament dont la durée de vie est prolongée. L'élévation possible de la température du filament augmente le flux lumineux produit. Ces lampes sont utilisées pour les projecteurs principaux et de complément.

» Lampe à décharge : celle-ci produit un arc électrique par ionisation d'un gaz entre deux électrodes. L'élévation de tension nécessaire est réalisée par un boîtier électronique. Le flux lumineux est très important grâce à une température de fonctionnement de 4 200 °C.

Testez vos connaissances

1. Dans une lampe H4, le filament croisement est placé par rapport au foyer de la parabole :

a ☐ *en avant du foyer*

b ☐ *au foyer*

c ☐ *en arrière du foyer*

2. Une ampoule de 60 W sous 12 V consomme :

a ☐ *0,5 A*

b ☐ *5 A*

c ☐ *7,2 A*

3. Pour les projecteurs de forte puissance, leur interrupteur doit être protégé par :

a ☐ *un condensateur*

b ☐ *un relais*

c ☐ *un deuxième interrupteur*

4. Si l'on charge le coffre arrière d'un véhicule sans correcteur d'assiette automatique, il faut :

a ☐ *relever le faisceau*

b ☐ *diminuer l'intensité du faisceau*

c ☐ *baisser le faisceau*

5. La puissance d'une ampoule de feu de position doit être de :

a ☐ *5 W*

b ☐ *15 W*

c ☐ *21 W*

6. La puissance d'une ampoule de stop doit être de :

a ☐ *5 W*

b ☐ *15 W*

c ☐ *21 W*

Entraînez-vous

Recherchez le schéma de branchement de projecteurs antibrouillard sur le schéma de câblage général d'un véhicule de votre choix. Reproduisez le schéma.

Les batteries d'accumulateurs
chapitre 25

25.1 Mise en situation

Le terme « batterie » indique le regroupement dans le même bac d'un certain nombre d'éléments d'accumulation électrique permettant le stockage d'un courant de tension et d'intensité suffisantes pour satisfaire au fonctionnement de tous les accessoires électriques du véhicule (figure 25.1).

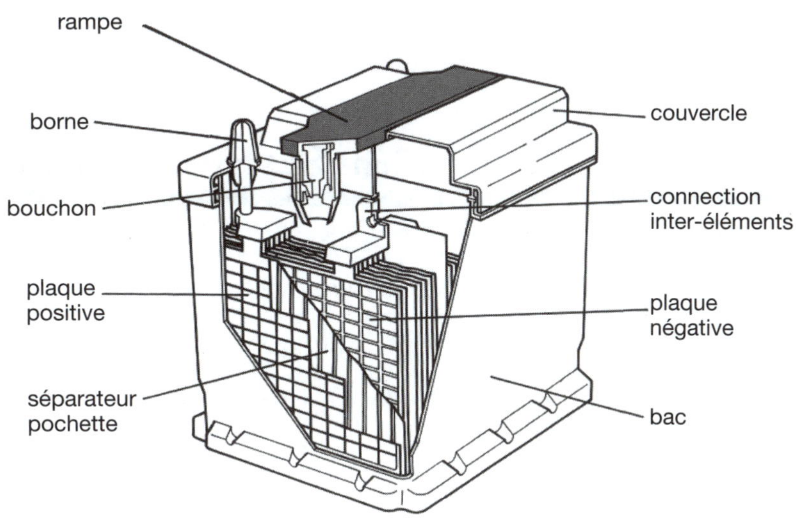

Figure 25.1 *Éléments constitutifs d'une batterie d'accumulateurs.*

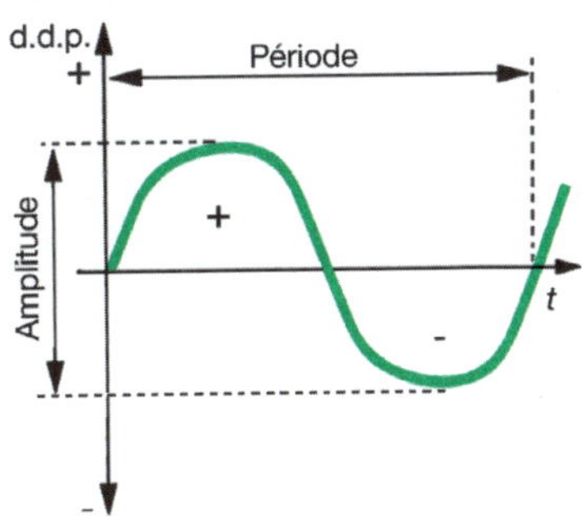

Figure 25.2 *Courant alternatif.*

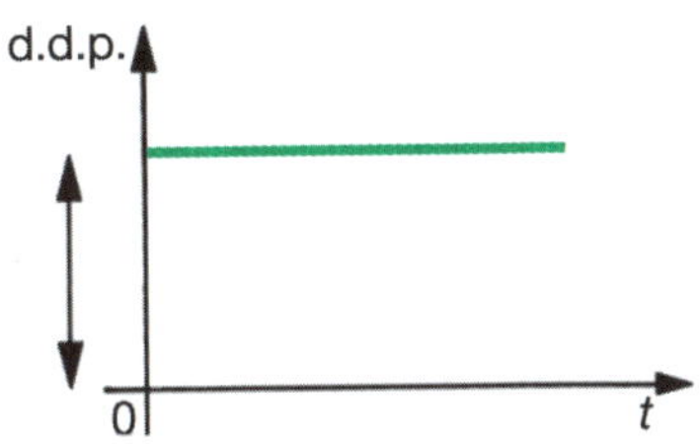

Figure 25.3 *Courant continu.*

Le courant électrique ne peut être stocké que sous la forme continue. En effet, il n'est pas possible de stocker le courant alternatif qui, par définition, change de sens à chaque demi-période (figure 25.2).

Les alternateurs utilisés en automobile devront donc comporter un système de redressement du courant alternatif afin de permettre son stockage.

L'accumulateur doit :

» fournir au circuit un courant continu de tension sensiblement constante (tension normale : 12 volts pour les véhicules particuliers) ;

» avoir une capacité suffisante pour faire face à la demande des accessoires lorsque le générateur dynamique débite peu ou ne débite pas ;

» pouvoir débiter une forte intensité dans un temps très court (démarrage) ;

» transformer l'énergie avec un rendement optimal (rapport de l'énergie restituée sur l'énergie fournie) ;

» avoir une puissance massique importante ;

» permettre un grand nombre de cycles (charges et décharges partielles successives) sans détérioration irréversible (longévité) ;

» nécessiter un entretien réduit ;

» assurer son service par temps froid.

Exemple de caractéristiques d'une batterie :

12 V	**84 Ah**	**280 A**
Tension nominale en volts	Capacité nominale en ampères/heure	Intensité maxi au démarrage en ampères

25.2 Analyse structurelle

Un accumulateur élémentaire comprend :

» un bac rempli d'un liquide électrolytique ;

» une électrode appelée « anode » formant le pôle positif (+) ;

» une électrode appelée « cathode » formant le pôle négatif (–).

Rappels

Un électrolyte est un corps ionisé dans lequel la circulation des ions est facilitée.
L'ionisation est la séparation d'une molécule électriquement neutre en deux ions :
– un ion positif qui a perdu un certain nombre d'électrons ;
– un ion négatif qui a gagné un certain nombre d'électrons.

Les électrodes positive et négative doivent être constituées à partir de matières permettant une réaction chimique avec l'électrolyte.

Les types d'accumulateurs

Les accumulateurs au plomb sont composés comme suit :

» pour l'électrolyte : eau (H_2O) + acide sulfurique (H_2SO_4) ;

» pour l'anode : peroxyde ou dioxyde de plomb (PbO2) ;

» pour la cathode : plomb (Pb).

Les accumulateurs au cadmium-nickel appelés « accumulateurs alcalins » sont composés comme suit :

» pour l'électrolyte : potasse (KOH) ;

» pour l'anode : hydrate de nickel ($NiOH_2$) ;

» pour la cathode : hydrate de cadmium ($CdOH_2$).

Accumulateurs	Électrolyte			Ions	
	type	nom	formule	+	–
Au plomb	**Acide**	**Acide sulfurique**	H_2SO_4	$2H^+$	$(SO_4)^{2-}$
Cadmium/nickel	**Base**	**Potasse**	KOH	K^+	$(OH)^-$
Piles	**Sel**	**Sulfate**	$CuSO_4$	Cu^{2+}	$(SO_4)^{2-}$

Figure 25.4 *Réactions électrolytiques.*

En automobile, les véhicules à moteur électrique sont équipés d'un nombre important de batteries au cadmium-nickel afin de stocker une grande quantité d'électricité sous une tension élevée (voir chapitre 29).

Les véhicules à moteur thermique sont équipés de batteries au plomb. Ces batteries sont appelées « batteries de démarrage », car elles doivent permettre principalement l'action du démarreur qui demande une forte intensité électrique (de 100 à 200 A) pendant quelques secondes.

Les accumulateurs au plomb, dont la résistance interne est faible, permettent de remplir cette condition.

25.3 Analyse fonctionnelle

Principe de fonctionnement du système électrique

Observons le système électrique schématisé sur les figures 25.5A et B.

Moteur arrêté (figure 25.5A). L'alternateur (G) ne débite pas. Une énergie électrique est nécessaire pour :

» alimenter l'allumage (essence) ou le préchauffage (Diesel) ;

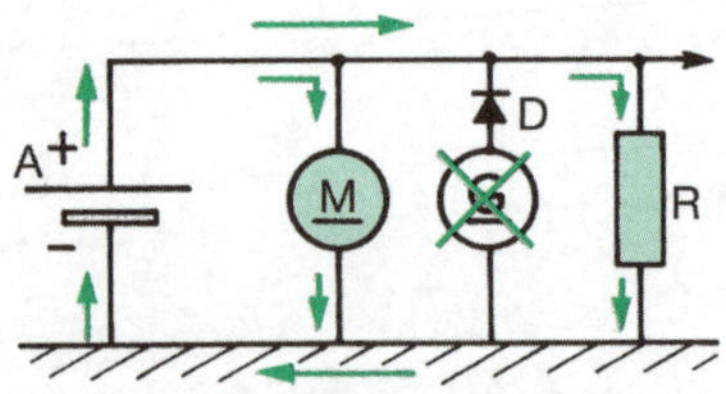

Figure 25.5A *Moteur arrêté.*

A. Accumulateur • batterie.
M. Moteur électrique • démarreur.
G. Génératrice • alternateur.
R. Résistance • récepteurs.

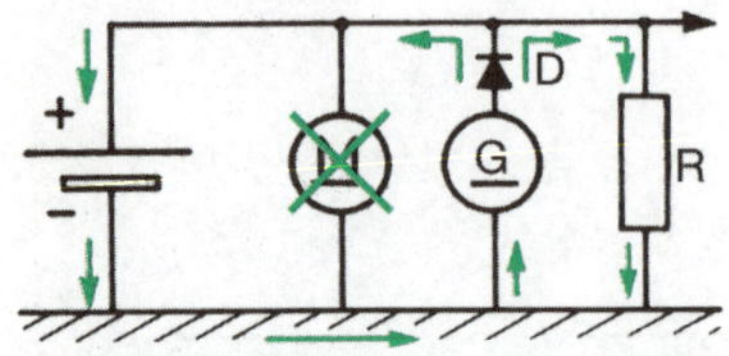

Figure 25.5B *Moteur tournant.*

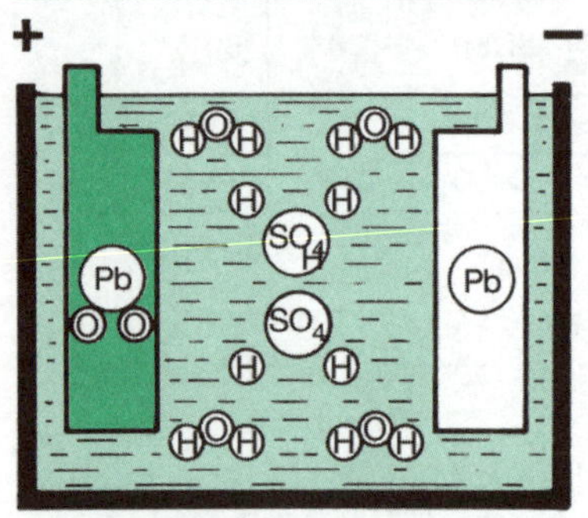

Figure 25.6 *Accumulateur élémentaire au plomb. L'accumulateur est chargé.*

Électrolyte : eau $(H2_O)$ + acide sulfurique (H_2SO_4) .
Électrode positive : peroxyde de plomb (PbO_2).
Électrode négative : plomb (Pb).

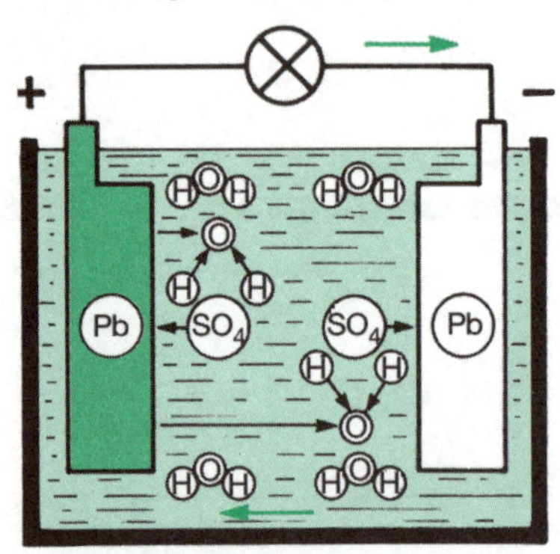

Figure 25.7 *Réactions chimiques à la décharge.*

→ sens conventionnel du courant.

» actionner le démarreur ;

» alimenter des accessoires (éclairage, contrôles, etc.).

Dans ce cas, l'énergie électrique est fournie par la batterie.

Moteur en marche. À faible vitesse, la puissance consommée par les accessoires en service peut dépasser la puissance fournie par l'alternateur, dans ce cas l'accumulateur fournit le complément nécessaire.

Lorsque le moteur tourne à un régime plus élevé, l'alternateur débite suffisamment pour :

» alimenter tous les accessoires ;

» maintenir la batterie en état de charge maximale (figure 25.5B).

Réactions à la charge et à la décharge dans un accumulateur au plomb

Dans un bac contenant une solution d'eau (H_2O) et d'acide sulfurique (H_2SO_4), dont la masse volumique est d'environ 1 260 g/dm^3, plongent deux électrodes (figure 25.6). Ces électrodes sont constituées de grilles en plomb recouvertes de :

» peroxyde de plomb (PbO_2) pour l'anode (+) ;

» plomb spongieux (Pb) pour la cathode (–).

L'ensemble constitue un accumulateur chargé.

Décharge (figure 25.7). Si l'on branche un récepteur électrique (résistance) aux bornes des électrodes, on constate que le courant électrique circule de :

» la borne (+) vers la borne (–) à l'extérieur de l'accumulateur ;

» l'électrode négative vers l'électrode positive à l'intérieur du générateur.

Au cours de la décharge, on constate la décomposition de l'acide sulfurique (H_2SO_4) en :

» ions positifs : $2H^+$;

» ions négatifs : SO_4^{2-}.

En fin de décharge, on constate que (figure 25.8) :

» la masse volumique de l'électrolyte a diminué (1 150 au lieu de 1 260 g/dm^3) ;

» les deux électrodes sont recouvertes de sulfate de plomb ($PbSO_4$).

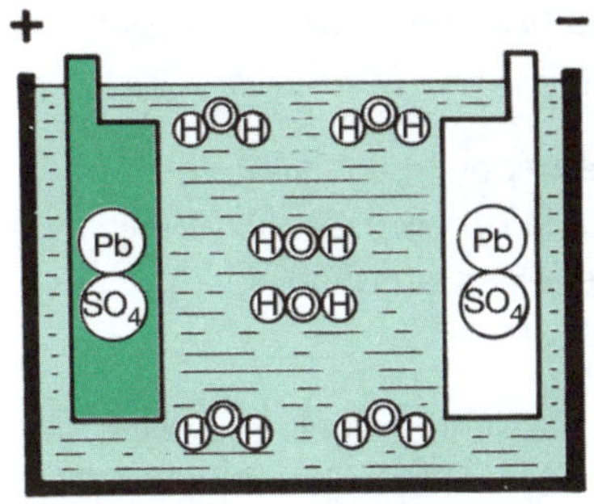

Figure 25.8 *Accumulateur totalement déchargé.*

Électrolyte : eau (H_2O).
Électrode positive : sulfate de plomb ($PbSO_4$).
Électrode négative : sulfate de plomb ($PbSO_4$).

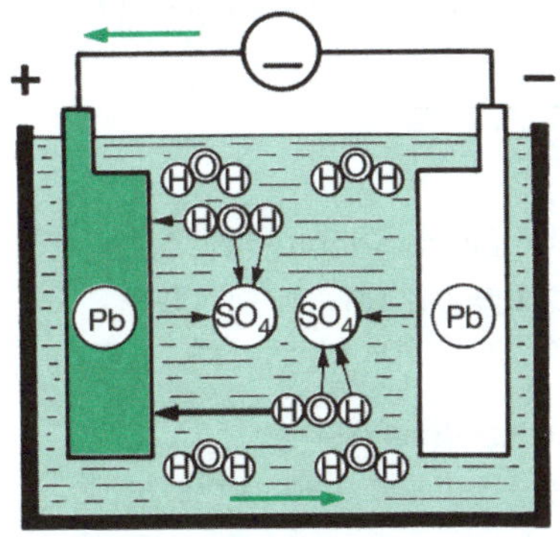

Figure 25.9 *Réactions chimiques à la charge.*

→ sens conventionnel du courant de charge.

Figure 25.10 *Tension d'un élément.*

A. f.é.m. = 2,2 V.
B. U = 2 V ; ***R*** : résistance.

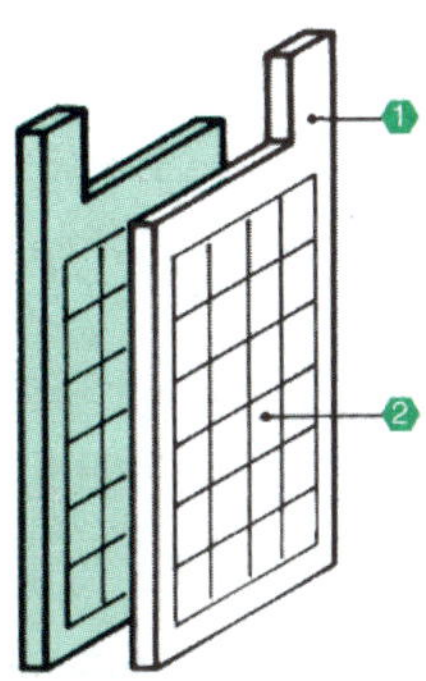

Figure 25.11 *Capacité des accumulateurs.*

1 Grille.
2 Matière active.
Capacité de l'élément : x Ah.

Charge (figure 25.9). Si l'on relie les bornes de l'accumulateur à un générateur de courant continu, on constate que :

» le courant change de sens et circule du (+) vers le (–) à l'intérieur de l'accumulateur ;

» il se produit une réaction chimique inverse de celle de la décharge ;

» lorsque l'accumulateur est chargé, les éléments sont revenus à leur état initial ;

» en fin de charge, la séparation de l'oxygène et de l'hydrogène de l'eau provoque un dégagement gazeux autour des électrodes.

La f.é.m. (force électromotrice) d'un élément d'accumulateur au plomb est de 2,2 V, c'est la tension à vide (figure 25.10A). Si l'on fait débiter un courant au générateur on constate simultanément une tension disponible d'environ 2 V en début de décharge (figure 25.10B).

La constance de cette tension pendant la décharge dépend :

» de l'intensité absorbée par les récepteurs ;

» de la capacité de l'accumulateur.

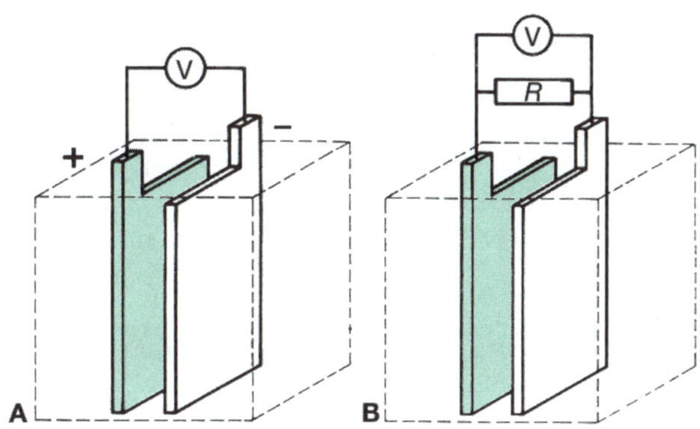

» La capacité est la quantité d'électricité disponible. Elle s'exprime en ampères-heure (Ah).

Exemple

Un accumulateur qui possède une capacité de 40 Ah peut théoriquement débiter :
- 40 ampères pendant une heure,
- 10 ampères pendant quatre heures,
- 4 ampères pendant dix heures, etc.

La capacité d'un accumulateur est proportionnelle à la surface et à l'épaisseur de matière active (figure 25.11). La capacité et

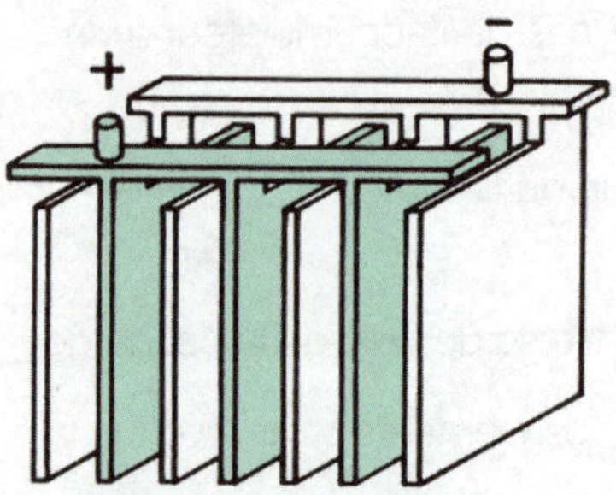

Figure 25.12 *Augmentation de la capacité par assemblage de 3 paires de plaques en parallèle.*

Capacité de l'élément : 3x Ah.

l'aptitude au démarrage sont définies par des essais normalisés par l'Afnor.

Afin de réaliser des accumulateurs de capacité suffisante et d'encombrement réduit, on augmente le nombre de paires de plaques (positives et négatives) en les reliant en parallèle (figure 25.12).

Branchement en parallèle = augmentation de la capacité

Les plaques positives et négatives sont intercalées afin que les réactions électrolytiques puissent se produire.

Remarque

Les courts-circuits entre plaques sont évités par les séparateurs isolants et poreux.

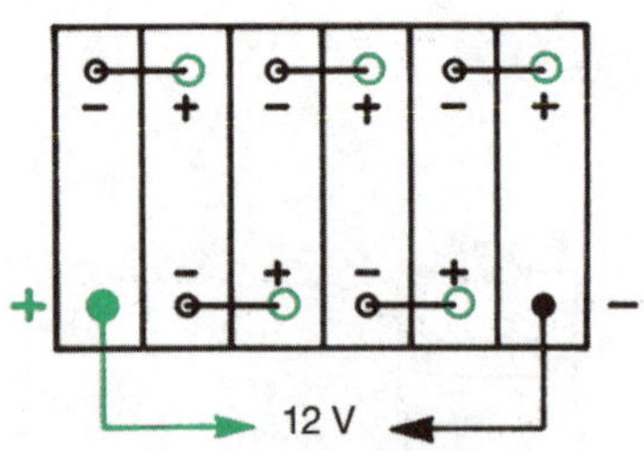

Figure 25.13 *Constitution d'une batterie d'accumulateurs de 12 V : branchement de six éléments de 2 V en série.*

Nous avons vu qu'un élément d'accumulateur débite une tension utile de 2 volts. Les accessoires électriques d'une automobile doivent fonctionner sous une tension de 12 volts.

Pour obtenir cette tension, on relie en série six éléments d'accumulateur. L'ensemble forme une batterie d'accumulateurs (figure 25.13).

Branchement en série = augmentation de la tension

Dans le cas d'un moteur qui nécessite un démarreur de forte puissance ($P = U I$), il est possible :

» d'augmenter la tension en couplant deux batteries en série ;

» d'augmenter la capacité totale en branchant deux batteries en parallèle.

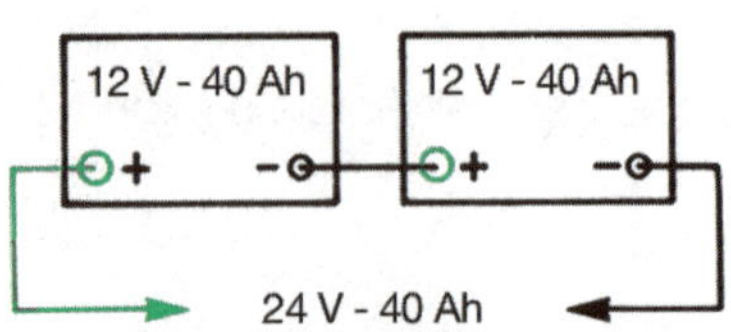

Figure 25.14 *Couplage de batteries en série.*

Exemples

À la figure 25.14 nous avons deux batteries de 12 V en série, donc la nouvelle tension est : 2 × 12 = 24 V.
À la figure 25.15 nous avons deux batteries de 40 Ah en parallèle, donc la nouvelle capacité est : 2 × 40 = 80 Ah

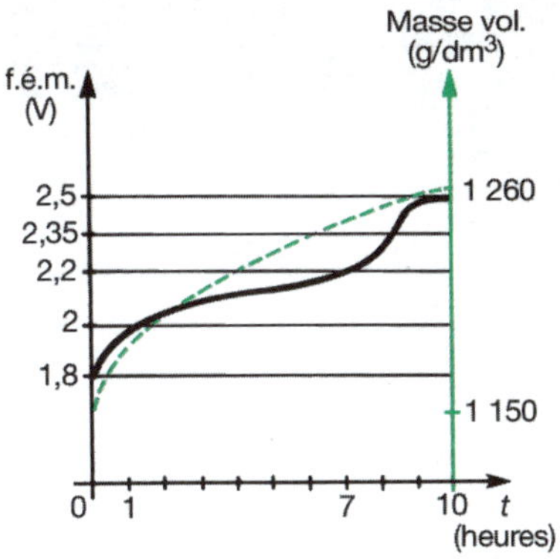

Figure 25.16 *Variations de tension (f.é.m.) et de masse volumique pendant la charge d'un accumulateur au plomb. Tension nominale 2 V. Pour batterie de 12 V multiplier la tension par 6.*

— f.é.m.

----- masse volumique.

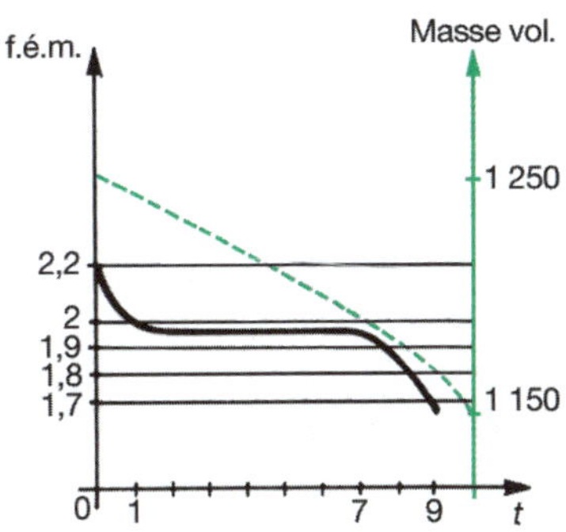

Figure 25.17 *Variations à la décharge.*

Figure 25.18 *Batterie d'accumulateurs.*

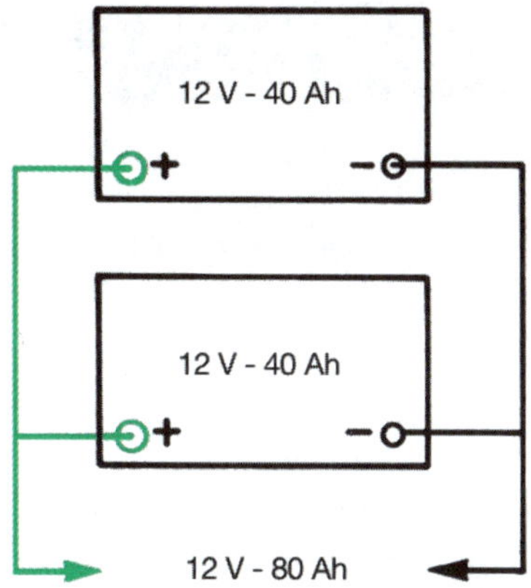

Figure 25.15 *Couplage de batteries en parallèle.*

Remarque

Les batteries à coupler doivent avoir la même capacité.

Nous considérerons une charge et une décharge lentes à une intensité correspondant à 1/10 de la capacité pendant 10 heures.

La quantité d'électricité délivrée par une batterie diminue lorsque :

» la température extérieure diminue ;

» l'intensité de charge ou de décharge est trop importante ;

» elle reste entièrement déchargée (risque de gel) ;

» la surface de matière active des plaques en contact avec l'électrolyte diminue par :

- manque d'eau ;
- désagrégation de la matière active ;
- sulfate irréductible déposé sur les plaques.

Les batteries dites « sans entretien » ou à « entretien réduit » ne nécessitent plus de complément d'eau (pendant un temps plus ou moins long) à condition de ne pas subir de surcharges constantes.

Ce progrès technique a été obtenu grâce à :

» de nouvelles grilles, support de matière active dont le pourcentage d'antimoine (nécessaire à leur rigidité) a été diminué et remplacé par d'autres éléments ;

» la mise en place, dans les bacs, de condenseurs qui récupèrent les vapeurs produites en fin de charge et par forte chaleur et les retransforment en liquide.

Résumé

Fonctions de l'accumulateur

Transformer l'énergie électrique qu'il reçoit en énergie chimique latente (fonction « accumulateur »), puis la restituer sous forme électrique (fonction « générateur statique »).

L'accumulateur doit :

» fournir un courant continu de tension sensiblement constante ;

» avoir une capacité suffisante pour faire face à la demande des accessoires électriques, lorsque le générateur débite peu ou ne débite pas ;

» pouvoir débiter une forte intensité dans un temps très court (démarreur) ;

» transformer l'énergie avec un rendement maximal ;

» avoir une puissance massique importante ;

» permettre un grand nombre de cycles (longévité) ;

» nécessiter un entretien minimal.

Constitution et fonctionnement d'un accumulateur au plomb

Un accumulateur chargé comprend :

» un bac rempli d'une solution d'eau (H2O) et d'acide sulfurique (H2SO4), cet électrolyte a une masse volumique de 1 260 g/dm3 ;

» une électrode positive (anode), garnie de peroxyde de plomb (PbO2) ;

» une électrode négative (cathode), garnie de plomb spongieux (Pb).

Pendant les charges et décharges, il se produit une réaction chimique appelée « électrolyse ». Le courant circule par ionisation de l'électrolyte.

Décharge :

» la masse volumique de l'électrolyte diminue (1,150 g/dm3 en fin de décharge) ;

» les plaques se sulfatent (PbSO4).

Charge :

» la masse volumique de l'électrolyte augmente (1,260 g/dm3 en fin de charge) ;

» les plaques retrouvent leur composition initiale ;

» il se produit un dégagement gazeux.

Couplage des batteries

La capacité d'un élément de batterie est proportionnelle au nombre de paires de plaques positives et négatives qu'il contient. Les plaques de même polarité sont branchées en parallèle. Si l'on couple plusieurs batteries en parallèle leurs capacités s'additionnent, la tension reste celle d'une des batteries.

Les éléments sont branchés en série pour réaliser une batterie (12 V = 6 éléments de 2 V en série). Si l'on couple plusieurs batteries de même capacité en série leurs tensions s'additionnent, la capacité reste celle d'une des batteries.

Testez vos connaissances

1. La batterie doit stocker l'énergie sous forme :

a ☐ *électrique*

b ☐ *mécanique*

c ☐ *chimique*

2. La batterie doit restituer l'énergie sous forme :

a ☐ *électrique*

b ☐ *mécanique*

c ☐ *chimique*

3. La tension (f.é.m.) d'un élément de batterie au plomb chargé est de :

a ☐ *1,8 V*

b ☐ *2 V*

c ☐ *2,2 V*

4. Si l'on accouple deux batteries de 12 V en parallèle, on obtient une tension nominale de :

a ☐ *6 V*

b ☐ *12 V*

c ☐ *24 V*

5. L'électrolyte est un mélange d'eau distillée et :

a ☐ *d'acide sulfurique*

b ☐ *d'acide chlorhydrique*

c ☐ *de potasse*

Entraînez-vous

1. Quel est le nombre d'éléments d'accumulateur nécessaires pour constituer une batterie de 6 V, une batterie de 24 V ? Effectuez les schémas de principe en plaçant les barrettes de raccordement internes et les bornes de sortie.
2. On dispose de trois batteries : une batterie de 12 V, 40 Ah, deux batteries de 6 V, 40 Ah. Effectuez un branchement qui permette d'obtenir une tension totale de 12 V. Calculez la capacité totale et l'intensité de charge pendant 10 heures.
3. Recherchez les raisons pour lesquelles une batterie devient hors d'usage.

Le système de charge
chapitre 26

26.1 Mise en situation

Figure 26.1 *Vue de l'alternateur sur le moteur.*

Figure 26.2 *Alternateur.*

Les générateurs dynamiques transforment une partie de l'énergie mécanique produite par le moteur en énergie électrique afin de :

» recharger la batterie d'accumulateurs ;

» permettre le fonctionnement des accessoires électriques.

Le générateur dynamique doit :

» produire un courant continu (toujours de même sens) de tension sensiblement constante quelle que soit la vitesse de rotation du moteur ;

» adapter l'intensité débitée aux besoins ;

» avoir une puissance massive et un rendement élevés ;

» résister mécaniquement aux hautes vitesses de rotation ;

» être protégé du courant inverse venant de la batterie lorsque sa tension est inférieure à celle de la batterie.

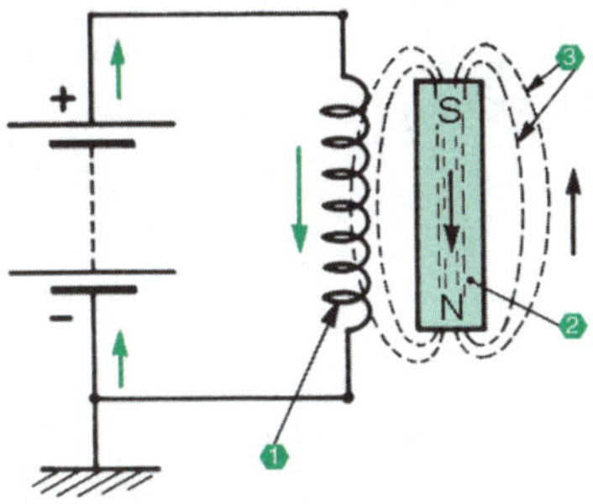

Figure 26.3 *Création d'un champ magnétique.*

❶ Spire.
❷ Noyau.
❸ Champ magnétique.

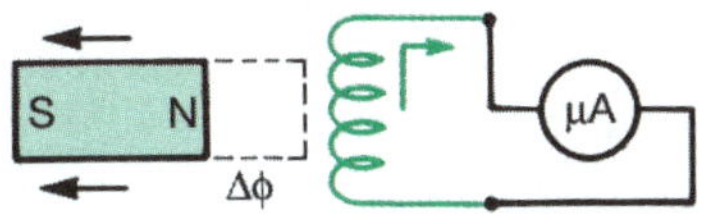

Figure 26.4 *Création d'un courant induit par variation de flux magnétique.*

Lors de l'étude de l'allumage (cf. Tome 1, chapitre 6), nous avons défini :

» qu'un courant qui circule dans une spire produit autour d'elle un champ magnétique inducteur (figure 26.3) ;

» qu'une spire soumise à des variations rapides de flux magnétique est le siège d'une force électromotrice induite (figure 26.4) :

$$e = \frac{\Delta\Phi}{\Delta t}$$

e : f.é.m (force électromotrice).

$\Delta\Phi$: Variations de champs magnétique.

Δt : Variations de temps.

Les variations de flux magnétique peuvent être réalisées :

» statiquement, par variations rapides du courant inducteur (principe des transformateurs) ;

» dynamiquement, par un mouvement relatif entre l'induit et l'inducteur (principe de l'alternateur).

26.2 Analyse structurelle

Figure 26.5 *Constitution d'un alternateur.*

❶ Diode.
❷ Bague.
❸ Noyau de l'induit (stator).
❹ Poulie.
❺ Ventilateur.
❻ Griffes de l'inducteur (rotor).
❼ Enroulement de l'inducteur.
❽ Balais.
❾ Roulement.

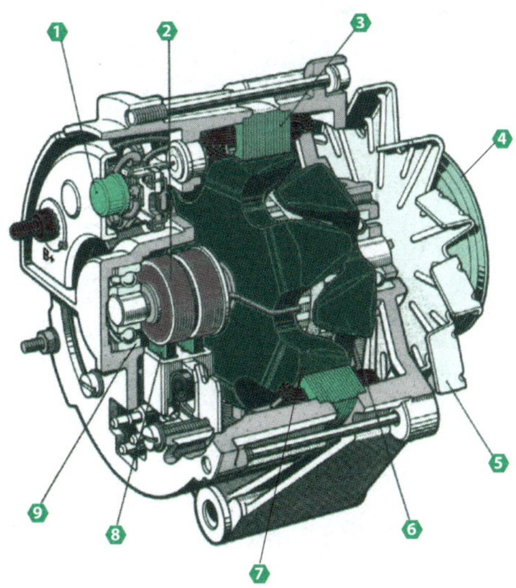

Un des éléments est fixe : le stator. L'autre est animé d'un mouvement de rotation : le rotor.

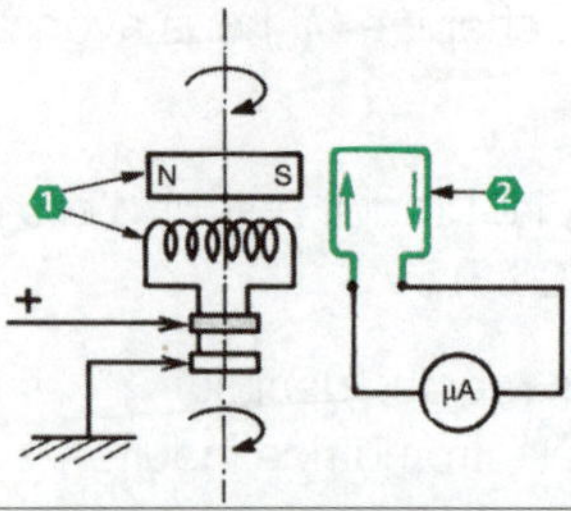

Figure 26.6 *Variation du flux magnétique et création du courant induit. Alternateur.*

1 Inducteur.
2 Induit.

Pour l'alternateur (figure 26.6) :

» l'inducteur est tournant (création du champ) ;

» l'induit est fixe (siège de la f.é.m.).

Le sens du courant induit – la polarité – dépend du sens du champ magnétique inducteur.

Une spire d'induit passant devant ou voyant passer alternativement un pôle nord et un pôle sud produit un courant alternatif, c'est-à-dire positif et négatif alterné (figure 26.7).

Les alternateurs se différencient par le type :

» d'inducteur :

- à aimant variable (bobinage inducteur) ;
- à aimant permanent ;

» d'induit :

- monophasé à une ou deux bobines (figures 26.9 et 26.10) ;
- triphasé, constitué de trois bobines branchées entre elles en « étoile » (figure 26.11A) ou en « triangle » (figure 26.11B).

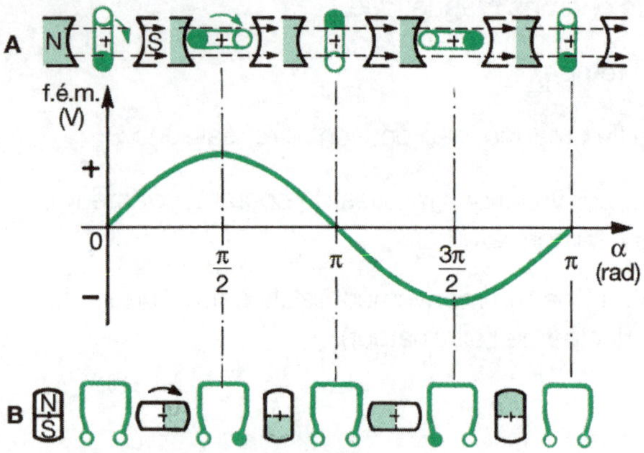

Figure 26.7 *Création du courant alternatif induit.*

A. Dans l'induit tournant de la dynamo.
B. Dans l'induit fixe (stator) de l'alternateur.

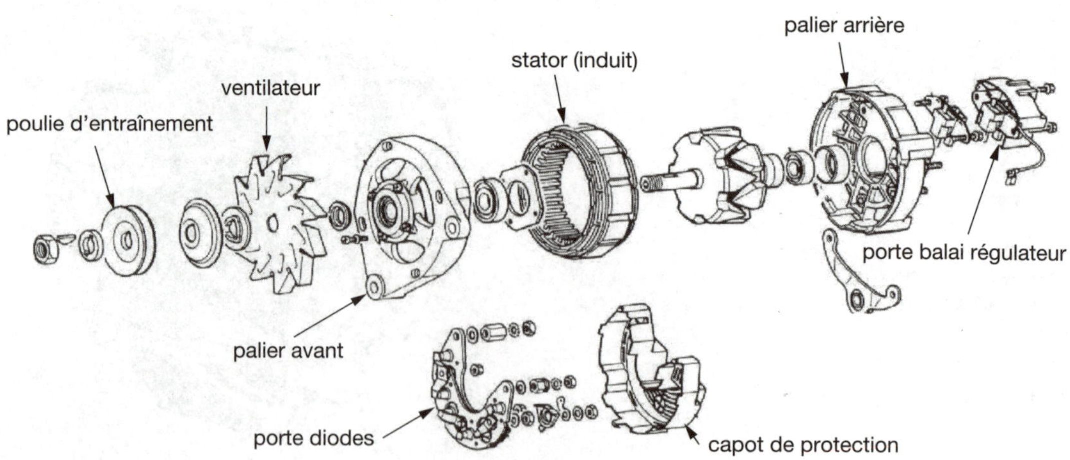

Figure 26.8 *Éclaté d'un alternateur.*

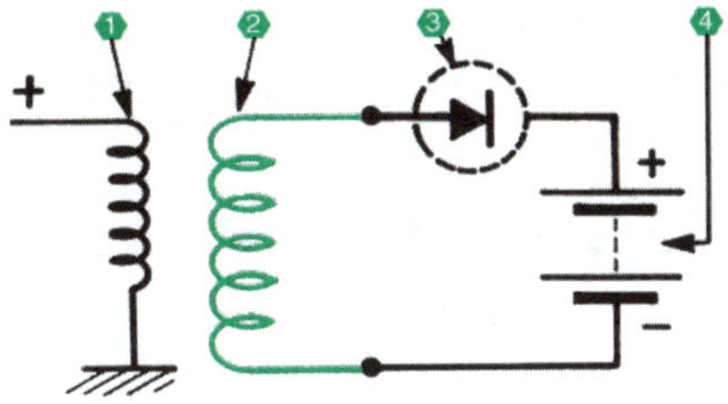

Figure 26.9 *Principe du redressement dans un alternateur.*

1 Bobinage inducteur (rotor).
2 Bobinage induit (stator).
3 Système de redressement unidirectionnel (diode).
4 Accumulateur.

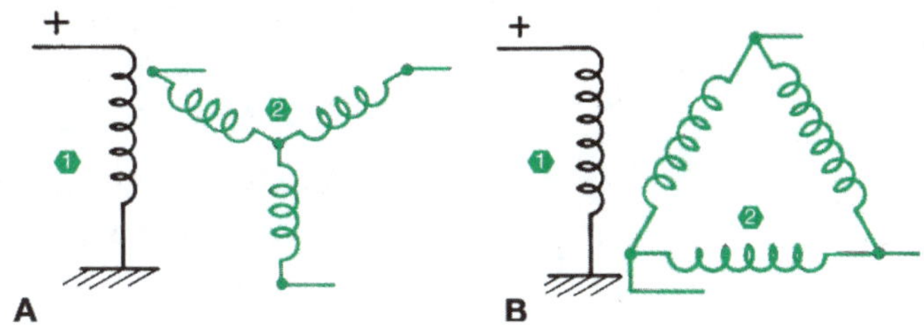

Figure 26.11 *Alternateurs triphasés.*

A. Montage en « étoile ».
B. Montage en « triangle ».

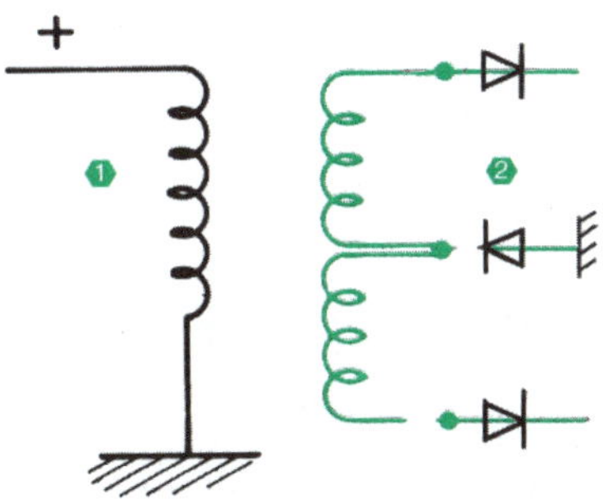

Figure 26.10 *Alternateur monophasé à deux bobines.*

26.3 Analyse fonctionnelle

Principe de fonctionnement d'un alternateur

Le courant induit prend naissance dans le stator et passe par un redresseur réalisé par un montage de semi-conducteurs (diodes) qui ne laissent passer le courant que dans un seul sens (figure 26.9).

Le branchement de ces diodes varie selon le type d'alternateur.

Fonction

Figure 26.12 *Analyse fonctionnelle du circuit de charge.*

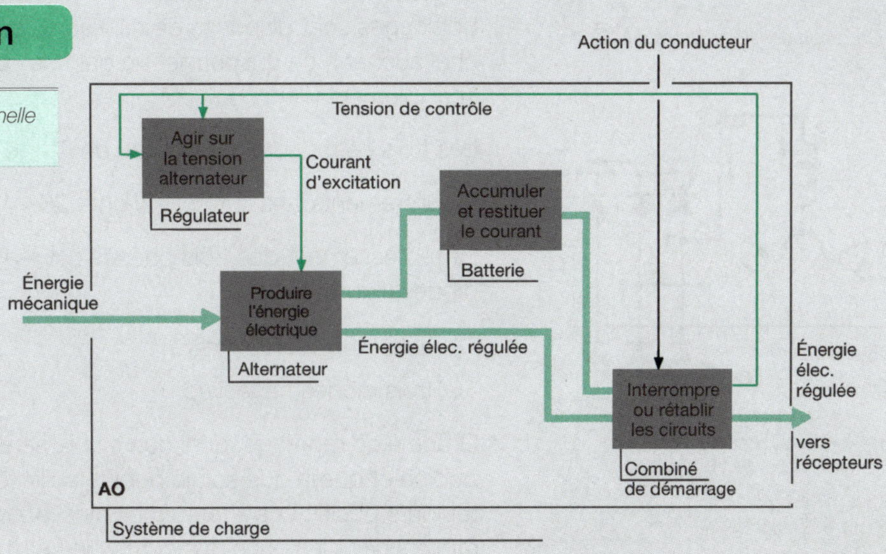

Dans un alternateur monophasé à un seul bobinage, le montage d'une seule diode rend le courant toujours positif en supprimant l'alternance négative (figure 26.9).

Le redressement des alternances négatives s'effectue grâce à un montage comportant plusieurs diodes (pont de diodes ; figures 26.13A et C). Lorsque l'induit comporte deux bobinages (alternateur biphasé), le redressement peut s'effectuer par :

» une diode positive ;

» deux diodes négatives (figures 26.13B et C).

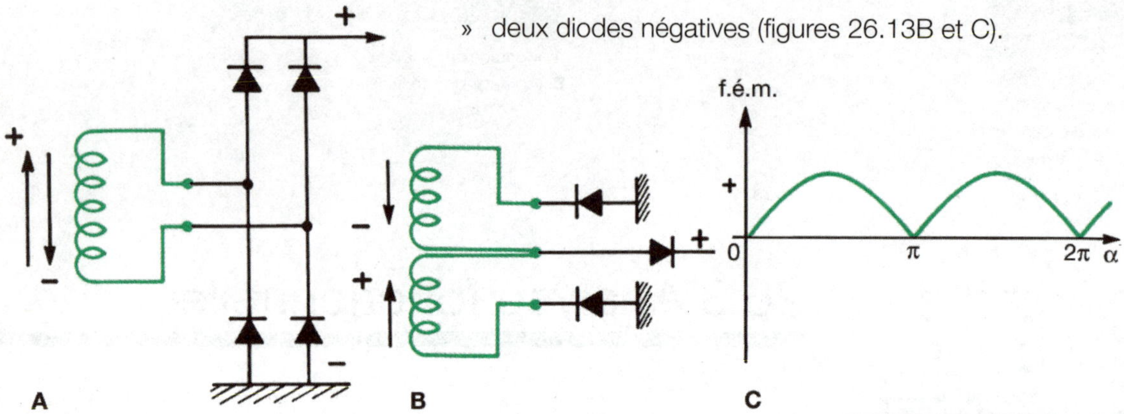

Figure 26.13 *Différents alternateurs.*

A. Alternateur monophasé.
B. Alternateur biphasé.
C. Alternance négative redressée.

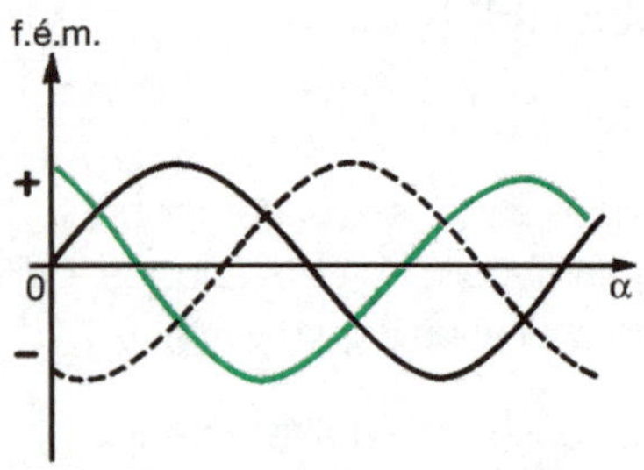

Figure 26.14 *Alternateur triphasé.*

Décalage des alternances de $\frac{2\pi}{3}$.

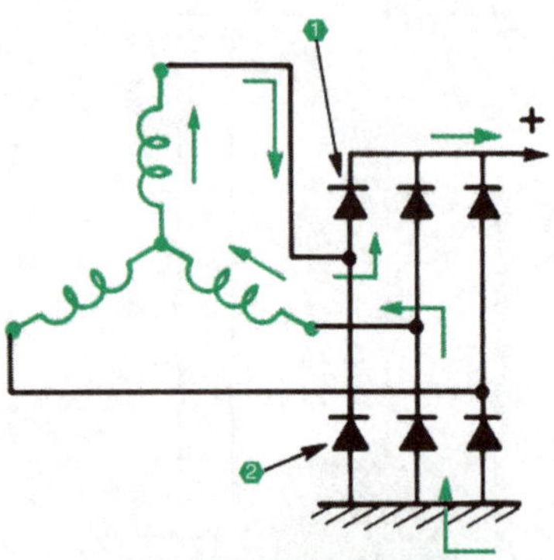

Figure 26.15 *Principe du redressement dans un alternateur triphasé (en étoile).*

❶ Diodes positives.
❷ Diodes négatives.

Avantage de l'alternateur triphasé

Que son montage soit réalisé en triangle ou en étoile, ses trois bobinages sont disposés de telle sorte que les périodes se chevauchent, ce qui permet un gain de puissance pour une masse sensiblement identique.

Les trois f.é.m. sont déphasées de $\frac{2\pi}{3}$ de manière à être réparties régulièrement dans le temps (figure 26.14).

Le redressement des trois phases est réalisé par un pont de six diodes (figure 26.15) :

» trois diodes positives,

» trois diodes négatives.

Grâce à ce montage, quel que soit le sens du courant dans une bobine et quelle que soit la bobine sollicitée, le courant débité est toujours positif. Les alternances ainsi obtenues sont très rapprochées les unes des autres, la f.é.m. moyenne est plus élevée que dans un alternateur monophasé.

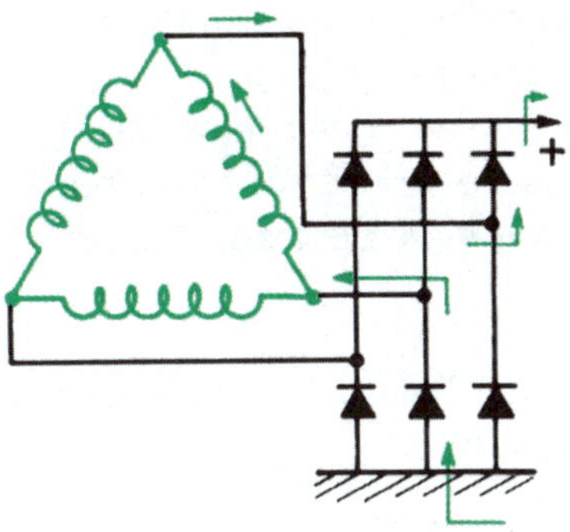

Figure 26.16A *Pont de diodes sur alternateur triphasé, montage triangle.*

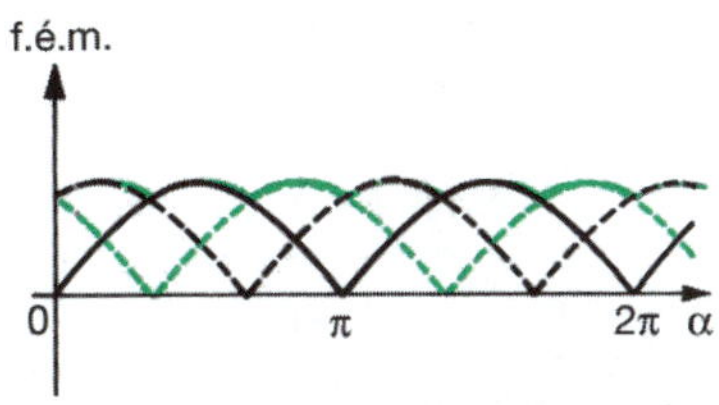

Figure 26.16B *Forme du courant obtenu.*

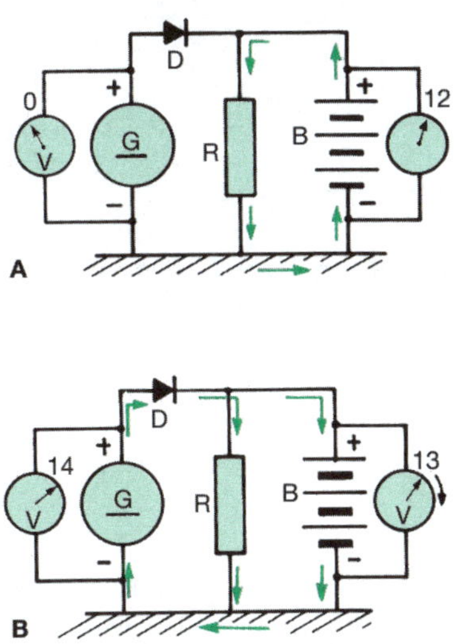

Figure 26.17 *Circuit de charge.*

A. Moteur arrêté : $U_G = 0$; $Ub = 12$ V ;
R. alimenté par B.
B. Moteur tournant : $U_G . U_b$;
R. alimenté par G.
G. Générateur dynamique.
R. Ensemble des récepteurs.
B. Batterie d'accumulateurs.
D. Système unidirectionnel.
V. Voltmètre.

Le principe du redressement est le même dans les montages en triangle (figure 26.16A).

Le courant obtenu est de forme ondulatoire, sensiblement continu (figure 26.16B).

Pour assurer la charge de la batterie, il est nécessaire de créer une différence de potentiel entre ses bornes et celles du générateur dynamique.

Exemple

Si la tension (f.é.m.) batterie est de 13 V, la tension de charge devra être légèrement supérieure à celle de la batterie (14 V).

Pour assurer un fonctionnement correct des récepteurs électriques, il est nécessaire de maintenir à leurs bornes une tension sensiblement constante correspondant à leur tension nominale, 12 à 14 V au maximum (figure 26.17).

On appelle « surtension » toute tension dépassant celle de charge maximale définie plus haut (plus de 15 V pour une installation de 12 V). Les surtensions provoquent :

À la batterie :

» un bouillonnement anormal et une évaporation rapide de l'électrolyte ;

» un dégagement de chaleur exagéré qui accélère l'évaporation et détériore ses éléments ;

Aux récepteurs électriques :

» un fonctionnement imprécis des appareils de contrôle ;

» des variations d'éclairement des lampes ;

» en général, leur destruction par effet Joule.

La tension et l'intensité débitées sont proportionnelles à la fréquence de rotation de l'alternateur.

Si l'alternateur est, par construction, autolimitateur en intensité, sa tension peut croître jusqu'à des valeurs très élevées en fonction du régime.

Moyens pour limiter la f.é.m. de l'alternateur

Limiter ω (fréquence de rotation). Celle-ci est proportionnelle à celle du vilebrequin, en effet la liaison est directe par poulies et courroie. La limitation pourrait s'effectuer par un variateur de vitesse.

Limiter Φ (flux magnétique). Nous avons défini, lors de l'étude de l'allumage, que dans un bobinage les variations de flux magnétique (ΔΦ) sont proportionnelles aux variations d'intensité (ΔI) du courant qui y circule ; il est donc possible de limiter la f.é.m. induite en limitant l'intensité du courant circulant dans le bobinage inducteur.

Moyen pour limiter l'intensité électrique circulant dans l'inducteur

Pour une tension (*U*) donnée, l'intensité (*I*) qui circule dans un conducteur est inversement proportionnelle à sa résistance (*R*).

C'est la loi d'Ohm :

$$U = RI \text{ ou } I = \frac{U}{R}$$

I : Intensité.

U : Tension.

R : Résistance.

Pour diminuer l'intensité, donc le flux, il est nécessaire de brancher une résistance en série avec le circuit inducteur et d'obliger le courant à y circuler.

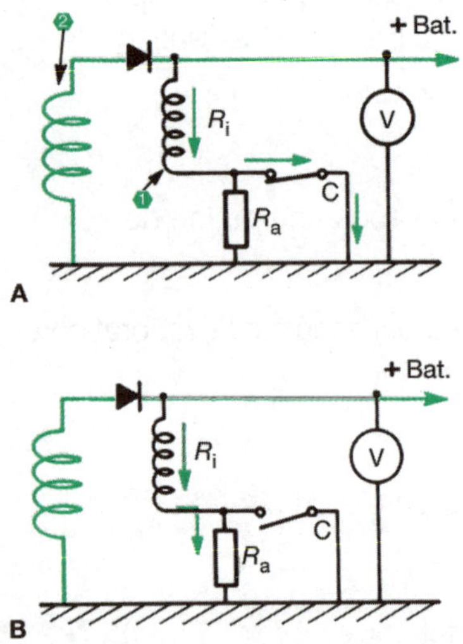

Figure 26.18 *Principe du régulateur de tension.*

A. Le contacteur C est fermé.

$I_{(inducteur)} = \frac{U}{R_i}$ (f.é.m.), Φ n'est pas réduit, *U* (f.é.m.) augmente.

B. Si *U* augmente, C est ouvert par un dispositif automatique.

$I_{(inducteur)} = \frac{U}{(R_i + R_a)}$ donc *I* diminue,

Φ diminue, *U* (f.é.m. diminue).

❶ Inducteur.

❷ Induit.

R_i. Résistance de l'inducteur.

R_a. Résistance additionnelle.

C. Contacteur.

Principe du régulateur de tension

Prenons l'exemple d'une batterie dont la f.é.m. est de 13 V.

1. Le moteur tourne à régime moyen (figure 26.18A). L'alternateur fournit un courant induit dont la f.é.m. est égale à 14 V ; la batterie se recharge, parallèlement, les récepteurs électriques sont alimentés. Le contacteur s'est fermé. L'intensité qui circule dans l'inducteur ❶ est égale à :

$$\frac{U \text{ induit}}{R_i}$$

L'intensité *I* n'est pas limitée, Φ n'est pas réduit, *U* augmente.

2. Le régime moteur augmente (figure 26.18B). La vitesse de rotation de l'alternateur (*n*) augmente, la f.é.m. atteint la valeur maximale prédéterminée (exemple 15 V) ; un dispositif automatique (C), électromagnétique ou électronique, coupe la liaison directe de l'inducteur à la masse. Pour trouver la masse, le courant doit circuler dans la résistance R_a en série avec R_i.

La résistance totale augmente :

$$R_t = R_i + R_a$$

Le flux inducteur diminue : l'intensité (*I*) diminue, donc la f.é.m. induite diminue :

$$I = \frac{U}{R_i + R_a}$$

3. La f.é.m. devient inférieure à sa valeur maximale (figure 26.17A). Le contacteur se ferme. Le courant inducteur passe directement à la masse.

Nous voyons donc que le régulateur est un élément qui agit sur l'intensité du courant d'excitation afin d'influer sur le débit de l'alternateur.

Figure 26.19 *Diode Zener.*

Principe de fonctionnement du régulateur électronique

Il est constitué de composants tels que :

» diodes simples ;

» diodes Zener (figure 26.19) ;

» transistors.

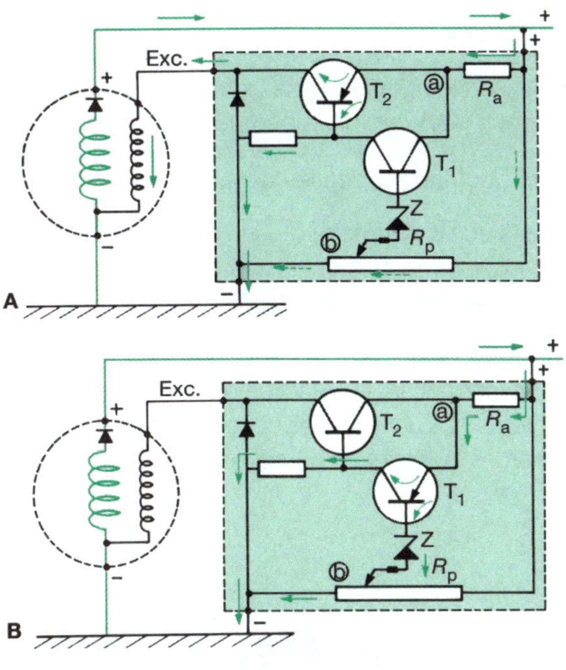

Figure 26.20 *Régulateur électronique.*

A. *U* inférieur à *U* max. ; Z non passante ; T_1 bloqué ; T_2 passant ; inducteur bloqué.
B. *U* supérieur à *U* max. ; Z passante vers R_p ; T_1 passant ; T_2 bloqué ; inducteur non alimenté.

Rappel

Une diode Zener est un semi-conducteur qui, comme la diode simple, est conductrice dans un sens et résistante en sens inverse. Mais lorsque le courant inverse atteint une tension prédéterminée, elle devient brutalement conductrice dans ce sens.
À l'inverse de la diode simple, ce phénomène n'entraîne pas sa détérioration (tension de claquage).

Un régulateur électronique élémentaire comprend (figure 26.20) :

» un transistor de puissance (T_2) qui alimente l'inducteur ;

» un transistor T_1 qui commande T_2. Le transistor T_1 est conducteur lorsque sa base est négative (PNP) ;

» une diode Zener (Z) qui bloque le courant d'appel du transistor T_1 tant que la tension de claquage (Uz) prédéterminée n'est pas atteinte ;

» une résistance réglable (*R*p) qui réalise une tension variable entre le point a (*U*a) et le point b (*U*b),

» une résistance d'entrée (*R*a).

Le tableau nous explique le fonctionnement du régulateur électronique.

Vitesse de rotation alternateur	***U* au point *a* (U_a)**	**Différence de tension ($U_a - U_b = U$) par rapport à U_z**	**Transistor T_1**	**Transistor T_2**	***I* inducteur**	**Résultat**
Moyenne	Moyenne	$U < U_z$	Bloqué	Passant	Moyenne (passe par R_a)	*U* batterie augmente
Augmente	Augmente	$U < U_z$	Bloqué	Passant	Élevée maximale (plein champ)	U augmente jusqu'à *U* maximale
Élevée et soutenue	Augmente	$U > U_z$	Passant	Bloqué	Nulle	*U* diminue
	Diminue	$U < U_z$	Bloqué	Passant	Élevée	*U* augmente

Figure 26.21 *Alternateur à régulateur électronique intégré.*

❶ Alternateur.
❷ Régulateur.

Ce montage de semi-conducteurs et de résistances présente les avantages suivants :

» longévité (aucune pièce en mouvement) ;

» encombrement réduit ;

» insensibilité aux vibrations.

Ces qualités ont permis son intégration dans l'infrastructure de l'alternateur ce qui permet, en outre, de supprimer :

» les longues liaisons électriques entre les deux appareils ;

» les mauvais contacts aux connexions ou à la masse, sources de différences de potentiel imprévues et causes de mauvais fonctionnement de la régulation (figure 26.21).

La lampe témoin fonctionne dans un régulateur électronique, grâce à un montage électronique (permettant la détection d'une rupture de courroie), à un circuit intégré et à un montage de résistances ajustables pour la détection de charges trop faibles ou trop fortes (figure 26.22).

Figure 26.22 *Schéma d'un alternateur avec dispositif de lampe témoin de charge.*

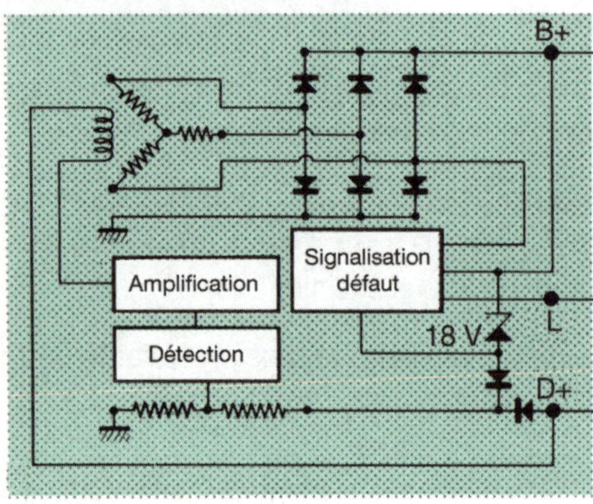

Figure 26.23 *Régulateur électronique incorporé.*

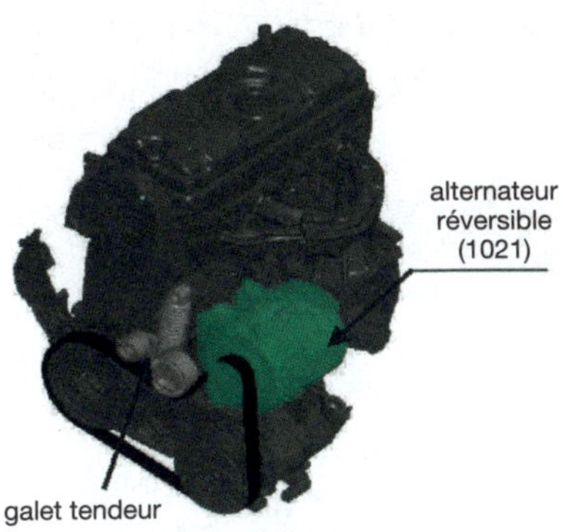

Figure 26.24 *Implantation de l'alterno-démarreur.*

Évolution du système : l'alterno-démarreur

Le groupe PSA Peugeot Citroën est le premier constructeur à commercialiser un alterno-démarreur 12 volts. Cet élément, combinant les fonctions de l'alternateur et du démarreur, aura surtout l'avantage de permettre une économie de carburant jusqu'à 10 % en conduite urbaine grâce à la coupure automatique du moteur à chaque arrêt temporaire.

Implantation

La fonction Stop & Start « stoppe » le moteur lors de l'arrêt du véhicule. Le redémarrage du moteur s'effectue soit par une action directe du conducteur (par ex : lâcher de frein), soit dès que la fonction Stop & Start détecte un besoin système.

L'alterno-démarreur remplace donc les fonctions de l'alternateur et du démarreur. Ces deux éléments sont donc retirés. Cela signifie aussi que le volant moteur n'a plus besoin d'avoir une couronne dentée et que le carter d'embrayage n'offre plus d'ouverture pour le démarreur.

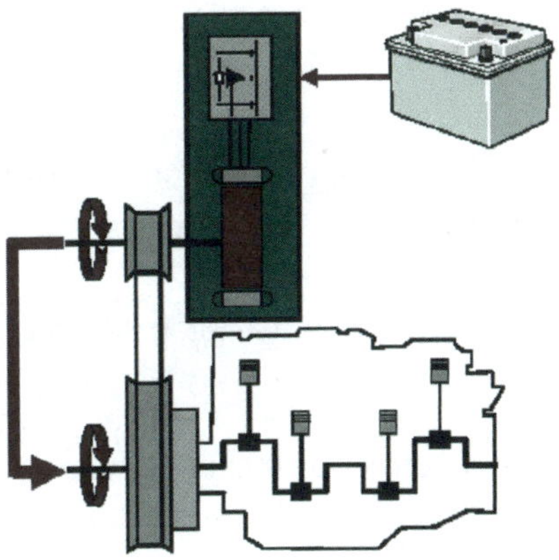

Principe de fonctionnement

Lors d'un freinage, le moteur est « stoppé » avant l'arrêt complet du véhicule (vitesse < 6 km/h) ; un voyant « ÉCO » s'allume au combiné. Le moteur est « stoppé » si toutes les conditions de sécurité, pollution et de confort sont remplies et qu'il n'y a pas de « besoin système ». Le moteur reste « stoppé » tant que le conducteur reste appuyé sur la pédale de frein et qu'il n'y a pas d'apparition d'un « besoin système ». Dès que le conducteur relâche la pédale de frein, le moteur redémarre automatiquement ; le voyant « ÉCO » s'éteint. Il existe donc plusieurs conditions pour que la fonction Stop & Start « stoppe » le moteur et plusieurs conditions pour que le moteur redémarre par un besoin du système.

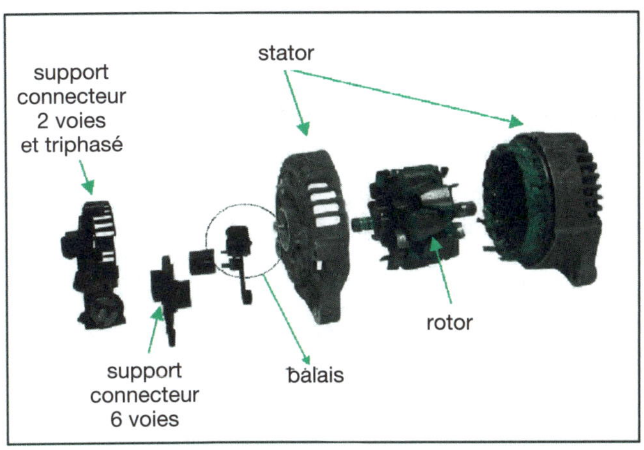

Figure 26.25 *Éclaté de l'alterno-démarreur.*

Définitions des besoins système

Pour assurer le bon fonctionnement du véhicule certains calculateurs (injections, direction assistée électrique, BSI, climatisation, calculateur Stop & Start, et boîte de vitesses robotisée…) ont des besoins de moteur tournant.

Quand un besoin apparaît, chacun de ces calculateurs demandent une interdiction de « stop » moteur ou demande un redémarrage du moteur thermique.

Résumé

Fonctions

Les générateurs dynamiques transforment l'énergie mécanique en énergie électrique afin de :

- » recharger la batterie d'accumulateurs ;
- » permettre le fonctionnement des accessoires électriques.

Conditions à remplir

- » Avoir une puissance massique élevée.
- » Produire un courant continu de tension sensiblement constante.
- » Faire varier l'intensité en fonction des besoins.
- » Résister mécaniquement aux hautes vitesses.
- » Être protégé du courant inverse venant de la batterie.

Principe

L'alternateur produit un courant électrique par phénomène d'induction électromagnétique.

L'inducteur crée le champ magnétique.

L'induit est le siège d'une f.é.m. induite.

Un mouvement relatif entre les deux éléments permet les variations de flux magnétique nécessaires.

Dans un alternateur : l'inducteur est tournant, l'induit est fixe. Le courant débité est de forme alternative. Son redressement est réalisé par un montage de diodes redresseuses.

L'intensité et la tension débitées sont proportionnelles à la fréquence de rotation de l'alternateur.

Limitation de la tension

Pour limiter U, il faut limiter I dans l'inducteur. Le régulateur de tension permet de limiter I inducteur en obligeant le courant inducteur à circuler dans une résistance montée en série dans le circuit.

La mise en circuit ou hors circuit de la résistance est réalisée automatiquement par un circuit de commande statique (montage électronique).

La régulation est obtenue grâce à un montage de composants électroniques. Il ne comporte aucune pièce en mouvement et se compose principalement :

- » d'un transistor de puissance alimentant l'inducteur ;
- » d'un transistor d'appel commandant le transistor de puissance ;
- » d'une diode Zener qui rend le transistor de commande passant à partir d'une tension inverse prédéterminée.

La régulation électronique est :

- » pratiquement inusable ;
- » insensible aux vibrations.

Limitation de l'intensité

L'alternateur est, par construction, autolimitateur d'intensité.

Testez vos connaissances

1. Dans un alternateur (deux réponses) :

a ☐ *l'induit est fixe*

b ☐ *l'induit est tournant*

c ☐ *l'inducteur est fixe*

c ☐ *l'inducteur est tournant*

2. Quel est le dispositif qui permet de transformer le courant alternatif produit par l'induit en courant continu ?

a ☐ *une résistance*

b ☐ *un pont de diodes*

c ☐ *un régulateur*

3. La tension en sortie d'alternateur est limitée par :

a ☐ *un pont de diodes*

b ☐ *un régulateur*

c ☐ *n'est pas limitée*

4. L'intensité en sortie d'alternateur est limitée par :

a ☐ *un pont de diodes*

b ☐ *un régulateur*

c ☐ *n'est pas limitée*

5. La tension maximale du courant de charge d'un alternateur est de :

a ☐ *12 V*

b ☐ *14 V*

c ☐ *16 V*

Entraînez-vous

1. Relevez, dans un document technique, les caractéristiques d'un alternateur.

2. Recherchez la méthode de détection d'un défaut de régulateur sur véhicule.

Le système de démarrage
chapitre 27

27.1 Mise en situation

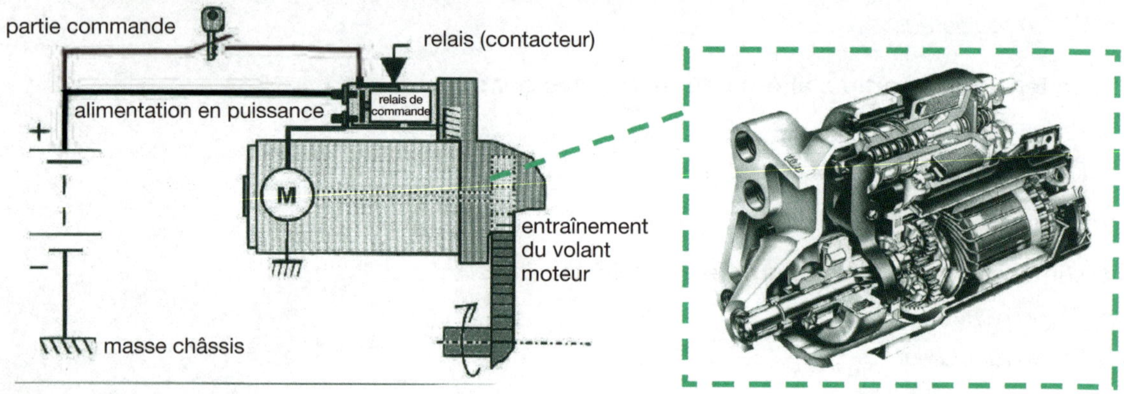

Figure 27.1 *Système de démarrage.*

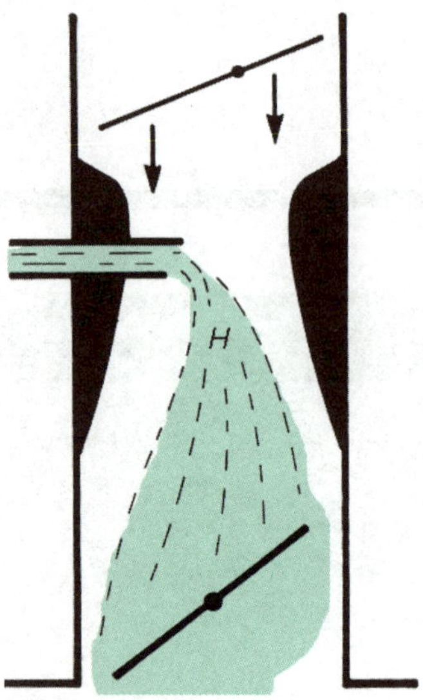

Figure 27.2 *À froid, le mélange air/essence s'effectue plus difficilement.*

Les moteurs thermiques, pour démarrer, demandent à être entraînés à une vitesse de rotation suffisante :

» moteur à explosion, 100 tr/min ;

» moteur Diesel, 150 tr/min.

Cette vitesse est nécessaire pour permettre, pour les moteurs à essence :

» l'amorçage et la vaporisation de l'essence (figure 27.2) ;

» une pression en fin de compression normale (fuites par la segmentation à basse vitesse, figure 27.3) ;

» une f.é.m. d'allumage suffisante $\left(e = \dfrac{\Delta\Phi}{\Delta t}\right)$, etc.

La mise en rotation du moteur est réalisée par le démarreur, moteur électrique à courant continu qui transforme l'énergie électrique de la batterie en énergie mécanique.

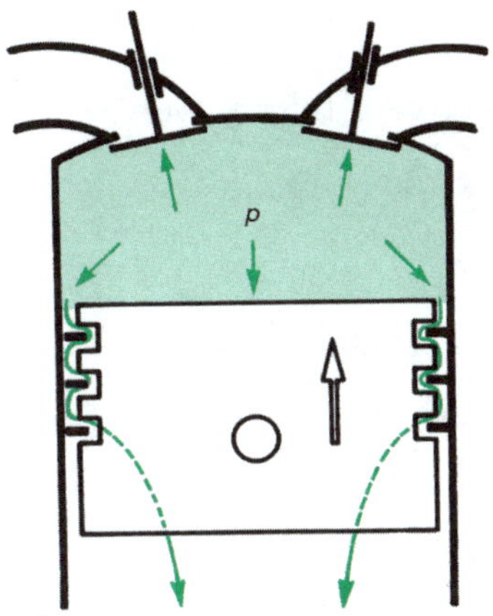

Figure 27.3 *Temps de compression : à basse vitesse, fuite de pression par la segmentation.*

Le démarreur doit :

» au départ (dégommage du moteur), fournir un couple supérieur au couple résistant offert par le moteur ;

» en rotation, posséder une puissance (P) qui permette de maintenir le couple (C) à la vitesse requise :

$$P = \mathscr{C}\omega$$

Le couple résistant au départ du moteur thermique est le résultat de plusieurs efforts résistants :

» force d'adhérence des pièces du moteur et de la boîte de vitesses provenant de la viscosité à froid de l'huile (gommage) ;

» inertie des pièces à mettre en mouvement : elle augmente avec leur masse (forte cylindrée, moteur Diesel) ;

» action des temps résistants du cycle, notamment de la compression (élevée en fonction du rapport volumétrique) ;

» entraînement des équipements : distribution, pompe à huile, alternateur, etc.

27.2 Analyse structurelle

Figure 27.4 *Éléments constitutifs d'un démarreur à commande électromagnétique (document Paris-Rhône).*

1 Nez de démarreur.
2 Flasque arrière.
3 Carcasse.
4 Bobinages inducteurs.
5 Induit à collecteur plat.
6 Lanceur à roue libre.
7 Fourchette.
8 Solénoïde.

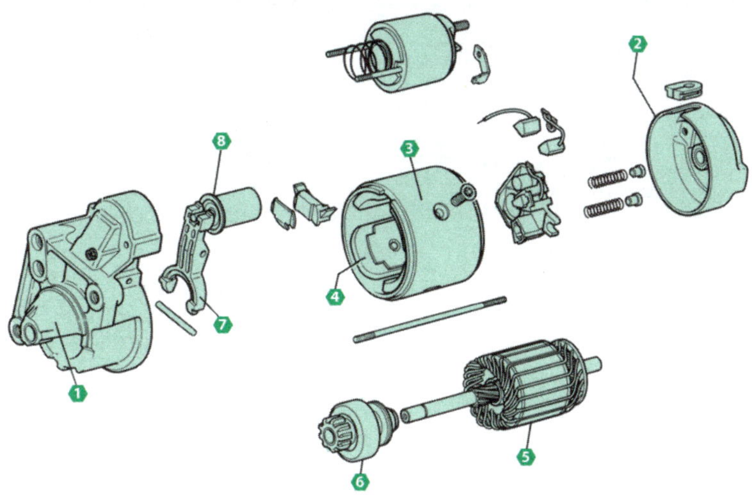

Un démarreur comprend (figure 27.4) :

Un flasque appelé auparavant « nez de démarreur » 1 qui permet :

» la rotation de l'extrémité avant de l'arbre d'induit (palier) ;

» la mise en position du pignon de lanceur 6 et ses mouvements de rotation et de translation ;

» la fixation du démarreur sur le bloc-moteur.

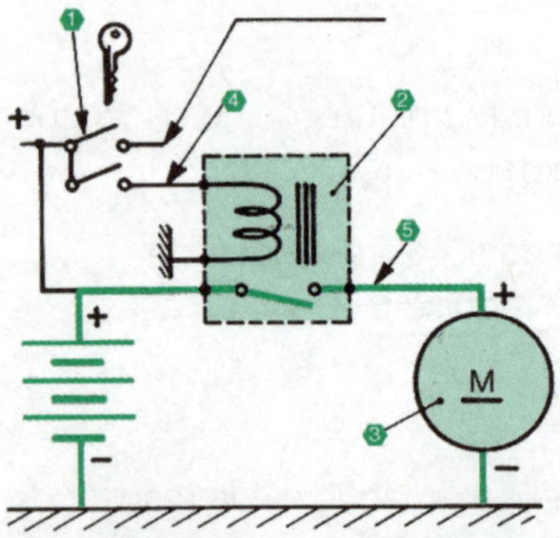

Figure 27.5 *Commande électromagnétique du démarreur.*

❶ Combiné de démarrage.
❷ Relais électromagnétique.
❸ Démarreur.
❹ Circuit de commande.
❺ Circuit de puissance.

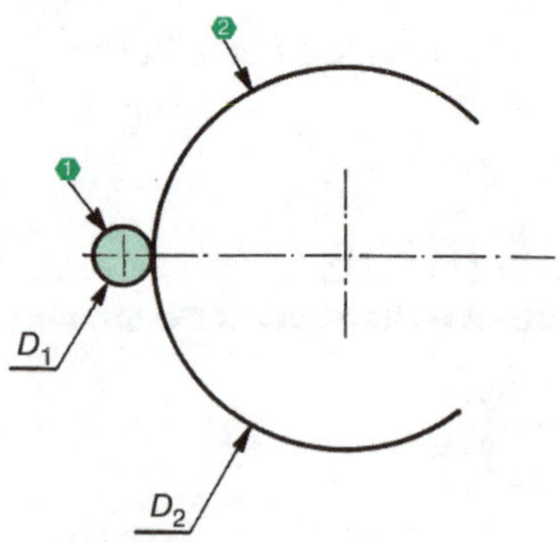

Figure 27.6 *Engrenage de démarrage.*

❶ Pignon du lanceur.
❷ Roue de la grande couronne.
Démultiplication de la vitesse : $n_2 = n_1 \times D_1/D_2$
Multiplication du couple : $\mathcal{C}_2 = \mathcal{C}_1 \times D_2/D_1$
Rapport du couple : $R = D_2/D_1$.

Un flasque arrière ❷ qui permet :

» la rotation de l'extrémité arrière de l'arbre d'induit (palier) ;

» la mise en position des porte-balais et des balais.

Une carcasse ❸ qui sert de support :

» aux deux flasques et réalise la rigidité et l'étanchéité ;

» aux masses polaires munies de leurs bobinages inducteurs fixes ❹, elles sont au nombre de quatre en général (tétrapolaire) ;

Un induit (tournant) à collecteur plat ou tambour ❺.

Un lanceur ❻ dont le pignon est monté sur roue libre.

Un dispositif de commande du lanceur et du moteur électrique ❼-❽ de conception variable selon le type de démarreur.

La forte intensité du courant oblige à concevoir des conducteurs dont le matériau et la section offrent une faible résistance électrique.

Les bobinages de l'induit et de l'inducteur sont en général constitués d'épaisses lames de cuivre de section rectangulaire. La liaison électrique batterie/démarreur est réalisée par des câbles souples de forte section.

La résistance des connexions doit également être minimale.

La commande du moteur électrique devra être effectuée par un relais (figure 27.5).

L'entraînement mécanique du moteur s'effectue par l'engrènement du pignon du lanceur avec la grande couronne du volant moteur (figure 27.6).

Le rapport de couple est élevé (R = 10 à 15/1).

Exemple

Un démarreur fournit un couple démarreur bloqué de 10 N.m et le rapport de couple est de 10/1.
Le volant moteur recevra un couple dont le moment sera égal à :
10 × 10 = 100 N.m.

La liaison mécanique momentanée du démarreur avec le moteur nécessite :

» une action électrique assurant la liaison batterie/moteur électrique ;

» une action mécanique assurant l'engrènement du pignon de lanceur sur la grande couronne.

Le conducteur n'agit que sur une seule commande.

Les actions sont toujours conjuguées. Sur le démarreur à commande positive et à commande électromagnétique on a une action mécanique puis électrique.

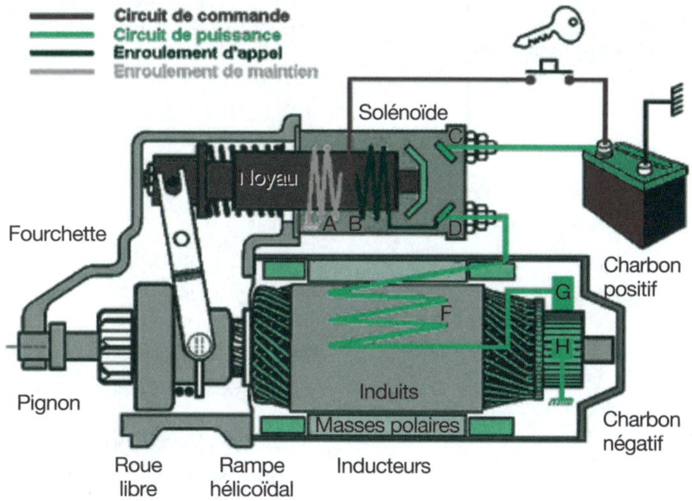

Figure 27.7 *Éléments d'un démarreur.*

27.3 Analyse fonctionnelle

Principe de fonctionnement d'un moteur électrique à courant continu

On peut observer que les phénomènes électromagnétiques étudiés dans l'alternateur sont réversibles. Un conducteur qui se déplace dans un champ magnétique est le siège d'une force électromotrice.

Inversement, dans un champ magnétique, un conducteur parcouru par un courant électrique est soumis à une force qui tend à le chasser hors du champ. Donc, si l'on place une spire parcourue par un courant dans un champ magnétique, chacun de ses brins est soumis à une force électromotrice.

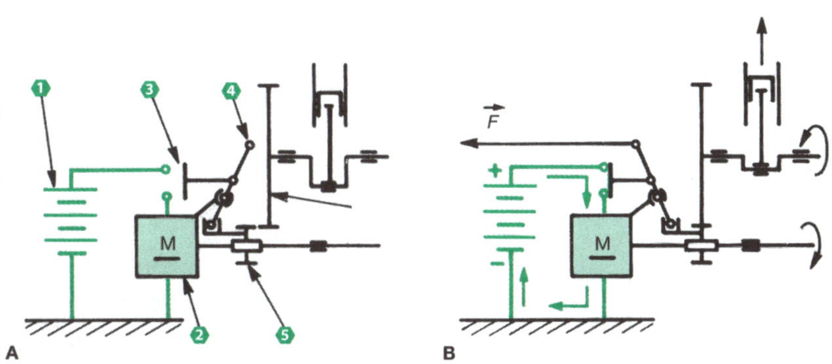

Figure 27.8 *Liaisons mécaniques et électriques du démarreur.*

A. Au repos.
B. Au démarrage.
1 Batterie d'accumulateur.
2 Partie électrique du démarreur.
3 Contacteur de démarreur.
4 Fourchette de commande.
5 Pignon de lanceur.
6 Grande couronne du volant moteur.

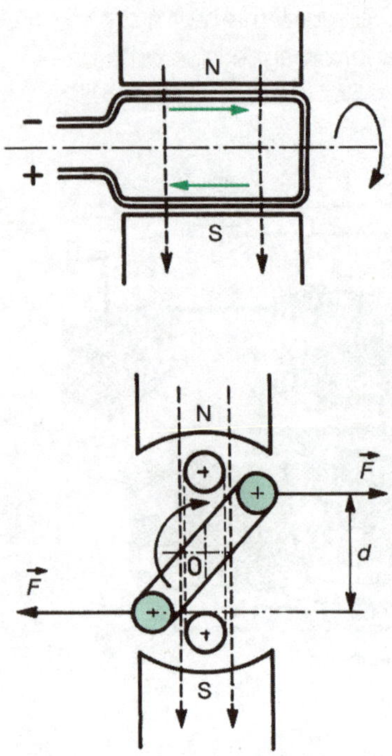

Figure 27.9 *Le moment du couple :* $\mathscr{C} = Fd$.

Ces deux forces sont de même intensité, de même direction mais de sens opposé. La distance qui les sépare réalise un couple qui tend à faire tourner la spire (figure 27.9). Si l'on augmente le nombre de spires et que leur décalage angulaire est régulier, on obtient une rotation continue.

Le moment du couple dans un moteur électrique est fonction de la relation $\mathscr{C} = k\Phi I$ dans laquelle :

• k est un coefficient qui dépend de la construction (nombre de paires de pôles, d'encoches, etc.) ;

• Φ est l'intensité du flux inducteur produit par le champ magnétique ;

• I est l'intensité du courant qui circule dans les spires de l'induit soumises au champ.

Pour un démarreur de construction donnée, tétrapolaire en général, le couple maximal sera obtenu grâce à :

» un flux inducteur important, sachant que Φ est proportionnel à I dans l'inducteur ;

» une forte intensité dans les spires de l'induit.

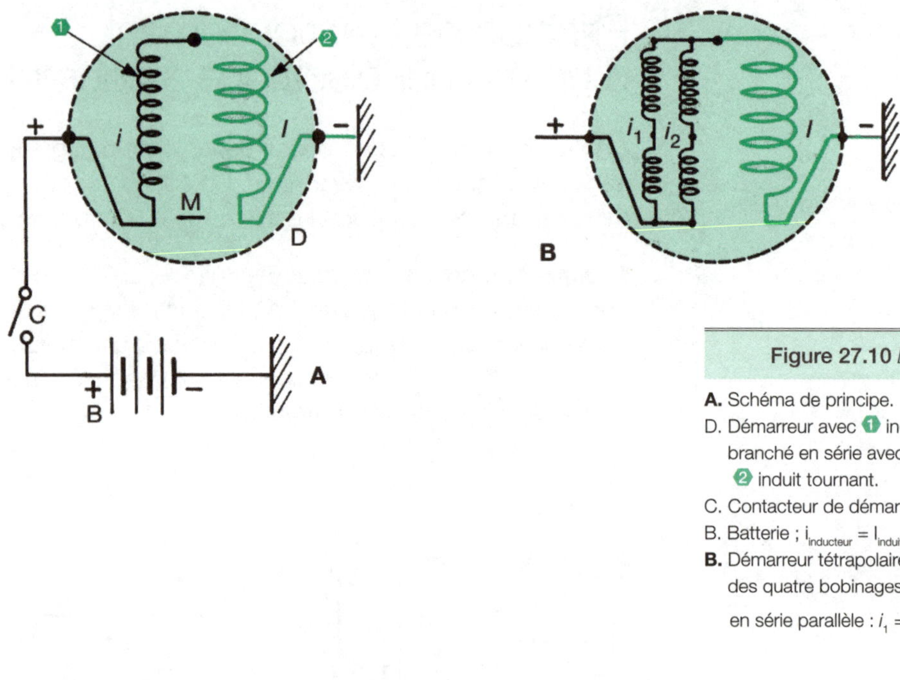

Figure 27.10 *Démarreur.*

A. Schéma de principe.
D. Démarreur avec ❶ inducteur (fixe) branché en série avec l'induit et ❷ induit tournant.
C. Contacteur de démarrage.
B. Batterie ; $i_{inducteur} = I_{induit}$.
B. Démarreur tétrapolaire : branchement des quatre bobinages inducteurs en série parallèle : $i_1 = i_2 = \frac{I}{2}$.

Le moteur à excitation (inducteurs) en série réalise ces conditions puisque la même intensité électrique circule dans les bobinages de l'inducteur et de l'induit (figure 27.10).

Le couple demandé au démarreur est relativement élevé. Pour un moteur à explosion de cylindrée moyenne, il se situe entre 8 et 15 daN.m. Au moment du dégommage du moteur (démarreur bloqué), l'intensité absorbée peut atteindre 400 A pendant un court instant. L'intensité diminue au fur et à mesure que le démarreur prend de la vitesse (environ 200 A).

Principe de fonctionnement d'un démarreur à commande électromagnétique

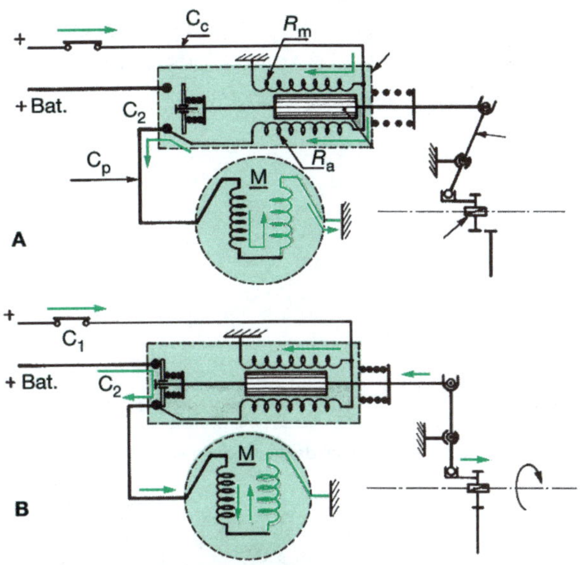

Figure 27.11 *Dispositif de commande d'un démarreur à lanceur électromagnétique. Étape 1.*

❶ Inducteur.
❷ Induit.
❸ Solénoïde.
❹ Noyau plongeur.
❺ Fourchette de lanceur.
❻ Lanceur.
C_1 : contacteur de commande.
C_c : circuit de commande.
C_2 : contacteur de puissance.
C_p : circuit de puissance.
R_a : bobinage d'appel.
R_m : bobinage de maintien.

Le dispositif de commande comprend (figure 27.11) :

- un solénoïde ❸ dont le noyau plongeur ❹ permet :
  - » par sa partie arrière (C2), la fermeture du circuit de puissance (Cp). C'est la fonction de relais électromagnétique ;
  - » par sa partie avant, la mise en action de la fourchette du lanceur ❺ ;
- un lanceur coulissant sur son arbre (par une rampe hélicoïdale) dont le pignon est monté sur roue libre ❻.

1. Le conducteur, par son action sur le combiné de démarrage, ferme le circuit de commande du solénoïde (C_c) (figure 27.11A).

Le bobinage d'appel (R_a) est parcouru par un courant qui se ferme à la masse par le balai négatif en passant par les bobinages des inducteurs et de l'induit. Le bobinage de maintien (R_m) est parcouru par un courant qui se ferme directement à la masse du solénoïde.

Le noyau plongeur est actionné par attraction magnétique et vient se centrer dans les bobinages.

La fourchette bascule et engrène le pignon du lanceur (figure 27.11B). Le contacteur de puissance (C_2) ferme le circuit batterie/démarreur (C_p).

Le bobinage d'appel (R_a), au même potentiel à ses extrémités, n'est plus alimenté. Le bobinage (R_m) maintient le noyau en position.

2. Le moteur thermique démarre. La grande couronne devient menante. Le pignon du lanceur tourne plus vite grâce à sa roue libre.

Tout risque de centrifugation des bobinages de l'induit est évité, même si le conducteur ne cesse pas son action sur le contacteur (figure 27.12A).

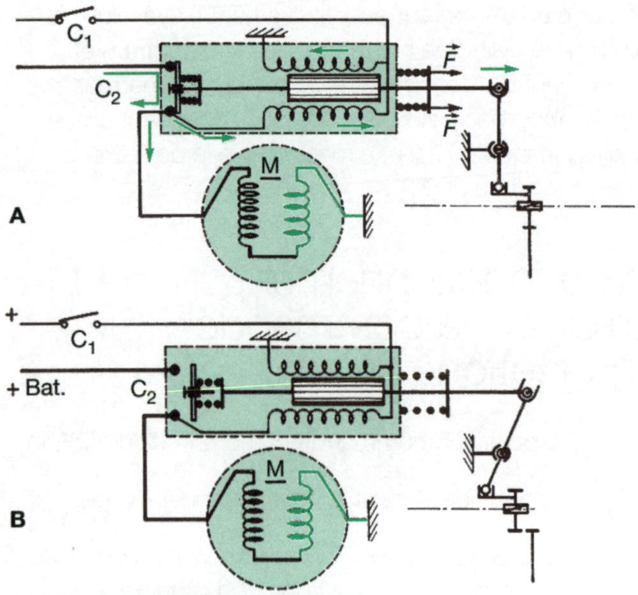

Figure 27.12 *Dispositif de commande d'un démarreur à lanceur électromagnétique. Étape 2.*

L'enroulement de maintien n'est plus alimenté par C_1 mais reçoit un courant positif qui passe par le contacteur de puissance (C_2) et traverse l'enroulement d'appel (R_a) en sens inverse.

Le bobinage d'appel (R_a) a changé de polarité, le champ magnétique qu'il produit s'oppose à celui du bobinage de maintien (R_m) : les deux champs opposés s'annulent.

Le ressort de rappel ramène le noyau plongeur en position de repos (figure 27.12B).

Le contacteur de puissance est ouvert : l'induit s'arrête de tourner. La fourchette ramène le lanceur en position de repos (désaccouplement et arrêt du pignon).

Synthèse

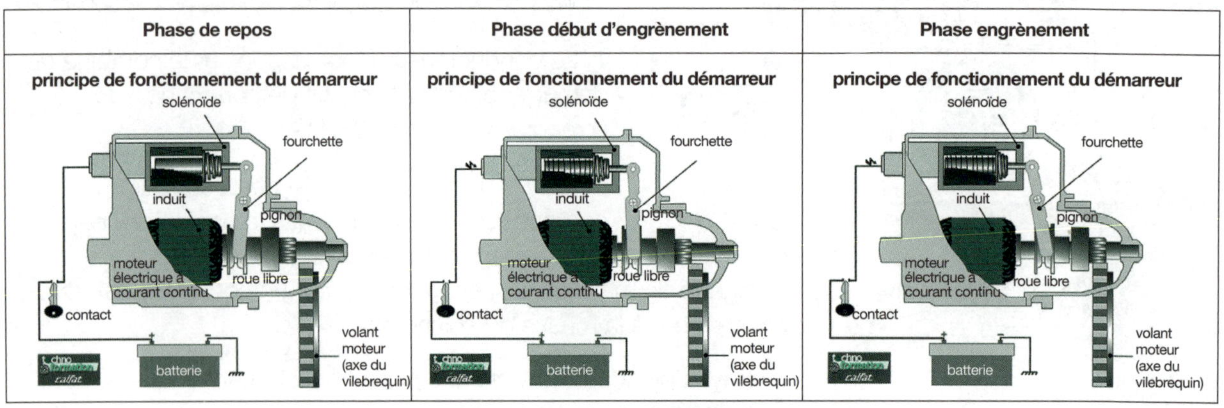

Figure 27.13 *Phases de fonctionnement du démarreur.*

Avantages des démarreurs à engrenage épicycloïdal

L'interposition de ce réducteur (figure 27.14) entre le bobinage induit et le lanceur a pour rôle de permettre une démultiplication supplémentaire qui permet :

» d'augmenter la fréquence de rotation de l'induit ;

» d'obtenir la puissance par la fréquence de rotation ($P = \mathcal{C}\omega$).

Figure 27.14 *Démarreur à engrenage épicycloïdal.*

1 Nez de démarreur.
2 Lanceur.
3 Fourchette.
4 Solénoïde.
5 Induit.
6 Corps de démarreur.
7 Porte-balais.
8 Palier arrière.
9 Réducteur.

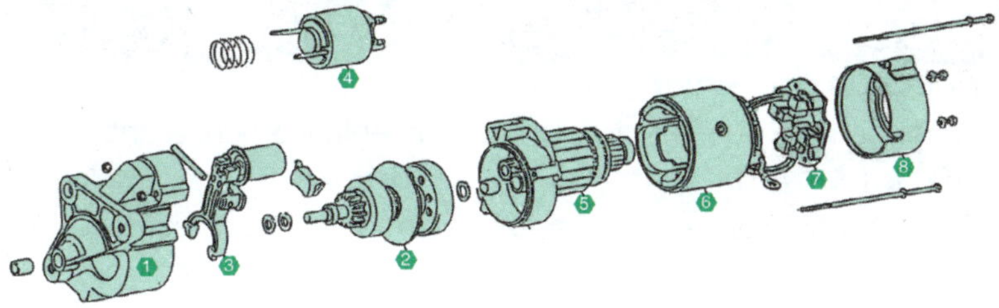

Cela permet de réaliser des démarreurs dont :

» la section des conducteurs constituant les bobinages est plus faible (I réduite) ;

» l'ensemble des éléments électriques est de dimension réduite.

Ce type de démarreur est :

» plus léger ;

» moins encombrant ;

» sans entretien (longévité des charbons).

Le tableau récapitule les transformations d'énergies qui s'effectuent dans un véhicule à moteur thermique.

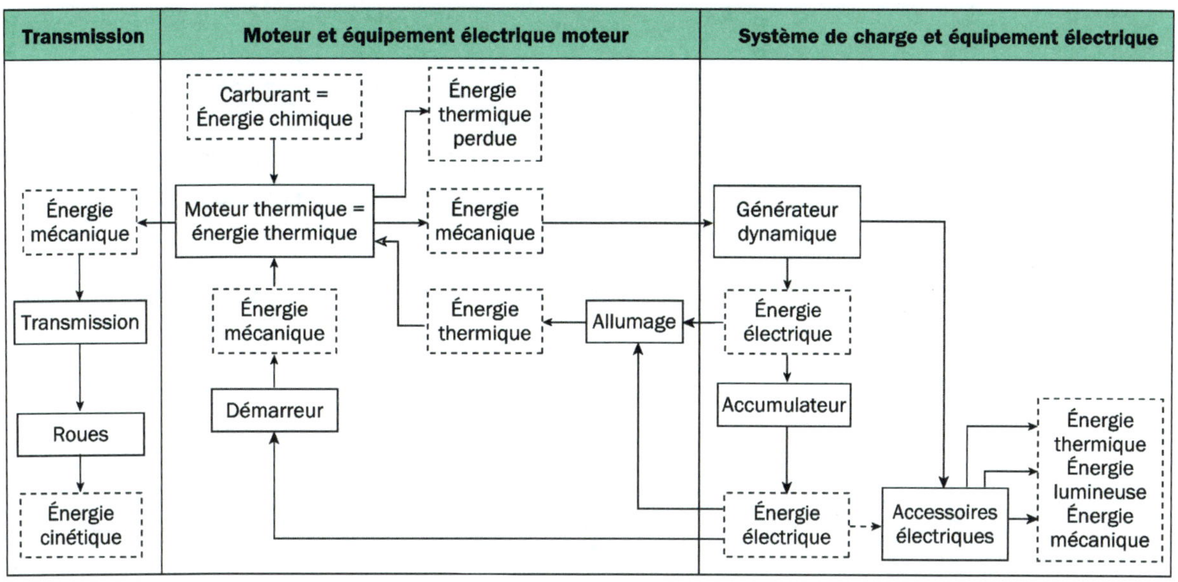

Résumé

Fonction du démarreur

Le démarrage du moteur nécessite son entraînement à une certaine vitesse de rotation (100 à 150 tr/min).

Cette fonction est remplie par le démarreur, moteur électrique à courant continu qui transforme l'énergie électrique de la batterie d'accumulateurs en énergie mécanique. Il doit vaincre le couple résistant qui provient notamment de la compression des gaz au troisième temps du cycle (compression).

Solutions technologiques

Le couple demandé nécessite :

» un flux inducteur élevé produit par une intensité élevée ;

» une intensité importante dans le bobinage induit.

Le moteur à excitation série permet de réaliser ces conditions. L'intensité absorbée par le démarreur au moment du démarrage est très élevée. Aussi les bobinages de l'induit et de l'inducteur sont-ils formés de lames de cuivre de forte section afin de limiter les résistances électriques et l'échauffement anormal.

Démarreur à commande électromagnétique

La mise en circuit du solénoïde déplace son noyau plongeur qui :

» fait basculer la fourchette et enclenche le pignon du lanceur ;

» ferme le contact de la ligne de puissance. Le moteur électrique est alimenté et se met à tourner.

Lorsque le conducteur cesse son action sur le contact de démarrage le retour du noyau plongeur en position de repos est assuré par :

» annulation des champs magnétiques produits par les deux bobinages du solénoïde ;

» action du ressort de rappel de fourchette.

Le contact de puissance s'ouvre et la fourchette ramène le pignon du lanceur en position de repos.

Les démarreurs à collecteur plat et à réducteur offrent une puissance égale pour un encombrement et une masse réduits.

Testez vos connaissances

1. Combien de temps peut tenir une batterie de 50 Ah si l'on actionne le démarreur en continu (raisonnez sur une consommation démarreur de 200 A) ?

a ☐ *15 min maxi*

b ☐ *30 min maxi*

c ☐ *50 min maxi*

2. Le démarreur doit entraîner le moteur à une vitesse minimale de :

a ☐ *150 tr/min*

b ☐ *300 tr/min*

c ☐ *600 tr/min*

3. Une des fonctions du démarreur est de diminuer l'intensité du courant dans :

a ☐ *l'induit*

b ☐ *la batterie*

c ☐ *le contact à clé*

4. Le démarreur comporte un moteur électrique dont l'induit et l'inducteur sont en :

a ☐ *série*

b ☐ *parallèle*

c ☐ *continu*

5. Dans un démarreur (deux réponses) :

a ☐ *l'induit est fixe*

b ☐ *l'induit est tournant*

c ☐ *l'inducteur est fixe*

d ☐ *l'inducteur est tournant*

Entraînez-vous

1. Relevez, dans un manuel technique, les caractéristiques détaillées d'un démarreur équipant le moteur de votre choix.
2. Recherchez les capacités des batteries sur deux véhicules différents : une petite cylindrée et une grosse cylindrée. Justifiez les valeurs trouvées.

La climatisation
chapitre 28

28.1 Mise en situation

Figure 28.1 *Système de climatisation.*

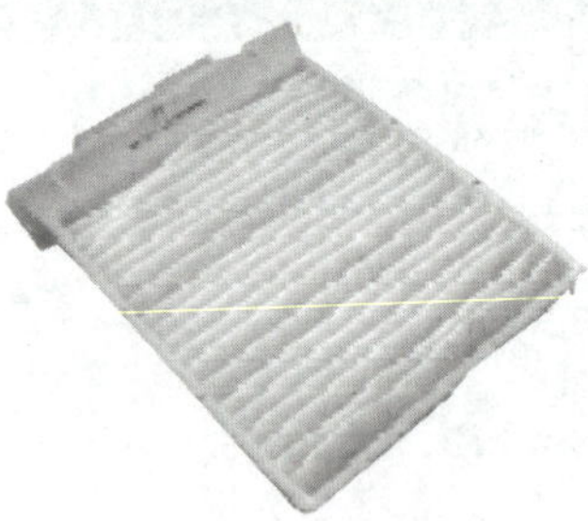

Figure 28.2 *Filtre à pollen.*

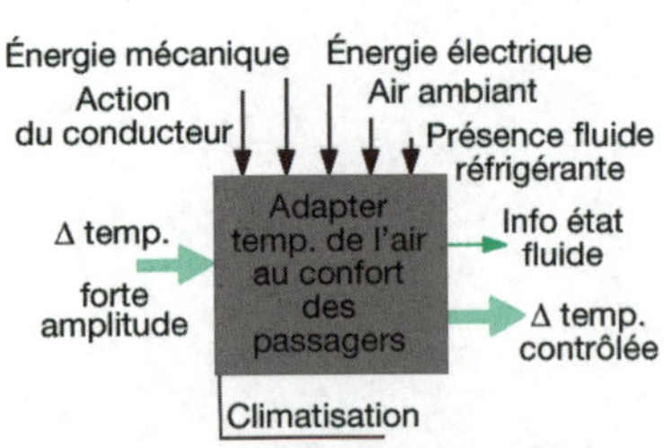

Figure 28.3 *Fonction globale du système de climatisation.*

La climatisation fait partie d'un ensemble qui a pour fonction de conditionner l'air de l'habitacle en compensant les variations extérieures :

» de température (– 20 °C à + 50 °C) ;

» d'hygrométrie (humidité de l'air).

En hiver le chauffage augmente la température de l'air qui pénètre dans l'habitacle. En été, la climatisation abaisse la température.

L'air est en outre déchargé de ses particules de poussière (filtre à pollen, figure 28.2) et d'une partie de son humidité. Un dispositif permet le fonctionnement en recyclage de l'air de l'habitacle lorsque l'air extérieur est chargé de particules nocives ou nauséabondes.

Outre les notions d'agrément et de confort, la climatisation peut être considérée comme un dispositif de sécurité active, dans la mesure où le conducteur qui doit piloter longtemps son véhicule par des températures pénibles perd une partie de ses réflexes.

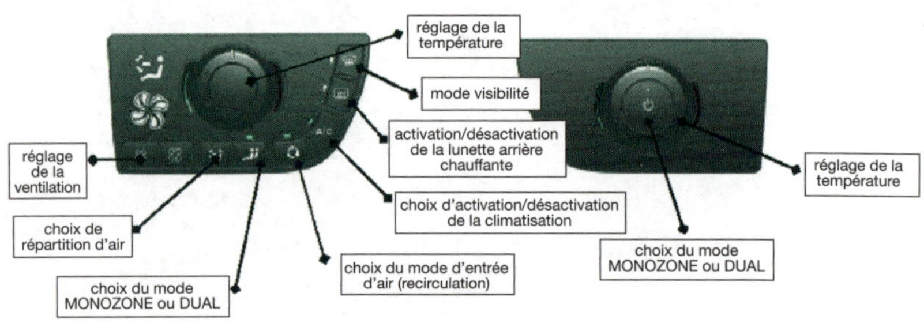

Figure 28.4 *Système de commande d'air conditionné.*

Le système de climatisation fonctionne selon le principe utilisé pour la production du froid domestique (réfrigérateurs).

28.2 Analyse structurelle

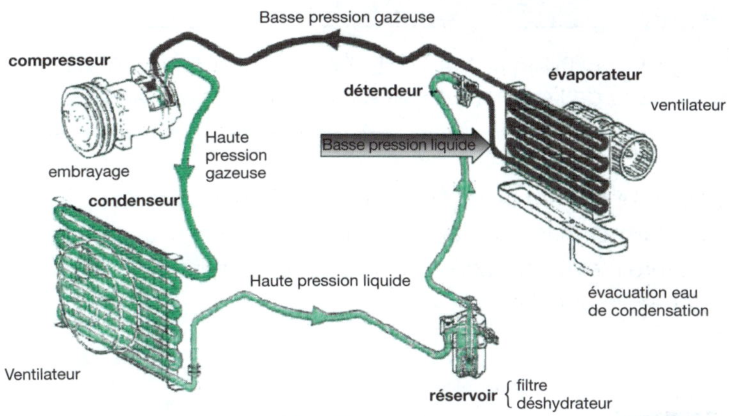

Figure 28.5 *Circuit de climatisation.*

Le système comprend principalement :

» un compresseur ;

» un condenseur ;

» un détendeur ;

» un évaporateur ;

» des canalisations haute pression (HP) ;

» des canalisations basse pression (BP) ;

» un fluide réfrigérant.

La figure 28.6 présente ces différents éléments.

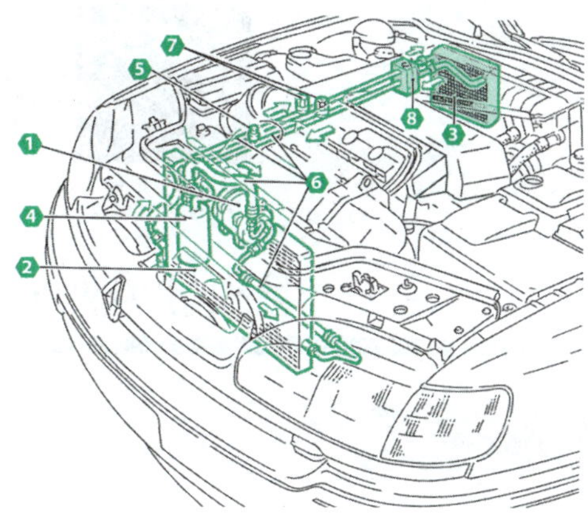

Figure 28.6 *Implantation des éléments sur le véhicule.*

1. Compresseur.
2. Condenseur.
3. Évaporateur.
4. Bouteille déshydratante.
5. Pressostat.
6. Tuyauteries de liaison.
7. Valves de remplissage.
8. Détendeur.

Figure 28.7 *Le compresseur.*

Le compresseur est fixé sur le bloc-moteur par l'intermédiaire de Silentbloc et est entraîné mécaniquement par courroie. Sa poulie est débrayable grâce à un électroaimant.

Le condenseur est placé devant le radiateur de refroidissement, il reçoit ainsi l'air extérieur qui peut être accéléré par les motoventilateurs.

L'évaporateur se trouve placé dans le compartiment situé sous le pare-brise, il agit ainsi en série avec le radiateur de chauffage.

Lorsque la commande d'air conditionné (figure 28.8) est enclenchée, l'air est d'abord refroidi et asséché en traversant l'évaporateur, puis

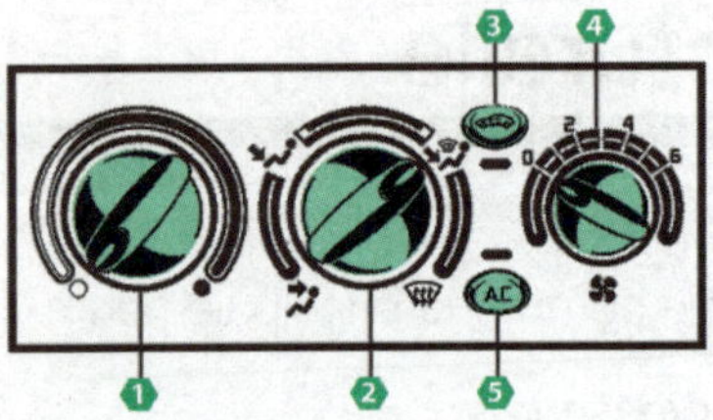

Figure 28.8 *Commandes de gestion de l'air de l'habitacle par rotateurs et boutons-poussoir.*

1. Air chaud ou froid.
2. Direction des filets d'air.
3. Recyclage ou air extérieur.
4. Air pulsé ou non.
5. Mise en marche ou arrêt du système de climatisation.

une partie plus ou moins importante est réchauffée en traversant le radiateur de chauffage selon la position donnée au rotateur (figure 28.8).

Remarque

La température de climatiseur est régulée par un thermostat placé dans le faisceau de l'évaporateur et est influencée par l'air soufflé.

Lorsque la température se rapproche de 0 °C, le thermostat interrompt l'alimentation de l'embrayage du compresseur. Lorsque la température s'élève au-delà d'une valeur prédéterminée, le thermostat réalimente l'embrayage.

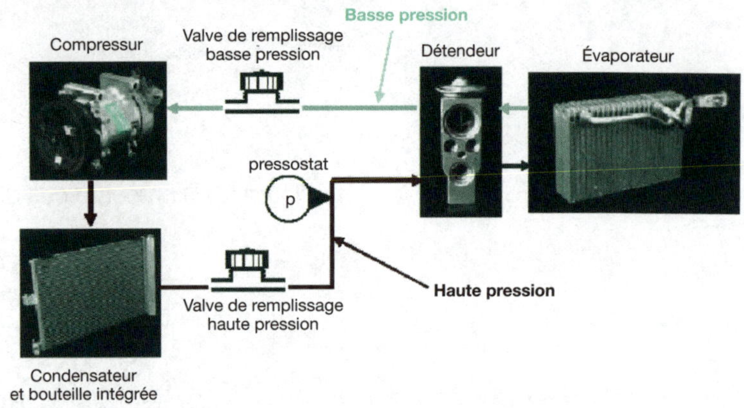

Figure 28.9 *Éléments constitutifs de la climatisation.*

28.3 Analyse fonctionnelle

Fonction

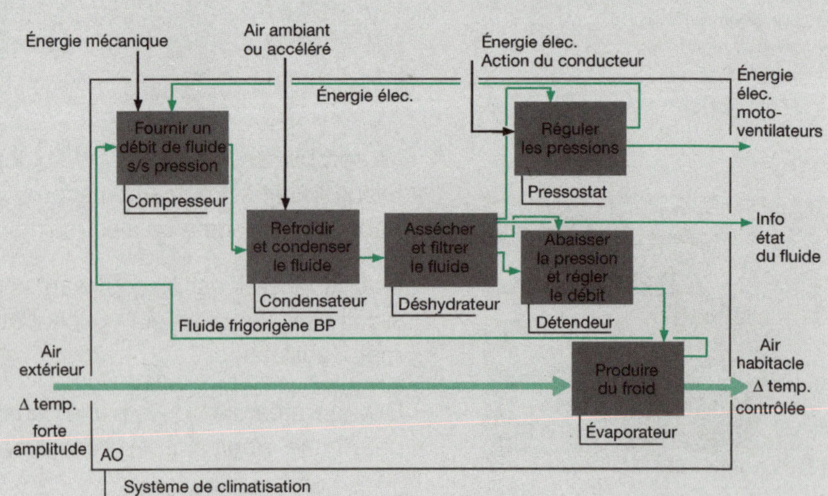

Figure 28.10 *Analyse descendante simplifiée du système. Niveau A0.*

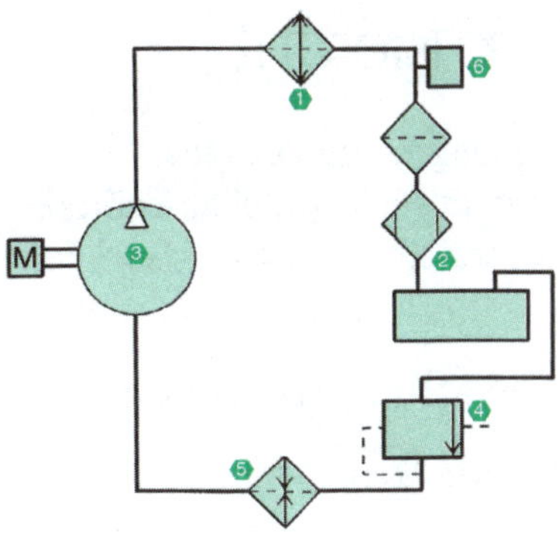

Figure 28.11 *Schématisation du circuit.*

1. Condenseur.
2. Déshydrateur.
3. Compresseur.
4. Détendeur.
5. Évaporateur.
6. Pressostat.

Principe de fonctionnement :

1. Le fluide gazeux est mis sous haute pression par le compresseur, sa pression et sa température s'élèvent.

2. Le fluide sous haute pression circule dans le condenseur dont les serpentins sont refroidis par un ou deux motoventilateurs.

3. Le fluide sous pression refroidi passe dans le détendeur qui abaisse brutalement sa pression.

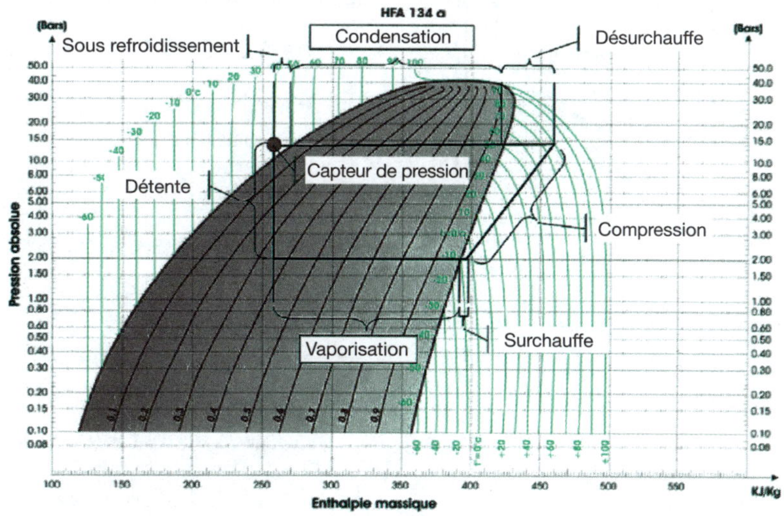

Figure 28.12 *Phases de fonctionnement du système de climatisation.*

4. Sachant qu'un fluide sous pression à température ambiante crée du froid lorsqu'il se détend, celui qui arrive dans l'évaporateur se trouve à très basse température. L'air extérieur qui passe à travers les serpentins de l'évaporateur se trouve donc refroidi.

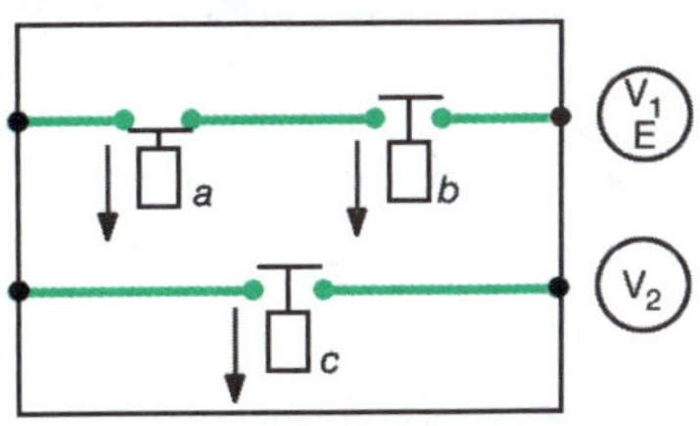

Figure 28.13 *Représentation du pressostat trifonction.*

V_1. Ventilateur 1 (petite vitesse).
E. Embrayage compresseur.
V_2. Ventilateur 2 (grande vitesse).

Le pressostat contrôle le fonctionnement du système. Ses capteurs manométriques mesurent en permanence les pressions (haute et basse). Il a pour fonction d'enclencher, selon les règles de la logique combinatoire (figures 28.13 et 28.14) :

» l'électroaimant du compresseur ;

» le ventilateur petite vitesse ;

» le ventilateur grande vitesse.

Contacts (action sur) / Pressions (bars)	$\bar{a}$	b	c
$p < 2{,}5$	0	0	0
$2{,}5 < p < 16$	0	1	0
$16 < p < 26$	0	1	1
$p > 26$	1	1	1

Figure 23.7 • État physique des contacts en fonction des pressions.

Figure 28.14 *État physique des contacts en fonction des pressions.*

Pour une pression du circuit basse pression supérieure à 2,5 bars ($b = 1$), le pressostat alimente l'embrayage électromagnétique du compresseur ainsi que le ventilateur V_1 (petite vitesse).

Cette situation est maintenue tant que la pression du circuit HP reste inférieure à 16 bars.

Si la pression dépasse 16 bars, le second ventilateur (V_2) est commandé par $c = 1$. Pour une pression supérieure à 26 bars l'alimentation de l'embrayage du compresseur est coupée à $\bar{a} = 1$.

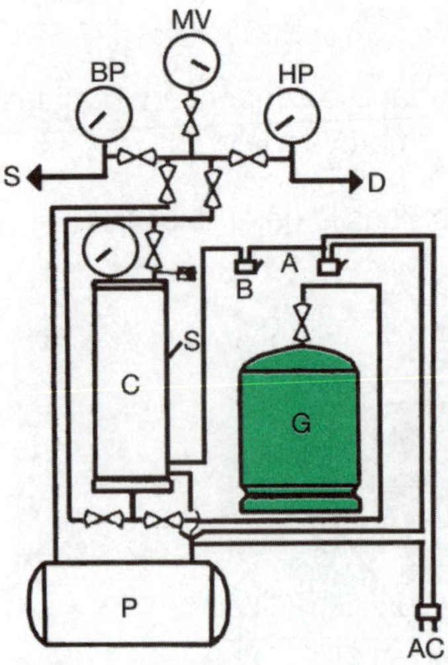

Figure 28.15 *Schéma de principe d'une centrale de charge.*

P. Pompe à vide.
G. Charge de fluide.
C. Cylindre de charge.
CP. Manomètre du cylindre de charge.
MV. Manomètre de vide.
S. Aspiration.
D. Refoulement.
AC : 220 V.
A. Inter de pompe à vide.
B. Inter de chauffage du cylindre de charge.

Particularité du fluide réfrigérant

Le réfrigérant généralement utilisé porte la référence **r134a**, contrairement aux premiers véhicules climatisés qui étaient chargés en CFC 12. Son évacuation dans l'atmosphère présentait des dangers pour la couche d'ozone.

Le fluide r134a présente une meilleure protection de l'environnement.

Il est interdit de mélanger l'ancien fluide avec le nouveau car :

» les deux fluides ne sont pas miscibles ;

» les points d'ébullition – donc les pressions de fonctionnement – sont différents.

Il est donc important de savoir identifier les types d'installation en :

- consultant le manuel du véhicule ;
- observant les sigles sur les :

» autocollants verts sur les éléments en r134a ;

» types de raccords de remplissage à visser pour CFC 12 et raccords instantanés pour r134a.

La vidange, le remplissage ou le contrôle doivent s'effectuer avec la centrale de charge appropriée (figure 28.15).

Le raccordement et le débranchement des raccords haute et basse pressions doivent s'effectuer en portant des lunettes et des gants de protection.

Il faut opérer dans un local bien ventilé loin de toute source de chaleur supérieure à 150 °C.

Résumé

Fonctions

La climatisation procure aux passagers une température agréable et évite d'accentuer la fatigue du conducteur.

Constitution

Le système de climatisation comprend :

» un circuit rempli de fluide réfrigérant spécial ;
» un compresseur qui élève la pression du fluide ;
» un condenseur qui le refroidit ;
» un déshydrateur qui diminue son degré d'hygrométrie ;
» un détendeur qui abaisse brutalement la pression ;
» un évaporateur qui échange sa très basse température avec l'air extérieur.

L'ensemble est régulé grâce à :

» un thermostat qui contrôle la température à l'évaporateur, 2 °C < t < 16 °C ;
» un pressostat qui mesure les pressions de fluide (haute et basse) et actionne ou non l'embrayage électromagnétique du compresseur et les motoventilateurs.

Le fluide réfrigérant

Ce fluide spécial :

» n'est pas miscible avec d'autres fluides ;
» peut être dangereux à manipuler sans précautions ;
» doit être chargé et déchargé avec un appareillage spécialisé.

Testez vos connaissances

1. Si la compression du fluide réfrigérant augmente sa pression et sa température, par quel élément est-il refroidi ?

a ☐ *le compresseur*
b ☐ *le condenseur*
c ☐ *le détendeur*

2. Quel est l'élément qui abaisse brutalement la pression du fluide ?

a ☐ *le condenseur*
b ☐ *le détendeur*
c ☐ *le pressostat*

3. Le compresseur est enclenché par (deux réponses) :

a ☐ *le détendeur*
b ☐ *le pressostat*
c ☐ *le motoventilateur*
d ☐ *le conducteur*

Entraînez-vous

1. Recherchez sur le véhicule climatisé de votre choix les caractéristiques du système, les valeurs des pressions, le type de fluide, les précautions à prendre, la méthode de contrôle.

2. Recherchez la puissance absorbée par un compresseur de climatisation et déduisez le pourcentage de surconsommation du véhicule lorsque la climatisation est actionnée.

Les véhicules à moteur électrique
chapitre 29

29.1 Mise en situation

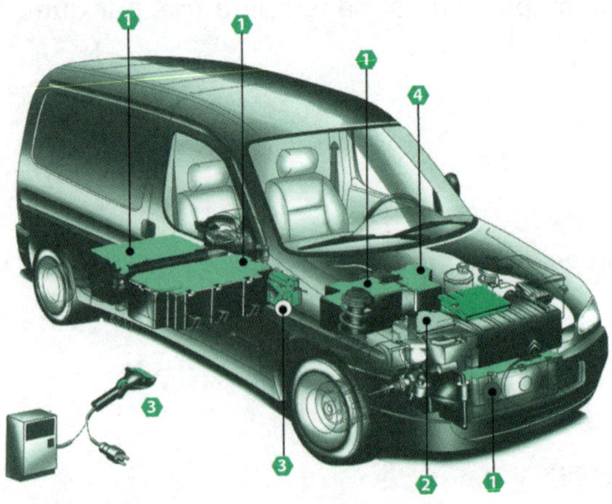

Figure 29.1 *Voiture électrique (document PSA Peugeot Citroën).*

1 Batteries de traction.
2 Batteries auxiliaires.
3 Prise de charge.
4 Boîtier électronique.

Les véhicules électriques sont des véhicules dont l'élément de liaison avec les roues motrices est constitué d'un ou de plusieurs moteurs électriques.

On peut distinguer des véhicules :

» tout électriques (figures 29.1) ;

» hybrides (figure 29.19) ;

» à pile à combustible (figures 29.22 et 29.23).

Les véhicules électriques présentent de nombreux avantages :

» pas de pollution directe, aucune émission de gaz ni de particules ;

» silence de fonctionnement ;

» conduite aisée, avec transmission intégrale, sans embrayage ni boîte de vitesses.

Les principaux inconvénients du tout électrique sont :

» la masse et le volume des batteries ;

» la faible autonomie du véhicule sans recharger les batteries (environ 100 km).

Il sera possible de créer des batteries plus légères et plus performantes. En attendant ces progrès techniques, les véhicules électriques sont équipés en parallèle :

» d'un moteur thermique (véhicule hybride) ;

» d'une pile à combustible (voir en fin de leçon).

Observons le système de propulsion électrique :

Le système reçoit le courant domestique 220/230 V alternatif (figures 29.2 et 29.3).

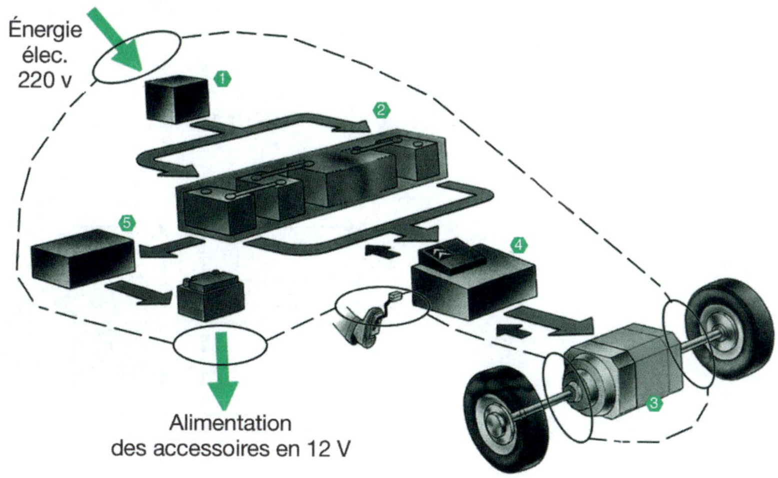

Figure 29.2 *Frontières du système (document Citroën).*

❶ Chargeur.
❷ Batteries.
❸ Moteur électrique.
❹ Boîtier électronique.
❺ Convertisseur.

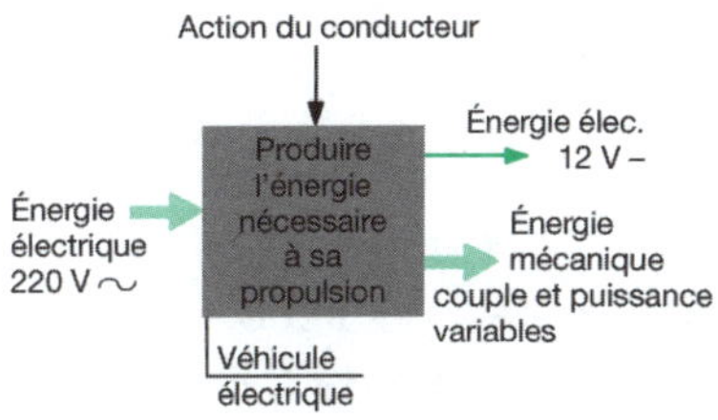

Figure 29.3 *Fonction globale (niveau A-O).*

Le chargeur ❶ le transforme en courant 120 V continu afin de charger les batteries de traction ❷.

Le moteur électrique ❸ reçoit le courant continu par l'intermédiaire du boîtier électronique ❹ et le transforme en énergie mécanique disponible aux roues après passage dans un réducteur différentiel.

Un convertisseur ❺ 120 V/12 V permet de maintenir la batterie auxiliaire chargée afin d'alimenter les accessoires électriques fonctionnant en 12 V.

Le conducteur a une action sur le boîtier électronique par la pédale d'accélérateur afin de modifier la vitesse du véhicule.

Du fait de leur faible autonomie (100 km maximum), ces véhicules sont réservés au trafic urbain et, notamment, aux véhicules de service (services municipaux, La Poste, compagnie des eaux, etc.).

29.2 Analyse structurelle

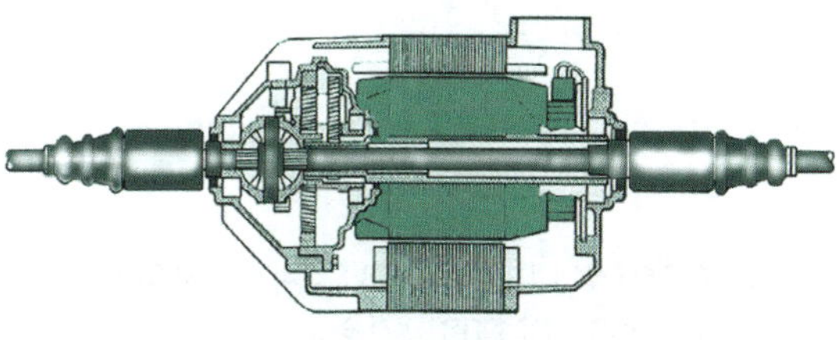

Figure 29.4 *Groupe motopropulseur.*

Les véhicules électriques se composent essentiellement :

» d'un groupe motopropulseur ;

» d'un boîtier électronique ;

» d'une batterie d'accumulateurs de traction.

Le groupe motopropulseur comprend (figures 29.4 et 29.5) :

» un moteur électrique à courant continu et excitation séparée ;

» un boîtier réducteur comprenant :

- un train épicycloïdal,
- un boîtier de différentiel,
- deux sorties d'arbres de roues.

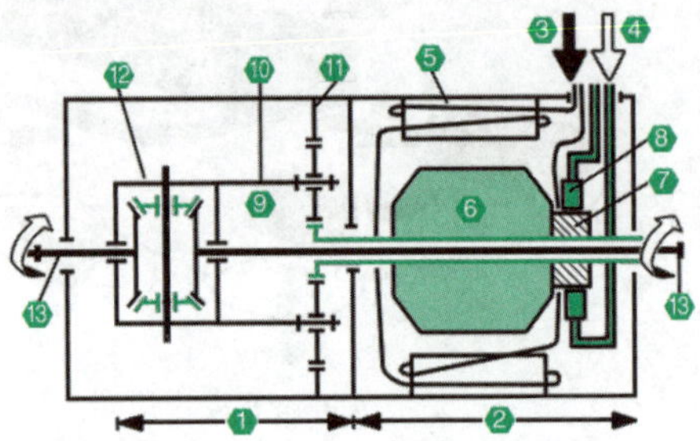

Figure 29.5 *Groupe motopropulseur.*

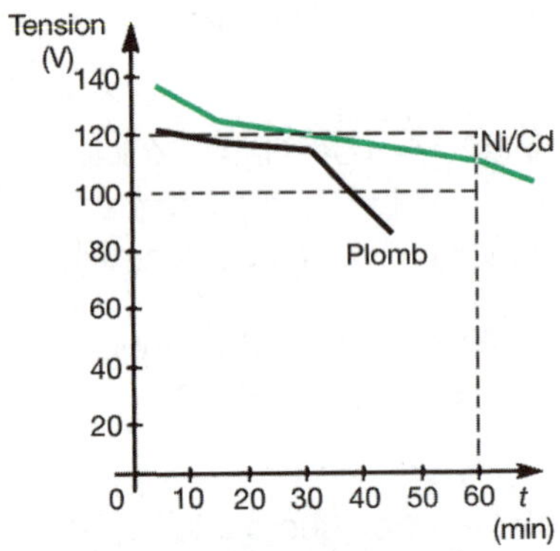

Figure 29.6 *Performances comparées des accumulateurs au plomb et au nickel-cadmium, sous une décharge permanente à 100 A.*

Rôle du réducteur

La vitesse de rotation maximale du moteur étant de 5 500 tr/min, il est nécessaire de diviser la vitesse dans un rapport de 1/7.

Pour le fonctionnement du train épicycloïdal et pour celui du différentiel, il faut voir le chapitre sur la transmission.

La batterie de traction se compose d'un certain nombre d'accumulateurs couplés en série afin d'obtenir une tension suffisamment élevée.

Exemple

Vingt monoblocs de 6 V donnent donc une tension de 120 V.

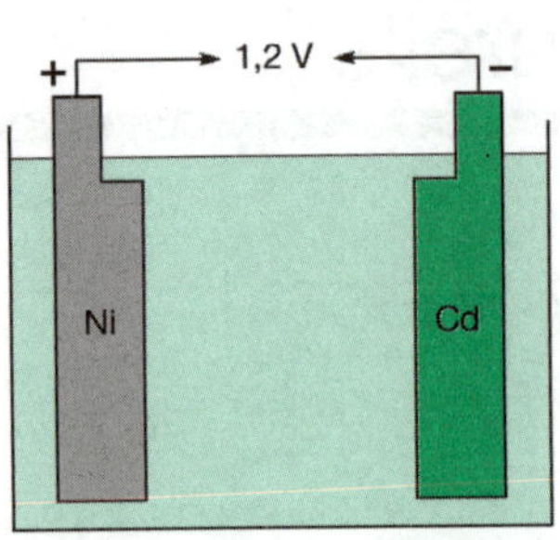

Figure 29.7 *Accumulateur élémentaire.*

On utilise en général les batteries au nickel-cadmium qui présentent des avantages par rapport aux batteries au plomb : elles sont mieux adaptées au démarrage des moteurs thermiques.

Le tableau suivant présente les caractéristiques comparées des batteries au plomb et des batteries au nickel-cadmium.

Les caractéristiques des batteries sont évaluées pour un kilogramme de batterie, le poids restant un élément primordial.

La puissance massique se mesure en watts par kilogramme (W/kg).

Figure 29.8 *Augmentation de la capacité d'un élément par un branchement parallèle.*

L'énergie massique se mesure en wattheures par kilogramme (Wh/kg).

La tension est d'autant plus stable que la résistance interne est faible.

La durée de vie se mesure en cycles de charge et décharge.

La mise au point de batteries utilisant des couples de métaux plus performants que ceux actuellement utilisés permettra d'augmenter la capacité d'énergie embarquée à bord des voitures. Sont actuellement à l'étude les batteries au nickel-métal-hydrure et celles au lithium-carbone. Des batteries déjà industrialisées comme celles au nickel-cadmium sont aussi l'objet de recherches, et peuvent être améliorées.

Technologie	Cycle charge/décharge	Autonomie	Énergie	Avantages
Batterie plomb	700 distance potentielle (durée de vie : 56 000 km)	80 km	35 Wh/kg	• pas chère • sans entretien • facilité d'utilisation
Batterie nickel-cadmium	2 000 distance potentielle (durée de vie : 300 000 km)	130 km	55 Wh/kg 70 Wh/kg	• énergétique puis • durable • performante

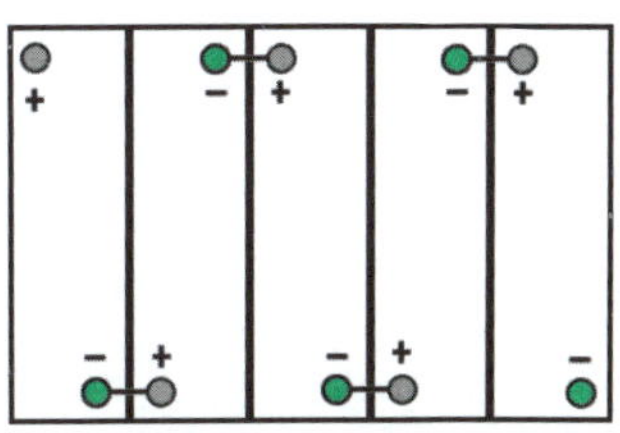

Figure 29.9 *Constitution d'un monobloc de 6 V par un branchement série : 5 3 1,2 V = 6 V.*

L'accumulateur élémentaire (figure 29.7) comprend une plaque au nickel (anode) et une plaque au cadmium (cathode) baignant dans un liquide alcalin (électrolyte). Un élément ainsi constitué possède une f.é.m. de 1,2 V. Sa capacité est fonction de la surface de matière active en contact. On augmente donc la capacité en augmentant le nombre de plaques branchées en parallèle (figure 29.8).

Pour constituer un monobloc de 6 V on place dans un même bac cinq éléments de 1,2 V branchés entre eux en série : les tensions s'ajoutent (figure 29.9). La capacité reste celle d'un seul élément.

Pour obtenir une tension de 120 V on relie en série vingt monoblocs de 6 V.

Pour des raisons de répartition des masses, les monoblocs ne sont pas groupés en un seul point. On trouve par exemple :

» un coffre de onze monoblocs à l'arrière ;

» un coffre de six monoblocs en partie inférieure du moteur ;

» un coffre de trois monoblocs en partie supérieure du moteur.

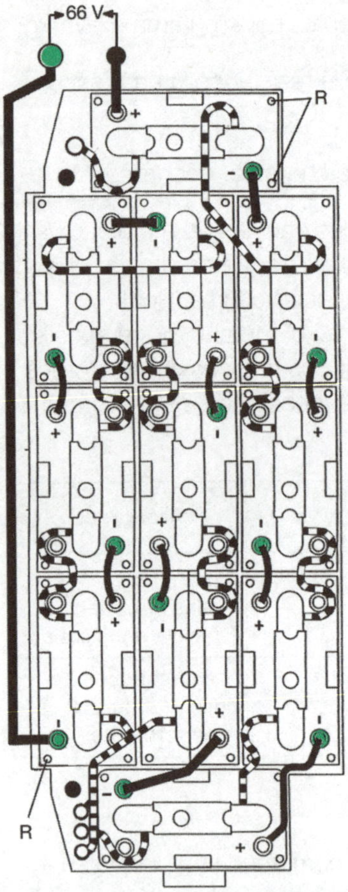

Figure 29.10 *Batterie de traction comportant 11 blocs de 6 V branchés en série.*

Connexions.
Circuit de recyclage des gaz de charge.
R. Orifices de refroidissement.

Constitution d'une batterie de traction

On place un certain nombre de blocs dans un coffre étanche (figure 29.10). Chaque coffre est conçu de façon à interdire tout contact direct avec l'un de ses éléments (dangers d'électrocution), il est protégé par un fusible.

Les gaz dégagés lors du fonctionnement sont collectés et dirigés vers l'extérieur du véhicule. Les coffres sont refroidis en permanence, dès la mise du contact ainsi qu'en charge, par un système de refroidissement par eau comprenant un motoventilateur et une pompe électrique (figure 29.11).

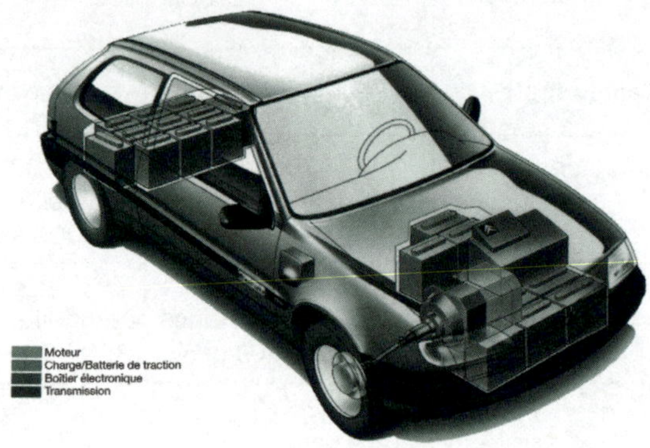

Figure 29.11 *Principe du circuit de refroidissement batteries (document Citroën).*

Grâce à son chargeur incorporé, on peut effectuer la recharge complète du véhicule en huit heures par :

» raccordement au réseau 220 V du domicile ;

» raccordement à une borne de recharge publique, installée par EDF sur les parkings spécialisés (figure 29.12).

Deux heures sont nécessaires pour un plein à 30 %. En cas d'urgence des bornes spéciales (en station-service) permettent une charge rapide pour une autonomie de 2 km par minute de charge.

Figure 29.12 *Borne de charge sur voie publique.*

29.3 Analyse fonctionnelle

Principe de fonctionnement du moteur

Dès que le conducteur agit sur l'accélérateur, l'inducteur est alimenté par un courant constant de valeur fixe. L'induit reçoit, par les charbons, un courant dont la valeur dépend de la position de l'accélérateur. (U induit variable, f (I) de 0 à 1 600 tr/min.)

Fonction

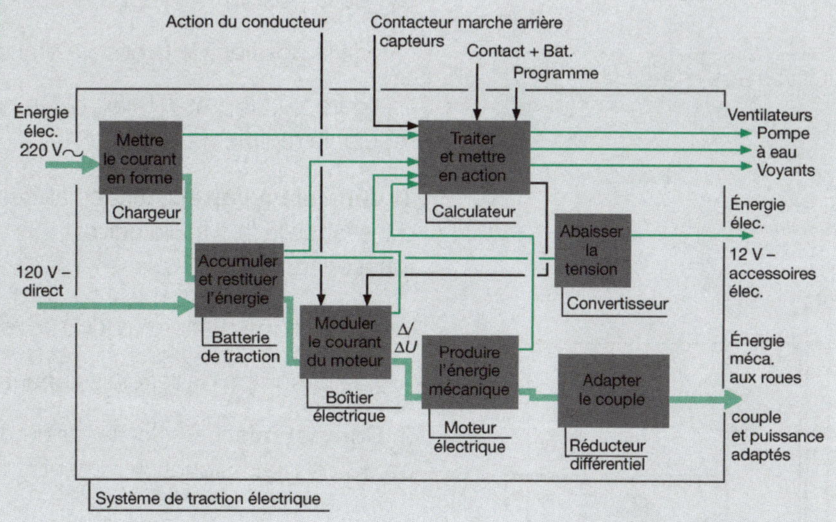

Figure 29.13 *Analyse descendante du système de traction électrique (niveau A0).*

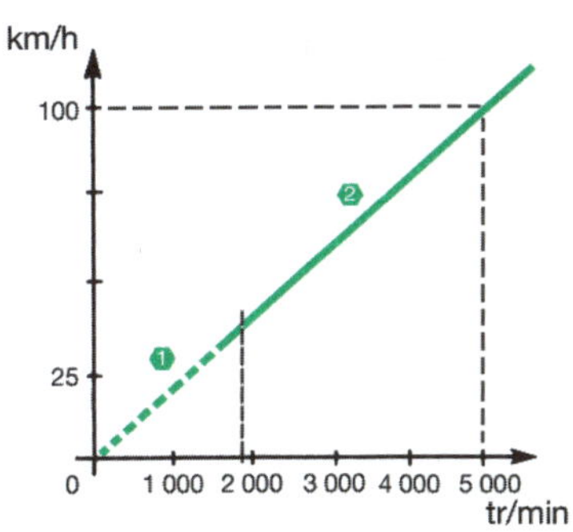

Figure 29.14 *Courbe de vitesse véhicule f(n) moteur.*

❶ Contrôle par ΔI induit.

❷ Contrôle par Δi inducteur.

À partir de 1 600 tr/min l'induit est alimenté sous la tension nominale de la batterie de traction (120 V) ; en revanche c'est maintenant le courant d'excitation des inducteurs qui est modulé.

Donc, pour augmenter la vitesse de rotation du moteur (figure 29.14) :

» de 0 à 1 600 tr/min, I induit augmente et i excitation reste constante ;

» de 1 600 à 5 500 tr/min, U induit reste constante et i excitation augmente.

Cette disposition permet d'obtenir un couple moteur satisfaisant à très bas régime (de 1 à 1 600 tr/min), la puissance étant obtenue par l'augmentation de la fréquence de rotation à haut régime ($P = \mathscr{C}\omega$). C'est ce que montre la figure 29.15 $\left(\omega = \frac{2\pi n}{60}\right)$.

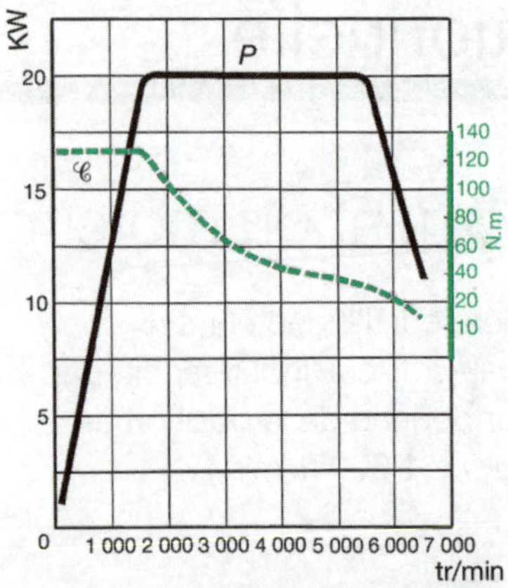

Figure 29.15 *Courbes caractéristiques du couple et de puissance en fonction de n.*

𝒞 : couple.
P : puissance.

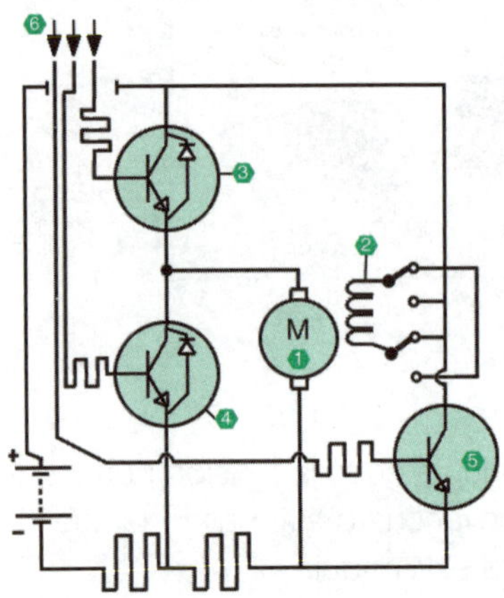

Figure 29.16 *Schéma simplifié du système de modulation du régime moteur.*

1 Induit.
2 Inducteur (excitation).
3 Hacheur d'induit.
4 Hacheur d'excitation.
5 Hacheur de freinage.
6 Ordres de commande.

Le boîtier électronique gère :

» la partie propulsion en modulant le courant induit et inducteur ;

» la recharge des batteries de traction au freinage et leur contrôle ;

» l'ensemble des relais et actionneurs ;

» la source d'énergie 12 V.

en fonction des informations reçues :

» des différents capteurs ;

» de la position contact mis ou non ;

» de la position de la pédale d'accélérateur.

La figure 29.16 présente les différents éléments permettant de réguler le régime moteur.

1. Véhicule à l'arrêt. Aucune alimentation sauf en phase de charge dans laquelle le calculateur est mis en veille, ce qui permet le fonctionnement :

» de la jauge d'énergie et du voyant de charge ;

» de la pompe de refroidissement des batteries.

2. Contact mis. Le calculateur du boîtier électronique est alimenté ce qui permet le fonctionnement :

» du convertisseur 120 V/12 V ;

» de la pompe à eau du circuit de refroidisseur batteries ;

» du motoventilateur moteur sur la première vitesse.

3. Position démarrage. Le calculateur reçoit un « + » démarrage, il colle le discontacteur. Le véhicule est prêt à se déplacer.

4. Accélération. À chaque position de la pédale d'accélérateur correspond une intensité d'induit et d'inducteur commandée par des hacheurs.

De 0 à 1 600 tr/min, le hacheur d'excitation commande un courant constant (11 A). Le hacheur d'induit commande un courant variable de 0 à 200 A.

De 1 600 à 5 500 tr/min, alors que le hacheur d'induit envoie un courant constant, le hacheur d'excitation commande un courant d'excitation décroissant en fonction de la vitesse (de 11 A à 1 600 tr/min à 1,2 A à 5 500 tr/min).

5. Décélération. De 5 500 à 1 600 tr/min, le courant d'excitation augmente progressivement. Le moteur recharge alors la batterie de traction avec une intensité maximale (150 A) à 5 500 tr/min si la pédale d'accélérateur est totalement relâchée.

De 1 600 à 0 tr/min, la vitesse de rotation du moteur est insuffisante pour recharger la batterie sous 120 V. Le hacheur de frein augmente alors la tension aux bornes du moteur à 120 V afin qu'il recharge également la batterie dans cette phase.

Le moteur agit dans cette phase en frein moteur.

Remarque

En décélération, que l'on appuie ou non sur la pédale de frein, les feux de stop s'allument.

6. Marche arrière. Après appui sur la touche « Marche AR », le calculateur, par des relais, commande l'inversion de polarité aux bornes de l'excitation moteur.

Remarque

En marche arrière, le moteur reste dans sa phase 0 à 1 600 tr/min.

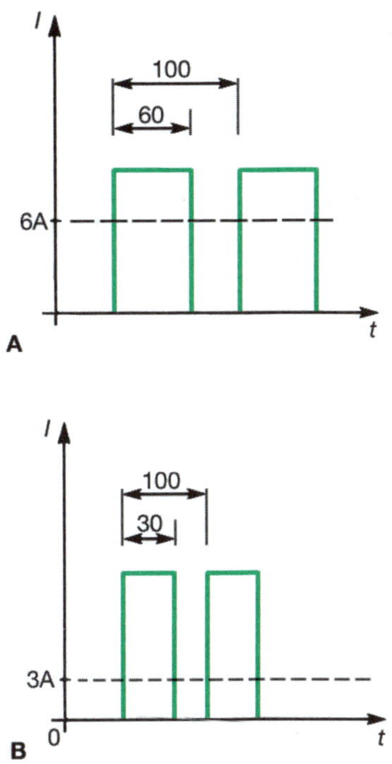

Figure 29.17 *Principe du hacheur.*

A. Durée de conduction sur 60 % du cycle.
B. Durée de conduction sur 30 % du cycle.

Principe de fonctionnement d'un hacheur de courant

Pour moduler un courant continu, il est nécessaire d'établir un rapport cyclique qui ferme et ouvre le courant continuellement selon des temps plus ou moins longs (figure 29.17).

Exemple

Considérons, par construction dans un circuit fermé comportant un bobinage, que nous obtenons une intensité I = 10 A.
Si le circuit est alimenté par intermittence, le courant prend une valeur intermédiaire en fonction du pourcentage du temps de fermeture par rapport au cycle.
Pour une durée de conduction de 60 %, le rapport cyclique sera :

$$\frac{10\text{ A } 60}{100} = 6\text{ A}$$

Ce type de hacheur a pu être obtenu grâce aux progrès de l'électronique de puissance.

Figure 29.18 *Véhicule hybride.*

Le véhicule hybride

Le véhicule hybride est équipé à la fois d'un moteur thermique et d'un moteur électrique qui fonctionnent soit moteur électrique seul soit les deux moteurs en parallèle.

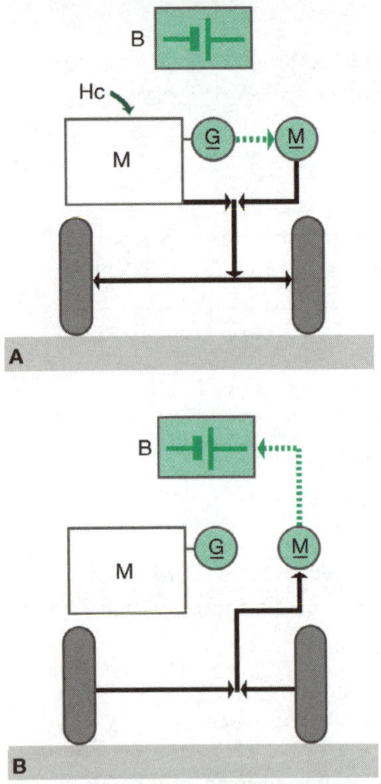

Figure 29.19 *Véhicule hybride en circuit routier (**A**) et en décélération (**B**).*

B. Batterie.
Hc. Hydrocarbure
M. Moteur thermique.
G. Générateur de puissance.
M. Moteur de traction.

Principe de fonctionnement d'un véhicule hybride

En circuit routier (figure 29.19A)

Le moteur thermique fonctionne normalement, le moteur électrique fonctionne en parallèle, alimenté par les générateurs statique et dynamique.

Remarque

Les deux moteurs agissent sur une transmission automatique intégrale.

En décélération (figure 29.19B)

Le moteur thermique est arrêté par le système de gestion électronique. La consommation est donc nulle. Comme dans les trois systèmes de véhicules électriques que nous étudions, le moteur électrique se comporte en décélération comme un générateur dynamique et recharge donc la batterie de puissance.

Figure 29.20 *Moteur équipant un véhicule hybride.*

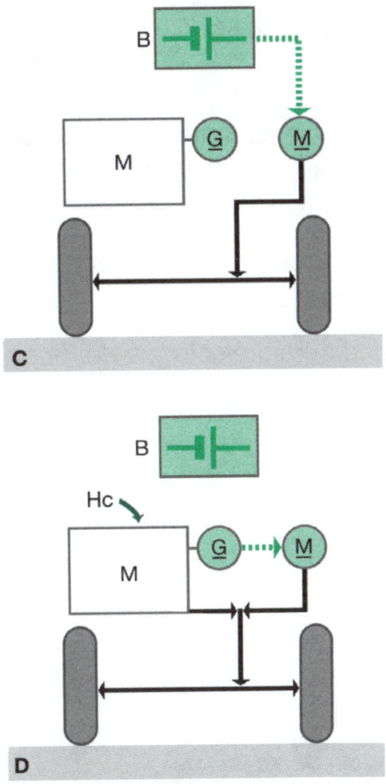

Figure 29.21 *Véhicule hybride en circuit urbain (**C**) et en accélération (**D**).*

B. Batterie.
Hc. Hydrocarbure
M. Moteur thermique.
G. Générateur de puissance.
M. Moteur de traction.

Lors d'un arrêt momentané

Les deux moteurs sont arrêtés. Il n'y a aucune pollution sonore ni atmosphérique (ni consommation de carburant).

En circuit urbain (50 km/h ; figure 29.21C)

Seul le moteur électrique fonctionne, alimenté par la batterie de puissance.

En accélération (figure 28.21D)

Le moteur thermique démarre automatiquement. Les deux moteurs fonctionnent à nouveau en parallèle.

Bilan énergétique

La consommation globale du véhicule hybride est donc réduite, notamment par la récupération d'énergie lors des décélérations (descentes, freinages) et de l'arrêt total des moteurs pendant les arrêts momentanés du véhicule (feu rouge, passage piéton, encombrements, etc.).

Figure 29.22 *Véhicule à pile à combustible.*

Le véhicule à pile à combustible

Dans ce type de véhicule, le moteur thermique est remplacé par une pile à combustible qui présente l'avantage de transformer directement le carburant en énergie électrique.

Avantages de la pile combustible

» Il y a suppression du moteur thermique avec son faible rendement (40 %, dans le meilleur des cas).

» La pile à combustible recharge directement la batterie de puissance qui alimente le (ou les) moteur(s) électrique(s) avec un rendement très élevé (80 % pour la pile et 98 % pour le moteur électrique).

Principe de fonctionnement de la pile à combustible

La pile à combustible fonctionne de la manière suivante : on introduit un hydrocarbure (Hc : essence, gazole, éthanol, méthanol, etc.) dans un réformeur ❶ dont la fonction est de récupérer l'hydrogène (H_2).

La pile ❷, qui contient un électrolyte à base de polymère, reçoit d'un côté l'hydrogène (H_2) et de l'autre l'oxygène (O_2).

Le phénomène électrolytique produit un courant électrique de forme continue que l'on récupère à ses bornes (anode et cathode).

L'eau (H_2O) rejetée est récupérée, refroidie puis réutilisée pour le refroidissement de la pile.

Figure 29.23 *Principe simplifié de la pile combustible.*

❶ Réformeur.
❷ Pile.
❸ Condenseur.
❹ Échangeur.

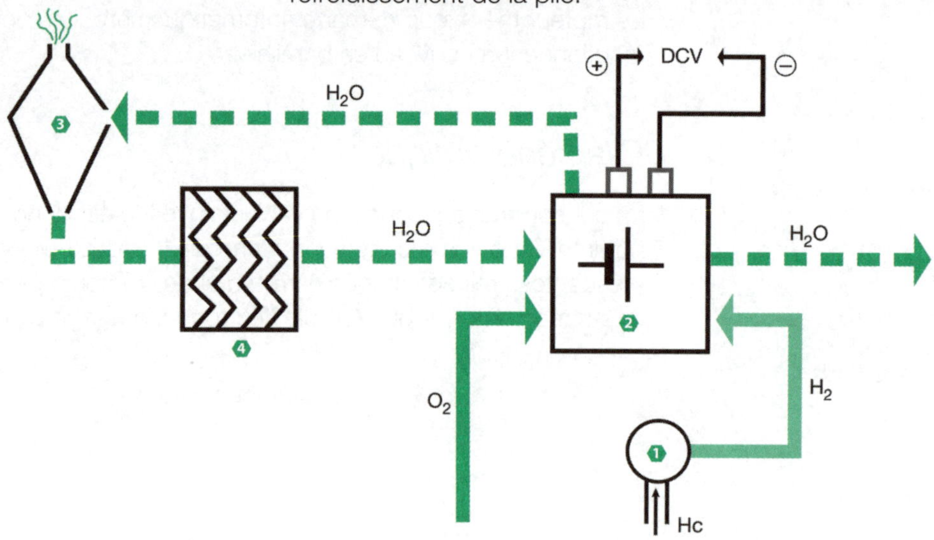

Résumé

Le véhicule à moteur électrique

Avantages

Pas de pollution directe, entretien simplifié, conduite aisée.

Constitution

– Un groupe motopropulseur.
– Un boîtier électronique.
– Une batterie de traction à haute tension.

Groupe motopropulsion

– Un moteur électrique à courant continu et excitation séparée.

– Un boîtier réducteur comprenant un réducteur à train épicycloïdal et un différentiel classique.

Boîtier électronique

Il gère :

» la partie propulseur en modulant le courant induit et inducteur,
» la recharge des batteries de traction au freinage et leur contrôle,
» l'ensemble des relais et actionneurs,

en fonction des informations reçues :

» des différents capteurs,
» de la position contact mis,
» de la position de la pédale d'accélérateur.

Batterie de traction

Elle se compose d'un certain nombre de blocs de 6 V eux-mêmes composés de cinq éléments au nickel-cadmium produisant un courant de tension 1,2 V et dont la capacité est fonction du nombre de plaques contenues dans chaque élément.

L'augmentation de tension est obtenue en branchant en série le nombre de blocs nécessaires.

Les batteries comportent un circuit d'évacuation des vapeurs de charge et un circuit de refroidissement par eau.

Leur recharge peut s'effectuer :

» sur le courant domestique 220 V, grâce au chargeur incorporé dans le véhicule ;
» en charge rapide grâce à des bornes spéciales délivrant directement le courant continu nécessaire.

Le véhicule hybride

Le véhicule hybride est équipé à la fois d'un moteur électrique et d'un moteur thermique qui fonctionnent en parallèle sur la route. Le moteur électrique fonctionne seul à faible puissance, grâce à la batterie de puissance.

Le véhicule à pile à combustible

Avantages

La pile à combustible transforme directement le carburant en énergie électrique avec un rendement élevé.

Remarque

Les moteurs électriques de ces trois types de véhicules fonctionnent en générateur pendant les décélérations.

Testez vos connaissances

1. Dans un véhicule électrique, l'énergie mécanique disponible aux roues est fournie par :

a ☐ *le démarreur*

b ☐ *un moteur électrique*

c ☐ *un moteur thermique*

2. Les batteries de traction ont une tension nominale de :

a ☐ *12 V*

b ☐ *120 V*

c ☐ *220 V*

3. En décélération, la batterie est rechargée par :

a ☐ *le générateur*

b ☐ *le moteur électrique*

c ☐ *le 220 V*

4. Le véhicule tout électrique est rechargé sur secteur sous un courant de :

a ☐ *12 V*

b ☐ *120 V*

c ☐ *220 V*

5. Dans un véhicule « hybride », l'énergie mécanique disponible aux roues est fournie par :

a ☐ *le générateur*

b ☐ *un moteur thermique et un moteur électrique*

c ☐ *la batterie de traction*

Entraînez-vous

1. Recherchez les caractéristiques des différents éléments de traction qui composent un véhicule hybride.
2. Recherchez le principe de fonctionnement d'une pile à combustible.
   Effectuez un schéma fonctionnel et expliquez son fonctionnement.

Corrigés des tests d'auto-évaluation

Tests des leçons	Réponses
1 • Le système de transmission (p. ?) :	☐ **1a** ☐ **2b** ☐ **3c** ☐ **4a**
2 • L'embrayage (p. ?) :	☐ **1b** ☐ **2b** ☐ **3c** ☐ **4a**
3 • La boîte de vitesses mécanique (p. ?) :	☐ **1a** ☐ **2c** ☐ **3b** ☐ **4b** ☐ **5c** ☐ **6b**
4 • Caractéristiques principales des engrenages (p. ?) :	☐ **1c** ☐ **2a**
5 • La boîte de vitesses automatique (p. ?) :	☐ **1c** ☐ **2b** ☐ **3a** ☐ **4b** ☐ **5a** ☐ **6c**
6 • La motricité en virage et en tout terrain (p. ?) :	☐ **1b** ☐ **2a** ☐ **3c** ☐ **4a** ☐ **5c**
8 • Le freinage : généralités (p. ?) :	☐ **1c** ☐ **2b** ☐ **3a** ☐ **4c**
9 • Le frein à tambour (p. ?) :	☐ **1a et c** ☐ **2b** ☐ **3c**
10 • Le frein à disque (p. ?) :	☐ **1a** ☐ **2b** ☐ **3a et b**
11 • Les systèmes de commande du freinage (p. ?) :	☐ **1a** ☐ **2a et c 3a**
12 • L'assistance de freinage (p. ?) :	☐ **1b** ☐ **2a** ☐ **3c**
13 • Les correcteurs de freinage (p. ?) :	☐ **1a** ☐ **2b** ☐ **3b**
14 • Le système antiblocage de roues (p. ?) :	☐ **1a** ☐ **2c** ☐ **3b** ☐ **4a**
15 • La sécurité passive (p. ?) :	☐ **1a** ☐ **2a et c** ☐ **3c** ☐ **4a**
16 • La suspension (p. ?) :	☐ **1a** ☐ **2c** ☐ **3b** ☐ **4c** ☐ **5b**
17 • L'amortissement de la suspension (p. ?) :	☐ **1b** ☐ **2c** ☐ **3b** ☐ **4c** ☐ **5a**
18 • La suspension pilotée (p. ?) :	☐ **1b et d** ☐ **2c** ☐ **3c** ☐ **4a**
20 • La géométrie du train avant (p. ?) :	☐ **1c** ☐ **2b** ☐ **3b** ☐ **4b** ☐ **5a et d**
21 • Le pneumatique et la roue (p. ?) :	☐ **1c** ☐ **2a et b** ☐ **3a et c** ☐ **4c** ☐ **5a**
22 • Les bases de l'électricité automobile (p. ?) :	☐ **1b** ☐ **2(voir dans la leçon)** ☐ **3b** ☐ **4a** ☐ **5a** ☐ **6b** ☐ **7a**
24 • L'éclairage et la signalisation (p. ?) :	☐ **1a** ☐ **2b** ☐ **3b** ☐ **4c** ☐ **5a** ☐ **6c**
25 • Les batteries d'accumulateurs (p. ?) :	☐ **1c** ☐ **2a** ☐ **3c** ☐ **4b** ☐ **5a**
26 • Le système de charge (p. ?) :	☐ **1a et d** ☐ **2b** ☐ **3b** ☐ **4c** ☐ **5b**
27 • Le système de démarrage (p. ?) :	☐ **1a** ☐ **2a** ☐ **3c** ☐ **4a** ☐ **5b et c**
28 • La climatisation (p. ?) :	☐ **1b** ☐ **2b** ☐ **3b et d**
29 • Les véhicules à moteur électrique (p. ?) :	☐ **1b** ☐ **2b** ☐ **3a** ☐ **4c** ☐ **5b**

Unités, symboles et schématisation

1. Grandeurs et unités du Système international (SI)

Espace, temps

Grandeurs		Unités		Formules	
Nom	**Symbole**	**Nom**	**Symbole**		
Longueur Aire, superficie	L ou l S	mètre mètre carré	m m^2	rectangle $\boldsymbol{S = L \cdot l}$ 1 m^2 = 1 m · m	cercle $\boldsymbol{S = \pi r^2}$ m^2 = m^2
Volume	V	mètre cube	m^3	parallélépipède $\boldsymbol{V = L \cdot l \cdot h}$ 1 m^3 = 1 m · m · m	cylindre $\boldsymbol{V = \pi r^2 \cdot h}$ 1 m^3 = 1 m^2 · m
Temps Vitesse	t v	seconde mètre par seconde	s m/s	$\boldsymbol{v = \frac{L}{t}}$	1 m/s = 1 $\frac{\text{m}}{\text{s}}$
Vitesse de rotation Vitesse angulaire	N ou n ω	tour par minute radian par seconde	tr/min rad/s	1 tr/min = $\frac{2\pi}{60}$ rad/s	
Accélération	γ	mètre par seconde	m/s^2	accélération pesanteur : g = 9,81 m/s^2	
Fréquence	F	hertz	Hz	Hz = 1 période/s	

Mécanique

Grandeurs		Unités		Formules	
Nom	**Symbole**	**Nom**	**Symbole**		
Force Masse Poids	F M P	newton kilogramme newton	N kg N	$\boldsymbol{P = M \cdot g}$ 1 N = 1 kg · m/s^2	
Moment d'une force	$\mathcal{M}_0(\vec{F})$	newton-mètre	N · m	$\boldsymbol{\mathcal{M}_0(\vec{F}) = F \cdot l}$ N · m = N · m	
Force centrifuge	F_c	newton	N	$\boldsymbol{F = M \cdot \omega^2 \cdot r}$ 1 N = 1 kg · (rad/s)^2 · m	
Énergie, travail (quantité de chaleur)	W	joule	J	$\boldsymbol{W = F \cdot L}$ 1 J = 1 N · m	$\boldsymbol{W = 2\pi \mathcal{C} \cdot N}$ 1 J = 1 N · m · tr/min
Énergie cinétique	E_c	joule	J	$\boldsymbol{E = \frac{1}{2} M \cdot v^2}$ 1 J = 1 kg · (m/s)^2	

Mécanique (suite)

Grandeurs		Unités		Formules
Nom	Symbole	Nom	Symbole	
Puissance	P	watt	W	$\boldsymbol{P = \mathscr{C} \cdot \omega}$ 1 W = 1 N · m · rad/s
Couple moteur	$\mathscr{C}$	newton-mètre	N · m	$\boldsymbol{\mathscr{C} = F \cdot r}$ (r = rayon manivelle) N · m = N · m
Pression	p	pascal	Pa	loi de Pascal $\boldsymbol{p = \frac{F}{S}}$ $1\ Pa = 1\ \frac{N}{m^2}$
Force pressante	F_p	newton	N	$\boldsymbol{F_p = p \cdot S}$ 1 N = 1 Pa · m^2

Optique

Grandeurs	Unités	
	Nom	Symbole
Flux lumineux	lumen	lm
Luminance	candela par mètre carré	cd/m^2
Éclairement	lux	lx
Exposition lumineuse	lux-seconde	lx · s

Électricité, magnétisme

Grandeurs		Unités		Formules
Nom	Symbole	Nom	Symbole	
Différence de potentiel Tension Force électro-magnétique	d.d.p U f.é.m.	volt	V	
Intensité Résistance Résistivité	I R ρ	ampère ohm ohm-mètre	A Ω Ω · m	loi d'Ohm $\boldsymbol{U = R \cdot I}$ 1 V = 1 Ω · A
Puissance	P	watt	W	$\boldsymbol{P = U \cdot I}$ 1 W = 1 V · A soit $\boldsymbol{R \cdot I^2}$
Capacité	C	farad	F	
Flux magnétique	Φ	weber	Wb	à R constant $\Delta\Phi = \Delta I$

2. Sélection de symboles électriques

Électricité, électromagnétisme

Tension alternative Courant alternatif	AC
Tension continue Courant continu	DC
Courant alternatif	
Courant continu (2 variantes)	
Mise à la terre	
Mise à la masse	
Terre de protection	
Croisement sans connexion	
Dérivation	
Double dérivation	
Borne de raccordement	

Tension ou courant continu ou alternatif	UC
Appareils utilisables en courant continu ou alternatif	
Impulsion positive	
Impulsion négative	
Fermeture momentanée à l'action	
Fermeture à position maintenue	
Ouverture à retour automatique	
Contact bidirectionnel appareil bistable	Y X
Batterie d'accumulateur ou de pile	
Élément de pile ou d'accumulateur	
Capacité Condensateur	

Fusible Symbole général	
Extrémité sous tension après fusion	
Résistance potentiométrique à contact mobile	
Inductance à noyau magnétique	
Moteur à courant continu à deux conducteurs. Excitation série	M
Moteur à courant continu à deux conducteurs. Excitation dérivation	M
Relais Symbole général (deux variantes)	
Avec un seul enroulement	

Semiconducteurs

Diode à semi-conducteur	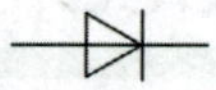
Diode électroluminescente	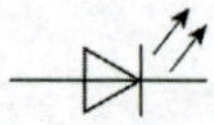
Diode symétrique Diac	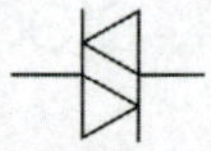
Thyristor diode bloqué en inverse	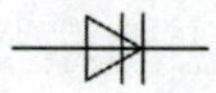
Thyristor diode bloqué en inverse	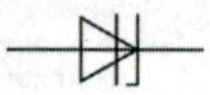
Transistor PNP	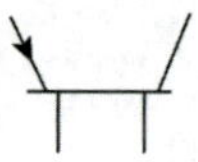
Photovoltaïque	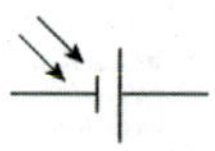

Diode utilisant l'effet de température	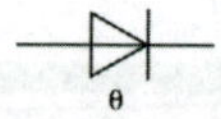
Diode à capacité variable	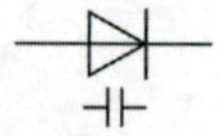
Thyristor triode symétrique	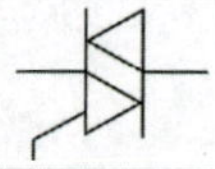
Thyristor triode bloqué en inverse, gâchette N	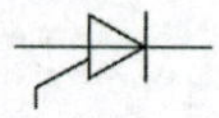
Thyristor triode bloqué en inverse, gâchette P	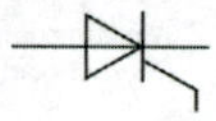
Photorésistance	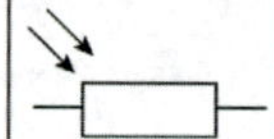
Phototransistor (PNP)	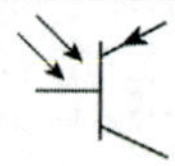

Diode tunnel	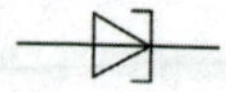
Diode régulatrice de tension (effet de claquage) Diode Zener	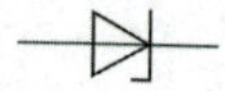
Thyristor triode passant en inverse, gâchette non spécifiée	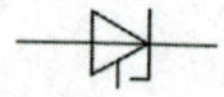
Thyristor triode passant en inverse, gâchette N	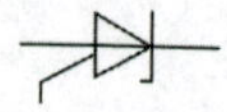
Transistor NPN base polarisée	
Photodiode	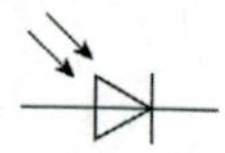

3. Sélection de symboles hydrauliques

Circuits

Conduite de travail, de retour d'alimentation		Raccordement rapide couplé avec clapets de non-retour	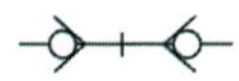
Conduite de pilotage		Clapet de non-retour : – non taré	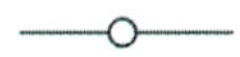
Conduite d'évacuation des fuites		– taré	
Conduite flexible		Ressort	
Conduite électrique	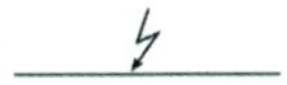	Réservoir à l'air libre : – conduite débouchant au-dessus du fluide	
Raccordement de conduites		– conduite débouchant au-dessous du niveau du fluide	
Croisement de conduites		Réservoir sous pression	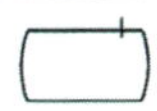
Sens d'un flux hydraulique		Accumulateur	
Liaison mécanique, arbres, leviers, tiges de piston		Purge d'air	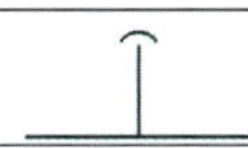
Encadrement de plusieurs appareils réunis en un seul bloc		Source de pression	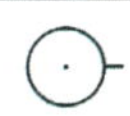
Sens de déplacement		Filtre, crépine	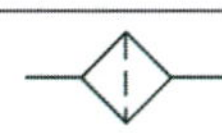
Sens de rotation		Purgeur à commande manuelle	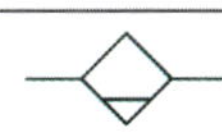
Possibilité d'un réglage		Déshydrateur	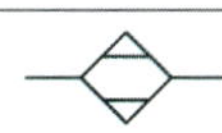
Branchement – avec conduite branchée		Lubrificateur	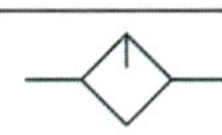

Moteurs

Pompe hydraulique à cylindrée fixe : – à un sens de flux	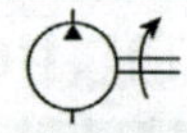
– à deux sens de flux	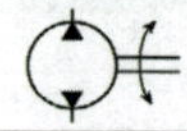
Compresseur à cylindrée fixe (toujours à un sens de flux)	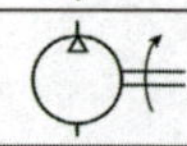
Pompe à vide	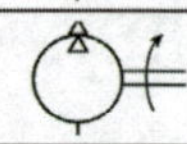
Moteur hydraulique à cylindrée fixe : – à un sens de flux	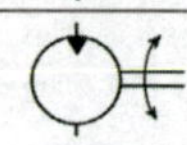
– à deux sens de flux	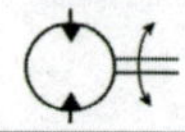
Moteur électrique	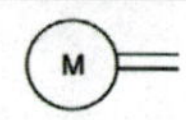
Moteur thermique	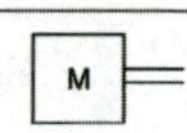
Moteur oscillant	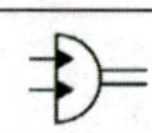
Pompe moteur à cylindrée fixe et à deux sens de flux	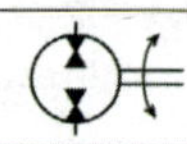

Régulateurs

Limiteur de pression (soupape de sûreté)	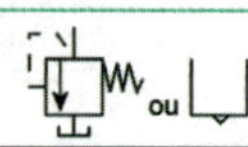
Régulateur de pression : – sans orifice de décharge	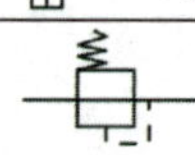
– avec orifice de décharge	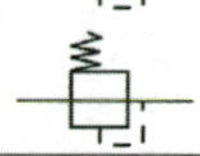
Régulateur de débit : – à débit fixe	
– à débit réglable avec retour au réservoir (symboles simplifiés)	
Robinet d'isolement (symbole simplifié)	

Vérins

Vérin à simple effet : – à rappel de force non définie	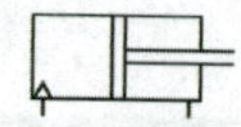
– à rappel par ressort	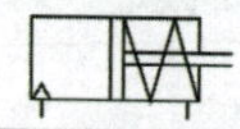
Vérin à double effet : – à simple tige	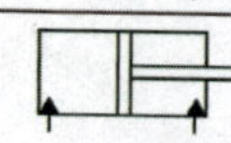
– à double tige	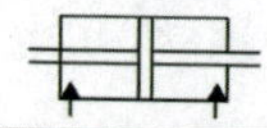
Vérin différentiel	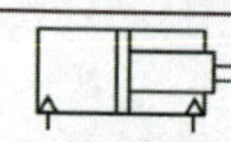
Multiplicateur de pression : – à une seule nature de fluide	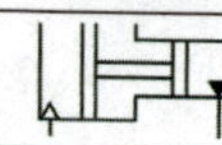

Distributeurs

Distributeur 2/2	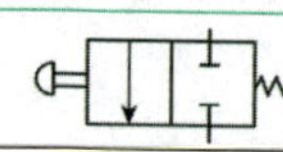
Distributeur 3/2	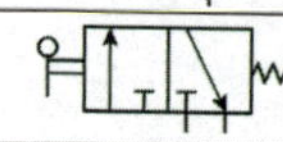
Distributeur 4/2	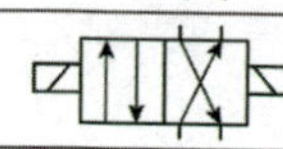
Distributeur 5/2	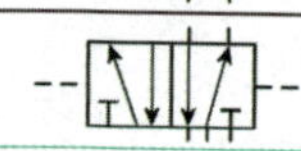

Le premier chiffre indique le nombre d'orifices ; le second, le nombre de positions distinctes.

Index

52106 - (II) - (6) - OSB 80 - CP2 - JME
Dépôt légal : mai 2009 suite du tirage janvier 2011
Dépôt légal de la 1re édition : 1981
Imprimé en France par I.M.E. - 25110 Baume-les-Dames